猪飼 篤・野島 博 著

生化学・分子生物学演習
第2版

東京化学同人

第2版の序

　本書が1995年に刊行されて以来すでに16年の歳月が経過した．その間，多くの読者の好意的な評価に支えられてきたことを著者一同，心より感謝したい．幸いこのたび改訂版を出版する運びとなったのをよい機会として，学問の進歩に合わせた新問題を取入れ，疑問を指摘された内容を再点検し，これらを大幅に改めた．この間の東京化学同人編集部による温かくも厳しい助言は著者一同を強く支えてくれた．第2版では生化学・分子生物学の基本を重視しつつ，学問の進歩に合わせた先端的な知識を時代に即して採用することにより，これから生命科学を志す人々の要求を満足させうる演習書とすることを目指した．

　とはいえ，旧版の序文でも述べていたように，学部で習得するべき基礎的内容が大学や学部によらず明確な物理学や化学という学問とは異なり，生命科学の講義内容は学部によって，また講義する個人によって大きく異なるのが現状である．そのなかで現在あるいは将来の生命科学を担う読者諸子の基礎学力を培う補助としての演習書であれば，生体の分子レベルの成り立ちと物質代謝を中心とする生化学と遺伝学，および細胞の発生・分化を基礎とする分子生物学の2大分野の学習を手助けできる内容が必要であろう．一昔前には，生物学は分野ごとに暗記するべき内容の多い学問であったが，地球上の生命体を共通な知識で理解できる生化学・分子生物学の発展により，個々の生物種の違いより，生命体としての共通性が強調されるようになり，異なる分野の人々の間での相互理解が進んだ．

　しかし，近年は再び生命体の多様性への注目を促すような研究成果が増しており，多くのことを記憶し，その記憶を状況に応じて活用することが求められている．生命科学を志す諸君はもともと記憶することが好きな人，記憶力が抜群と自負している人が多いのではないかと察せられるのであまり心配はないと思うが，どのような分野にしても基礎学力は繰返しの学習により体得するものである．繰返し学習には多くの問題を解く演習を続けることが必須であるとの観点から本書が生まれている．多くの事項を連結して理解し，長期にわたって記憶することを効率よく，また楽しく進められるようコラム記事や英語表記を入れるなどの配慮をした．この目的のため，前後で内容に重なりのある問題もあえて取上げ，また穴埋め問題を随所に入れると同時にこれを内容的に補足する解説を配置する方針

をとった．なお，旧版同様，比較的むずかしいと思われる問題には難問マーク（*）をつけた．

本書は，以下の章立てとなっており，上に記したように生化学の基礎から分子生物学・分子遺伝学・細胞生物学をカバーする広い視野で問題を作成してある．大学や短大，高専，専門学校などで生化学や分子生物学の講義を受けている方々の学習の一助となることを目指している．

1. 生体物質の化学
2. 生化学実験法とその基礎
3. 酵素反応
4. 代謝
5. 分子生物学
6. 細胞生物学
7. 遺伝子工学・分子医学
8. 分子発生学
9. 免疫
10. 英語問題

内容を概説すれば，分子の存在とその性質の理解は20世紀前半に飛躍的な進歩を遂げた分野であり，現在われわれの身のまわりから宇宙に至るすべての物質現象を理解する基礎である．これに続く数章は，われわれを生命体として維持している代謝機構をテーマとしている．分子が集まってできている生命体は絶えず外界から栄養源となる物質を摂取し，分解し，エネルギーを取出し，つくり変え，排泄する代謝を営むことにより自己を維持している．このような生命体が原始地球上で発生してから，連綿として今に至る進化を続けているのは，その遺伝子による継続性と，突然変異による変化あるいは進化による．遺伝子の分子としての特質と，遺伝子がいかに生命体の機能をきめ細かく制御しているかを明らかにしてきたのが分子生物学あるいは分子遺伝学である．ここにきて生命科学は一挙に花開いた感があり，多くの学生が志望する人気学科となったところも多い．また，遺伝子の人為的操作方法が確立し，生命をある程度人間の思うようにつくり変えるなどの技術の進歩が物理学，化学，工，など従来の非生物系分野からの研究者の参画を促して生命科学分野の裾野が大きく広がった．生命科学の人間生活への大きな寄与が医学，農学，薬学等の分野で素晴らしい発展をみせていることは周知の事実であり，今後の発展がどこまで進むのか，倫理上の問題も含めて見通すのもむずかしくなっている．

世の中のこのような動きに応じて本書が生命科学を理解しようとするより多くの読者の学習効率の上昇に貢献できることを期待している．第2版では，世界共

通言語となっている英語に少しでも慣れていただきたいとの気持ちから，各章末に知っていて損はしない言葉の英語版をまとめてみた．また，すべてではないが術語の多くに英語つづりをつけたことを付記しておく．10章にはあまり多くはないが，著者らがつくった英語問題を配しているので，その是非，要不要などについての読者のご意見を待ちたい．いずれも，英語アレルギーをなくすのが目的であり，国際会議では非英語国民の間での意思疎通が基本的に英語で行われている現状への対応である．"英語と日本人"という古き佳き話題から卒業したいという希望がこもっている．わが身を顧みても思うのは，"なんでも初めは面白い"ということか．面白いうちにある程度の技術を身につけてしまおう．

人の一生で，若いときの理解力，記憶力，習得力，発現力，独創力は分野を問わず格別のものであり，もはやわれら著者一同，読者諸子に及ぶべきところではない．本書を手助けにして，独自の新しい世界に挑戦していただきたい．

本書の改訂にあたっては初版同様多くの方々に力を貸していただいた．特に，有坂文雄氏，榎森康文氏，長田俊哉氏，桂 勲氏，田中信夫氏，橋本弘信氏，藤井穂高氏，八木澤仁氏，八杉貞雄氏，Julian Koe 氏には問題提供および査読にご協力いただいたことを，深く感謝したい．ただし，誤りや考え違いなどすべての責任は著者の2名に帰することは言うまでもない．

また，東京化学同人の橋本純子氏，竹田 恵氏には長期間にわたった改訂準備のため，多大のご尽力をいただいたことに改めて深謝する．

2011年8月

猪飼　篤・野島　博

第1版の序

　生化学と分子生物学は生物科学を学ぶにあたっての二つの大きな基礎科目である．分子生物学は大学によっては分子遺伝学の名目で教えられているところも多いだろう．生化学と分子生物学ないし分子遺伝学は分かちがたい分野ではあるが，どちらかというと前者は生体分子の化学構造と反応性を基礎とした論理を尊び，後者は生物体構築と遺伝の論理を柱としている．本書は，この2分野を学ぶ諸君への激励として誕生した．生物科学をどう学び，どう利用するかはそれぞれ諸君が選ぶ将来の分野によって異なるが，生物世界成立の基礎を分子レベルから理解する基盤は生化学と分子生物学にゆだねられている．

　大学の講義で学んだ基礎的な知識の復習と演習をかねて本書をひもといていただきたい．特に各分野のはじめのほうにある問題は講義や教科書での学習のあとの復習を目的に，穴埋め問題を多く配置してあり，いくつかの問題で似たような概念が言葉を変えて出てくる場合もある．このレベルでは本書はかなり親切に書かれているはずである．生化学や分子生物学の分野ではどうしても覚えておかなくてはならないことがらが多い．穴埋め問題などを多く用いたのは，この覚える過程を助けるのが目的なので，気軽に取組んでほしい．＊印がついているのは著者から見てかなりむずかしい問題である．むずかしい問題には，最近の発展についての知識を問うものと，問題がいりくんではいるが注意して読めば比較的初歩の知識と注意深い考察を通して解けるものの2種類がある．前者の場合，知らなければ解答できないので，その場合は教科書を読むつもりで解答を読み，新しい分野の発展に触れてほしい．後者のような問題はじっくり読み解く練習をしてほしい．

　本書が取上げている分野をすべての学部で教育してはいないので，多くの学生にとっては習っていないこともあり，必ずしもすべての問題が解けるわけではないだろう．たとえば，免疫学など分子医学的な分野を教えている理学部関係の学科は少ないと思う．そのような場合は，いままで聞いたこともない名称やことがらに本書ではじめてお目にかかってたじろぐ人もいるかもしれない．しかし，多くの人にとって医学，薬学方面での基礎的な知識をある程度もつことは将来きっと役立つとの思いから，この分野の問題を充実することにした．本書を通じて新

しい分野への興味を開花させてもらえるよう願っている．

この問題集は生化学や分子生物学の研究および教育に携わっている著者の二人が中心となり，多くの方々のご協力を得て完成の日を迎えることができた．問題作成や調整にあたってむずかしかった点は，上にも述べたように，この両分野，特に分子生物学の分野での大学学部レベルの内容についての見解の相違が随所に出てくることであった．分子生物学という学問が発展段階にあり，物理学，化学あるいは工学におけるような学部教育についての広いコンセンサスのようなものがないことも一因であろう．またできるだけ多くのことをとにかく理解し，覚えてもらいたいという研究現場からの切実な発想と，ものごとは理屈があってはじめて覚えるものだという教育的な配慮とがぶつかることもあり，著者達自身にとっても互いの立場を知るよい機会となった．しかし，この意見の相違をそのまま問題集に反映して学生諸君を困惑させてもいけないという配慮で本書をまとめることができたと思う．

以上のような過程を経てようやく出版にこぎつけた本書なので，内容や解答のレベルあるいは適否に関して多くの方のご意見を拝聴し，今後の改訂など役立ててゆきたい．積極的にご支援を願うしだいである．また，著者らの限られた知識では解答に不適切な点もあると思うので，ご指摘いただければ幸いである．なお，本書では見やすさという観点から酸，塩基の構造式をほぼ一貫して非イオン型を用いて表したことをお断りする．

この問題集をつくるにあたって，お忙しい時間を割いていくつかの問題と解答をつくっていただいたり，校正の段階で問題や解答を点検して下さった方々，および資料のご提供をお願いした方々に，以下にお名前をあげて深く感謝したい．なお，本書の最終的な責任は著者二人にあることはいうまでもない．

荒川秀雄	有坂文雄	石川冬木	石野史敏	甲斐荘正恒
堅田利明	岸本健雄	小堀正人	斉藤佑尚	関根光雄
脊山洋右	髙宮建一郎	田中信夫	西田宏記	橋本弘信
林　利彦	広瀬茂久	宝谷紘一	松本　緑	八木澤仁
矢崎和盛	八杉悦子			

本書は通常の教科書の出版に比べると，出版社である東京化学同人で担当して

いただいた橋本純子氏には多大な手間と時間をおかけしてきた．出版時期も当初の予定を大幅に遅れて，学期半ばの出版となってしまった．多くの面でご苦労いただいた橋本純子氏をはじめとする東京化学同人の皆様に深く感謝するしだいである．

1995年5月

著者一同

目　　次

1. **生 体 物 質 の 化 学** ……………………………………………………1
   光学異性体　糖　類　オリゴ糖のメチル化分析　アミノ糖・糖タンパク質　アミノ酸・ペプチド・タンパク質　脂　質　核　酸　抗生物質

2. **生化学実験法とその基礎** ……………………………………………41
   水と生命　測定法のあらまし　化学平衡　抗体の結合定数　遠心分離　反応速度論　分光学　蛍光スペクトル　相互作用　円偏光二色性　顕微鏡　核磁気共鳴　結晶の格子定数　タンパク質の構造解析　電子分布　ブラベ格子　位相情報　酸化還元電位と標準自由エネルギー　タンパク質の流体力学的性質　電気泳動　金属イオン　キレート剤　熱運動

   コラム　pHの計算 ………………………………………………47
   コラム　pHの測定 ………………………………………………48
   コラム　ブラベ格子 ……………………………………………79
   コラム　重原子同形置換法 ……………………………………82
   コラム　酸化還元電位 …………………………………………84

3. **酵 素 反 応** ……………………………………………………………93
   酵素反応速度論　消化酵素　酵素の人工改変実験　アロステリック酵素　ヘモグロビン

4. **代　　謝** ……………………………………………………………105
   糖類の代謝　解糖系　糖新生　クエン酸回路　ペントースリン酸回路　アンモニアの固定　アミノ酸の代謝　窒素の排泄　脂肪酸の代謝　糖質・脂質・アミノ酸代謝相互関連　アセチル CoA　ケトン体生成　細胞膜　コレステロールの生合成　プロスタグラ

ンジン　ヌクレオチド生合成　電子伝達系　NADPH とその生成　$NAD^+ \rightarrow NADH + H^+$　FMN と FAD　光合成

5．分子生物学 ……………………………………………………163
DNA の基礎　DNA スーパーコイル　複　製　DNA 修復　染色体の構造　転　写　翻　訳　原核生物の遺伝子制御　真核生物の遺伝子制御　レトロトランスポゾン　酵母の分子遺伝学　ゲルシフトアッセイ

6．細胞生物学 ……………………………………………………207
細胞の構造　細胞周期　テロメア　タンパク質とその細胞小器官間の輸送　アポトーシス　情報伝達　感覚受容　細胞接着　運動器官　神経系と神経伝達

コラム　細胞小器官 ……………………………………………………209

7．遺伝子工学・分子医学 ………………………………………253
PCR　電気泳動　遺伝子操作　α 相補　発がん・がん原遺伝子　遺伝子診断　遺伝性疾患　遺伝学　血液凝固系

8．分子発生学 ……………………………………………………281
発　生　ショウジョウバエの発生　ジーンターゲッティング　遺伝子の組織特異的発現　器官形成における形態形成因子の作用　ES 細胞・iPS 細胞

9．免　疫 …………………………………………………………291
抗　体　免疫系　抗原認識　肥満細胞　アレルギーの発症機序　サイトカインインヒビター　補体系　細胞傷害性 T 細胞　自然免疫

10．英語問題 ………………………………………………………319

索　引 ……………………………………………………………………331

1. 生体物質の化学

光 学 異 性 体

[問題 1・1]　次の構造式は D- または (R)-グリセルアルデヒドと L- または (S)-アラニンのフィッシャー投影式 (Fischer projection formula) であり，酸化度の高い置換基を上に描いている．下の(a)〜(p)から，D-, L-グリセルアルデヒドおよび D-, L-アラニンの構造式を選び出せ．

```
        H   O                           COOH
         \\ //                            |
          C                    左はL形  H₂N−C−H
    H−C−OH  右はD形                      |
          |                              CH₃
         CH₂OH

D-グリセルアルデヒドまたは            L-アラニンまたは
  (R)-グリセルアルデヒド                (S)-アラニン
```

(a) HC=O, HOH₂C−C−H, OH
(b) OH, H−C−CH₂OH, HC=O
(c) CH₂OH, H−C−OH, HC=O
(d) HC=O, HOH₂C−C−OH, H
(e) CH₂OH, H−C−C=O, OH, H
(f) H, O=C−C−OH, CH₂OH, H
(g) O OH, HC−C−CH₂OH, H
(h) H, HO−C−C=O, CH₂OH, H
(i) CH₃, HOOC−C−NH₂, H
(j) NH₂, H₃C−C−COOH, H
(k) COOH, H₃C−C−NH₂, H
(l) COOH, H₂N−C−CH₃, H
(m) CH₃, HOOC−C−H, NH₂
(n) NH₂, H−C−COOH, CH₃
(o) H, H₂N−C−CH₃, COOH
(p) H, HOOC−C−CH₃, NH₂

[**解 答**]　D-グリセルアルデヒド：a, b, e, h　　L-グリセルアルデヒド：c, d, f, g
D-アラニン：i, j, l, p　　L-アラニン：k, m, n, o

　ここで問われているのは分子の不斉（キラリティー）の表し方である．ある分子がその鏡像と重ね合わすことができない立体構造をもつとき，その分子は不斉性をもつという．不斉炭素の立体配置は，歴史的にはグリセルアルデヒドの立体配置と関連づけた，D 形，L 形という表記法が用いられてきたが，最近は体系的な命名法に基づく，R 形，S 形という表記法が IUPAC（国際純正・応用化学連合）により推奨されている．
　分子のキラリティー：キラリティーには中心性（点），軸性，面性，らせんなどの種類があるが，アミノ酸や糖類のキラリティーは炭素原子に 4 個の異なる原子団が結合している点キラリティーである．この場合，異性体を区別する命名法にはいくつかある．
　RS 表示：不斉炭素と結合する 4 個の原子または原子団の中で，最も原子番号が小さくカーン–インゴールド–プレログ順位則の優先順位が一番低いものを自分から遠い位置に置いてハンドルの軸とし（自動車のハンドルを考えればわかりやすい），残りの 3 個の原子または原子団をハンドル上で優先順位の高い方から順にたどったとき，時計回りなら R，反時計回りなら S として立体配置を表す．
　DL 表示：フィッシャー（E. Fischer）が絶対配置を仮定した D-グリセルアルデヒド（1950 年代に X 線結晶解析法により仮定が正しかったことが判明）と関連づけて立体配置を表記する歴史のある方法．立体配置を表記するには，1979 年に IUPAC 命名法として取入れられた RS 表記法で何ら問題はないが，糖およびアミノ酸に関しては表記法として DL 表示が長年使用されてきた経緯や糖のように複数の不斉炭素を有する場合の立体配置の表記に簡便な方法が DL 表示をもとに確立されているなどのこともあり，いぜんとして使用されることが多い．
　グリセルアルデヒドは不斉炭素を一つもつ．このまわりの原子団の配置が，前ページの図に示したように酸化度の高いカルボニル末端を上にしてフィッシャー投影式で表した場合，ヒドロキシ基が右になるものを D 形，左になるものを L 形とよぶ．不斉炭素のまわりの配置を変えないでグリセルアルデヒドから合成できる分子についてもこの方法を踏襲する．例として，アラニンの場合について L-アラニンの配置を示した．不斉炭素に結合している原子団を奇数回交換すると D↔L，R↔S と変換される．タンパク質を構成するアミノ酸は不斉中心をもたないグリシン以外はすべて L 形である．またシステイン以外はすべて S 形となる．右旋性(+)，左旋性(−)は，試料を通過した平面偏光が，元の偏光面に比べ，観測者から見て時計回りに変化している場合を右旋性，反時計回りの場合を左旋性という．実際の旋光性を表すために，d, l（ともに

斜体）が用いられたこともあるが，現在は (+), (−) で表される．DL 表記は，実際の旋光性とは必ずしも一致しないので，D-(−)- というような表記も使われる．

糖　類

[問題 1・2]　単糖は，そのフィッシャー投影式（酸化度の高い炭素を上にして，炭素鎖を垂直に配置する）において，アルデヒドまたはカルボニル基から最も遠い不斉炭素が D-, L-グリセルアルデヒドのいずれに一致するかにより，D 糖, L 糖とよぶ．

```
   1
  H−C=O       ← アルデヒド
   2
  H−C−OH
   3
 HO−C−H       } ぐルコースと覚えよう
   4
  H−C−OH
   5
  H−C−OH      ← アルデヒドから最も遠い不斉炭素
   6            ここの OH が右に出るのが D 形
  CH₂OH       ← この炭素は不斉ではない
```

次の糖の投影式を書け．太字の物質は生化学によく出てくる糖である．
1) L-グルコース
2) **D-マンノース**（D-グルコースの C2 エピマー）
3) D-アロース（D-グルコースの C3 エピマー）
4) **D-ガラクトース**（D-グルコースの C4 エピマー）
5) **D-フルクトース**（D-グルコースの C2 がカルボニル基，C1 がヒドロキシメチル基となる）

[解答]

1)	2)	3)	4)	5)
H−C=O	H−C=O	H−C=O	H−C=O	CH₂OH
HO−C−H	HO−C−H	H−C−OH	H−C−OH	C=O
H−C−OH	H−C−OH	H−C−OH	HO−C−H	HO−C−H
HO−C−H	H−C−OH	HO−C−H	HO−C−H	H−C−OH
HO−C−H	H−C−OH	H−C−OH	H−C−OH	H−C−OH
CH₂OH	CH₂OH	CH₂OH	CH₂OH	CH₂OH

[問題 1・3]　六炭糖（ヘキソース）である D-グルコースあるいは D-フルクトースは C5 炭素や C6 炭素に結合したヒドロキシ基の O が，アルデヒドまたはケトン

型のOをもつC1あるいはC2炭素を求核的に攻撃して，6員環のピラノースや5員環のフラノースをつくる．このとき，C1またはC2のHとOHの配置に関して α と β のアノマーができることを，図を参考に結合の回転を考えて説明せよ．

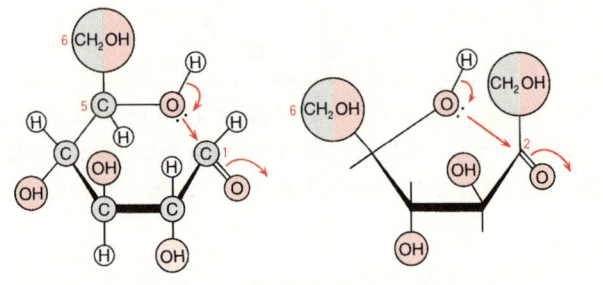

[解答] $-OH$ がC1を攻撃して $O-C$ 結合ができるとき，C1についた $-H$ と $=O$ は $-H$ と $-OH$ となる．このとき，C1-C2軸の回転により，

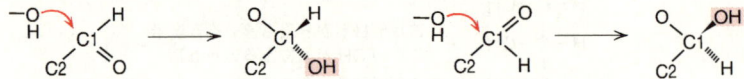

の二つの配置がありうる．新しく不斉中心となったC1炭素に関するこのような異性体をアノマーとよび，D,Lを決定する炭素の立体配置との比較で同じなら α，逆であれば β となる．すなわちD糖ではハース投影式で $-OH$ が下にくるのが α-アノマー，上にくるのが β-アノマーとなる．α, β は酸化度の高い炭素から最も遠い不斉中心との相対位置で決まるので，六炭糖ではC5の立体配置が変わって，L糖となると，α-アノマーでは $-OH$ が上向きに，β-アノマーでは $-OH$ が下向きになるので注意したい．

フルクトースの場合はC2のカルボニル炭素が求核攻撃を受けて5員環となる．このときC2-C3結合の回転状態に応じて，α と β のアノマーを生じる．

[問題 1・4] L-フコースは種々の糖鎖の**非還元末端**に位置し，広く生物界に存在する．

1) L-フコースは6-デオキシ糖の一種で，6-デオキシ-L-ガラクトースに相当する．6-デオキシ-α-D-ガラクトースおよびその鏡像である α-L-フコースのハース投影式（Haworth projection formula）を書け．

2) 生体内ではL-フコースはガラクトースからではなく，フルクトース6-リン

酸から導かれる．フルクトース 6-リン酸がマンノース 6-リン酸，マンノース 1-リン酸，GDP-D-マンノース，GDP-4-ケト-6-デオキシ-D-マンノース，GDP-4-ケト-6-デオキシ-L-ガラクトース，GDP-L-フコースと変化する過程を化学式で示せ．ただし GDP はグアノシン 5′-二リン酸の略．

[解答] 1)

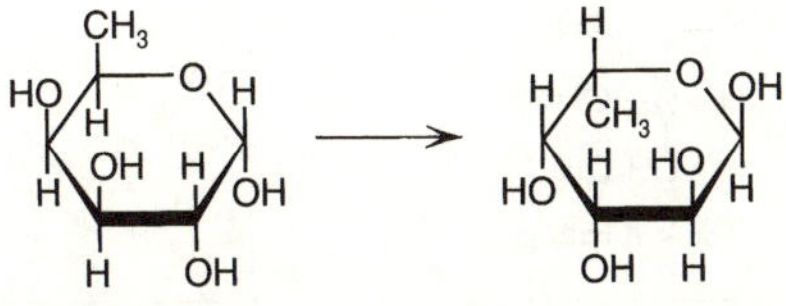

6-デオキシ-α-D-ガラクトース → α-L-フコース

全側鎖の反転で 6-デオキシ-L-ガラクトースとなる．α-アノマー形も維持される．C1 の OH と C5 の CH_3 が環の反対側に出ていると α-アノマー．同じ側だと β-アノマー．

2)

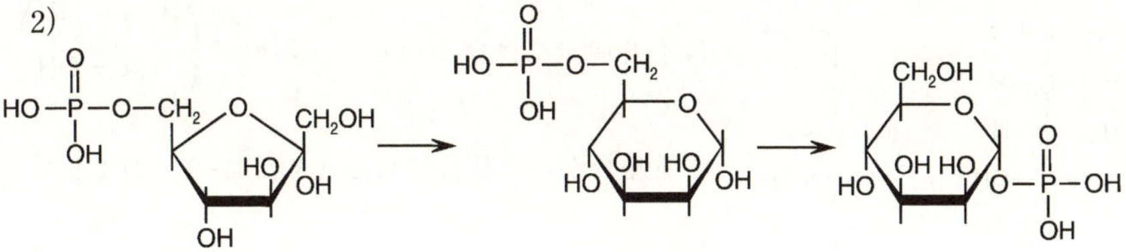

フルクトース 6-リン酸 → マンノース 6-リン酸 → マンノース 1-リン酸

グアノシン 5′-二リン酸部分（以下 GDP と略す）

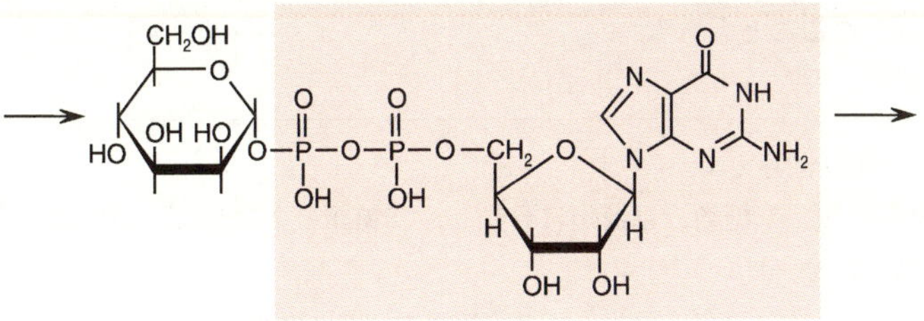

GDP-D-マンノース

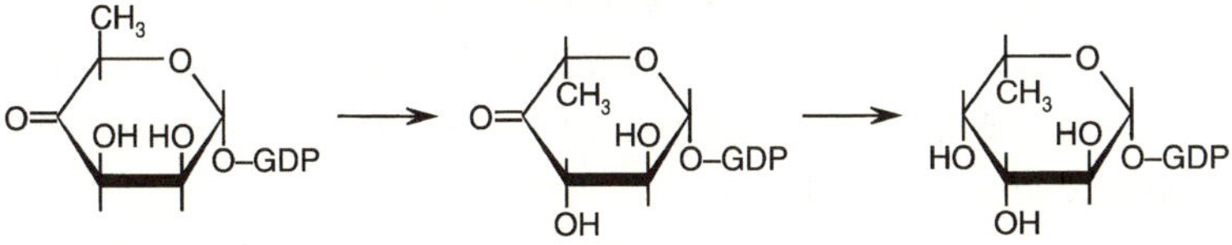

GDP-4-ケト-6-デオキシ-D-マンノース → GDP-4-ケト-6-デオキシ-L-ガラクトース → GDP-L-フコース

[問題 1・5] D-グルコースを希アルカリ中にしばらくおくと，図のようなエノー

ル形のエンジオール中間体を経て，2種類の異性体を生じる．どのような糖を生じるか．

```
   H-C=O              H-C-OH  ←
   H-C-OH             ‖           二つのOHがあるので
  HO-C-H              C-OH   ←   diol (ジオール)
   H-C-OH    ⇌      HO-C-H
   H-C-OH             H-C-OH  ←   二重結合があるので
      CH₂OH           H-C-OH       ene (エン)
                         CH₂OH
   D-グルコース        エンジオール中間体
```

[解答] D-マンノースとD-フルクトースを生じる．エンジオール中間体のC2炭素は不斉炭素ではなくなっているので $\begin{pmatrix} H-C-OH \\ \| \\ C-OH \end{pmatrix}$，二重結合から単結合になるときにH-C-OHとなってグルコースに戻ることも，HO-C-Hとなってマンノースになることもできる．またC2がカルボニル基となりフルクトースとなることもある．

```
  H-C=O        CH₂OH
 HO-C-H        C=O
 HO-C-H       HO-C-H
  H-C-OH       H-C-OH
  H-C-OH       H-C-OH
     CH₂OH        CH₂OH
  D-マンノース   D-フルクトース
```

[問題 1・6] 次の問いに答えよ．
1) 次の物質を多糖類，二糖類，単糖類に分類し，二糖類と多糖類については，その構成単糖の名を記せ．
　　グリコーゲン，フルクトース，マルトース，スクロース，セルロース，
　　ラクトース，ガラクトース，デンプン，グルコース
2) 上に記した単糖は，アルデヒド基またはカルボニル基に由来する還元性がある．上記二糖類のなかには還元性をもつものともたないものがある．その原因を構造式を用いて説明せよ．

[解答] 1) 多糖類：グリコーゲン(グルコース)，セルロース(グルコース)，デンプン(グルコース)
二糖類：マルトース(グルコース)，スクロース(グルコースとフルクトース)，ラクトース(ガラクトースとグルコース)

単糖類：フルクトース，ガラクトース，グルコース

2) 二糖類のなかでマルトースではグルコースどうしが α-1,4-，ラクトースではガラクトースとグルコースの二つの単糖が β-1,4-グリコシド結合しているので，いずれにおいても C1 のアルデヒドに由来するヘミアセタール性ヒドロキシ基がグリコシド結合に使われていないグルコースが一つある．これが還元性を示す原因となる．一方，スクロースではグルコースの C1 とフラノース形フルクトースの C2 の間でグリコシド結合ができているため，ヘミアセタール性のヒドロキシ基が残っていない．そこでスクロースには還元性がない．このようにスクロースには反応性の高いアノマーのヒドロキシ基が残っていないので，酸化などによる変質を受けない安定な貯蔵糖となっている．

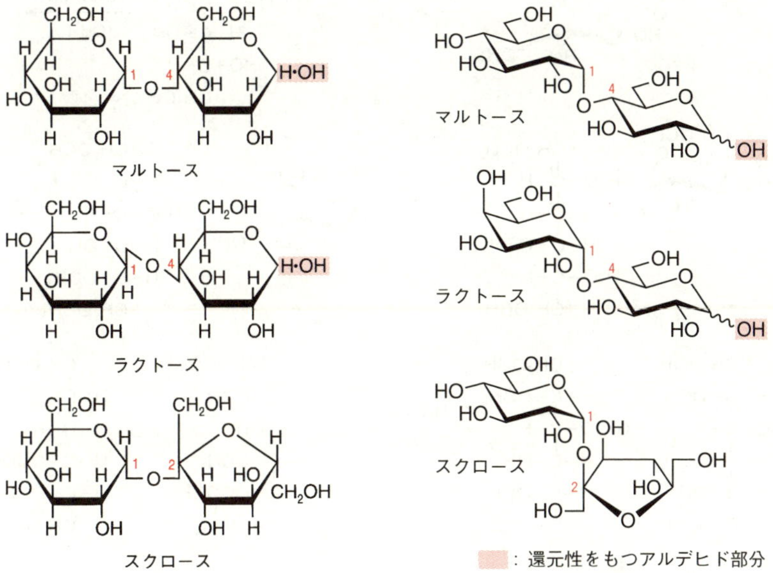

マルトース

ラクトース

スクロース
ハース投影式

マルトース

ラクトース

スクロース
いす形配座

■：還元性をもつアルデヒド部分

オリゴ糖のメチル化分析

[問題 1・7] 糖鎖の結合様式を調べる手法として用いられるメチル化分析は，糖試料を順次，$NaBH_4$ 還元→メチル化（水素化ナトリウム/ジメチルスルホキシド，ヨウ化メチル）→酸加水分解→NaB^2H_4（^2H は重水素）→アセチル化（無水酢酸/ピリジン）して得られる複数の糖アルコール誘導体を，ガスクロマトグラフィーで

分離し,質量分析により同定して行う.
 1) マルトースを例に各工程での生成物を構造式で書け.
 2) スクロースおよびラミナリビオース(3-O-α-D-グルコピラノシル-D-グルコース)を上記の方法でメチル化分析すると,どのような糖アルコール誘導体が得られるか.
 3) NaB^2H_4 を用いる利点は何か.

[解答] 1)

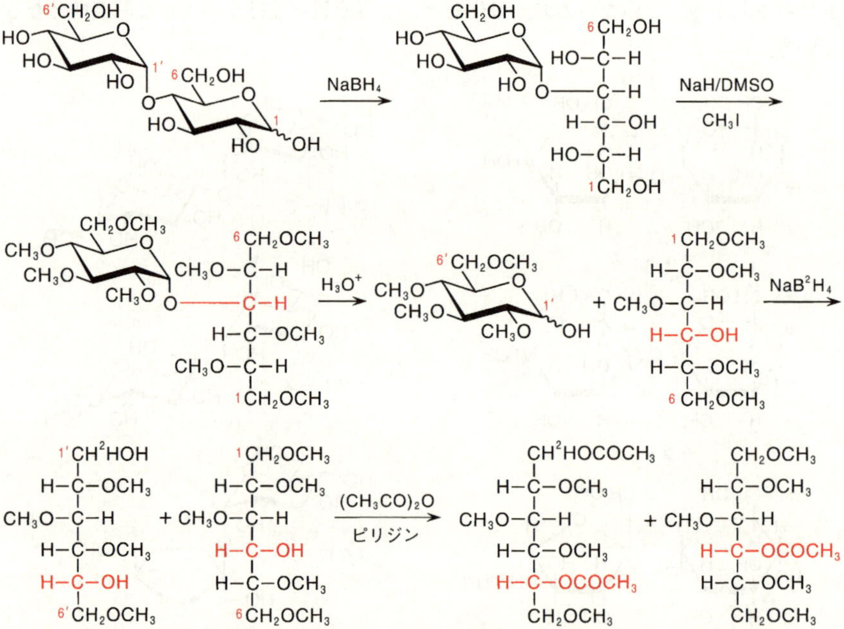

[構造式の反応スキーム:マルトース → $NaBH_4$ → 開環糖アルコール → $NaH/DMSO$, CH_3I → 完全メチル化体 → H_3O^+ → メチル化グルコース + メチル化グルシトール → NaB^2H_4 → 糖アルコール誘導体 → $(CH_3CO)_2O$/ピリジン → アセチル化体 (A)]

 2) 双方に共通する 1) に示した (A) のほかに,次のような糖アルコール誘導体が得られる.

スクロースから:

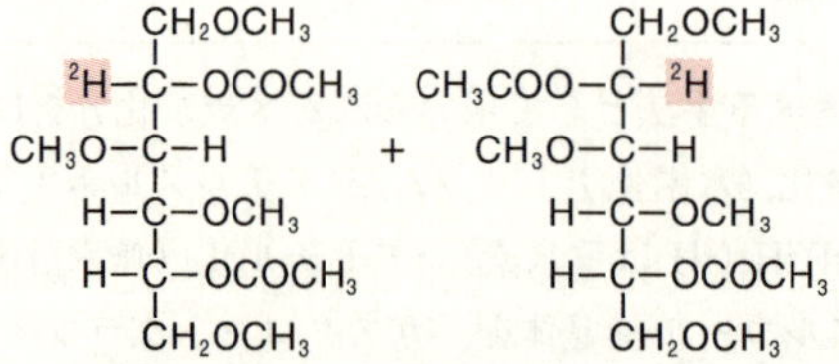

$^2H-C-OCOCH_3$ / CH_3O-C-H / $H-C-OCH_3$ / $H-C-OCOCH_3$ / CH_2OCH_3 (上端 CH_2OCH_3)

  $+$

CH_2OCH_3 / $CH_3COO-C-^2H$ / CH_3O-C-H / $H-C-OCH_3$ / $H-C-OCOCH_3$ / CH_2OCH_3

ラミナリビオースから:

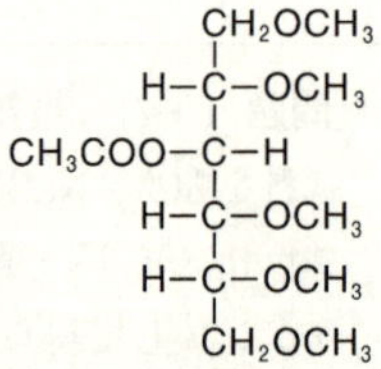

CH_2OCH_3 / $H-C-OCH_3$ / $CH_3COO-C-H$ / $H-C-OCH_3$ / $H-C-OCH_3$ / CH_2OCH_3

3) 1位と6位の識別に有効である．

[問題 1・8]* ある三糖の構造を明らかにするために行った実験に関する次のA～Cの記述を読み，下記の問いに答えよ．
　A. 微量の糖成分を，2-アミノピリジンと水素化シアノホウ素ナトリウム NaBH$_3$CN を用いて還元的にアミノ化して，蛍光を有する誘導体とした後，液体クロマトグラフィーにより定量することができる．三糖を加水分解し，この方法で定量したところ，キシロース，フコース，ガラクトースが検出され，その比はほぼ 1 : 1 : 1 であったが，同じ三糖を水素化ホウ素ナトリウム NaBH$_4$ と反応させた後に加水分解し，同様に定量すると検出されたのはキシロースとガラクトースで，その比はほぼ 1 : 1 であった．
　B. この三糖の過ヨウ素酸酸化では過ヨウ素酸 4 モルが消費され，ギ酸 3 モルを生じた．
　C. エキソグリコシダーゼである β-キシロシダーゼおよび α-ガラクトシダーゼを，それぞれ単独にこの三糖に作用させた後に単糖分析を行うと前者ではキシロースのみが検出され，後者では何も検出されなかった．また，β-キシロシダーゼと α-ガラクトシダーゼを同時に作用させた後に単糖分析を行うと，すべての構成糖が検出された．

　1) 還元的アミノ化反応をキシロースを例として段階的に示せ．また，A の事実からはどのようなことがわかるか．
　2) A および B 双方の事実に一致する結合様式は幾通りあるか．
　3) C の事実からはどのようなことがわかるか．
　4) この三糖の構造を示せ．

[解答] 1)

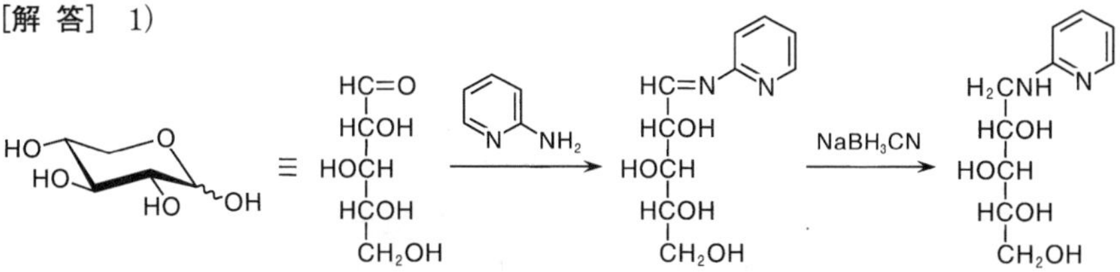

三糖を NaBH$_4$ で還元することによりフコースが検出されなくなるので，フコースは三糖において還元末端に位置することがわかる．

2）隣接するジオールおよびトリオールは，それぞれ1モルおよび2モルの過ヨウ素酸を消費し，後者では1モルのギ酸を生じる．またトリオールが還元末端のアルデヒドを含む場合はギ酸が2モル生じる．上記の三糖の場合ギ酸を生じるのは，キシロース，ガラクトースおよびフコースに関してそれぞれ次のようなピラノース構造をとるときである．また，フラノース構造をとるときの過ヨウ素酸の消費量も示したが，このように環構造および結合位置により明らかな相違がみられる．

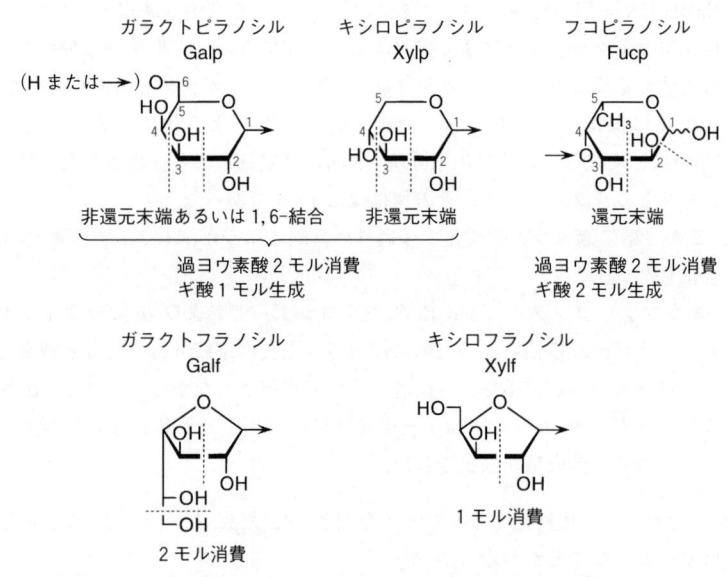

したがって，ギ酸が3モル生成することから，Aの結果と合わせ，フコースの4位に糖が結合し，キシロースまたはガラクトースのいずれか一方のみが，トリオール構造を有すること，すなわち，直鎖状の三糖構造が推測される．このことから，次の4通りが考えられる．

$$\text{Xylp} \to 3\ \text{Galp} \to 4\ \text{Fucp}$$
$$\text{Galp} \to 3\ \text{Xylp} \to 4\ \text{Fucp}$$
$$\text{Galp} \to 2\ \text{または}\ 3\ \text{Xylf} \to 4\ \text{Fucp}$$

3）キシロースが非還元末端に位置し，ガラクトースは内部に位置する．キシロース

は β 結合, ガラクトースは α 結合である.
4)

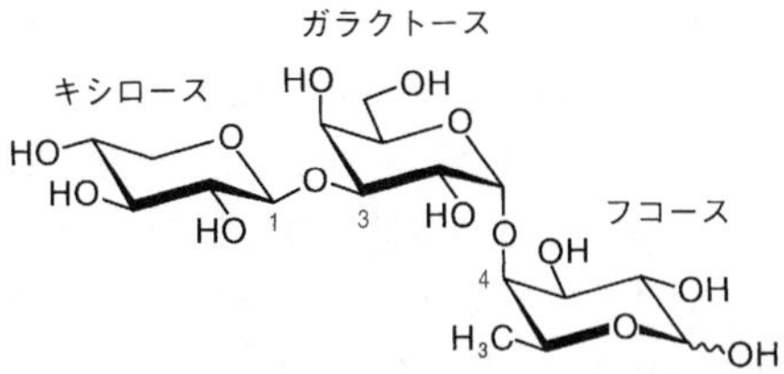

アミノ糖・糖タンパク質

[問題 1・9] グルコースの C2 についているヒドロキシ基がアミノ基に置き換わったものがグルコサミンである. また, このアミノ基がアセチル化されると, N-アセチルグルコサミンとなる.
 1) グルコサミン, マンノサミン, ガラクトサミンの構造を示せ.
 2) N-アセチルグルコサミンの β-1,4 結合型ポリマーはキチンとよばれる多糖類で, 甲殻類, 軟体動物などの体をつくっている. その構造を示せ.

[解答] 1) グルコサミン　マンノサミン　ガラクトサミン

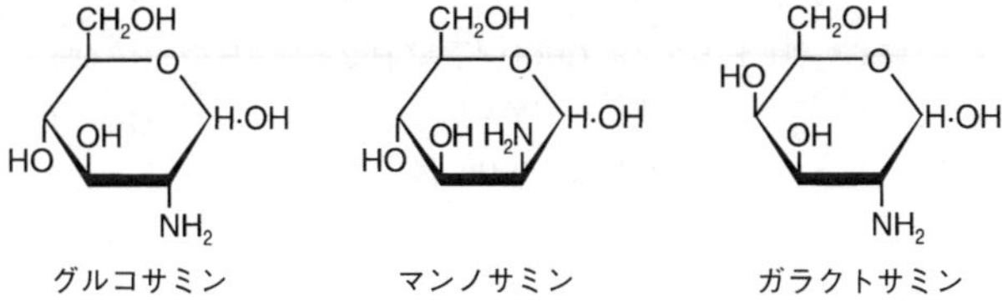

2) あるいは

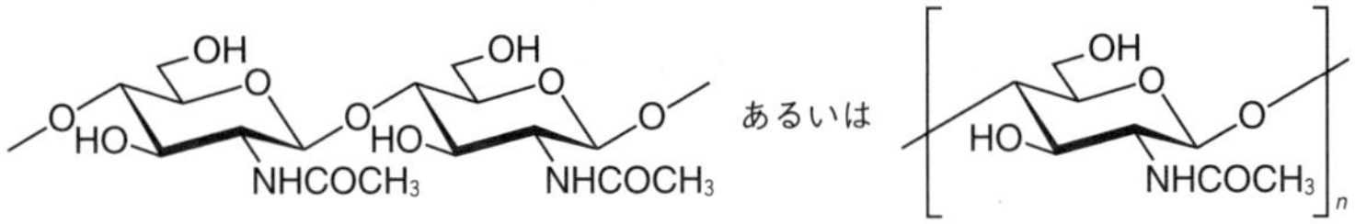

[問題 1・10] 次の問いに答えよ.
 1) 糖タンパク質の糖鎖部分は主としてどのような糖がタンパク質のどのようなアミノ酸側鎖に結合しているのか.
 2) 動物細胞内での糖タンパク質生合成の過程で, 糖ヌクレオチドおよびドリ

コールリン酸の果たす役割について説明せよ．

[**解 答**] 1) 糖タンパク質においては，タンパク質のセリン，トレオニン，ヒドロキシリシン残基のヒドロキシ基との O-グリコシド結合，あるいはアスパラギン残基のアミド基との N-グリコシド結合によって糖鎖が結合している．糖鎖は1個ないし十数個の糖残基からなっており，N-アセチル-D-グルコサミン，N-アセチル-D-ガラクトサミン，D-マンノース，D-ガラクトース，L-フコース，およびシアル酸がおもな構成糖である．植物では D-アラビノース，D-キシロースが含まれる．

2) 単糖からオリゴ糖や多糖類をつくる際に必要なグリコシド結合の形成には，糖の C1 炭素にウリジン二リン酸 (UDP) がホスホジエステル結合した UDP 化あるいは GDP 化，CMP 化された糖が活性化されたモノマー単位として使われる．種々のグリコシルトランスフェラーゼの働きで，これらの糖ヌクレオチドから糖の部分がセリン，トレオニン，ヒドロキシリシンのヒドロキシ基に移されて，O-グリコシドがつくられる．一方，糖をタンパク質に N-グリコシド結合で連結するためには，ドリコールという疎水性の化合物のリン酸エステルに糖をつないでゆき，グルコース(3)，マンノース(9)，N-アセチルグルコサミン(2) が結合した状態で脂質膜上を運搬して糖タンパク質生合成の場へ運ぶ．

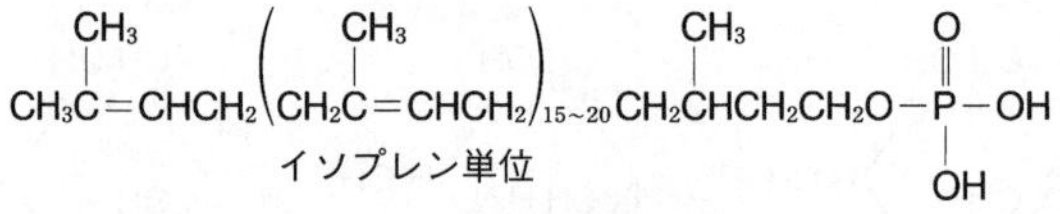

$$\text{CH}_3\text{C}=\text{CHCH}_2\left(\text{CH}_2\text{C}=\text{CHCH}_2\right)_{15\sim20}\text{CH}_2\text{CHCH}_2\text{CH}_2\text{O}-\overset{\overset{\displaystyle O}{\|}}{\underset{\underset{\displaystyle \text{OH}}{|}}{\text{P}}}-\text{OH}$$

イソプレン単位

ドリコールリン酸の構造

アミノ酸・ペプチド・タンパク質

[**問題 1・11**] 次の図は L-α-アミノ酸の一つであるアラニンのフィッシャー投影式である．

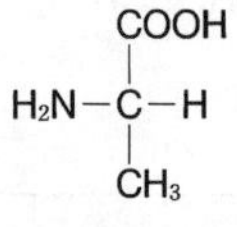

$$\text{H}_2\text{N}-\overset{\overset{\displaystyle \text{COOH}}{|}}{\underset{\underset{\displaystyle \text{CH}_3}{|}}{\text{C}}}-\text{H}$$

1) 中央の α 炭素の（四面体）立体配置を破線-くさび表記法で書き，4種の原子団を L 形構造に合うように書き入れよ．

2) 遺伝子によってタンパク質の構成アミノ酸として指定されるのは，アラニンのほかに 19 種類ある．それらの名称，三文字表記，一文字表記および化学構造

式を書け．
3) 全部で20種のアミノ酸のうち，次の a)～j) に該当するアミノ酸をあげよ．
   a) 側鎖の最も小さいアミノ酸で，タンパク質の高次構造の中ではβターンなど，主鎖が急角度で曲がるため側鎖が邪魔になる部分に存在することが多い．
   b) 厳密にいうとアミノ酸ではなくイミノ酸であり，αヘリックスの構成アミノ酸とはなりにくい．
   c) pH 7 付近の中性溶液中では常に正電荷をもっており，球状タンパク質の表面にある2種類のアミノ酸．
   d) 疎水性側鎖をもち，水を避ける傾向があるので，球状タンパク質の内部で疎水性の核をつくっている5種類のアミノ酸．
   e) タンパク質の立体構造ができるときに酸化されて主鎖間を結ぶ架橋構造をつくる．
   f) 側鎖にアミド結合があり，他の側鎖と水素結合をつくる性質のある2種類のアミノ酸．
   g) 中性水溶液中では側鎖のカルボキシ基が解離していて，負電荷をもっている2種類のアミノ酸．
   h) ヒドロキシ基を側鎖にもち，プロテアーゼなどの活性中心にあることの多いアミノ酸．
   i) 同じくヒドロキシ基をもつが，酵素の活性中心にある例は知られていないが，リン酸化酵素の標的の一つになっていることの多いアミノ酸．
   j) 側鎖の pK_a が 6～7 の間にあり，生理的条件下でプロトンを離したり結合したりすることができるので，酵素などの機能に大きな寄与をする．

[解答] 1)

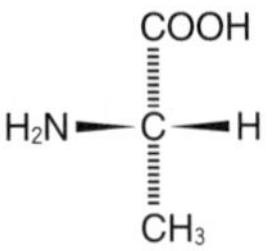

L-アラニン

2) グリシン(Gly, G)　　セリン(Ser, S) 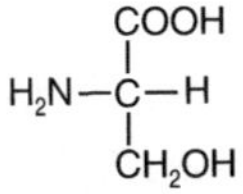　　トレオニン(Thr, T) 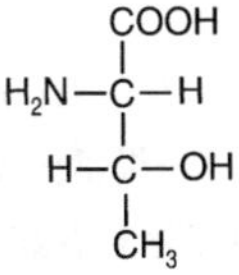　　システイン(Cys, C)

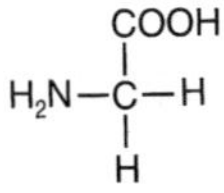

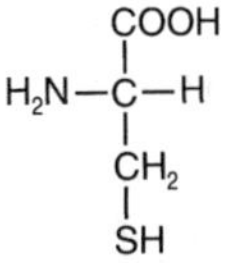

アミノ酸の構造

アスパラギン酸 (Asp, D)

H₂N–CH(COOH)–CH₂–COOH

グルタミン酸 (Glu, E)

H₂N–CH(COOH)–CH₂–CH₂–COOH

アスパラギン (Asn, N)

H₂N–CH(COOH)–CH₂–C(=O)–NH₂

グルタミン (Gln, Q)

H₂N–CH(COOH)–CH₂–CH₂–C(=O)–NH₂

ヒスチジン (His, H)

H₂N–CH(COOH)–CH₂–(イミダゾール環)

リシン (Lys, K)

H₂N–CH(COOH)–(CH₂)₄–NH₂

アルギニン (Arg, R)

H₂N–CH(COOH)–(CH₂)₃–NH–C(=NH)–NH₂

バリン (Val, V)

H₂N–CH(COOH)–CH(CH₃)₂

イソロイシン (Ile, I)

H₂N–CH(COOH)–CH(CH₃)–CH₂–CH₃

ロイシン (Leu, L)

H₂N–CH(COOH)–CH₂–CH(CH₃)₂

メチオニン (Met, M)

H₂N–CH(COOH)–CH₂–CH₂–S–CH₃

プロリン (Pro, P)

(ピロリジン環構造)

フェニルアラニン (Phe, F)

H₂N–CH(COOH)–CH₂–C₆H₅

チロシン (Tyr, Y)

H₂N–CH(COOH)–CH₂–C₆H₄–OH

トリプトファン (Trp, W)

H₂N–CH(COOH)–CH₂–(インドール環)

---

3) a) グリシン   b) プロリン   c) リシン, アルギニン   d) ロイシン, イソロイシン, バリン, メチオニン, フェニルアラニン, トリプトファン, の中から五つ   e) システイン   f) アスパラギン, グルタミン   g) アスパラギン酸, グルタミン酸   h) セリン   i) トレオニン   j) ヒスチジン

[問題 1・12] αヘリックス (α-helix) とβシート (β-sheet) の図を見て，主鎖のα炭素 C_α，カルボニル炭素，窒素，酸素および側鎖 R を示せ．また，主鎖にできている水素結合の部分を点線でつないでみよ．

1. 生体物質の化学

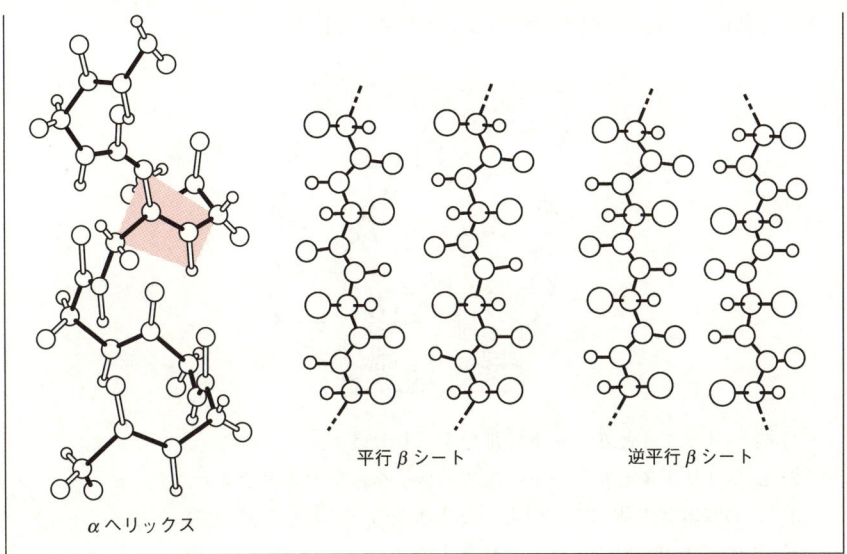

[解答]

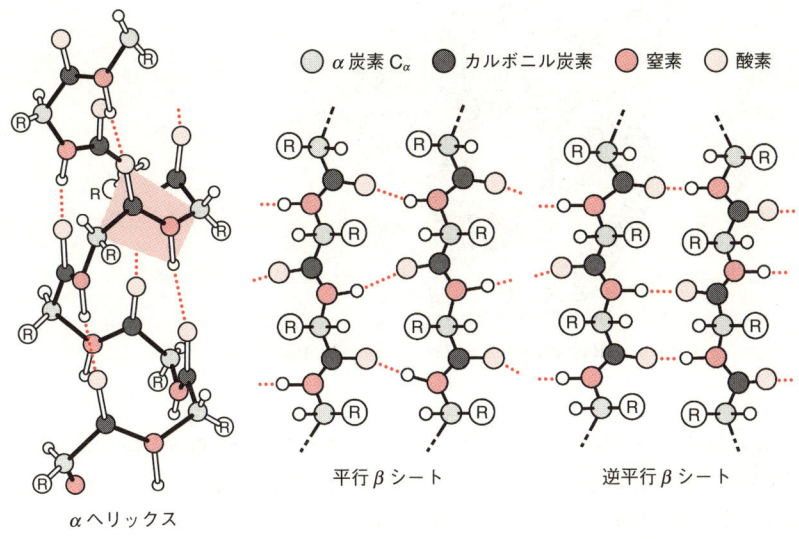

○ α炭素 C$_\alpha$　● カルボニル炭素　● 窒素　○ 酸素

[問題 1・13] 次の図はトリオースリン酸イソメラーゼという酵素のサブユニッ

トの立体構造を表した概念図である．次の問いに答えよ．

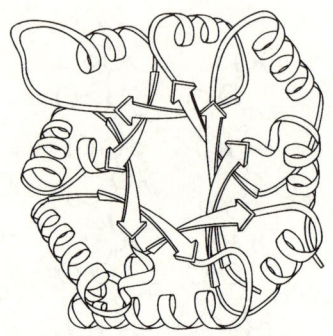

1) αヘリックスとβシートの部分を塗り分けよ．
2) αヘリックスとβシートの配置の様子を言葉で説明せよ．
3) この酵素は生体内でどのような代謝系の一員として働いているか．
4) この酵素が触媒する反応を化学式で表せ．

[解答] 1)

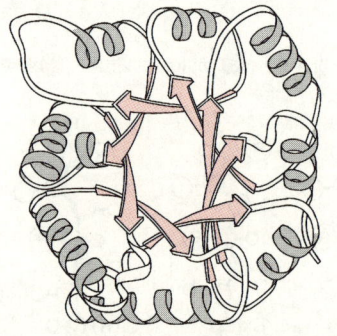

■：αヘリックス
■：βシート

[図は J. S. Richardson, *Adv. Prot. Chem.*, **34**, 167 (1981) による．]

2) 8枚のβシート部分が分子の中心で少しずつねじれた配置（左回りのらせん状配置）をとって筒状または樽状の芯をつくり，その外壁を2〜4回のターンをもつαヘリックスが8本で取囲んでいる．一次構造上は，

N−β α β α β α β α β α β α β α β α −C

とβシートとαヘリックスがつなぎの部分をはさんで交互に右巻きらせん状に繰返

している.
3) 解糖系
4)

$$\text{D-グリセルアルデヒド 3-リン酸} \rightleftharpoons \text{ジヒドロキシアセトンリン酸}$$

（左）CHO–CH(OH)–CH$_2$–O–P(=O)(OH)$_2$
（右）CH$_2$OH–C(=O)–CH$_2$–O–P(=O)(OH)$_2$

[問題 1・14] タンパク質やペプチドのアミノ酸の配列を決定する方法の基本はエドマン分解法である．この方法は，1) フェニルイソチオシアネート (PITC) という化合物の アレン形の炭素または集積ジエン =C= を，N末端アミノ基と反応させ，pH 9.5 の弱アルカリ性溶液中でフェニルチオカルバモイル (PTC) タンパク質を生成する**カップリング反応**, 2) トリフルオロ酢酸中で，S がカルボニル炭素と結合して環化し, 2-アニリノ-5-チアゾリノンアミノ酸を生成する**切断反応**，および, 3) 1 N HCl, 80 ℃, 10 分という条件下でチアゾリノンアミノ酸をフェニルチオカルバモイルアミノ酸 (PTC アミノ酸) の分子内イミド結合生成を経て，フェニルチオヒダントインアミノ酸 (PTH アミノ酸) に変換する**転換反応**の 3 段階からなっている．チアゾリノンアミノ酸は切断反応後に酢酸エチルなどの有機溶媒で抽出して N 末端のとれたタンパク質と分離する．生じた PTH アミノ酸をクロマトグラフィーなどで同定する．残ったペプチドに再度同じ方法を繰返し適用してアミノ酸配列順序を決めてゆく．

C$_6$H$_5$–N=C=S + H$_2$NCHR^{1}CONHCHR^{2}CO–

フェニルイソチオシアネート

a) 上の説明にでてくる化合物や誘導体を化学式を用いて表し，エドマン分解法の反応を説明せよ．

b) タンパク質のアミノ末端のアミノ基は修飾されていることも多い．どのような例があるか．

c) ダンシルクロリドを用いるダンシル法 (dansyl は dimethylamino<u>n</u>aphthale<u>n</u>e<u>s</u>ulfonyl chloride の略) とエドマン分解法を組合わせた，ダンシル-エドマン法の利点について説明せよ．

[解 答] a)

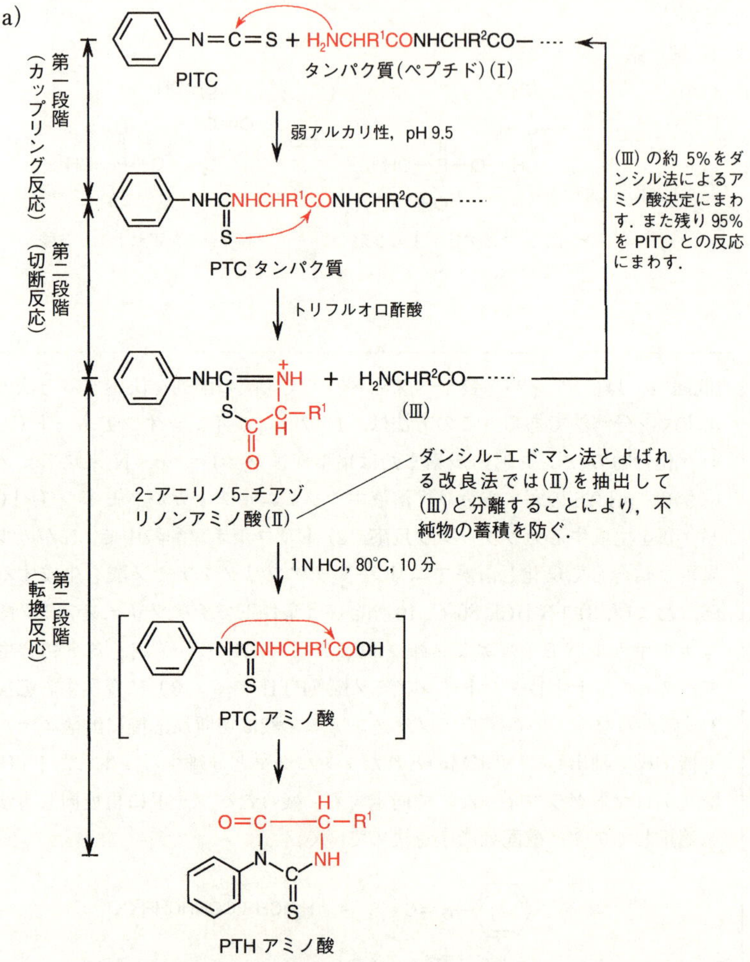

第一段階（カップリング反応）: PITC ($C_6H_5-N=C=S$) + タンパク質（ペプチド）($H_2NCHR^1CONHCHR^2CO-\cdots$)(I) → 弱アルカリ性, pH 9.5 → PTCタンパク質

第二段階（切断反応）: トリフルオロ酢酸により切断 → 2-アニリノ 5-チアゾリノンアミノ酸(II) + $H_2NCHR^2CO-\cdots$(III)

(III) の約 5% をダンシル法によるアミノ酸決定にまわす．また残り 95% を PITC との反応にまわす．

ダンシル-エドマン法とよばれる改良法では(II)を抽出して(III)と分離することにより，不純物の蓄積を防ぐ．

第三段階（転換反応）: 1N HCl, 80°C, 10分 → [PTC アミノ酸] → PTH アミノ酸

図 1 エドマン分解法

b) ホルミル化 ($H-CO-NH-C-$)　アセチル化 ($CH_3-CO-NH-C-$)

ピログルタミル化: N末端グルタミン酸 →（分子内ラクタム形成による環化）→ 環状構造

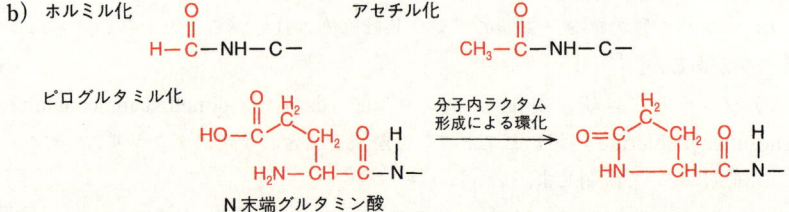

などの例がある．

c) ダンシルアミノ酸（DNS アミノ酸）は蛍光強度が強いので，ピコモル程度の量で定量できる．そこで，a)の(II)を有機溶媒で抽出して除去し，(III)の一部を取分けて，ダンシル法でN末端を決める方法がダンシル-エドマン法である．(III)の残りを再びPITCとのカップリング反応に戻して次のアミノ酸を決める．

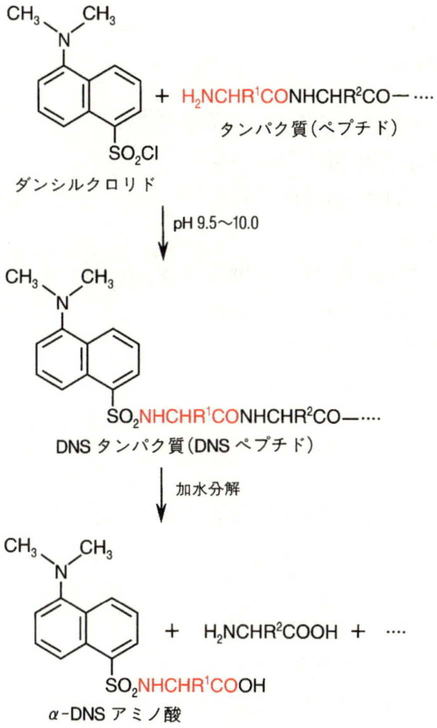

図2 ダンシル-エドマン法による末端アミノ酸決定法

[問題 1・15] 以下の文を読み，1)〜6)の問いに答えよ．

あるペプチド（ペプチドP）をトリプシン（塩基性アミノ酸のC末端側を切断するプロテアーゼ）で消化したところ，4個のペプチド（ペプチドA〜D）が得られた．一方，臭化シアン（Br−C≡N）分解によっては2個のペプチド（ペプチドEおよびF）が得られた．これらを分析したところ，次に示す結果を得た．

結果1　アミノ酸組成〔ペプチド A〜D, （　）内の数字はそれぞれ残基数を表す〕

　ペプチド A：Arg(1), Asn または Asp(1), Gln または Glu(1), Leu(1), Met (1), Pro(1)

　ペプチド B：Ile(1), Leu(1), Thr(1), Tyr(2)

　ペプチド C：Ala(1), Arg(1)

　ペプチド D：Ala(1), Asn または Asp(3), Lys(1), Ser(1), Thr(1), Tyr(1), Val(2)

結果2　エドマン分解法によるアミノ酸配列分析

　ペプチド A：Asp-Glu-Met-Leu-Pro-Arg

　ペプチド B：Ile-Thr-Tyr-Leu-Tyr

　ペプチド C：X-X

　ペプチド D：Val-Val-Tyr-Asn-Thr-X-Ala-Asp-Asp-X

　ペプチド E：Leu-Pro-Arg-Val-Val-

　ペプチド F：X-X-X-X-X-

（X は，エドマン分解の反応を行って分析したが PTH アミノ酸が同定できなかったことを表す．また，ペプチド E と F は 5 残基目までしか反応を行わなかった．）

1) N 末端のペプチドはペプチド A から D のうちどれか．

2) C 末端のペプチドはペプチド A から D のうちどれか．

3) ペプチド P におけるペプチド A から D の位置を N 末端から順に並べよ．

4) ペプチド D の C 末端の残基は何か．

5) ペプチド F の C 末端の残基の構造を書け．

6) ペプチド A から D の中で 280 nm における分子吸光係数が最も大きいものはどれか．

[解　答]　1) C

　2) B

　3) ←―― C ――→　←――――― A ―――――→　←―――――――― D ――――――――→
　　B-Ala-Arg-Asp-Glu-Met-Leu-Pro-Arg-Val-Val-Tyr-Asn-Thr-Ser*-Ala-Asp-
　　←―――― F ――――→　←――――――― E ―――――――→

　　　　　←――――― B ―――――→
　　Asp-Lys-Ile-Thr-Tyr-Leu-Tyr

1. 生体物質の化学　　　21

(B- は N 末端のアセチル基などのエドマン分解を受けない保護基，*は糖鎖などの修飾基と考えればよい)

4) リシン

5) ホモセリンまたはホモセリンラクトン（メチオニン残基に由来する）

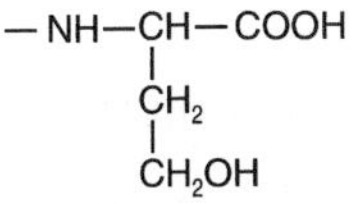

$$-NH-CH-COOH \atop \quad\quad |\atop \quad\quad CH_2 \atop \quad\quad |\atop \quad\quad CH_2OH$$
ホモセリン

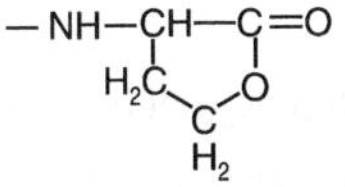

ホモセリンラクトン（五員環構造）

6) B. Trp 残基はどのペプチドにも含まれておらず，B が 2 残基の Tyr をもつことに注意すること．

[問題 1・16]　タンパク質のアミノ酸側鎖はいろいろな方法で修飾（chemical modification）することができる．次のようなグループの試薬はタンパク質のどのような性質を調べるために使われるか．

1) フェニルメタンスルホニルフルオリド(PMSF), N-トシル-L-フェニルアラニルクロロメチルケトン(TPCK) など，セリン，ヒスチジン側鎖と反応する試薬．

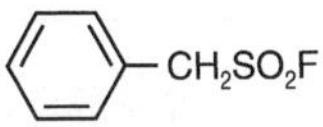

PMSF：C₆H₅-CH₂SO₂F
TPCK：CH₃-C₆H₄-SO₂NHCHCH₂-C₆H₅ (with COCH₂Cl 基)

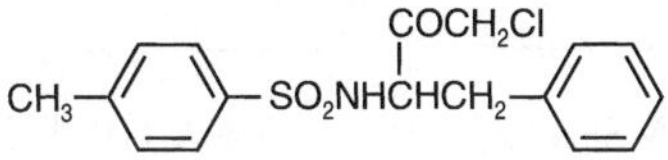

2) 無水コハク酸，無水マレイン酸など，アミノ基と反応する試薬．

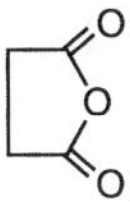

無水コハク酸 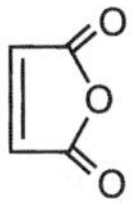　　無水マレイン酸

3) p-クロロメルクリ安息香酸 (PCMB), 5,5′-ジチオビス(2-ニトロ安息香酸) (DTNB, エルマン試薬)

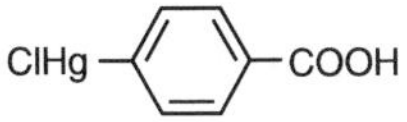

PCMB：ClHg-C₆H₄-COOH
DTNB：O₂N-C₆H₃(COOH)-S-S-C₆H₃(COOH)-NO₂

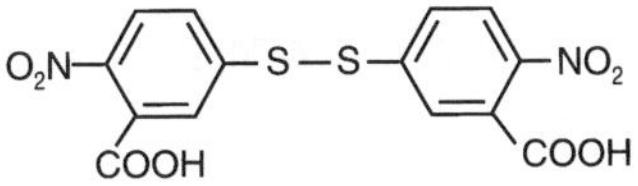

4) 2-メルカプトエタノール，ジチオトレイトール（DTT）

HSCH$_2$CH$_2$OH
2-メルカプトエタノール

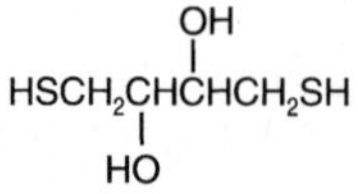

HSCH$_2$CHCHCH$_2$SH
（OH, HO）
DTT

5) ヨード酢酸 ICH$_2$COOH，ヨードアセトアミド ICH$_2$CONH$_2$
6) 臭化シアン BrCN
7) フルオレセインイソチオシアネート（FITC），1-アニリノナフタレン-8-スルホン酸（ANS）

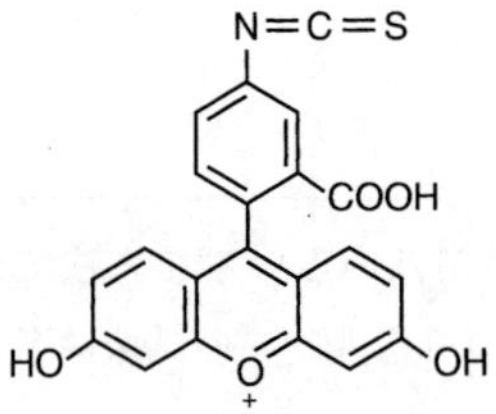

FITC

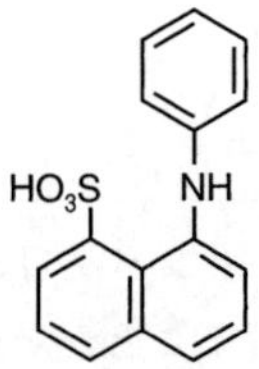

ANS

8) K^{125}I$_3$, ^{125}I$_2$
9) K$_2$PtCl$_4$, HgCl$_2$

[解 答] 1) PMSF は活性セリン残基の OH 基と結合し，セリン酵素の活性を阻害する．TPCK は α キモトリプシンの活性中心になる His 残基（57番）の N3 位をアルキル化して活性を阻害する．

2) ともにリシン残基の ε-アミノ基とイソペプチド結合をつくると同時に環が開いて −COOH を形成する．中性で正電荷をもつリシン残基を −COO$^-$ の形にして負電荷に変える．

3) システイン残基の SH 基と反応して，PCMB では紫外（250 nm）吸収に変化，DTNB では可視（412 nm）吸収に変化が生じるので，SH 基の定量用に用いられる．

4) いずれもシスチン残基の S−S 結合を還元して切断するために用いる．

5) いずれも SH 基に結合し，複数の SH 基の間で酸化により S−S 結合が生じることを防ぐ．ヨード酢酸は負電荷をもつが，ヨードアセトアミドの場合は中性を保つ．

6) メチオニン残基の C 末端側でペプチド結合を切断し，メチオニン残基をホモセリン残基にかえる．

7) ともに蛍光標識試薬であり，タンパク質に蛍光特性を与える．FITC は −N=C=

Sの部分でアミノ基と反応し共有結合で結合する．ANSは疎水的な部分に非共有結合的に吸着するので，タンパク質表面の疎水性部分の検索に用いる．

8) ともにタンパク質中のシステイン残基，ヒスチジン残基，チロシン残基に放射性の ^{125}I を導入して同位体標識するのに用いられる．

9) Pt（白金），Hg（水銀）などの重原子をタンパク質結晶中に導入し，重原子置換法（2章コラム参照）によるX線結晶解析に用いる．

[問題 1・17] ジシクロヘキシルカルボジイミド（DCC）を用いる固相法によるペプチドの化学合成法について次の問いに答えよ．

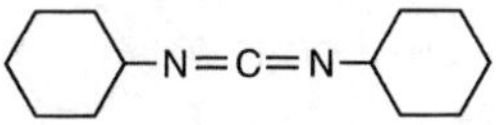

DCC の構造: シクロヘキシル−N=C=N−シクロヘキシル

1) 図のように固相にエステル結合でカルボキシ基側を固定したアミノ酸のアミノ基に，カルボキシ基側を DCC で活性化した別のアミノ酸を縮合させる．DCC により活性化されたアミノ酸の構造を書け．

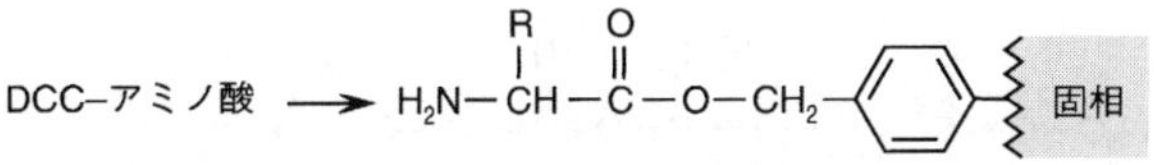

$$DCC-アミノ酸 \longrightarrow H_2N-\underset{R}{CH}-\underset{O}{C}-O-CH_2-\text{(フェニル)}-\boxed{固相}$$

2) アミノ酸を DCC で活性化する前に，そのアミノ酸自身のアミノ基が活性化されたカルボキシ基と反応しないように t-ブトキシカルボニル（Boc）基 $(CH_3)_3COCO-$ を結合して保護しておく．Boc アミノ酸の構造を記せ．

3) ジメチルホルムアミド中での Boc アミノ酸の DCC による活性化と，固相に結合したアミノ酸との縮合反応を化学式を用いて記せ．

4) 次の段階に進むには，できたペプチドのアミノ基の保護基をはずして，再びはじめの反応を繰返す．アミノ基の保護基をはずすにはどのような試薬を用いるか．

[解 答] 1)

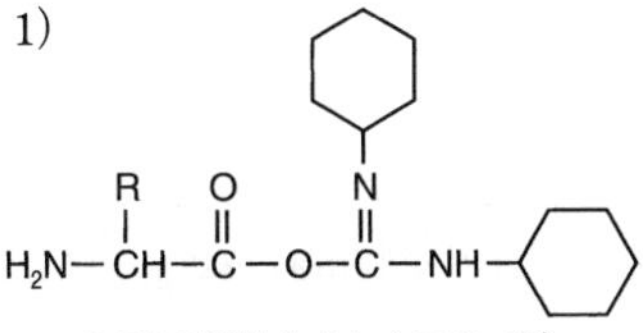

$$H_2N-\underset{R}{CH}-\underset{O}{C}-O-\underset{N-シクロヘキシル}{C}=N-シクロヘキシル$$

DCC で活性化されたアミノ酸

実際の活性反応種は

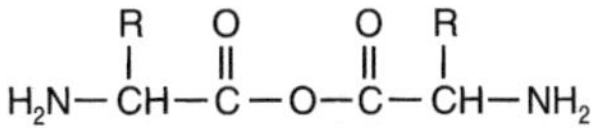

$$H_2N-\underset{R}{CH}-\underset{O}{C}-O-\underset{O}{C}-\underset{R}{CH}-NH_2$$

の形のアミノ酸無水物であることが知られている．

2) Boc 化反応の例

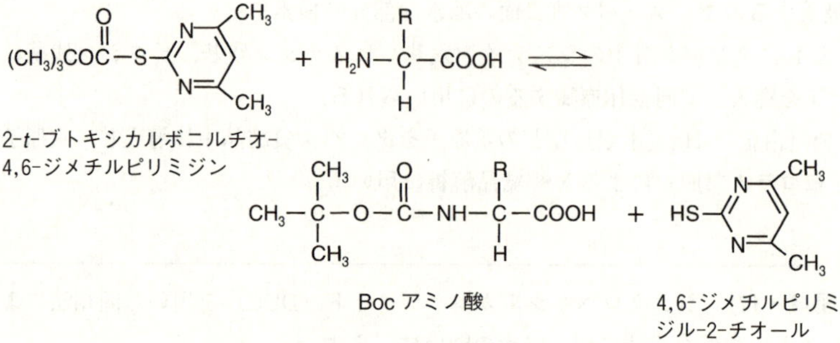

$(CH_3)_3COC(=O)-S-$[4,6-ジメチルピリミジン環] + $H_2N-CH(R)-COOH$ ⇌

2-t-ブトキシカルボニルチオ-
4,6-ジメチルピリミジン

$(CH_3)_3C-O-C(=O)-NH-CH(R)-COOH$ + $HS-$[4,6-ジメチルピリミジン環]

Boc アミノ酸　　　　　　　　　　4,6-ジメチルピリミ
　　　　　　　　　　　　　　　　　ジル-2-チオール

3)

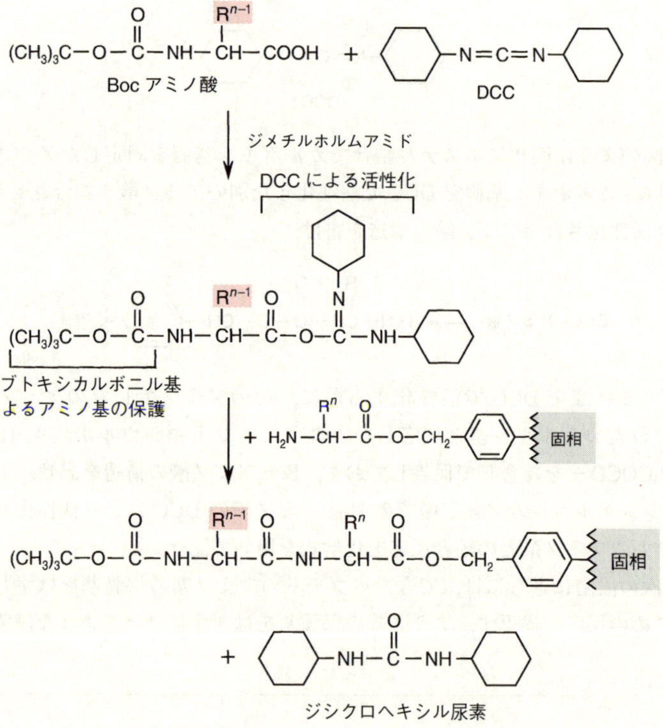

$(CH_3)_3C-O-C(=O)-NH-CH(R^{n-1})-COOH$ + $C_6H_{11}-N=C=N-C_6H_{11}$
Boc アミノ酸　　　　　　　　　　　　　　　DCC

↓ ジメチルホルムアミド

⎴ DCC による活性化

$(CH_3)_3C-O-C(=O)-NH-CH(R^{n-1})-C(=O)-O-C(=N-C_6H_{11})-NH-C_6H_{11}$

t-ブトキシカルボニル基
によるアミノ基の保護

+ $H_2N-CH(R^n)-C(=O)-O-CH_2-$[フェニル]〜〜〜 固相

↓

$(CH_3)_3C-O-C(=O)-NH-CH(R^{n-1})-C(=O)-NH-CH(R^n)-C(=O)-O-CH_2-$[フェニル]〜〜〜 固相

+ $C_6H_{11}-NH-C(=O)-NH-C_6H_{11}$

ジシクロヘキシル尿素

4) 酢酸

[問題 1・18] 次に示した六つの化合物はタンパク質側鎖間の架橋試薬の代表例である．次の問いに答えよ．

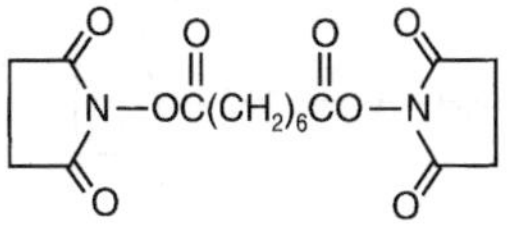

1. 生体物質の化学

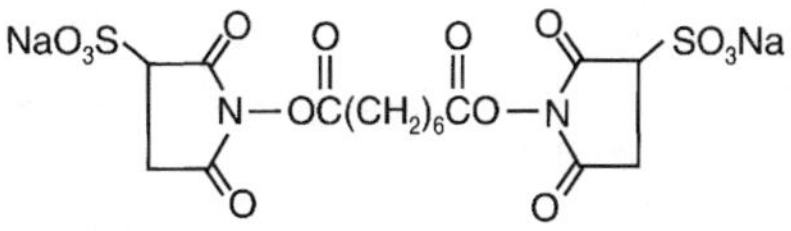

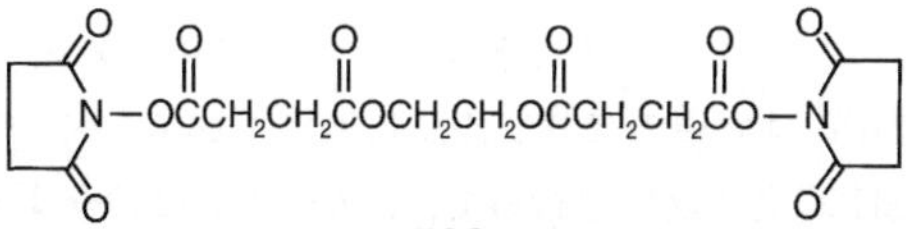

架橋試薬の代表例*

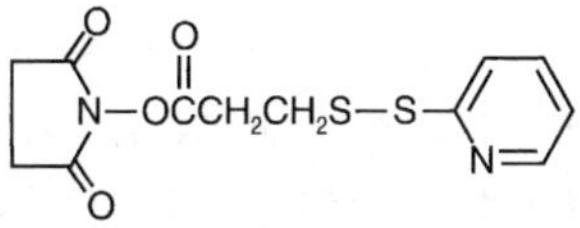

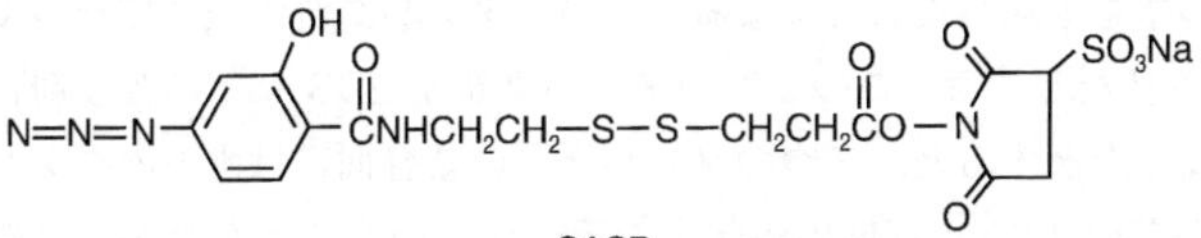

1) それぞれの化合物の分子構造の中でタンパク質の側鎖と反応する部分はどこか．それぞれどのような側鎖と反応して，どのような架橋を生じるかを説明せよ．

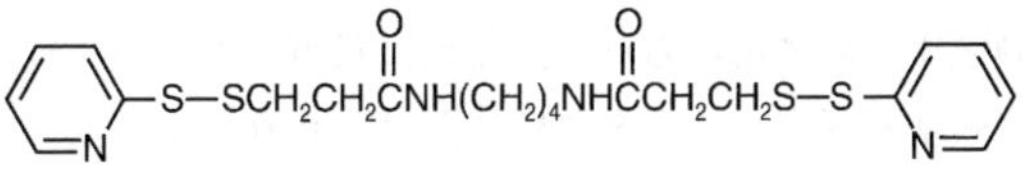

2) それぞれの架橋試薬はどのような特徴をもっているか．タンパク質の架橋試薬として用いる際，その特徴はどのようにして生かされるか．

[解答例] 1) DSS は両端のスクシンイミドエステルの部分でタンパク質のリシンのアミノ基と反応して，$-\underset{\underset{O}{\|}}{C}-NH-Lys-$ の形のペプチド結合をつくり，N-ヒドロキシスクシンイミド（N-hydroxysuccinimide）を遊離する．イミドエステル型架橋試薬に比べて，N-ヒドロキシ型イミドエステルは中性 pH において反応性があり，アミンの存在しない水溶液中では数時間安定に保つこともできる便利さがある．

---

* DSS: disuccinimidyl suberate, BS[3]: bis(sulfosuccinimidyl)suberate, EGS: ethylene glycol bis(succinimidylsuccinate), SPDP: N-succinimidyl 3-(2-pyridyldithio)propionate, SASD: sulfosuccinimidyl-2-(p-azidosalicylamido)ethyl-1,3-dithiopropionate, DPDPB: 1,4-di-[3′-(2′-pyridyldithio)-propionamido]butane.

$$-\overset{O}{\overset{\|}{C}}-O-N\overset{\overset{O}{\|}}{\underset{\underset{O}{\|}}{\diagdown}} \quad + \quad R-NH_2 \quad \xrightarrow{pH=7\sim 9} \quad -\overset{O}{\overset{\|}{C}}-NH-R \quad + \quad HO-N\overset{\overset{O}{\|}}{\underset{\underset{O}{\|}}{\diagdown}}$$

反応の図解

以下，BS^3, EGS, SPDP, SASD はすべてスクシンイミドエステルの部分でタンパク質のリシンアミノ基に結合する．DPDPB は両端のピリジル基についている $-S-S-$ の部分がタンパク質のシステインと SH 基交換反応を行って，システインに結合する．

2) DSS：両端でタンパク質のリシン残基に結合すると，約 1.6 nm の距離にある二つのリシン残基を架橋したことになる．二つのタンパク質が複合体をつくる条件下でDSS を作用させたところ，この二つのタンパク質が SDS などの変性剤存在下でも解離できなくなったとすると，二つのタンパク質の結合面には両方のタンパク質に由来するリシン残基が 1.6 nm 程度の距離まで近づいていることがわかる．架橋試薬はこのように特定のタンパク質の間のリシン残基どうしが特定の条件下でどの程度まで近づいているかを測定するのに用いられる．また，双方のタンパク質のアミノ酸配列の上で，どのリシン残基が反応したかを決定すれば，相互作用部位がアミノ酸配列の上でどの辺に存在するかがわかる．

BS^3：DSS と同じ反応機構でリシン残基を架橋するが，SO_3Na 基のおかげで親水性であり細胞膜を通過しない．そのため，細胞膜の外側だけに作用させて膜の外側におけるタンパク質間相互作用に限定した解析が可能となる．

EGS：同様の機構で二つのタンパク質を架橋した後，中央近くに存在する二つのエステル結合を温和な条件下で切断することにより，架橋を切断することができる．いったん架橋をつくってから再び人為的に架橋を切断すると便利な理由は，2 種類のタンパク質を架橋物として精製した後，架橋を切ることによってもとの単一のタンパク質として分析することが可能となるからである．

SPDP：最もよく用いられる古典的な架橋試薬である．左端でタンパク質のリシン残基に結合した後，右の $S-S$ 結合を利用した SH 基交換反応で SH 基をもつタンパク質やペプチドを人為的に結合することができる．このとき遊離するピリジン-2-チオンは分光光度計で定量することができるので，どれだけの架橋を生じているかを測定することができる．

SASD：右の端を化学的にタンパク質 A のリシン残基に結合した後，A がタンパク質 B と反応する条件に設定し，強い紫外光を照射する．左端のアジドは光反応性なので，短いパルス光の照射時間内に接近している B と短時間で架橋を生成する．一時的に相互作用する二つのタンパク質を同定したり，相互作用部位を同定できる．

DPDPB：SH基交換反応で二つのシステイン残基を架橋し，タンパク質間相互作用に寄与する二つのシステイン残基間の距離を測定したり，そのシステイン残基の一次構造上の位置を同定したりできる．架橋生成後に，再び還元剤を用いて架橋を切断することが可能である．

脂　　質

[問題 1・19] 次のような記号と名称を参考にして以下の 16 個の脂肪酸の構造を書け．

	数記号	系統名	通称名
1)	10：0	デカン酸	カプリン酸
2)	12：0	ドデカン酸	ラウリン酸
3)	14：0	テトラデカン酸	ミリスチン酸
4)	16：0	ヘキサデカン酸	パルミチン酸
5)	16：1(9)	cis-9-ヘキサデセン酸	パルミトレイン酸
6)	18：0	オクタデカン酸	ステアリン酸
7)	18：1(9)	cis-9-オクタデセン酸	オレイン酸
8)	18：1(11)	11-オクタデセン酸	バクセン酸
9)	18：2(9,12)	9,12-オクタデカジエン酸	リノール酸
10)	18：3(9,12,15)	9,12,15-オクタデカトリエン酸	α-リノレン酸
11)	18：3(6,9,12)	6,9,12-オクタデカトリエン酸	γ-リノレン酸
12)	20：0	イコサン酸	アラキン酸 (アラキジン酸)
13)	20：2(8,11)	8,11-イコサジエン酸	
14)	20：3(5,8,11)	5,8,11-イコサトリエン酸	
15)	20：4(5,8,11,14)	5,8,11,14-イコサテトラエン酸	アラキドン酸
16)	22：0	ドコサン酸	ベヘン酸

〔ヒント：数記号の 18：2(9,12) は炭素数 18，9 位と 10 位，12 位と 13 位の間が二重結合となっている脂肪酸を示す．〕

[解　答] 1) $CH_3(CH_2)_8COOH$　　2) $CH_3(CH_2)_{10}COOH$
3) $CH_3(CH_2)_{12}COOH$　　4) $CH_3(CH_2)_{14}COOH$
5) $CH_3(CH_2)_5CH\overset{cis}{=}CH(CH_2)_7COOH$　　6) $CH_3(CH_2)_{16}COOH$
7) $CH_3(CH_2)_7CH\overset{cis}{=}CH(CH_2)_7COOH$　　8) $CH_3(CH_2)_5CH=CH(CH_2)_9COOH$

9) $CH_3(CH_2)_3(CH_2CH\overset{cis}{=}CH)_2(CH_2)_7COOH$ 10) $CH_3(CH_2CH\overset{cis}{=}CH)_3(CH_2)_7COOH$
11) $CH_3(CH_2)_3(CH_2CH\overset{cis}{=}CH)_3(CH_2)_4COOH$ 12) $CH_3(CH_2)_{18}COOH$
13) $CH_3(CH_2)_6(CH_2CH\overset{cis}{=}CH)_2(CH_2)_6COOH$
14) $CH_3(CH_2)_6(CH_2CH\overset{cis}{=}CH)_3(CH_2)_3COOH$
15) $CH_3(CH_2)_3(CH_2CH\overset{cis}{=}CH)_4(CH_2)_3COOH$ 16) $CH_3(CH_2)_{20}COOH$

[問題 1・20] 次の7種の脂肪酸の分子形を見て，a)〜g)にあげた結晶の融解温度がそれぞれどの脂肪酸に対応するかを考えよ．

1) パルミチン酸　2) ステアリン酸 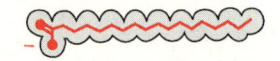　3) オレイン酸 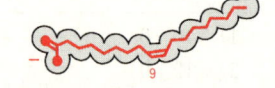
4) リノール酸 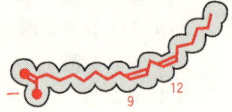　5) α-リノレン酸 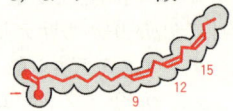
6) アラキン酸（アラキジン酸） 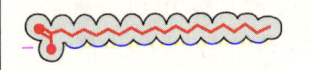　7) アラキドン酸

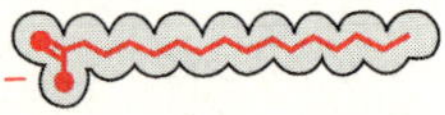

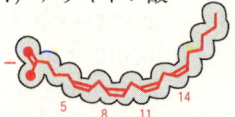

a) 14 ℃　b) −11 ℃　c) 70 ℃　d) −50 ℃　e) 5 ℃　f) 75 ℃　g) 63 ℃

[解 答] 1) g　2) c　3) a　4) e　5) b　6) f　7) d

[問題 1・21] 次にあげる脂質分子の構造を下から選べ．
　1) カルジオリピン　　2) ホスファチジルエタノールアミン
　3) ホスファチジルコリン（レシチン）　　4) ホスファチジン酸
　5) ホスファチジルグリセロール　　6) プラスマローゲン
　7) コレステロール　　8) ホスファチジルイノシトール
　9) ホスファチジルセリン　　10) スフィンゴミエリン

11) トリアシルグリセロールおよびジアシルグリセロール
12) ガラクトセレブロシド

(a), (b), (c), (d), (e), (f), (g), (h), (i), (j), (k), (l) 構造式

R：アルキル基

[解答] 1) j 2) b 3) h 4) d 5) f 6) c 7) l 8) g 9) e

10) i　11) a　12) k

[問題 1・22]　a〜k の空欄を埋め，次の文章を完成せよ．

　動物では脂肪酸合成酵素がつくるおもな飽和脂肪酸は　a　個の炭素をもつ　b　酸である．この脂肪酸が CoA に結合した形の　c　CoA にミクロソーム画分の不飽和化酵素が働くと C9 と C10 に結合した水素原子が 2 個取れて，　d　酸という不飽和脂肪酸の CoA 誘導体である　e　CoA となる．このときの水素受容体は　f　であり，電子供与体はシトクロム b_5 の 2 価鉄イオンである．酸化され 3 価の鉄イオンをもつシトクロム b_5 は，NADPH により還元され 2 価鉄イオンに戻る．　d　酸はここで生じた二重結合のカルボキシ基側にさらに 2 個の二重結合をもち，炭素数が 2 個伸長された $C_{20:3}$(5,8,11)，　g　に変化して，ロイコトリエンの前駆体となる．

　動物には，　d　酸の二重結合に関してカルボキシ基と反対側，いわば外側に二重結合を導入する酵素はないが，植物には　d　酸の 12, 13 位の炭素の間にさらにシス二重結合をつくる酵素があり，通称　h　酸を生じる．この脂肪酸は以下に述べるように，プロスタグランジンの原料となってゆく重要な物質であるが，動物には　d　酸の 12, 13 位に不飽和結合を導入できる酵素がないので，　h　酸を必須脂肪酸として植物から摂取しなくてはならない．12 位にシス二重結合を得た　h　酸に対してさらに，6, 7 位の間に同じくシス二重結合ができて $C_{18:3}$(6,9,12)，　i　酸となってゆく．ここで伸長酵素により炭素が 2 個追加されると，二重結合の番号づけが二つずれて，$C_{20:3}$(8,11,14) の構造をもつビスホモ-γ-リノレン酸となる．炭素数 20 のこの不飽和脂肪酸は，さらに 5, 6 位の間に不飽和化が生じて，プロスタグランジンの前駆体である通称　j　酸，すなわち $C_{20:4}$(5,8,11,14)　k　酸となる．

[解答]　a. 18　b. ステアリン　c. ステアロイル　d. オレイン　e. オレオイル　f. O_2　g. イコサトリエン酸またはエイコサトリエン酸　h. リノール　i. γ-リノレン　j. アラキドン　k. イコサテトラエンまたはエイコサテトラエン

核　酸

[問題 1・23]　a〜j の空欄を埋め，次の文章を完成せよ．

1. 生体物質の化学

ヌクレオシドは窒素を含む有機塩基と糖から構成される．有機塩基には二環式構造をもつ a 誘導体と単環式構造をもつ b 誘導体がある．前者としては c と d の2種，後者では e ， f と g の3種がおもなものである．糖部分としてはペントースであり， h と i の2種類がそれぞれ DNA，RNA の構成ヌクレオシドに対応している．塩基はペントースの1位と結合しており，その結合は j とよばれる．

[解答] a. プリン　b. ピリミジン　c,d. アデニン，グアニン　e,f,g. チミン，シトシン，ウラシル　h. 2-デオキシ-D-リボースまたは 2-デオキシリボース　i. D-リボースまたはリボース　j. グリコシド結合または N-グリコシド結合

[問題 1・24] 核酸のモノマー単位をヌクレオチドという．ヌクレオチドを構成する3成分は β-D-リボフラノースまたは 2-デオキシ-β-D-リボフラノース，プリンまたはピリミジン塩基，およびエステル結合型のリン酸基である．次の問いに答えよ．

1) β-D-リボフラノース，および 2-デオキシ-β-D-リボフラノースの構造式を書け．
2) プリン環とピリミジン環の構造を書き，各原子の番号づけを示せ．
3) アデニン，グアニン，シトシン，チミン，ウラシルの構造式を書け．
4) アデノシン 5′-一リン酸の構造式を書け．
5) 4種のヌクレオチドからなる DNA 一本鎖の構造式を書け．
6) 水素結合の数に注意して，A-T 塩基対と G-C 塩基対の構造式を書け．

[解答] 1)

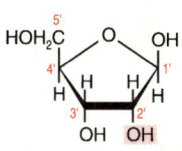

　　　β-D-リボフラノース　　　　　2-デオキシ-β-D-リボフラノース
　　（これをふつうは D-リボースという）　（ふつうは D-デオキシリボースという）

2)

　　　　プリン　　　　　　　　　ピリミジン

3) アデニン(A)　　グアニン(G)　　シトシン(C)　　チミン(T)　　ウラシル(U)

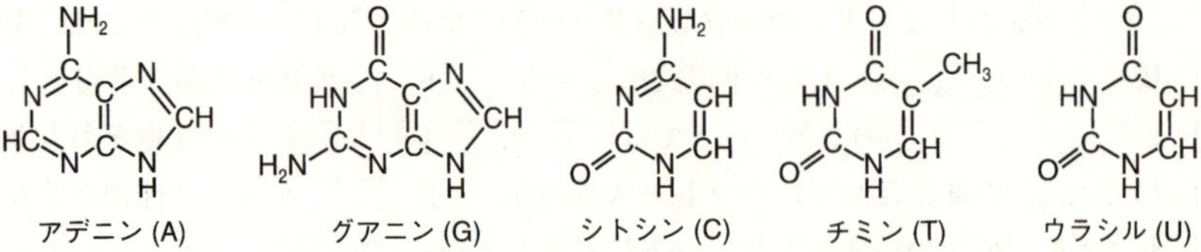

4) アデノシン 5′-リン酸(AMP)

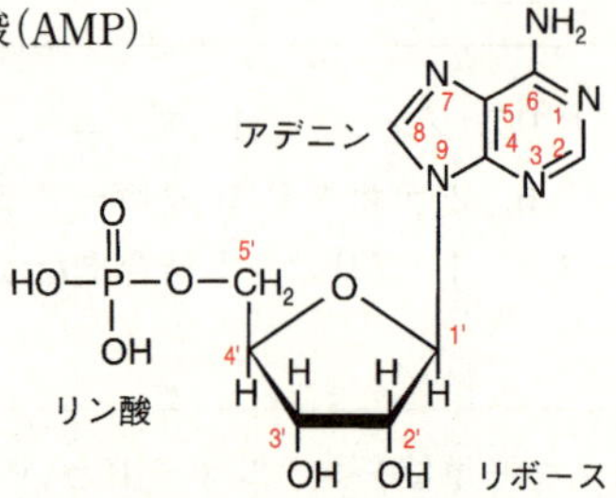

リン酸　　リボース　　アデニン

5) 5′末端

アデニン

シトシン

グアニン

チミン

3′末端

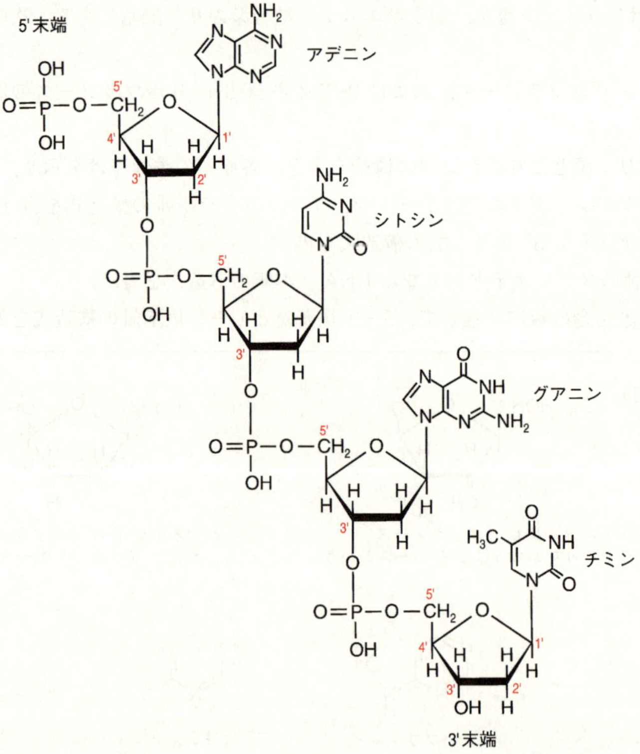

6)　アデニン-チミン塩基対

　　アデニン　　　　チミン

　　グアニン-シトシン塩基対

　　グアニン　　　　シトシン

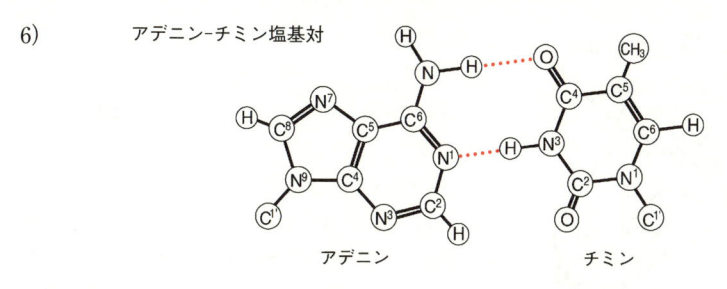

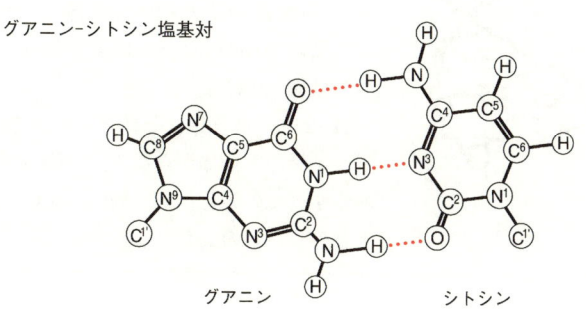

> [問題 1・25]　a〜jの空欄を埋め，次の文章を完成せよ．
>
> 　DNA二重らせんにおいては，2本のポリヌクレオチド鎖がらせん状に巻きあっており，2本の鎖の糖ーリン酸主軸の方向は　a　の関係にある．　b　はらせんの内側を向いており，　c　とデオキシリボース部分はらせんの外側にある．二本鎖は塩基対間の水素結合で保持される．これらの塩基対はアデニンと　d　，また　e　と　f　の間で形成され　g　型塩基対とよばれる．アデニンー　d　塩基対は　h　本の，また　e　ー　f　塩基対は　i　本の水素結合を含む．そのため，　e　ー　f　の含量の高いDNA二本鎖は，含量の低いものと比べて　j　融解温度を示す．

[解　答]　a. 逆平行　　b. 塩基　　c. リン酸基　　d. チミン　　e, f. グアニン，シトシン　　g. ワトソン-クリック　　h. 2　　i. 3　　j. 高い

> [問題 1・26]　核酸について次の問いに答えよ．

34 1. 生体物質の化学

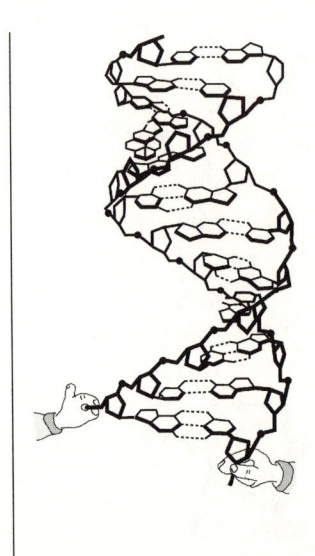

　図はデオキシリボ核酸（DNA）の右巻き二重らせん構造を示したものである．

　1) リン酸基，デオキシリボース，塩基対を示せ．

　2) B型DNAにはらせんの外側に沿って広い溝（major groove），狭い溝（minor groove）とよばれる溝がある．それはどこにあるかを示せ．

　3) らせんが1回転する距離を"ピッチ"という．図のDNAのピッチは塩基をいくつ含み，長さでは何nmになるか．

　4) ヒトの染色体はそれぞれ約30億の塩基対をもつ1対の一倍体からなる．二倍体細胞の核内にあるすべての染色体を1列につないで引き伸ばすとどのくらいの長さとなるか．

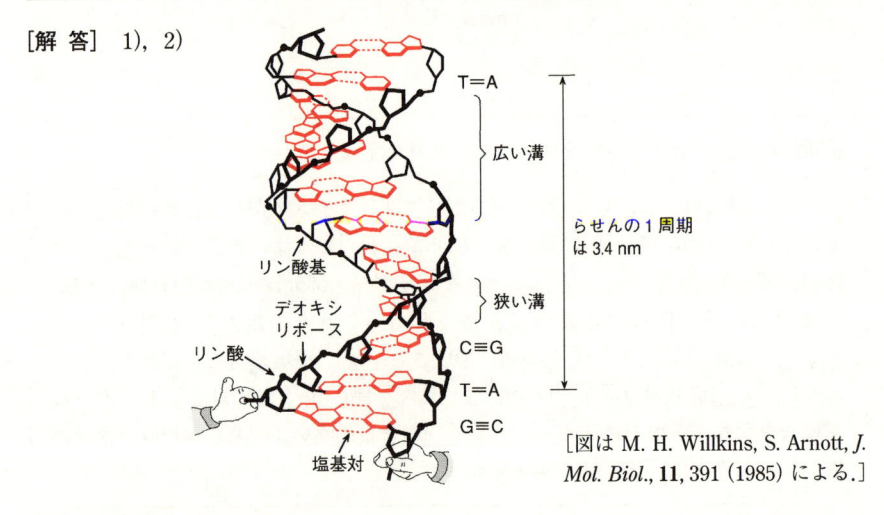

［解答］ 1), 2)

［図は M. H. Willkins, S. Arnott, *J. Mol. Biol.*, **11**, 391 (1985) による．］

3) 10塩基対 3.4 nm

4) 一倍体あたり $0.34 \times 30 \times 10^8 \sim 1 \times 10^9$ nm すなわち約1m．二倍体細胞の核内にはその2倍のDNAがあるので約2mとなる．

［問題 1・27］ 次の図はDNAの3種類の二重らせん構造を示したものである．そ

れぞれの構造の特徴を述べ，どのような状況でそれぞれの構造が実現されるかについて説明せよ．

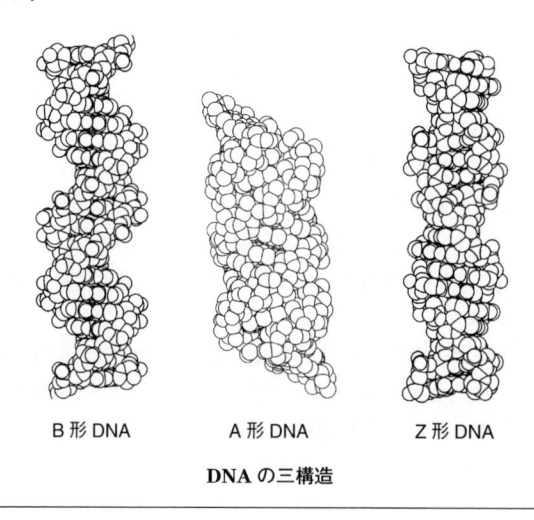

B形DNA　　A形DNA　　Z形DNA

DNAの三構造

[解答例] B形：広い溝と狭い溝がはっきり区別できる．水中における普通の形で右巻きらせんとなっている．

A形：やや太く，広い溝と狭い溝の違いが小さい．湿度の低い状態での構造である．

Z形：G+C含量の多いDNAにみられる左巻きらせん構造で細い．

[問題 1・28] 核酸の構造解析に用いられる酵素をA～Gに，またそれらの活性をa～gに示した．各酵素に対応した活性を選べ．

(酵素名) A. 制限酵素　　B. DNAポリメラーゼ　　C. DNAリガーゼ
D. アルカリ(性)ホスファターゼ　　E. 逆転写酵素
F. ポリヌクレオチドキナーゼ　　G. S1ヌクレアーゼ

(活性) a. 2本のDNAを連結する
b. RNAを鋳型として相補的なDNAを合成する
c. 一本鎖DNAに特異的なエンドヌクレアーゼ
d. DNAを特定の塩基配列部位で切断
e. DNAまたはRNAの5′OH末端をリン酸化する
f. DNAを鋳型として相補的なDNAを合成する

g. DNA の 5′ 末端リン酸基を加水分解する

[解 答] A. d B. f C. a D. g E. b F. e G. c

[問題 1・29] DNA と RNA の反応性について次の問いに答えよ．
　1) 核酸のうち RNA は 0.3 M 程度の希アルカリ中でおだやかに熱すると，2′,3′-環状リン酸を経てヌクレオシド 2′- および 3′-リン酸を生じる．この反応を使って RNA をヌクレオチドに加水分解して塩基組成の分析に用いる．一方，DNA はこのような処理に対して安定である．RNA が希アルカリ中で分解される機構を説明せよ．
　2) RNA は酸性溶液中でも加水分解を受けるが，副反応がまざるので定量分析には適さない．DNA を酸性溶液で処理するとどのような分解を受けるか．またその産物はどのような分析のために用いられるか．
　3) 核酸を無水ヒドラジンあるいは無水メチルヒドラジンで処理するとどのような産物を生じるか．この反応はどのような目的で利用されるか．
　4) 核酸を加水分解する酵素にはエキソヌクレアーゼとエンドヌクレアーゼがある．これらの酵素が主として作用する化学結合の位置を図示せよ．

[解答例] 1) 希アルカリ中で DNA は影響を受けにくいとすれば，リボースの 2′ OH

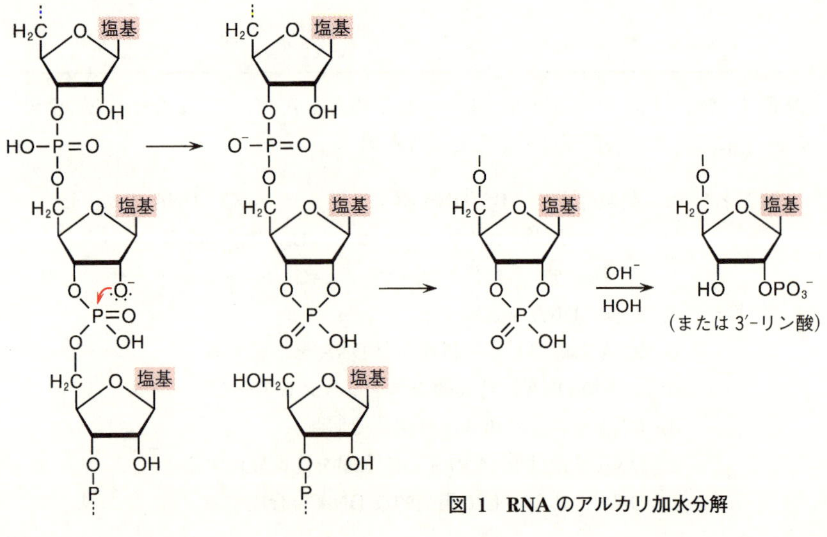

図 1　RNA のアルカリ加水分解

基が関与している．アルカリでこの OH 基はアルコキシド（R−O⁻）となり，リン原子に対して求核攻撃する．この結果，2′,3′-環状リン酸エステル結合を生じ，核酸の3′,5′-ホスホジエステル結合は切れる．このあと，環状エステルはゆっくりと加水分解されてヌクレオシド 2′-リン酸と 3′-リン酸の混合物を生じる．（図 1 参照）

2) DNA は pH 1.6 の酸性溶液中，37 ℃ で温めるなどの処理で，プリン塩基がはずれたアプリン酸とアデニン，グアニンの混合物を生じる．残った核酸にはピリミジン塩基だけが結合しているので，核酸の塩基配列の中でピリミジン塩基の分布を調べるのに用いられる．

3) 無水ヒドラジン処理ではピリミジン塩基がはずれたアピリミジン酸と，シトシン，チミン，ウラシルが生成する．無水メチルヒドラジン処理ではシトシンだけが取れる．残った核酸はプリン塩基だけをもつので，プリン塩基の分布状態を分析するのに用いられる．

4) 39 ページ図 2 参照

抗 生 物 質

[問題 1・30]* ペニシリンは 1929 年にフレミング（A. Fleming）によって発見された抗生物質である．細菌細胞壁の網目状構造をつくっているペプチドグリカンの生合成を阻害するため，特にグラム陽性菌に対する抗菌作用が強い．次の問いに答えよ．

1) 細胞壁ペプチドグリカンとはどのような物質か概述せよ．

2) ペニシリンはペプチドグリカン合成機能をもつ数種の酵素に結合してその機能を阻害する．ペプチドグリカンの構造の特徴からみて，酵素の機能はどのような分類に属するものと思われるか．下から 2 種選べ．
　　ア．プロテアーゼ　　イ．ペプチジルトランスフェラーゼ　　ウ．リパーゼ
　　エ．トランスグルタミナーゼ　　オ．グリコシルトランスフェラーゼ

3) 抗生物質としてペニシリンのほかに次のようなものがよく使われている．その原理的な作用機序を簡単に述べよ．
　　a) クロラムフェニコール　　b) テトラサイクリン　　c) カスガマイシン
　　d) リンコマイシン　　e) エリスロマイシン　　f) アクチノマイシン D
　　g) ブレオマイシン　　h) マイトマイシン C　　i) リファンピシン
　　j) セファロスポリン

[解 答] 1) 多糖とペプチドのポリマーで N-アセチルグルコサミン, N-アセチルムラミン酸と D-アミノ酸を含むのが特徴の網状巨大分子である.

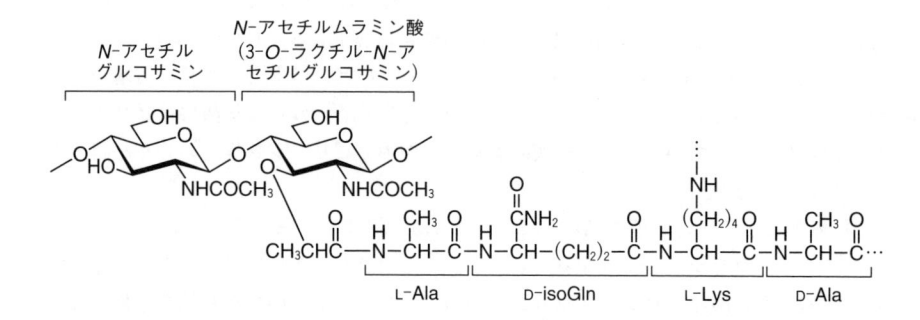

```
        N-アセチル     N-アセチルムラミン酸
        グルコサミン   (3-O-ラクチル-N-ア
                      セチルグルコサミン)
```

(構造式: N-アセチルグルコサミン — N-アセチルムラミン酸 — L-Ala — D-isoGln — L-Lys — D-Ala)

2) イ. ペプチド結合をつくる.
   オ. グリコシド結合をつくる.

3) a) リボソームの 50S サブユニットに結合し, ペプチド転移反応を阻害してタンパク質生合成を止める. グラム陰性菌, 特にチフス菌に有効.
b) リボソームの 30S サブユニットに結合してアミノアシル tRNA の A 部位への結合を阻害してタンパク質生合成を止める.
c) タンパク質生合成の開始反応を強く阻害する.
d) リボソーム 50S サブユニットに結合してペプチド転移反応を阻害する.
e) 同上
f) 二本鎖 DNA に結合して RNA 合成, 特に rRNA 合成を阻害する.
g) 2 価鉄イオンと 6 配位型の錯体を形成し, 酸素分子を還元的に活性化した (Fe^{3+}-O_2^{2-}) 活性ブレオマイシンにより DNA 鎖を切断する.
h) がん細胞の DNA 合成を阻害する.
i) RNA ポリメラーゼを阻害して RNA 合成の開始反応を止める.
j) ペニシリンと同様の機序で抗菌作用を示す.

問題1・29の4)の解答

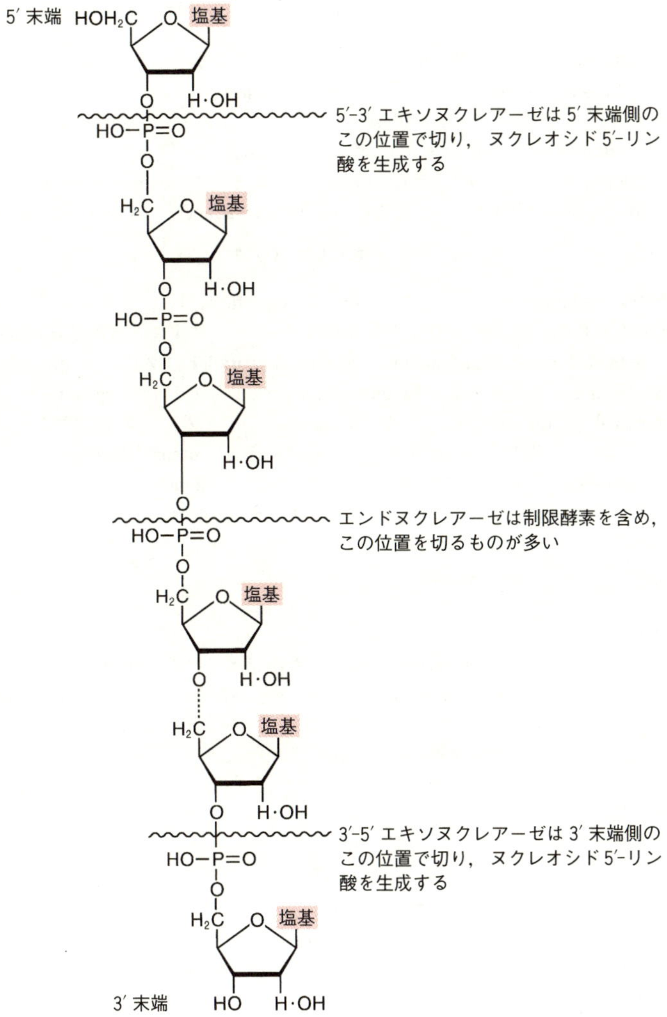
5′末端
HOH₂C
O
塩基
O
H·OH
5′-3′ エキソヌクレアーゼは5′末端側のこの位置で切り，ヌクレオシド5′-リン酸を生成する
HO−P=O
O
H₂C
O
塩基
O
H·OH
HO−P=O
O
H₂C
O
塩基
H·OH
O
エンドヌクレアーゼは制限酵素を含め，この位置を切るものが多い
HO−P=O
O
H₂C
O
塩基
O
H·OH
H₂C
O
塩基
O
H·OH
3′-5′ エキソヌクレアーゼは3′末端側のこの位置で切り，ヌクレオシド5′-リン酸を生成する
HO−P=O
O
H₂C
O
塩基
3′末端
HO
H·OH

図2 ヌクレアーゼによるホスホジエステル結合の切断

英語も覚えよう

糖

アノマー anomer　　アミノ糖 aminosugar　　ガラクトサミン galactosamine　　ガラクトシダーゼ galactosidase　　ガラクトース galactose　　キラリティー(不斉) chirality　　グリコシダーゼ glycosidase　　グルコサミン glucosamine　　グルコース glucose　　セルロース cellulose　　デンプン starch　　糖タンパク質 glycoprotein　　フコース fucose　　フルクトース fructose　　ヘキソース hexose　　ホスホジエステル結合 phosphodiester bond　　マンノサミン mannosamine　　マンノース mannose

アミノ酸・タンパク質

アスパラギン asparagine　　アスパラギン酸 aspartic acid　　アルギニン arginine　　αヘリックス α-helix　　イソロイシン isoleucine　　エドマン分解法 Edman degradation　　架橋試薬 crosslinking agent　　逆平行 antiparallel　　グリシン glycine　　グルタミン glutamine　　グルタミン酸 glutamic acid　　システイン cysteine　　(化学)修飾 (chemical) modification　　セリン serine　　ダンシル-エドマン法 dansyl-Edman method　　チロシン tyrosine　　同位体標識 isotopic labeling　　トリプトファン tryptophan　　トレオニン threonine　　バリン valine　　ヒスチジン histidine　　フェニルアラニン phenylalanine　　プロテアーゼ protease　　プロリン proline　　平行 parallel　　βシート β-sheet　　βターン β-turn　　メチオニン methionine　　リシン lysine　　ロイシン leucine

脂質

ガラクトセレブロシド galactocerebroside　　カルジオリピン cardiolipin　　コレステロール cholesterol　　脂肪酸 fatty acid　　脂肪酸合成酵素 fatty acid synthetase　　スフィンゴミエリン sphingomyelin　　不飽和脂肪酸 unsaturated fatty acid　　プラスマローゲン plasmalogen　　飽和脂肪酸 saturated fatty acid　　ホスファチジルエタノールアミン phosphatidylethanolamine　　ホスファチジルコリン phosphatidylcholine　　レシチン lecithin

核酸

アデニン adenine　　ウラシル uracil　　エキソヌクレアーゼ exonuclease　　エンドヌクレアーゼ endonuclease　　グアニン guanine　　シトシン cytosine　　狭い溝 minor groove　　チミン thymine　　ピリミジン pyrimidine　　広い溝 major groove　　プリン purine

2. 生化学実験法とその基礎

水 と 生 命

[問題 2・1] 水は生命を支える特異な液体としてさまざまな角度から研究されている。次のような水の特徴を分子論的に説明せよ。
1) 水には多くのイオン化合物がよく溶ける。
2) 炭化水素は水に溶けにくい。
3) 糖やアルコール，酸は水によく溶ける。
4) 氷は水に浮く。
5) 水は生体膜を通過しやすい。

[解 答] 1) 水は20℃での比誘電率が約80と大きいので，陽イオンと陰イオン間のクーロン引力がイオン化合物の結晶内における値に比べて1/80と小さくなる。そのため，イオン化合物，たとえばNaClなどは非常に溶けやすい。溶けたNa$^+$およびCl$^-$イオンは極性分子であるH$_2$Oにより水和され，安定となる。

2) 炭化水素は炭素と水素の電気陰性度が2.5と2.1で比較的近いため，C−H結合の分極の程度が低い。一方，水のO−H結合は酸素と水素の電気陰性度が3.5と2.1で強く分極している。極性の高い溶媒中に極性の低い分子は溶けにくい。液体の水はまた水素結合によるネットワークを形成しているので，水素結合をつくれない炭化水素は水との親和性が低い。

3) 糖，アルコール，酸はヒドロキシ基やカルボキシ基といった極性の高い官能基をもっているので，極性溶媒である水に親和性が高く，よく溶ける。

4) 氷は一つの水分子が4本の水素結合による結合手を出して結晶構造をつくっている。つまり，一つの水分子の最近接層には4個の水分子しかなく，結晶構造全体として非常に隙き間の多いものとなっている。その結果，最近接層に平均4.4個の水分子をもつ液体の水より軽くなっている。なお，同じ大きさの球を空間に最密充填すると最近接層には12個の球が存在する。

5) 生体膜は脂質二重層でできており，これを横断するためには中央の炭化水素層

を横切らなくてはならない．そのため，通常は極性分子は生体膜を透過しない．とこ ろが極性分子の代表である水は生体膜をよく通過する．その理由は水分子が比較的小さい分子であること，水素結合のネットワークをつくっていない孤立した水分子は炭化水素にそれほど疎外されないためである．また，水を特異的に通す水チャネル（アクアポリン）が見つかっており，細胞膜内外の浸透圧差が十分であれば，1秒間に20億分子という速さで水分子を透過できると考えられている．

測定法のあらまし

[問題 2・2] 生化学でよく用いられる次の実験方法で得られるおもな情報を下のa～rから選べ．複数選んでよい．
1) 光散乱　　2) 蛍光スペクトル　　3) 円偏光二色性スペクトル
4) 沈降速度　　5) 沈降平衡　　6) 電気泳動　　7) ゲルクロマトグラフィー
8) 電子顕微鏡　　9) ELISA（enzyme-linked immunosorbent assay）
10) オートラジオグラフィー　　11) SDS 電気泳動　　12) 核磁気共鳴吸収
13) X線結晶解析　　14) アミノ酸分析　　15) エドマン分解
16) 質量分析

　a. 分子量　　b. 沈降係数　　c. 拡散係数　　d. α ヘリックス含量
　e. 分子の立体構造　　f. 分子の形　　g. N末端アミノ酸　　h. アミノ酸含量
　i. ストークス半径　　j. 回転(慣性)半径　　k. β シート含量
　l. プローブ分子が存在するミクロ環境の性質　　m. アミノ酸配列
　n. プロトンの置かれた磁気環境　　o. 原子間の距離　　p. 試料の純度
　q. 放射性元素の組織内での分布　　r. 特定の抗原や抗体の存在

[解答] 1) a, c, j　2) l　3) d, k　4) a(拡散係数と組合わせて), b, c, f, i, p
5) a, p(感度は低い)　6) a(勾配ゲルの場合), p　7) i, p　8) f　9) r　10) q
11) a, p　12) d, e, k, n, o　13) a, d, e, f, k, o　14) h　15) g, m　16) a

[問題 2・3] 次の 1)～6) は，生化学関連の実験をする際に留意するべき事項の例である．この中から4項目を選び，なぜ留意する必要があるかがわかるように説明せよ．

1) 脱イオン水の電気伝導度　　2) 細胞培養液の浸透圧
3) タンパク質の等電点　　　　4) 二本鎖 DNA の融解温度
5) 生体高分子溶液のイオン強度　6) 脂質膜の相転移温度

[**解答例**]　1) 実験で使用する水の清浄度を簡易的に測定するため.

　生命科学実験で使う水は，a) ゴミ，砂など物理的汚染，b) 無機化合物，有機化合物を問わず，化学的な汚染，c) ウイルス，細菌など生物的汚染，のすべてにわたって一定の基準以下にあるものを使用する．通常の水道水をそのような清浄水にするためには，a) 蒸留する，b) フィルターでゴミ，砂，ウイルスや細菌など，一定の大きさ以上の不純物を沪過したあと，数気圧から数十気圧の圧力で，水のみを半透膜を通過させる逆浸透法（溶質濃度の高い方から低い方へ水を押し出すのでこうよぶ）でイオン類を含む水以外の分子を除去する，などの方法を使う．最近は，b) の方法で得た清浄水を使用することが多い．このとき，簡易的に清浄水の純度を測定する方法として，水の電気伝導度（電導度）を測定する．この値が，5.5×10^{-8} S/cm (5.5×10^{-6} S/m，S はジーメンス)，抵抗値として $18\,\mathrm{M}\Omega\cdot\mathrm{cm}$ ($1.8\times10^{5}\,\Omega\cdot\mathrm{m}$)，程度の値であると清浄水として使用できる．この値が清浄水を空気中に置く時間によって変化するのは主として，炭酸ガスが溶解して炭酸イオンを生じるためである.

2) 細胞が浸透圧の差により収縮あるいは破裂するのを防ぐため.

　細胞培養が可能な，生理的食塩水〔PBS (phosphate buffered saline) として市販されている〕は，0.01 M リン酸緩衝液，0.137 M NaCl（約 0.8%），0.0027 M KCl（約 0.02%），pH 7 の組成をもつ.

3) タンパク質はその等電点付近で沈殿しやすいため.

　X 線結晶解析用のタンパク質結晶の作製は等電点付近の溶液 pH で行うことが多い.

4) 融解温度以上では，二本鎖 DNA が一本鎖に分かれるため.

　短い DNA は広い温度範囲にわたって二本鎖と一本鎖が混在するが，長い DNA では，狭い温度範囲で急激に二本鎖と一本鎖の転換が起こる.

5) 静電相互作用に依存する生体機能がイオン強度により大きく変化するため.

　静電的な相互作用に基づく，酵素機能，生体構造，染色体構造などはイオン強度に大きく依存して変化する.

6) 細胞膜の粘度変化，あるいは成分による相分離が起こるため.

　細胞膜の粘度（流動性）が温度により変化するのは主として，リン脂質の疎水性部分の運動性の温度依存性による．また，細胞膜を形成する脂質は複数の成分からなるので，温度が低いと成分ごとにまとまる，相分離現象を起こすことがある.

化 学 平 衡

[問題 2・4] 酢酸のカルボキシ基は水中で次のようにプロトンを解離する.

$$CH_3COOH \rightleftharpoons CH_3COO^- + H^+$$

その平衡定数を $K_a = [CH_3COO^-][H^+]/[CH_3COOH]$ と書き,その値は酢酸の濃度があまり高くないときは,濃度によらず一定であるが,温度によっては変化する. 25℃ における K_a は 1.75×10^{-5} M である. 次の問いに答えよ.

1) 酢酸の pK_a はいくつか.
2) 10^{-1} M, 10^{-5} M, 10^{-8} M 酢酸水溶液の pH はいくつか.
3) 0.1 M 酢酸水溶液に少量の濃 HCl を加えて pH を 2.0 とした. 何%の酢酸が解離型として存在するか. また,NaOH を加えて pH を 5.0 としたときは何%の酢酸が解離型として存在するか.
4) シュウ酸は化学構造上等価なカルボキシ基を二つもつ酸である. シュウ酸の水溶液を滴定すると,二つの解離定数 $K_1 = 5.36 \times 10^{-2}$ と $K_2 = 5.42 \times 10^{-5}$ が得られる. 等価な二つのカルボキシ基が異なる解離定数を示す理由を説明せよ. また,そのいずれもが酢酸の解離定数と異なるのはなぜか.
5) シュウ酸と同じように二つの等価なカルボキシ基をもつコハク酸の場合は,二つの解離定数の値が 6.21×10^{-5} と 2.30×10^{-6} である. 解離定数がシュウ酸の場合と異なる理由を説明せよ.

[解 答] 1) $pK_a = -\log K_a = 4.75$

2) 酢酸の濃度を C M,解離度を α とすると,

$$[CH_3COOH] = C(1-\alpha), \quad [CH_3COO^-] = [H^+] = C\alpha$$

$$K_a = \frac{(C\alpha)^2}{C(1-\alpha)} = \frac{C\alpha^2}{(1-\alpha)}$$

となる. ゆえに,$\alpha^2 + (K_a/C)\alpha - (K_a/C) = 0$ を得て,

$$\alpha = \frac{-(K_a/C) + \sqrt{(K_a/C)^2 + 4(K_a/C)}}{2}$$

となる.

a) $C = 10^{-1}$ M のときは

$$\alpha = \frac{-1.75 \times 10^{-4} + \sqrt{(1.75 \times 10^{-4})^2 + 7.0 \times 10^{-4}}}{2} = 0.0131$$

となり,

$$[\mathrm{H}^+] = 0.1\alpha = 0.00131\,\mathrm{M}$$

よって, $\mathrm{pH} = 2.88$

b) $C = 10^{-5}\,\mathrm{M}$ のときは $\alpha = 0.711$ となり,

$$[\mathrm{H}^+] = 0.711 \times 10^{-5}\,\mathrm{M}$$

よって, $\mathrm{pH} = 5.15$

c) $C = 10^{-8}\,\mathrm{M}$ のときは $\alpha = 0.9994$ となり,解離度は 1 に非常に近い.

$$[\mathrm{H}^+] = 0.9994 \times 10^{-8}\,\mathrm{M}, \quad よって\ \mathrm{pH} = 8.00$$

でよいだろうか.酢酸を薄めるとアルカリ性になるのはおかしい.これは水中では常に

$$[\mathrm{H}^+][\mathrm{OH}^-] = K_\mathrm{w} = 1 \times 10^{-14} \quad (25\,°\mathrm{C})$$

が成立していることを思い出そう.酢酸の解離度を α とし,$[\mathrm{H}^+]$ を x とおくと,

$$K_\mathrm{a} = \frac{10^{-8}\alpha[\mathrm{H}^+]}{10^{-8}(1-\alpha)} = \frac{\alpha x}{1-\alpha} \tag{1}$$

$$K_\mathrm{w} = x[\mathrm{OH}^-] \tag{2}$$

の 2 式に加えて,電気的中性条件として

$$x = [\mathrm{OH}^-] + 10^{-8}\alpha \tag{3}$$

が成り立つ.$10^{-8}\alpha$ は $[\mathrm{CH_3COO^-}]$ の値である.(1), (2), (3) 式を x について解くと

$$x\left(x - \frac{10^{-8}K_\mathrm{a}}{x + K_\mathrm{a}}\right) = K_\mathrm{w}$$

を得る.ここで,$x + K_\mathrm{a} \simeq K_\mathrm{a}$ とおいて,$x(x-10^{-8}) = K_\mathrm{w}$ とし,x について解くと $x = 1.051 \times 10^{-7}$ を得るので,$\mathrm{pH} = 6.98$ となる.低い酸濃度で水の解離も考える例.

3) pH 2 なので $[\mathrm{H}^+]$ は $10^{-2}\,\mathrm{M}$ になっている.このとき,酢酸の濃度を $C\,\mathrm{M}$, 解離度を α とすると

$$K_\mathrm{a} = \frac{C\alpha \times [\mathrm{H}^+]}{C(1-\alpha)} = \frac{10^{-2}\alpha}{(1-\alpha)}, \quad K_\mathrm{a} = 1.75 \times 10^{-5}\,\mathrm{M}$$

なので,$1.75 \times 10^{-3} = \dfrac{\alpha}{1-\alpha}$ となり,$\alpha = 0.00175$ を得る.よって,答は 0.175% となる.pH 5 になったときは $[\mathrm{H}^+] = 10^{-5}\,\mathrm{M}$ なので,上式に代入すると,$1.75 = \alpha/(1-\alpha)$ より,$\alpha = 0.64$ を得る.よって,答は 64% となる.

4) シュウ酸は $\begin{array}{c}\mathrm{COOH}\\|\\\mathrm{COOH}\end{array}$ の構造式からわかるように全く等価なカルボキシ基を 2 個

もつ．この場合，酸解離式は

$$\text{COOH} \atop \text{COOH} \rightleftarrows {\text{COO}^- \atop \text{COOH}} +H^+ \rightleftarrows {\text{COO}^- \atop \text{COO}^-} +2H^+$$

$$\rightleftarrows {\text{COOH} \atop \text{COO}^-} +H^+ \rightleftarrows$$

と書ける．もし四つの段階の解離定数がすべて等しく K であるとすると，第一解離定数 K_1, 第二解離定数 K_2 はそれぞれ

$$K_1 = \frac{\left(\left[\begin{matrix}\text{COO}^-\\ \text{COOH}\end{matrix}\right] + \left[\begin{matrix}\text{COOH}\\ \text{COO}^-\end{matrix}\right]\right)[H^+]}{\left[\begin{matrix}\text{COOH}\\ \text{COOH}\end{matrix}\right]} \qquad K_2 = \frac{\left[\begin{matrix}\text{COO}^-\\ \text{COO}^-\end{matrix}\right][H^+]^2}{\left(\left[\begin{matrix}\text{COO}^-\\ \text{COOH}\end{matrix}\right] + \left[\begin{matrix}\text{COOH}\\ \text{COO}^-\end{matrix}\right]\right)[H^+]} = \frac{1}{\left(\frac{1}{K}\right)+\left(\frac{1}{K}\right)}$$

$$= 2K \qquad\qquad\qquad = \frac{K}{2}$$

となるので，K_1 と K_2 の比をとると $[H^+]$ の項は相殺されるので $K_1 : K_2$ には少なくとも 4 : 1 の差が期待される．

実測の $K_1 : K_2$ はおよそ 1000 : 1 であり，K_1 が酢酸の K_a より 3000 倍近く大きいのは，$\begin{matrix}\text{O}=\text{C}-\text{O}^-\\ \text{O}=\text{C}-\text{OH}\end{matrix}$ の形のイオンがさまざまな共鳴構造により $CH_3-\overset{\text{O}}{\underset{\|}{C}}-O^-$ より 4 kcal/mol 程度安定なためといえる．これに比べると K_2 が小さいのは $\begin{matrix}\text{COO}^-\\ \text{COO}^-\end{matrix}$ イオンにおける二つの負電荷間のクーロン斥力によりこのイオンのエネルギーが高いためである．

5) コハク酸は二つの COOH の間に $-CH_2-$ が 2 個あり，第一解離においてはカルボキシ基どうしの相互作用が小さくなっていることが $K_1/K_2 = 27$ という値からみても，また K_1 の値が酢酸の K_a の 2 倍にかなり近いことからも示される．K_2 が $K_a/2$ よりだいぶ小さいのは，第二解離においては，二つのカルボキシ基がともに負電荷をもつ状態のエネルギーがまだ高いことを示している．

[問題 2・5] 酢酸と酢酸イオンやリン酸二水素イオン $H_2PO_4^-$ とリン酸水素イオン HPO_4^{2-} のような組合わせを，共役酸-塩基 (conjugate acid-base) という．共役する酸と塩基の混合溶液で組成がどちらかにあまりかたよらないものは，**緩衝**

液 (buffer) とよばれている. その理由は, このような溶液に酸や塩基を加えても溶液の pH が大きく変化しないという性質があるからである. それぞれの緩衝液は酸成分の pK_a 付近の pH で最も緩衝力が強い. 次の問いに答えよ.

次のような組成をもつ水溶液 1 mL に 0.1 M 塩酸, あるいは 0.1 M 水酸化ナトリウム溶液を 0.1 mL 加えたとき, pH はどう変化するか. 酢酸の pK_a は 4.75 である.
1) 純水
2) 0.05 M 酢酸 + 0.05 M 酢酸ナトリウム
3) 0.1 M 酢酸 + 0.1 M 酢酸ナトリウム

pH の計算

pH の測定とそのコントロール法は生化学では最も重要な概念の一つであり, 日常の実験でも最も基本的な技術である. 生化学実験はほとんどの場合水溶液を使うので, 水の解離と溶質の解離を同時に考慮する.

水の解離定数は

$$K = [H^+][OH^-]/[H_2O] = 1.8 \times 10^{-16} \, (25℃)$$

として定義されるが, 水の解離度は小さいので, $[H_2O]$ は純水のモル濃度, $1000/18.015 \, (g/g \cdot mol^{-1}) = 55.5 \, M$ からほとんど変化しない. $K[H_2O] = K_w$ とおいて

$$K_w = [H^+][OH^-] \tag{1}$$

を水のイオン積 (ion product) または自己プロトリシス定数とよんでいる. この値は 25℃ においては 1.00×10^{-14} である. ここに酸 HA が溶けている場合, その解離定数 K_a が一定となる.

$$K_a = [H^+][A^-]/[HA] \tag{2}$$

溶液自体は電気的に中性でなくてはいけないので,

$$[H^+] = [OH^-] + [A^-] \tag{3}$$

も同時に成立する. 以上の 3 式を通じて $[H^+]$ の値は同じである. (2) 式を変形すると

$$pH = pK_a + \log[A^-]/[HA]$$

というヘンダーソン-ハッセルバルヒの式 (Henderson-Hasselbalch equation) を得る.

[解 答] 1) HCl $0.1\,\mathrm{M} \times \dfrac{1}{11} = 0.0091\,\mathrm{M}$ なので,pH $= -\log[\mathrm{H^+}] = 2.0$

NaOH $0.1\,\mathrm{M} \times \dfrac{1}{11} = 0.0091\,\mathrm{M}$,$[\mathrm{OH^-}] \times [\mathrm{H^+}] = 1 \times 10^{-14}$ ゆえ,

$[\mathrm{H^+}] = 1.1 \times 10^{-12}\,\mathrm{M}$ よって,pH $= 12.0$

2) 液中では強電解質である $\mathrm{CH_3COONa}$ は完全に解離して $\mathrm{CH_3COO^-}$ と $\mathrm{Na^+}$ になっている.一方,酢酸は弱電解質であり,$\dfrac{[\mathrm{CH_3COO^-}][\mathrm{H^+}]}{[\mathrm{CH_3COOH}]} = K_a$ に従って一部解

pH の 測 定

　水溶液の pH はどうやって測定するかというと,"pH メーターで測る"というのが正解である.一昔前は pH 試験紙というもの,あるいは pH 指示薬というものが使われたが,現在はガラス電極と参照電極を一体化した複合電極を用いた **pH メーター**を使うのが普通である.ガラス電極はその両側の $\mathrm{H^+}$ イオンだけに感応し,濃度比の対数に応じた電位差を発生する薄いガラス膜を隔てて標準水素イオン濃度液と試料溶液間の水素イオン濃度の違いによる電位差を測定する.こわれやすいことに注意し,pH 11 以上の高い pH 領域でのアルカリ誤差は大きいので気をつける.

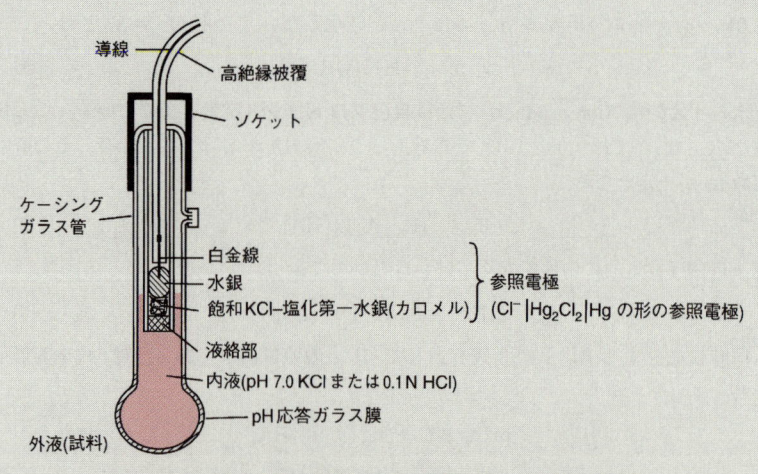

pH メーター用のガラス電極 [益子 安著,"pH の理論と測定",p. 94,東京化学同人(1967)を改変.]

2. 生化学実験法とその基礎

離している。その解離度を α とすると

$$[CH_3COOH] = 0.05(1-\alpha)$$
$$[CH_3COO^-] = 0.05(1+\alpha)$$
$$[H^+] = 0.05\alpha$$

なので, $K_a = \dfrac{0.05(1+\alpha)\alpha}{1-\alpha} = 10^{-4.75}$ より, $\alpha \approx 3.5 \times 10^{-4}$ となり, α は非常に小さいことがわかる。よって 0.1 N HCl を入れる前の溶液の pH は, $-\log[0.05 \times 3.5 \times 10^{-4}]$ =4.75 で, 酢酸の pK_a にほぼ等しい。このことは, $pH = pK_a + \log \dfrac{[共役塩基]}{[共役酸]}$ において [共役塩基]≒[共役酸] であることからもわかる。ここに 0.1 M HCl を 0.1 mL 入れると CH_3COO^- が当量分滴定されて CH_3COOH になるので

$$[CH_3COO^-] = 0.05 \times \frac{10}{11} - 0.1 \times \frac{1}{11} = 0.036$$

$$[CH_3COOH] = 0.05 \times \frac{10}{11} + 0.1 \times \frac{1}{11} = 0.055$$

$$pH = pK_a + \log \frac{[CH_3COO^-]}{[CH_3COOH]} = 4.75 - 0.18 = 4.57$$

となり, pH は 0.18 下がるにとどまる。

一方, 0.1 M NaOH を添加した場合は CH_3COOH が滴定されて CH_3COO^- となるので $[CH_3COO^-] = 0.055$, $[CH_3COOH] = 0.036$ となり, pH = 4.93 を得る。

3) 1) において 0.05 M のところを 0.1 M に変えると

0.1 M HCl を加えたとき　　　　$pH = pK_a + \log \dfrac{0.081}{0.10} = 4.66$

0.1 M NaOH を加えたとき　　　$pH = pK_a + \log \dfrac{0.10}{0.081} = 4.84$

となり, pH の変化は 0.05 M のときよりさらに小さい。

抗体の結合定数

[問題 2・6] 1分子の抗体は特定の抗原を結合する等価な結合部位を2個もっている。タンパク質を P, 結合する分子（リガンド）を L で表すと, この例についての反応式は, P+L = PL（結合定数 K_1）, PL+L = PL_2（結合定数 K_2）と書ける。結合部位が n 個ある, 一般的な場合は, 反応式は $PL_{n-1}+L = PL_n$（結合定数 K_n）まで拡張される。いずれの場合も等価な各部位が単独で L と結合するときの

結合定数を K_0 とする.

1) この反応で, P の濃度は一定に保ち, L の濃度を変化させる場合を考える. 溶液中で P に結合していない遊離の L の濃度を [L] として, 1分子の P に結合している L の分子数の平均値 $\bar{n}$ =(結合している L の量)/(P の全量) を表す式を求めよ. 得られた式をスキャッチャードプロットの形で表し, K_0 と n を求める方法を説明せよ.

2) 上で説明したように, 実験的に $\bar{n}$ と [L] を求めることができれば, P の 1 分子当たりの結合部位数 n(抗体の例では 2)と単独結合定数 K_0 を求めることができる. 次のような場合について, $\bar{n}$ と [L] を求める実験法を工夫せよ.

a) 抗体にハプテンであるジニトロフェニル基が結合する反応
b) トリプシンインヒビタータンパク質にトリプシンが結合する反応
c) 結合部位が P の 1 分子当たり 4 個あるヘモグロビンと酸素の結合反応
d) カルモジュリンとカルシウムイオンの結合反応
e) 乳酸デヒドロゲナーゼ(乳酸脱水素酵素)に補酵素である NADH が結合する反応

3) 上の e) であげた乳酸デヒドロゲナーゼと NADH の結合反応に関して, 表 1 のようなデータが得られている. この場合の n と K_0 を求めよ.

表 1

$[L] \times 10^7$ (M)	$\bar{n}$	$[L] \times 10^7$ (M)	$\bar{n}$
0.50	0.5	5.95	2.5
1.22	1.0	11.54	3.0
2.14	1.5	17.50	3.5
3.51	2.0	130.0	3.9

4) 表 2 の二つの実験結果を解析し, ヘモグロビン結合反応についてスキャッ

表 2

O_2 分圧 (mmHg)	ミオグロビン $\bar{n}$	O_2 分圧 (mmHg)	ヘモグロビン $\bar{n}$
1.0	0.48	10	0.24
2.5	0.71	20	1.30
5.0	0.82	30	2.40
10.0	0.91	40	3.00
20.0	0.95	50	3.40
30.0	0.97	60	3.60

> チャードプロットが直線にならない理由を考えよ．

[解 答] 1) $n=2$ の場合を例にとると，$\bar{n} = \dfrac{[\mathrm{PL}]+2\times[\mathrm{PL}_2]}{[\mathrm{P}]_\mathrm{T}}$ である．$[\mathrm{P}]_\mathrm{T}$ は抗体の全濃度とする．

$K_1 = \dfrac{[\mathrm{PL}]}{[\mathrm{P}][\mathrm{L}]}$, $K_2 = \dfrac{[\mathrm{PL}_2]}{[\mathrm{PL}][\mathrm{L}]}$ とすると

$[\mathrm{PL}] = K_1[\mathrm{P}][\mathrm{L}]$，$[\mathrm{PL}_2] = K_2[\mathrm{PL}][\mathrm{L}] = K_1 K_2[\mathrm{P}][\mathrm{L}]^2$，$[\mathrm{P}]_\mathrm{T} = [\mathrm{P}]+[\mathrm{PL}]+[\mathrm{PL}_2]$
ゆえ，

$$\bar{n} = \frac{K_1[\mathrm{P}][\mathrm{L}](1+2K_2[\mathrm{L}])}{[\mathrm{P}](1+K_1[\mathrm{L}]+K_1 K_2[\mathrm{L}]^2)}$$

となる．二つの部位が相互作用をもたないときは，問題 2・4 の 4) で見たように $K_1 = 2K_0$，$K_2 = 1/2 K_0$ なので

$$\bar{n} = \frac{2K_0[\mathrm{L}](1+K_0[\mathrm{L}])}{(1+2K_0[\mathrm{L}]+K_0^2[\mathrm{L}]^2)} = \frac{2K_0[\mathrm{L}]}{1+K_0[\mathrm{L}]}$$

となる．結合部位が n の場合は

$$\bar{n} = \frac{nK_0[\mathrm{L}]}{1+K_0[\mathrm{L}]}$$

となる．スキャッチャードプロットは，この式を変形して $\bar{n}/[\mathrm{L}] = K_0(n-\bar{n})$ として，実験値 $\bar{n}/[\mathrm{L}]$ を $\bar{n}$ に対してプロットしたグラフであり，グラフが直線となる場合は傾きから K_0 が，また，横軸との切片が n を与える．ここで重要なことは，実験によってタンパク質 1 分子当たりに結合しているリガンドの平均数 $\bar{n}$ と結合していないリガンド濃度 $[\mathrm{L}]$ を求める必要がある点である．2) を考える上でもこの点は重要であるので，簡単に考察しておこう．溶液の全体積を V として，タンパク質の濃度を $[\mathrm{P}]_\mathrm{T}$，リガンドの全濃度を $[\mathrm{L}]_\mathrm{T}$ とすると，$[\mathrm{L}]_\mathrm{T} = [\mathrm{L}] + \bar{n}[\mathrm{P}]_\mathrm{T}$ であるから，$\bar{n}$ か $[\mathrm{L}]$ のどちらかを実測すれば他方は計算で得ることができる．$[\mathrm{P}]_\mathrm{T}$ と $[\mathrm{L}]_\mathrm{T}$ は実験のはじめにどれだけの試料を混合したかによりわかっているものとする．P に結合したリガンドの吸収スペクトルなどが顕著に変化すれば，$\bar{n}$ は P と L の混合液の吸収スペクトルを測定すればわかる．スペクトルなどに変化がない場合で P が巨大分子，L が小さい分子のときは透析チューブの中に P と L の混合液を入れ，溶媒に対して透析し，外液に出てきた L の濃度を測定する．これが $[\mathrm{L}]$ に等しい．

2) a) ジニトロフェニル基は溶液状態で黄色い色をもつ．しかし，タンパク質に結合したものと，しないものの区別はできないので，透析平衡法あるいはそれと等価な

方法によって [L] を求める．[L] を求めれば，$n = \{[L]_T-[L]\}/[P]_T$ より $\bar{n}$ を求めることができる．

b) この場合はリガンドもタンパク質なので透析平衡法は使えない．しかし，インヒビターに結合したトリプシンは酵素活性がなく，結合していないトリプシンは活性があるので，通常のトリプシンの活性測定法を用いれば [L] を得ることができる．

c) ヘモグロビンにはクロモフォア（発色団）であるヘムがあり，ここに酸素が結合した場合には 540 nm と 577 nm に吸収極大をもち，酸素化していない場合には 555 nm に 1 本の吸収極大がある．そこで，555 nm における吸光度の差は結合酸素数に比例するので，分光測定により [L] を求めることができる．ただし，測定中も酸素濃度を一定にしなくてはならないので，図 1 のような特製のキュベットを用いる．

d) タンパク質に結合していないカルシウムイオンの濃度を測定する方法としては，溶液中の遊離カルシウム濃度をカルシウム電極法で測定する，透析平衡ののち外液のカルシウム濃度を原子吸光法で測定する，などの方法がある．

e) 透析平衡法により透析チューブ内にある酵素に結合した NADH の量を算出する．NADH は 338 nm に吸収極大をもつ（pH 9.5 で分子吸光係数 6220）ので透析外液と内液の NADH 濃度を吸光光度法で測定して，タンパク質に結合した補酵素量を算出する．または酵素に結合した NADH の吸収スペクトルや蛍光スペクトルの変化を用いて算出する．

3) 表 1 のデータをスキャッチャードプロットすると，図 2 のようになり，結合部位数（最大結合数ともいう），$n = 4$，結合定数 K_0 は約 $3 \times 10^6 \mathrm{M}^{-1}$ である．プロットが直線となっているので，結合部位がすべて等価で相互作用がないという仮定が成立していると考えられる．

4) 表 2 の O_2 分圧は水中の遊離 O_2 濃度に比例するのでスキャッチャードプロット

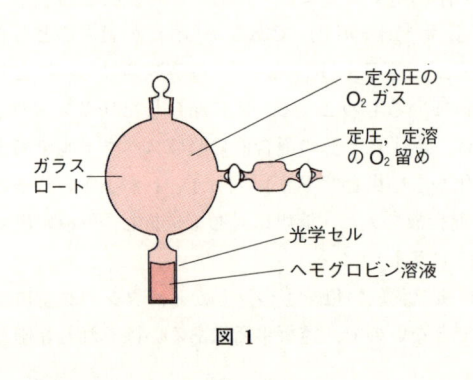

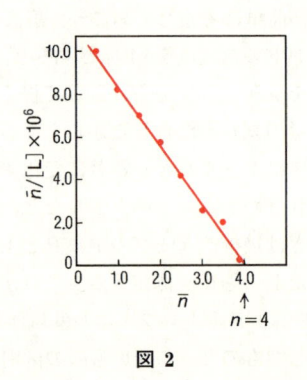

図 1

図 2

の $\bar{n}/[L]$ を $\bar{n}/[pO_2]$ で置き換え,表3を得る.これをグラフにした図3からわかるように,ミオグロビンは傾きから結合定数が求められる.ヘモグロビンは4個の O_2 結合部位に強い相互作用があるので直線とならない.

表 3

ミオグロビン		ヘモグロビン	
$\bar{n}/[pO_2]$	$\bar{n}$	$\bar{n}/[pO_2]$	$\bar{n}$
0.46	0.48	0.024	0.24
0.28	0.71	0.064	1.28
0.16	0.82	0.078	2.36
0.09	0.91	0.076	3.04
0.048	0.95	0.068	3.40
		0.060	3.60

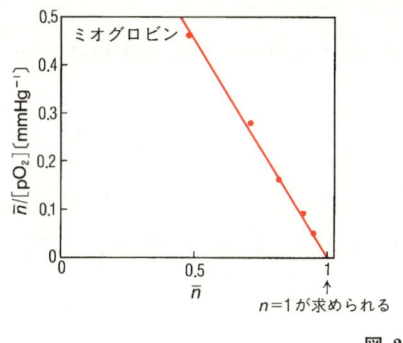

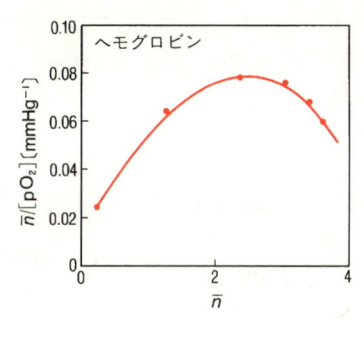

図 3

遠 心 分 離

[問題 2・7] 遠心機は試料溶液を入れたローターを回転して,遠心力で試料溶液中の分子を,沈めたり浮かしたりして集める道具である.1)の文章の空欄を埋めて完成し,2)に答えよ.

1) ローターを毎分 R 回転で回したときの毎秒当たりの回転角速度 ω は角度をラジアンで表すと ボックス a である.試料溶液中の一つの分子(重量は m とする)に注目して,回転中心からの距離を r とすると,この分子が受ける遠心力 F は ボックス b である.分子は溶液中に溶けているので,浮力も働いているため見かけの重さは m ではなく,分子の体積 $V = m\bar{v}_2$ と等しい重さの溶液分だけ軽くなって

いるので $m(1-\bar{v}_2\rho)$ である（ここで，$\bar{v}_2$ はタンパク質の偏比容，ρ は溶液の密度である）．結局，分子にかかっている力は c である．この力によって分子が動くとすると，その速度 dr/dt は，F を d （f とする）で割ったものに等しい．この等式の両辺を単位重量当たりの遠心力 e で割ると，次式のようになり，

$$\frac{1}{r\omega^2}\frac{dr}{dt} \equiv \frac{d\ln r}{\omega^2 dt} = \frac{M(1-\bar{v}_2\rho)}{N_A f}$$

右辺は分子量 M と形だけによって決まる分子定数となるので，これを f 係数 s とよんでいる．多くのタンパク質ではこの値が 10^{-13} s 程度となるので，この大きさをスベドベリ単位といい，S で表す．

2) 25℃，水中における沈降係数が 10 S の球状タンパク質分子がどの程度の分子量をもつかを推定してみよ．タンパク質の偏比容 $\bar{v}_2$ は $0.73\,\text{cm}^3/\text{g}$，溶媒の粘性係数 η は 0.01 ポアズ（1 ポアズ＝1 dyn·s/cm²）とせよ．

[解答] 1) a. $2\pi R/60$　　b. $mr\omega^2$　　c. $m(1-\bar{v}_2\rho)r\omega^2$　　d. 摩擦係数　　e. $r\omega^2$
f. 沈降

2) $s = \dfrac{M(1-\bar{v}_2\rho)}{N_A f}$, $f = 6\pi\eta r$, $\dfrac{4}{3}\pi r^3 = \dfrac{M\bar{v}_2}{N_A}$ の三つの関係を使う．N_A はアボガドロ数，r は球状粒子の半径である．

$s = \dfrac{M^{2/3}(1-\bar{v}_2\rho)}{N_A 6\pi\eta\left(\dfrac{3\bar{v}_2}{4\pi N_A}\right)^{1/3}}$ より，$M = 1.46\times 10^{23}\times s^{3/2} = 1.5\times 10^5 = 150{,}000$

反 応 速 度 論

[問題 2・8] 化学反応の反応速度（次式では，$d[\text{A}]/dt$ あるいは $d[\text{B}]/dt$）は反応物の濃度に比例し，その比例係数を速度定数とよぶ．ただし，[A]，[B] は A および B の濃度である．

$$\text{A} \underset{k_2}{\overset{k_1}{\rightleftarrows}} \text{B}$$

A および B を異なる分子種，k_1 および k_2 を矢印の向きに対応する反応速度定数として，次の単分子反応について図を参照して以下の問いに答えよ．

1) [A] の時間変化を表す微分方程式を [A]，[B] および二つの速度定数を用いて書け．

2) 時刻 $t=0$ において $[A]=[A]_0 \neq 0$, $[B]=0$ として 1) の微分方程式を解き, 時刻 t における A の濃度 $[A]_t$ を, $[A]_0$, k_1, k_2 および t の関数として求めよ.

3) 図は 2) の条件で反応を開始した後の $[A]$ の時間変化を測定してグラフにしたものである. 反応開始からおよそ 60 秒後に反応は平衡に達しているとして, このときの A および B の濃度を $[A]_e$, $[B]_e$ とする. A の濃度が $([A]_0-[A]_e)$ の半分となる時刻を $t_{1/2}$ とする. $t_{1/2}$ および反応の平衡定数 $(K=[B]_e/[A]_e)$ の値を図の実験結果から求めよ.

4) 2) の結果を用いて $t_{1/2}$ を速度定数 k_1 および k_2 の関数として求めよ.

5) 3) および 4) の結果を参照して, k_1 および k_2 の値を求めよ.

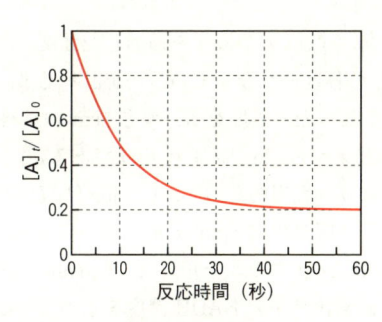

反応速度測定結果

[解答] 1) $\dfrac{d[A]}{dt}=-k_1[A]+k_2[B]$

2) 上式で $[A]+[B]=[A]_0$ であることを使って, $[B]=[A]_0-[A]$ と書くと,

$$\frac{d[A]}{dt}=-(k_1+k_2)[A]+k_2[A]_0$$

となるので, 定数変化法などを利用して解くと,

$$[A]_t=\frac{[A]_0}{k_1+k_2}\{k_2+k_1 e^{-(k_1+k_2)t}\}$$

を得る.

3) $t_{1/2}$ は図より, 約 7 秒と読める. 平衡定数 K $(=[B]_e/[A]_e)$ は 4 である.

4) $[A]$ の減少は指数関数的なので, $1/2=e^{-(k_1+k_2)t_{1/2}}$ となる. これから, $t_{1/2}=\ln(2)/(k_1+k_2)$ を得る.

5) $K=k_1/k_2=4$, $k_1+k_2=7\,\text{s}$ より, $k_1=5.6\,\text{s}$, $k_2=1.4\,\text{s}$ を得る.

分 光 学

[問題 2・9] 生化学実験で最も基礎的な技術は溶液の水素イオン濃度の調整と分光光度計による溶液中の試料濃度の測定である．分光光度計により試料濃度の決定について次の問いに答えよ．

1) 強度が I で波長 λ の光が厚さ Δx の溶液中を通過するとき，溶液中の色素分子に光の一部が吸収される．吸収され，失われる光の量を ΔI とすると，$\Delta I/I$ が次のように，比例定数を E として Δx と色素の濃度 C に比例することがわかっている．

$$\Delta I/I = -EC\Delta x$$

この式をもとにして，厚さ ℓ cm の溶液層を通過した強度 I の光が，通過する前の強度 I_0 の光に比べてどの程度弱くなっているかを計算せよ．

2) 試料層を通過する前の光の強度を I_0，厚さ ℓ cm の試料層を通過してきた光の強度を I とした前の結果から，$\ln(I_0/I) = EC\ell$ であるが，対数は 10 を底にとった $\log(I_0/I) = \varepsilon C\ell$ のほうが実用的なので，$A = \log(I_0/I)$ を**吸光度**（absorbance）という．このとき ε を**モル吸光係数**（molar absorption coefficient）とよぶ．NADH の溶液の吸光度を光路長 1 cm のセルを用いて，338 nm で測定したところ，0.67 であった（pH=9.5）．試料溶液中の NADH 濃度を求めよ．ただし，NADH の 338 nm におけるモル吸光係数は pH 9.5 においては，$6220\,\text{mol}^{-1}\,\text{cm}^{-1}$ である．

3) 最近の分光光度計を用いると，吸光度が 4 ないし 5 まで測定できる．このとき，分光光度計は照射光に対してどの程度の透過光を測定していることになるか．このような条件での測定において注意するべきことをあげよ．

4) 透過光の強度が減少する原因として試料溶液中の色素分子による光の吸収以外のものをあげよ．それらは，試料濃度の測定に際してどのような影響をもつか．その影響を取除く方法を考えよ．

5) 溶液中の水素イオン濃度の変化を分光光度計を用いて測定するにはどのような準備が必要か．そのような測定を行う利点をあげよ．

[解 答] 1) $\Delta I/I = -EC\Delta x$ の両辺を I は I_0 から I まで，x は 0 から ℓ まで積分すると，

$$\log_e I\Big|_{I_0}^{I} = -ECx\Big|_0^{\ell}$$

よって，$\log_e(I/I_0) = -EC\ell$ となり，

$$I/I_0 = e^{-EC\ell}$$

となるので，透過光強度 I は照射光の強度 I_0 に比べて $e^{-EC\ell}$ 倍に減少している．

2) $A = \log_{10}(I_0/I) = \varepsilon C\ell$ より

$$\varepsilon C\ell = 6220 \times C \times 1 = 0.67$$

よって $C = 1.1 \times 10^{-4}\,\mathrm{M}$

3) $A = 4$ で $I/I_0 = 10^{-4}$，$A = 5$ では $I/I_0 = 10^{-5}$ であるから，透過光が非常に少なくなっていることがわかる．このような条件での測定では，

a) $\Delta I/I = -EC\ell$ という式が成立しない可能性がある．すなわち，吸光度が試料濃度に比例していない可能性がある．

b) セルを透過した光以外のいわゆる迷光があると測定値が信頼できない．

c) A の値が 0 から 1.0 くらいになるよう試料を希釈するとよい．

4) 最もよく起こる原因は比較的大きい分子または不溶性の粒子，沈殿による光の散乱である．散乱があると，吸光度が見かけ上大きくなるので，測定前に溶液を遠心機にかけるか，フィルターで沪過して沈殿物や巨大粒子を除去しておく．

5) pH 指示薬とよばれる色素を共存させておき，水素イオン濃度の変化による色の変化を分光光度計で追跡する．その利点は次のとおりである．

a) 比較的小さい試料，たとえば細胞の中の pH の測定などができる．

b) 時間に対して速い変化を精度よく追跡できる．

蛍光スペクトル

[問題 2・10] 色素分子が可視光線の光子を吸収する際には 10^{-15} 秒（1 フェムト秒）程度の時間で吸収し，その分子の最も高いエネルギー準位にある電子が基底一重項準位から励起一重項準位に励起される．電子の励起状態での寿命は分子の構造によって大きく異なり，通常は分子振動の緩和時間にあたる 10^{-12} 秒（1 ピコ秒）程度の時間内に励起エネルギーが分子振動のエネルギーとして周囲の分子（多くの場合，溶媒分子あるいは消光剤とよばれる酸素などの分子）の振動（熱）エネルギーとして散逸される．この振動緩和機構が効率よく働かない分子で，励起状態の寿命が 10^{-9} 秒（1 ナノ秒）程度まで延びると励起エネルギーは蛍光とよばれる光エネルギーとして放射され，分子は基底状態に戻る*．

1) 分子による光の吸収と緩和過程を示すジャブロンスキー図とよばれる次の

---

* また低い確率で三重項準位に遷移した分子は蛍光より長い時間をかけてりん光を放射する．

図のa〜dの空欄に対応する言葉を入れよ．

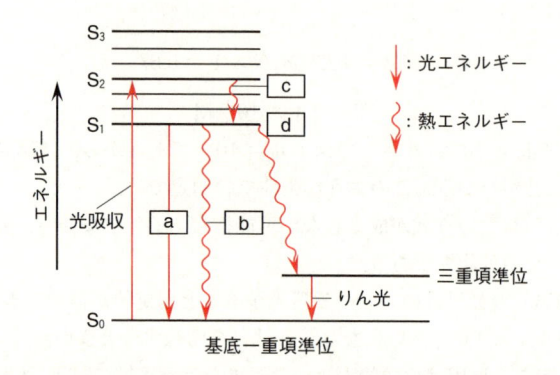

2) 蛍光スペクトルの極大波長は，吸収スペクトルの極大波長と一致しない場合が多い．その理由を述べよ．

3) 吸収エネルギーのうちどれだけが蛍光エネルギーとなるかを示す，量子効率（Q）の大きい色素ほど使いやすい蛍光プローブとなる．量子効率の大きい色素の特徴を述べよ．

4) 励起エネルギーは以上の経路のほかに，他の分子の電子を基底状態から励起状態に共鳴エネルギー移動を介して効率よく移動する．この機構は，フェルスター共鳴エネルギー移動（Försterまたはfluorescence resonance energy transfer：FRET）とよばれる機構で，その効率 E（吸収エネルギーに対して，共鳴移動するエネルギーの割合）は，二つの分子間の距離や相対角度に依存し，エネルギーを与える側をドナー（D），受取る側をアクセプター（A）としたときに，Dの蛍光スペクトルとAの吸収スペクトルの間に，十分な重なり（J）が必要である．

$$E = \frac{1}{1+(r/R_0)^6}$$

$$R_0^6 = \frac{9Q_D(\ln 10)\kappa^2 J}{128\pi^5 n^4 N_A}$$

ここで，Q_DはDの量子効率（Aがない場合），κ^2はDとAの放射および吸光の遷移双極子モーメントの配位因子で，

$$\kappa^2 = (\cos\theta_t - 3\cos\theta_D\cos\theta_A)^2$$

〔θ_t, θ_D, θ_AはそれぞれDの放射遷移双極子モーメント（μ_D）とAの吸光遷移双極子モーメント（μ_A）のなす角度，AとDの中心を結ぶ直線とμ_Dおよびμ_Aのなす角度〕であるが，正確な配位がわからない場合が多いので，ランダムな配位の平

均値として，$\kappa^2 = 2/3$ が用いられることが多い．J は下の式で定義される D と A のスペクトルの重なり積分であり，n, N_A は溶媒の屈折率と，アボガドロ数である．

$$J = \frac{\int f_D(\lambda)\varepsilon_A(\lambda)\lambda^4 d\lambda}{\int f_D(\lambda)d\lambda}$$

ここでは，$f_D(\lambda)$ は A の蛍光スペクトル，$\varepsilon_A(\lambda)$ は A の吸収スペクトルの波長分布を示す関数である．積分は波長について 0 から無限大まで行うが実際にはスペクトルがある有限の値以上をもつ範囲で行えばよい．

上の式から，$Q_0 = 0.7$, $\kappa^2 = 2/3$, $J = 1 \times 10^{-52}$, $n = 1.4$, $N_A = 6.023 \times 10^{23}$ を使って，R_0 を見積もるとおよそ 2 nm となる．このとき，D と A の距離が 1 nm のときと 3 nm のときのエネルギー移動効率 E を比較せよ．

〔注：D と A の間で FRET が観測される場合，D の蛍光寿命が短くなるので，D の蛍光寿命測定からも FRET の効率を見積もることができる．〕

[解答] 1) a. 蛍光　b. 振動緩和（無放射遷移）　c. 内部緩和過程　d. 励起一重項準位

2) 図のように，光吸収時のエネルギー差に比べて，蛍光発光時のエネルギー差が小さいので，蛍光極大波長は一般に吸収極大波長より長くなる．これは，励起一重項準位における分子内部の振動準位の緩和により，エネルギー準位が少し下がることによる．また励起された分子は分極の程度が大きい場合が多く極性溶媒中では溶媒和によりよりエネルギー準位が下がる．

3) 量子効率は次式で与えられるように，吸収された光が蛍光，振動緩和，消光，などの競合する速度過程によってどれだけの割合で散逸されるかによる．そこで，分子内部の振動緩和速度の遅い（硬い分子構造），消光効果の大きい分子（酸素，ヨウ素など）のない環境が量子効果を高めるのに効果がある．

4) $r = 1$ nm のとき $E = 0.985$, $r = 3$ nm のとき，$E = 0.08$

[問題 2・11]＊　2 種の分子 A と B が会合して複合体 AB を形成する反応

$$A + B \rightleftharpoons AB$$

を表面プラズモン共鳴法で測定するため，B を基盤に固定し，フロー法で A を一定速度で流入する．このような条件下において，A の濃度を $[A]_0$（一定），固定さ

れた B の初濃度を $[B]_0$, 会合の速度定数を k_a, 解離の速度定数を k_d とする. $t=0$ で A を一定速度で流して B と混合すると，[AB] 生成の経時変化は，

$$[AB] = \frac{k_a[A]_0[B]_0}{k_a[A]_0 + k_d}\{1 - e^{-(k_a[A]_0 + k_d)t}\}$$

で表されることを示せ．また，会合解離の反応が平衡に達したときの AB の濃度を $[AB]_0$ とし，そこで系から流路を緩衝液に切り替えて遊離の A を取除いた時刻を $t=0$ とすると，解離の経時変化は

$$[AB] = [AB]_0 e^{-k_d t}$$

で表されることを示せ．

[解 答] $\dfrac{d[A]}{dt} = 0$, $[A] = [A]_0$, $[B] + [AB] = [B]_0$ から，

$$\frac{d[AB]}{dt} = k_a[A]_0([B]_0 - [AB]) - k_d[AB]$$
$$= k_a[A]_0[B]_0 - [AB](k_a[A]_0 + k_d) \equiv x$$

とおくと， $\dfrac{dx}{dt} = -(k_a[A]_0 + k_d)\dfrac{d[AB]}{dt} = -(k_a[A]_0 + k_d)x$

$$\int \frac{dx}{x} = -(k_a[A]_0 + k_d)\int dt$$

$$\ln x = -(k_a[A]_0 + k_d)t + C$$

$$\frac{d[AB]}{dt} = Ae^{-(k_a[A]_0 + k_d)t}$$

$t=0$ で $x = k_a[A]_0[B]_0$ より $A = k_a[A]_0[B]_0$

$$[AB] = \frac{-k_a[A]_0[B]_0}{k_a[A]_0 + k_d}\{C' + e^{-(k_a[A]_0 + k_d)t}\}$$

$t=0$ で $[AB] = 0$ より $C' = -1$, したがって

$$[AB] = \frac{k_a[A]_0[B]_0}{k_a[A]_0 + k_d}\{1 - e^{-(k_a[A]_0 + k_d)t}\}$$

を得る．次に，解離反応は $t > t_0$ で $[A] = 0$ なので，

$$\frac{d[AB]}{dt} = k_a[A][B] - k_d[AB] = -k_d[AB]$$

$\ln[AB] = -k_d t + C$, $t=0$ で $[AB] = [AB]_0$ より $C = \ln[AB]_0$

よって
$$[AB] = [AB]_0 e^{-k_d t}$$

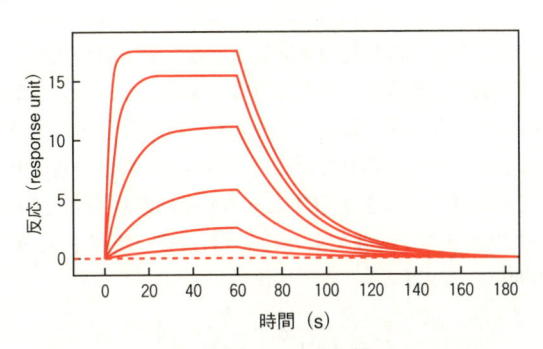

表面プラズモン共鳴法による会合解離反応の測定例

[問題 2・12] 光が分子に吸収されるときには，分子内の電子が基底状態から励起状態のエネルギー準位に遷移（とび移る）している．このとき，光のもつエネルギー $h\nu$ の値が電子の基底状態と励起状態準位間のエネルギー差 ΔE に正確に等しくなくてはならない．h はプランク定数で 6.6×10^{-34} J·s であり，ν は光の振動数で c/λ に等しい（c は光速 3.0×10^8 m/s）．

1) ポルフィリン環は 410 nm にソーレー帯（Soret band）とよばれる吸収極大がある．自然光の中でポルフィリン溶液は何色に見えるか．

2) ポルフィリンが吸収する光のもつエネルギーを求めよ．

3) ポルフィリンの中心に鉄イオンが配位するとソーレー帯のほかに 500〜600 nm の光を吸収するようになる．このような分子をヘムとよんでいる．補欠分子族としてヘムをもつタンパク質の例をあげよ．

[解 答] 1) 410 nm の光は青色なので，これを吸収するポルフィリンは黄色に見える．

2) 波長 λ の光のもつエネルギーは $h\nu = h \times c/\lambda$ である．

$$h\nu = \frac{6.6 \times 10^{-34} \times 3.0 \times 10^8}{410 \times 10^{-9}} = 4.8 \times 10^{-19} \text{ J}$$

1 光子当たり　　　　4.8×10^{-19} J
1 モル光子当たり　　2.9×10^5 J　（約 70 kcal または 3.0 eV）

3) ヘモグロビン，ミオグロビン〈酸素運搬体〉，シトクロム c, b 〈電子伝達系〉，カタラーゼ，シトクロムオキシダーゼ〈酸化還元酵素〉

相 互 作 用

[問題 2・13] ポストゲノム時代の研究対象として分子間相互作用の特異性とその相対的な強さの測定が重要な問題となりつつある．多くの分子間相互作用はタンパク質や DNA のように共有結合でつくられた巨大分子間の界面に働く非共有結合的な引力によることが知られている．二つの無極性原子間に働く非共有結合ポテンシャルエネルギーの大きさ (U) とその原子間距離 (r) 依存性は，次式のレナード-ジョーンズポテンシャルで表される (右辺第一項が斥力, 第二項が引力項である)．次の問いに答えよ．

$$U = 4\varepsilon\left[\left(\frac{\sigma}{r}\right)^{12} - \left(\frac{\sigma}{r}\right)^{6}\right]$$

1) U が負の最も大きな値 ($-\varepsilon$) をとる距離 (r_e) は両原子の安定核間距離とよばれる．その距離と σ の関係を求めよ．$\varepsilon = -2.5 \times 10^{-21}$ J, $r_e = 0.6$ nm である場合の U と r の関係を表す図の概略を描け．

2) 両原子間に働く力はポテンシャルの距離に対する微分に − をつけて得られる．二つの原子は遠距離で弱い引力を及ぼし合って近づき，あまり近づくと斥力を及ぼし合う．引力が最大となる距離を σ および ε で表し，上の場合についてその距離を求めよ．

〔注：異なる分子間のポテンシャルパラメーターは，ε に関してはそれぞれの同一分子間のパラメーターの相乗平均，σ に関しては相加平均をとる．〕

[解 答] 1) まず，r_e と σ の関係を求める．$r = r_e$ で U が最小値をとるので，$dU/dr = 0$ となる r_e を求めると，$r_e = 2^{1/6}\sigma = 1.122\sigma$ を得るので，$\sigma = 0.535$ nm である．この値を使ってポテンシャルのグラフを描くと図のようになる．

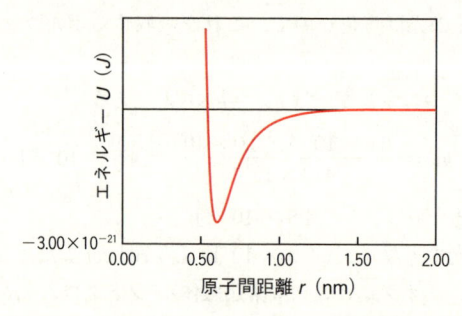

レナード-ジョーンズポテンシャルの略図．

2) ポテンシャルエネルギーの距離に対する微分が力であり，問いではその力が最大となる位置を聞いているので，U の 2 回微分が 0 となるような距離 r_1 を求めると，$r_1 = (156/42)^{1/6}\sigma = 1.244\sigma = 0.666$ nm を得る．

円偏光二色性

[問題 2・14] 次の文章の a～l の空欄を埋めよ．

　光は電磁波であり，直交する電場と磁場の大きさが周期的に変化しながら進行する．このとき電場の変化する方向が光の　a　であるが，普通の光はいろいろな　a　をもつ光の寄せ集めなので，全体としては偏光していない．この中から，一つの方向にだけ電場の振動面をもつ光を取出す道具が　b　である．　b　は一方向にのみ振動できる　c　を含んだ材料でできているので，その方向に振動面をもつ光だけを通し，それ以外の光を遮断するので　d　をつくることができる．　d　を試料に当てたとき，入射光の偏光面を変える物質は　e　であるという．

　　d　は大きさの等しい右回り　f　と左回り　f　の重ね合わせでもあるので，偏光面を変化させる　e　物質とは，左右の　f　に対して屈折率，すなわち速度に差がある物質ということになる．一方，左右の　f　に対して屈折率だけでなく，吸光度も異なる場合は，　d　の偏光面を変えるだけでなく，これを　g　とする．このような物質は　h　をもつという．

　分子が　e　である原因はその分子が　i　を含む点にあるのが普通であるが，それに加えて，分子全体の立体構造がその鏡像と重ならないものも　e　である．そのよい例は，全く同じ素材でできていても右巻きと左巻きでは重ね合わせることのできない　j　構造である．(生体分子では) タンパク質はもともと光学活性体である L-α-アミノ酸からなるが，その立体構造として　k　とよばれる　j　構造をもつ．また，　l　とよばれる平面的な構造も，一種の　j　であるので，　k　とともに　e　である．両方とも，左右　f　に対する吸光度も異なるので，　h　をもつ．この現象を利用するとタンパク質の　h　の測定から　k　や　l　構造をとっている残基の割合を算出することができる．

[解答] a. 偏光面　b. 偏光子　c. 電子　d. 直線偏光　e. 光学活性　f. 円偏光　g. 楕円偏光　h. 円二色性　i. 不斉炭素　j. らせん　k. αヘリックス　l. βシート

[問題 2・15] 質量分析による分子量測定では，試料分子を真空中でイオン化してガス状態にしてから電場内に入れて加速し，一定速度になった後，電場なしの真空チャンバー内を一定距離走行させて，検知器で速度の異なるイオンの数を，質量対電荷比（m/z）の異なる分子イオンごとに定量する．イオン化の方法が最も重要であり，タンパク質など分子量の大きい試料を，フラグメント化せずにイオン化する方法として，エレクトロスプレーイオン化法（electrospray ionization: ESI），マトリックス支援レーザー脱離イオン化法（matrix assisted laser desorption ionization: MALDI）の二つがよく用いられる．簡単に説明すると，ESI 法では試料溶液を細い管から電圧をかけながら真空中に勢いよく吹き出して液滴に電荷を与えたのち乾燥させて分子イオンを生成する．電荷数（z）は一定ではない．MALDI 法では，試料をマトリックスとよばれる紫外線吸収素材と混晶状にしたうえで紫外線レーザー光照射してマトリックス分子の励起を通じて試料に＋（プロトン），－（電子）の電荷を与えて真空中に放出し，分子イオンガスとする．

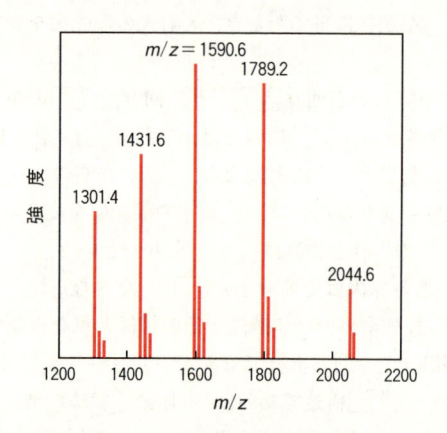

図はあるタンパク質の ESI 法によるイオン化後の質量分析結果である．各ピークは同じ分子量をもつ試料が一つずつ電荷の異なるイオンとして定量されていると考えて，試料の分子量を求めよ．

[解 答] $2044.6 = m/z$, $1789.2 = m/(z+1)$, $1590.6 = m/(z+2)$, $1431.6 = m/(z+3)$, $1301.4 = m/(z+4)$, が成り立つとして連立方程式を解く．z（整数とする），と m を求めると，$z = 7$ に対して，$m \times 10^{-4} = 1.431, 1.431, 1.432, 1.431, 1.432$ と精度よく求まる．

顕微鏡

[問題 2・16] 次の問いに答えよ.

1) 顕微鏡の分解能(密接した点を区別できる最小の距離 D)は開口角 α, 試料と対物レンズの間の空気または液体の屈折率 n, 使っている光の波長 λ によって次式で表される. $D = 0.61\lambda/(n \cdot \sin\alpha)$. 今, 青色 ($\lambda = 450\,\mathrm{nm}$) を使って観察し, 開口角 70°($\sin 70° = 0.94$), 空気の屈折率 ($n = 1.0$) のとき, この顕微鏡の最大の分解能はいくらか.

2) 試料と対物レンズの間に油を入れて分解能を上げる油浸という技術はこれらのパラメーターのうち, いずれを変化させるものか. またそれが 1.5 倍に変化したとき, 分解能はいくらになるか.

3) コンデンサーレンズからの光が斜めに照射されることで入射光が対物レンズに入らないようになっており, 試料で屈折するか散乱する光だけが対物レンズに入って像をつくる. この技法の名前を記せ.

4) 試料と観察者の間に置かれたガラスの位相差板を通すことで試料の部分的な明るさがその部分の屈折率によって変化するような黒白対比の大きな像を結ばせる技法の名前を記せ.

5) 入射光を二つに分け, 一方は試料の一部を通し, 他方はそのすぐそばを通過させて第二のプリズムによって両方の光線を合成する. 試料内の近接する部位の厚さや屈折率の微小な差を明るい像(位相が揃う)か暗い像(位相がずれる)として観察される. この技法の名前を記せ.

6) 電子顕微鏡では 0.1 nm 程度の原子の配列まで観察が可能な理由を, 100 kV の電圧で加速された電子線の波長を計算して考察せよ. 電子の質量 m は $9.1 \times 10^{-31}\,\mathrm{kg}$ である.

[解答] 1) $D = (0.61 \times 450\,\mathrm{nm})/(1.0 \times 0.94) = 292\,\mathrm{nm}$
2) 屈折率 n. $n = 1.5$ として $D = (0.61 \times 450\,\mathrm{nm})/(1.5 \times 0.94) = 195\,\mathrm{nm}$
3) 暗視野顕微鏡法(dark-field microscopy)
4) 位相差顕微鏡法(phase-contrast microscopy)
5) ノマルスキー干渉顕微鏡法(Nomarski interference microscopy)または微分干渉顕微鏡法(differential interference microscopy)
6) この場合, 加速された電子の運動エネルギーは $\frac{1}{2}mv^2 = 10^5\,\mathrm{eV}$ なので

$$v = \left(\frac{2 \times 10^5\,(\mathrm{eV})}{m}\right)^{1/2} = \left(\frac{2 \times 1.6 \times 10^{-19}\,(\mathrm{C}) \times 10^5\,(\mathrm{V})}{9.1 \times 10^{-31}\,(\mathrm{kg})}\right)^{1/2} = 1.9 \times 10^8\,\mathrm{m}$$

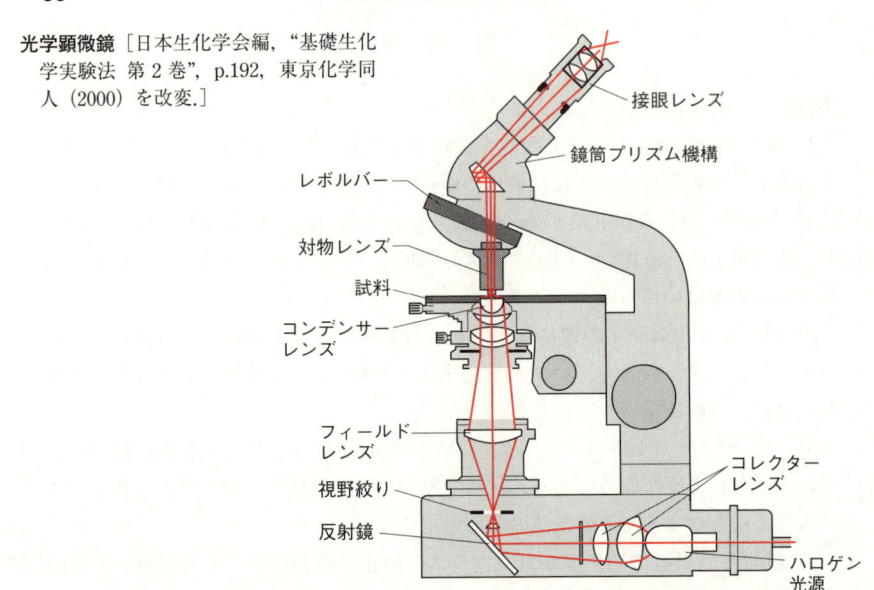

光学顕微鏡［日本生化学会編，"基礎生化学実験法 第2巻", p.192, 東京化学同人（2000）を改変．］

ド・ブロイの式 $p = \dfrac{h}{\lambda}$ により

$$\lambda = \frac{h}{mv} = \frac{6.6 \times 10^{-34}}{9.1 \times 10^{-31} \times 1.9 \times 10^{8}} = 3.8 \times 10^{-12} \text{ m} = 3.8 \times 10^{-3} \text{ nm}$$

$n = 1$, $\theta \simeq 10^{-2}$ とすると 1) にならって $D \gtrsim 0.4$ nm. ただし，p は運動量，h はプランク定数，θ は開口角．

[問題 2・17] 図1は，バクテリオファージ T4 の頭部から出た遺伝子 DNA を金属粒子でコーティングした後，透過型電子顕微鏡（transmission electron microscope: TEM）で撮影したものである．背景および試料上に見える細かい粒子が金属粒子である．次の問いに答えよ．
 1) 試料を金属微粒子でコートしているのはなぜか．
 2) 合計 168,000（168 kb）の塩基対をもつ遺伝子 DNA の体積はどのくらいになるか．二本鎖 DNA の太さはおよそ 2.2 nm として計算せよ．この DNA をきちんと収容するにはどのくらいの半径をもつ球状容器を用意する必要があるか．
 3) ファージの頭部の大きさは，直径 70 nm，長さ 100 nm のやや引き延ばされた 20 面体をしている．図2に示す円柱と上下二つの円錐からなる模式図を参考に

して，DNAを収容していた頭部の容積を計算せよ．壁の厚さは，3 nm とする．

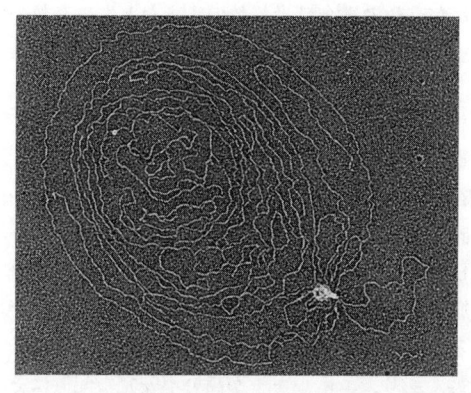

図1 バクテリオファージT4［矢崎和盛博士提供.］　　図2

[解答]　1) 電子顕微鏡は電子線を散乱する物質の映像を拡大して見えるようにした装置である．種々の元素が電子線を散乱する能力は原子番号の二乗に比例するので，原子番号の大きい元素でできた物質ほど電子顕微鏡により明瞭に見ることができる．ところが，タンパク質，DNA，糖質，脂質など生体物質は炭素，水素，酸素，窒素など比較的原子量の小さい元素でできているため，同じく炭素でできた支持膜（背景）と区別して見るのがむずかしい．そこで，原子番号の大きい金 (79)，白金 (78) などの微粒子を試料の上から吹付けて，試料が背景から浮き上がるようにして観察する．

2) 1塩基対当たりの体積は $\pi(1.1)^2 \times 0.34 = 1.3$ nm^3
168,000 塩基対にすると，2.2×10^5 nm^3 となる．

半径を r とすると球の体積は $\dfrac{4}{3}\pi r^3$ だから，$r = 37$ nm となる．

3) Ⅰの部分，Ⅲの部分　　$\pi \times (32)^2 \times 17 \times \dfrac{1}{3} = 1.8 \times 10^4$ nm^3

　Ⅱの部分　　　　　　$\pi \times (32)^2 \times 60 = 1.9 \times 10^5$ nm^3

　　　　　　　　　計　 2.26×10^5 nm^3

2) の答と比較すると，DNAがむだなスペースがなく，非常にコンパクトに収容されている様子がわかる．

核 磁 気 共 鳴

[問題 2・18]　核磁気共鳴吸収についての次の文章を完成し，問いに答えよ．

原子核は a と b からできており，その数がともに偶数の核では合計の核スピンはゼロであり，どちらかが奇数の場合は半整数の，またともに奇数の核は整数の核スピン量子数をもつ．水素原子の核は a 一つなので，その核スピン量子数は c である．そこで水素の原子核は磁気回転比を γ とすると $\dfrac{\gamma \hbar}{2}$ の大きさの磁気モーメントをもつ磁石とみることができる．磁石を磁場におくと，磁石の磁気モーメントの方向と磁場の方向が d した配置のとき，エネルギーは最小値をとり最も安定な配置である． e になったときが，エネルギー最大で最も不安定な配置である．日常使う磁石はその間のエネルギー状態を連続的にとることができるが，水素の原子核のように極微小な磁石では，磁場の中でとれる配向は2種類だけに限られる．エネルギーが低く安定な配置はスピン量子数の z 成分の固有値が f の状態であり，エネルギーが高い不安定な配置はそれが g の状態である．二つの状態の間のエネルギーの差は，磁場の磁束密度の大きさを B と書くと， h なので，温度 T では二つの準位にある水素原子核の数の比は i 則により，$1:$ j である．

1) 温度25℃において，磁束密度1テスラ（$=10^4$ ガウス）の磁場に置かれた多数の水素原子の核の中で，スピン量子数の z 成分が $+1/2$ の α 状態と $-1/2$ の β 状態にある核数の比を計算せよ．ただし，プロトンの磁気回転比 γ の値は $5.6 \times e/2M$ である．M はプロトンの重さ，e は素電荷（1.6×10^{-19} C），プランク定数 $h = 6.6 \times 10^{-34}$ J·s，$\hbar = h/2\pi$，ボルツマン定数 $k_B = 1.4 \times 10^{-23}$ J/K として計算せよ．

2) 上の状態にある水素の集団に電磁波をあてて，α 状態の核を β 状態に遷移させたい．照射する電磁波の波長 λ，周波数 ν を計算せよ．

3) 現実の水素原子では核のまわりに1s電子が存在する．この電子の存在は上の問いの結果にどう影響するか．

4) 分子内の水素になると1s電子だけでなく他のいろいろな電子や核の影響を受けて α 状態から β 状態への遷移に要するエネルギーの値がさまざまに異なる．遷移に要する共鳴エネルギーの値を周波数単位で表したとき，試料の中の注目するプロトンの共鳴周波数が標準物質〔テトラメチルシラン $Si(CH_3)_4$ を用いる〕の共鳴周波数 ω_0 に比較して何ppm離れているかを表す数字が化学シフト（σ）である．次のような化学的環境にある水素原子の核が受ける化学シフトについて説明せよ．

a) 芳香族分子の環に直接結合している水素
b) アルキル基の水素

c）アミノ基の水素
　　d）アルデヒド基の水素
　　e）水素結合をしている水素

[解答] a. 陽子　b. 中性子　c. 1/2　d. 一致または平行　e. 反対または逆（反）平行　f. +1/2　g. −1/2　h. $\gamma \hbar B$　i. ボルツマン分布　j. $\exp(-\gamma \hbar B/k_B T)$

1) $\Delta E = \gamma \hbar B = \dfrac{5.6 e \hbar B}{2M} = \dfrac{5.6 \times 1.6 \times 10^{-19} \times 6.6 \times 10^{-34} \times 1}{4\pi \times \left(\dfrac{10^{-3}}{6 \times 10^{23}}\right)}$

$= 2.8 \times 10^{-26}$ J

ここで M を kg 単位で用いているので，$M = \dfrac{10^{-3}}{6 \times 10^{23}}$ としている．したがって，α と β 状態にあるプロトン数の比は

$$1 : e^{-\Delta E/k_B T} = 1 : e^{-6.7 \times 10^{-6}} = 1 : 0.9999933$$

2) $\Delta E = h\nu$ より $\nu = 4.2 \times 10^7$，また $\lambda = \dfrac{c}{\nu} = 7.1$ m であるから（c は光速）

$$\nu = 42 \text{ MHz}, \quad \lambda = 7.1 \text{ m}$$

3) 1s 電子は球対称の軌道に存在する．外部磁場がかかると電子は核のプロトンに外部磁場と反対の方向をもつ磁場が生じるように回転運動をする．この原理はマクロスコピックな電磁誘導の法則のアナロジーで考えるとよい．そのため，中心のプロトンが感じる磁場は外部磁場より幾分小さなものとなる．このプロトンを α 状態から β 状態に遷移させるには，外部磁場を裸のプロトンの場合より幾分大きくしてやらねばならない．つまり，水素原子中のプロトン原子核は電子により外部磁場に対して反磁性遮蔽されていることになる．外部磁場を B_0 として，水素原子核のプロトンが感じている磁場を $B_0(1-\sigma)$ と書いて，σ を遮蔽定数という．

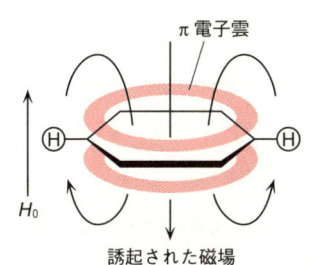

図 1　芳香環における環電流効果

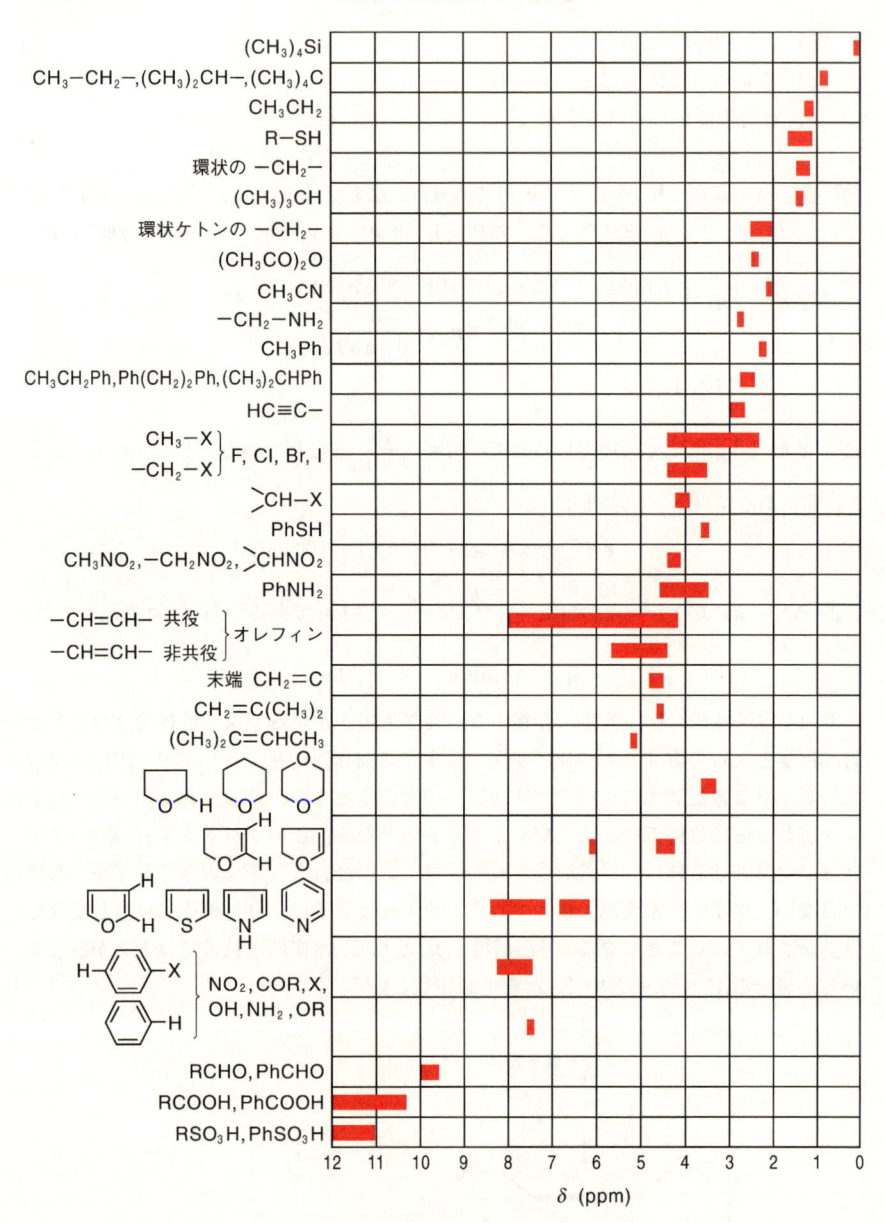

図 2 テトラメチルシランを標準にした有機化合物中のプロトンの化学シフト
[E. Mokacsi, *J. Chem. Educ.*, **41**, 38 (1964) による.]

4) a) 芳香族分子の環が外部磁場と直交している場合を考える．磁場が下から上の方向をもつとすると，この磁場の影響で共役した π 軌道の電子が環電流を生じて，外部磁場と反対の方向をもつ磁場を生じる．この磁場は図 1 のように芳香環の中心を下向きに抜けて，環の外側を回って再び環の上に出る閉じた磁場をつくる．そのため，芳香環から外へ突き出しているプロトンには外部磁場と同じ方向に重ねて磁場がかかる．そのため，このプロトンの遷移に必要な外部磁場の大きさは環電流による分だけ低くてよい．そのため，芳香環についたプロトンによる吸収線は普通のプロトンより低磁場シフトして観察される．

b) アルキル基の水素は電子による遮蔽効果が高いので，高い磁場をかけないと遷移が起こらない．化学シフトは遮蔽が高いテトラメチルシランを基準にしているので，遮蔽定数（σ）の大きいアルキル基の化学シフト（δ）は小さい（図 2）．アルキル基の炭素に水素以外の元素が結合しているときは，その元素あるいはその先の元素の電気陰性度によって注目しているプロトンの化学シフトの値は変化する．たとえば，CH_3-O- における H は CH_4 の H に比べると遮蔽定数が大きく，化学シフトは小さい．

c) 窒素の電気陰性度 (3.0) は酸素 (3.5) より小さいので，アミノ基の水素はやや化学シフトが大きい程度である．

d) 酸素の電気陰性度は大きいので，電子を求引する．そのため，プロトンの遮蔽は小さくなり，化学シフトは大きい．

e) 水素結合をしている水素は電気陰性度の大きい二つの原子にはさまれていて，電子を奪われている．そのため，遮蔽効果は低く，化学シフトは大きい．

[問題 2・19] 次のアミノ酸類の重水中における ^1H NMR スペクトルには磁気的に非等価なシグナルがいくつ存在し，またそれらが理論的にはどのような分裂を示すかについて記せ．〔たとえば，エタノールのスペクトルでは，メチル（三重線）とメチレン（四重線）の 2 種類，と解答すればよい．〕
　1) アラニン　2) バリン　3) グリシン　4) アスパラギン酸

[解答] 1) メチル基（二重線）とメチン基（四重線）の 2 種類
　2) メチル基（二重線，2 種類，磁気的に非等価），β-メチン基（二つのメチル基プロトンにより分裂した七重線がさらに α 炭素上のメチンにより 2 本に分裂，多重線としてもよい），α-メチン基（二重線）の合計 4 種類
　3) メチレン基（一重線）の 1 種類のみ

4) メチレン基（AB<u>X</u> 型の AB 部分，磁気的に非等価），メチン基（AB<u>X</u> 型の X 部分）の合計 3 種類

[問題 2・20] アミノ酸の ^{1}H NMR スペクトルに関する次の問いについて簡単に述べよ．

1) ヒスチジンのイミダゾール環は図のように水溶液中で 2 本の一重線シグナルを示す．これらのシグナルを利用してイミダゾール環の pK_a を測定する方法について記せ．

2) アラニンのアルカリ性重水溶液を高温で測定したところ，メチル基プロトンのシグナルのみが観察され，しかも一重線ピークを示した．この現象について説明せよ．

3) グリシンのメチレンは遊離アミノ酸では等価なシグナル（一重線）であるが，タンパク質やペプチド中においては一般的には非等価な AB 型シグナルを与える．この理由について説明せよ．

4) タンパク質においては遊離アミノ酸では見られない 0 ppm 近傍の高磁場領域にシグナルが観察される場合が多いのはなぜか．

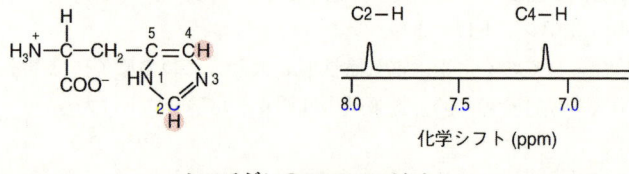

ヒスチジンの NMR スペクトル

[解 答] 1) ヒスチジンの NMR スペクトルを種々の異なる pH の重水溶液中で測定し，イミダゾール環プロトンの化学シフトの pH 依存性を測定する．イミダゾール環は酸性条件下ではイミダゾリルカチオンとしてプロトン化されているが，アルカリ性条件下では脱プロトン化されて中性型となる．NMR シグナルの pH 変化曲線の変曲点が pK_a 値を与える．

2) 一般に α-アミノ酸はアルカリ性水溶液中で加熱することによりラセミ化する．この際，α 炭素上の水素はプロトンとして脱離するために，重水中でラセミ化を受けた場合には同時に重水素化を受ける．したがって，メチン水素のシグナルは最終的に消失し，メチル基は一重線として観測される．

3) 遊離グリシンのメチレンは磁気的に等価である．しかし，タンパク質やペプチ

ド中では他のアミノ酸残基の不斉炭素の影響によりグリシン残基のメチレンは磁気的に非等価となる．

4) 球状タンパク質においては立体的に折りたたまれた構造をとり，フェニルアラニン，トリプトファン，チロシンなどの芳香族アミノ酸の芳香環の近傍に他のアミノ酸残基側鎖は位置する場合が多い．このために芳香環の遮蔽効果により，通常は観察されないような高磁場領域にもシグナルが現れる．タンパク質が変性することにより，このようなシグナルは消失する．

[問題 2・21] 下図はカエル筋肉中の各種リン酸化合物の量を ^{31}P NMR 法により筋収縮時に測定したものである．この図から，筋肉では直接のエネルギー源としてホスホクレアチンが使われるようにみえる．このように結論してよいか．

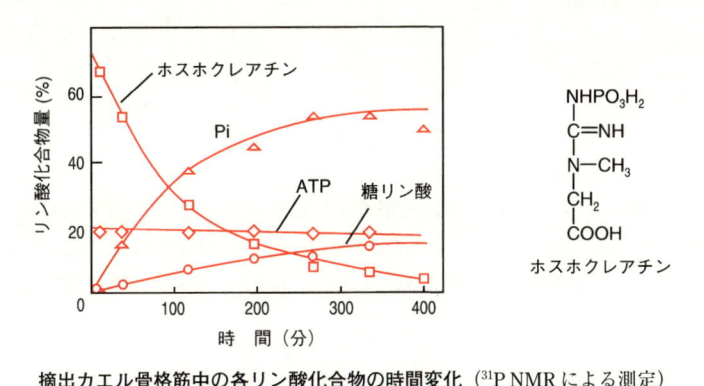

摘出カエル骨格筋中の各リン酸化合物の時間変化（^{31}P NMR による測定）

[解 答] この図を見る限り，ホスホクレアチンが消費されて無機リン酸が分解産物の一つとして生じているようにみえる．しかし，実際に筋肉で直接筋収縮のエネルギー源となっているのは ATP であることがわかっているので，上の結論はまちがっていることになる．反応中間体を追跡する実験では，この例のように一見増減を示さない ATP が実はクレアチンリン酸から下の反応式によりつくられ，筋肉の ATP アーゼにより消費されており，その定常状態として増減を示さないこともありうることを忘れてはいけない．

$$\text{ホスホクレアチン} + \text{ADP} \xrightleftharpoons[]{\text{クレアチンキナーゼ}} \text{クレアチン} + \text{ATP}$$
$$\Delta G^{\circ\prime} = -14.4 \text{ kJ/mol}$$

結 晶 の 格 子 定 数

[問題 2・22] リゾチームの結晶の格子定数は $a = b = 7.91\,\text{nm}$, $c = 3.79\,\text{nm}$, $\alpha = \beta = \gamma = 90°$ である。結晶の密度 (ρ) が $1.24\,\text{g/cm}^3$, タンパク質の重量分率 (χ_P) が 0.67 で, 単位格子中に 8 分子が含まれるとしてリゾチームの分子量を計算せよ。アボガドロ数は 6.02×10^{23} である。

[解答] 分子量 $= (\chi_P \rho V N_A)/Z$

ここで, $V = 7.91 \times 7.91 \times 3.79 \times 10^{-27}\,\text{m}^3$ (単位格子の体積), $\chi_P = 0.67$, $\rho = 1.24 \times 10^6$ g·m^3, $N_A = 6.02 \times 10^{23}$, $Z = 8$ (単位格子中のリゾチーム分子の数) である。
よって,

$$\text{分子量} = (0.67 \times 1.24 \times 10^6 \times 7.91 \times 7.91 \times 3.79 \times 10^{-27} \times 6.02 \times 10^{23})/8$$
$$= 14{,}800$$

となる。

タンパク質の構造解析

[問題 2・23] タンパク質の構造を解析するためには, 波長 $\lambda = 0.15\,\text{nm}$ 程度の X 線を使って結晶構造解析を行う。X 線は波長が短い電磁波であり, 光と同じように次のような三角関数で表される波として, 1 秒間に ν 回の振動を繰返しながら進行してゆく。

$$\vec{E}(t,x) = \vec{E}_0 \cos\left\{2\pi\left(\frac{x}{\lambda} - \nu t\right) + \phi_0\right\}$$

ϕ_0 の値により, 原点 $x = 0$ において時刻 $t = 0$ で電場がもっている値が決まる。

1) 上の式は, あらゆる波の運動をまとめた次のような波動方程式の解となっていることを確かめよ。v はどのような意味をもつか考えよ。

$$\frac{\partial^2 E}{\partial t^2} = v^2 \frac{\partial^2 E}{\partial x^2}$$

2) 三角関数で表した波の式を, たとえば $\cos\theta$ を $\exp(i\theta)$ と表すように, 複素表示するとどう表せるか。

[解答] 1) まず, $k = 2\pi/\lambda$, $\omega = 2\pi\nu$ とおいて両辺の 2 回微分をとる。
$\dfrac{\partial E}{\partial t} = \omega E_0 \sin(kx - \omega t + \phi_0)$, ついで $\dfrac{\partial^2 E}{\partial t^2} = -\omega^2 E_0 \cos(kx - \omega t + \phi_0)$ を得る。

一方，$\dfrac{\partial E}{\partial x} = kE_0 \sin(kx-\omega t+\phi_0)$ であり，$\dfrac{\partial^2 E}{\partial x^2} = -k^2 E_0 \cos(kx-\omega t+\phi_0)$ となるから，$\dfrac{\partial^2 E}{\partial t^2} = \dfrac{\omega^2}{k^2}\dfrac{\partial^2 E}{\partial x^2}$ となるので，E は波動方程式を満足する．このとき ω^2/k^2 が v^2 に対応する．$\omega/k = \lambda\nu$ は波が1秒間に進む距離なので，v は波の速度と考えられる．

2) $\vec{E} = \vec{E}_0 e^{2\pi i\{(x/\lambda)-\nu t\}+\phi_0}$ となる．

電 子 分 布

[問題 2・24] 図1のように電子が空間に分布しており，その密度が $\rho(x,y,z)$ で表されるとしよう．距離 r 離れた2点，AとBから同じ方向に散乱されたX線が，その方向と直角に置いてある検出器に到達する場合，X線源から検出器までの間で，二つの散乱X線に生じる光路差を計算してみよう．

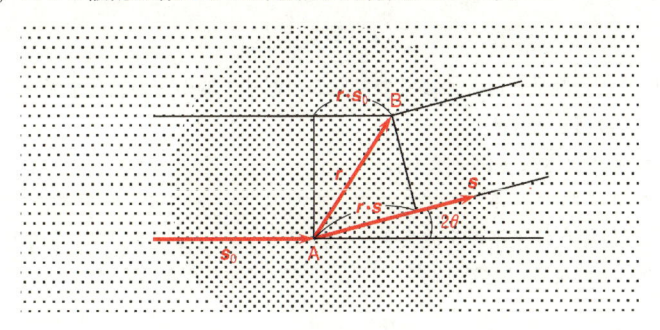

図 1

1) 入射方向の単位ベクトルを s_0，散乱方向の単位ベクトルを s とした上の図で，光路差は図で $r\cdot s - r\cdot s_0$，すなわち $(s-s_0)\cdot r$ と書ける．この光路差をX線の位相の差として表すとどう書けるか．位相とは距離の差を1波長当たり 2π ラジアンの角度の違いとして表したものである．$(2\pi/\lambda)(s-s_0) = Q$ とおいた Q を用いて表してみよ．

2) 図1でAを原点とすると，原点から r の距離にあって電子密度が $\rho(x,y,z)$ の場所からの散乱X線の寄与は，時間依存の項を除くと $\rho(x,y,z)\exp(i\boldsymbol{Q}\cdot\boldsymbol{r})$ に比例するので，原点のまわりに分布する電子すべてからの散乱波は，

$$\sqrt{I_e}\int \rho(x,y,z)\exp(i\boldsymbol{Q}\cdot\boldsymbol{r})\,dv$$

である．ここで I_e は1電子散乱強度である．ρ が球対称の場合は角度 α と β を図2のように定義して，$\boldsymbol{Q}\cdot\boldsymbol{r} = Qr\cos\alpha$，$dv = r^2\sin\alpha\,d\alpha\,d\beta\,dr$ とおいて，α と β に

ついての積分を実行すると $\sqrt{I_e}$ の後の積分 $f(Q)$ は, $\boldsymbol{Q}, \boldsymbol{r}$ の絶対値を Q, r として,

$$f(Q) = \int_{r=0}^{\infty} 4\pi r^2 \rho(r) \frac{\sin Qr}{Qr} dr$$

となることを示せ.

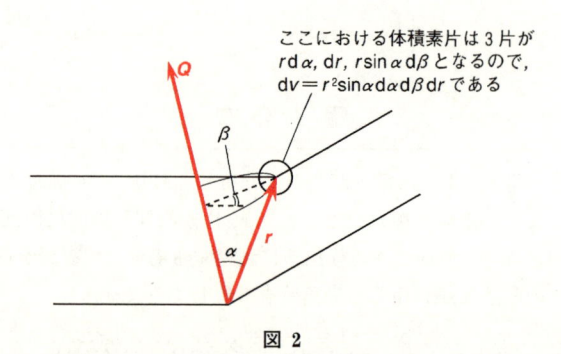

ここにおける体積素片は3辺が $rd\alpha, dr, r\sin\alpha d\beta$ となるので, $dv = r^2 \sin\alpha d\alpha d\beta dr$ である

図 2

3) $Q=0$ なる散乱とはどのような散乱か. 原子1個からの散乱を考えると, そのときの f は何を表すか.

4) $Q=\infty$ のときの f 値を求めよ.

[解答] 1) 位相差は光路差を波長 λ を1周期とする角度(ラジアン)単位で表したものなので, 次のようになる.

$$\Delta = \left(\frac{2\pi}{\lambda}\right)(\boldsymbol{s}-\boldsymbol{s}_0)\cdot\boldsymbol{r} = \boldsymbol{Q}\cdot\boldsymbol{r}$$

2) $\int \rho(x,y,z) \exp(i\boldsymbol{Q}\cdot\boldsymbol{r}) dV = \int_{\beta=0}^{2\pi}\int_{\alpha=0}^{\pi}\int_{r=0}^{\infty} \rho(r) \cdot e^{iQr\cos\alpha} \cdot r^2 \sin\alpha \, d\alpha \, d\beta \, dr$

まず, $\int_0^{2\pi} d\beta = 2\pi$. 次に, $\sin\alpha \, d\alpha = -d\cos\alpha$ なので $\cos\alpha = y$ とおくと

$$-\int_1^{-1} e^{iQry} dy = \frac{-1}{iQr} e^{iQry}\Big|_1^{-1} = \frac{-1}{iQr}(e^{-iQr} - e^{iQr})$$

$$= \frac{-1}{iQr}(-2i\sin Qr) = \frac{2\sin Qr}{Qr}$$

よって求める積分は

$$\int_{r=0}^{\infty} 4\pi r^2 \rho(r) \frac{\sin Qr}{Qr} dr$$

3) $Q=0$ とは，入射X線と同じ方向への散乱であるので，0°方向散乱といってもよい．このときの f は

$$f = \int 4\pi r^2 \rho(r)\,dr = 全電子の数$$

となる．

4) $Q=\infty$ では $\dfrac{\sin Qr}{Qr} = 0$ なので，$f(Q) = 0$

ブラベ格子

[問題 2・25]* 結晶は原子の配置が三次元空間内で繰返している．その繰返し方はブラベ格子とよばれ，$\boldsymbol{a}_1, \boldsymbol{a}_2, \boldsymbol{a}_3$ を三次元空間における単位胞を表す1組の基本ベクトル，n_1, n_2, n_3 を任意の整数とすると，$\boldsymbol{R} = n_1\boldsymbol{a}_1 + n_2\boldsymbol{a}_2 + n_3\boldsymbol{a}_3$ で表される位置ベクトルをもつ格子点からできている．

1) ブラベ格子の各点のまわりで電子密度分布が同じなので

$$\rho(\boldsymbol{r}) = \rho(\boldsymbol{R}+\boldsymbol{a}) = \rho(\boldsymbol{a})$$
$$\boldsymbol{Q}\cdot\boldsymbol{r} = \boldsymbol{Q}\cdot(\boldsymbol{R}+\boldsymbol{a}) = \boldsymbol{Q}\cdot\boldsymbol{R} + \boldsymbol{Q}\cdot\boldsymbol{a}$$

と書ける．これを，散乱X線を与える式の $f(Q)$（問題 2・24 参照）にあたる部分に代入すると，

$$A = \int \rho(\boldsymbol{r})\exp(i\boldsymbol{Q}\cdot\boldsymbol{r})d\boldsymbol{r} = F(\boldsymbol{Q})\sum_{\boldsymbol{R}}\exp(i\boldsymbol{Q}\cdot\boldsymbol{R})$$

を得る．$\sum$ は n_1, n_2, n_3 の異なるすべての $\boldsymbol{R}$ についての総和である．$F(\boldsymbol{Q})$ はどのような式で表されるか．またその物理的意味はどのようなものか．

2) 上の式で，$\exp(i\boldsymbol{Q}\cdot\boldsymbol{R}) = 1$ となるような条件が成り立つ方向への散乱波は総和をとると強め合うので，強い散乱が起こる．ブラベ格子 $\boldsymbol{R}$ に対してこの条件をみたすような散乱ベクトル $\boldsymbol{Q}$ は，$\boldsymbol{R}$ の逆格子ベクトル $\boldsymbol{K} = (h\boldsymbol{a}^*_1 + k\boldsymbol{a}^*_2 + l\boldsymbol{a}^*_3)$ に等しくなっている．この条件，$\boldsymbol{Q} = \boldsymbol{K}$ をラウエ条件という．ラウエ条件が満たされた点での回折X線の振幅は，単位胞内の原点から $\boldsymbol{a}$ の位置にある点の電子密度分布を $\rho(\boldsymbol{a})$ とすると

$$F(\boldsymbol{K}) = \int_{単位胞} \rho(\boldsymbol{a})\exp(i\boldsymbol{K}\cdot\boldsymbol{a})d\boldsymbol{a}$$

となる．ただし，$\rho(\boldsymbol{a}) = \sum \rho_j(\boldsymbol{s}_j)$ は，単位胞内で $\boldsymbol{a} = \boldsymbol{r}_j + \boldsymbol{s}_j$ の位置にある原子ごとに電子密度を足し合わせたものである．単位胞内で分子をつくっている原子による電子密度分布が，孤立した原子によるものとあまり変わらないとすると

$$F(\boldsymbol{K}) = \sum \int \rho_j(\boldsymbol{s}_j) \exp\{i\boldsymbol{K}\cdot(\boldsymbol{r}_j+\boldsymbol{s}_j)\} \mathrm{d}\boldsymbol{s}_j$$
$$= \sum \exp(i\boldsymbol{K}\cdot\boldsymbol{r}_j) \int \rho_j(\boldsymbol{s}_j) \exp(i\boldsymbol{K}\cdot\boldsymbol{s}_j) \mathrm{d}\boldsymbol{s}_j$$
$$= \sum \exp(i\boldsymbol{K}\cdot\boldsymbol{r}_j) f_j(\boldsymbol{K})$$

と書ける．

NaClの結晶は面心立方格子というブラベ格子をもっており，NaとClの座標 (a_1, a_2, a_3) は，

Na： $(0,0,0)$　$(1/2,1/2,0)$　$(1/2,0,1/2)$　$(0,1/2,1/2)$
Cl： $(1/2,1/2,1/2)$　$(0,0,1/2)$　$(0,1/2,0)$　$(1/2,0,0)$

である．逆格子ベクトルを $\boldsymbol{K} = h\boldsymbol{a}^*_1 + k\boldsymbol{a}^*_2 + l\boldsymbol{a}^*_3$ として，NaCl結晶の結晶構造因子 $F(\boldsymbol{K})$ を計算せよ．

[解答] 1) $\rho(\boldsymbol{r}) = \rho(\boldsymbol{R}+\boldsymbol{a}) = \rho(\boldsymbol{a})$ および $\boldsymbol{Q}\cdot\boldsymbol{r} = \boldsymbol{Q}\cdot(\boldsymbol{R}+\boldsymbol{a}) = \boldsymbol{Q}\cdot\boldsymbol{R}+\boldsymbol{Q}\cdot\boldsymbol{a}$ なので

$$A = \left(\int \rho(\boldsymbol{a}) e^{i\boldsymbol{Q}\cdot\boldsymbol{a}} \mathrm{d}\boldsymbol{a}\right) \sum_{n_1, n_2, n_3} e^{i\boldsymbol{Q}\cdot\boldsymbol{R}}$$

よって
$$F(\boldsymbol{Q}) = \int \rho(\boldsymbol{a}) e^{i\boldsymbol{Q}\cdot\boldsymbol{a}} \mathrm{d}\boldsymbol{a}$$

となり，$F(\boldsymbol{Q})$ は単位胞の中での電子密度分布となっている．

2) $\boldsymbol{K} = (h\boldsymbol{a}^*_1 + k\boldsymbol{a}^*_2 + l\boldsymbol{a}^*_3)$ とすると $\boldsymbol{K}\cdot\boldsymbol{r}_j = 2\pi\cdot(h,k,l)\cdot\begin{pmatrix}x_j\\y_j\\z_j\end{pmatrix} = 2\pi(hx_j+ky_j+lz_j)$

であるので，各原子位置での $\boldsymbol{K}\cdot\boldsymbol{r}_j$ は次のように計算される．

Na$^+$： $(0,0,0)$ については　　$\boldsymbol{K}\cdot\boldsymbol{r}_{\mathrm{Na}} = 2\pi(h\cdot 0 + k\cdot 0 + l\cdot 0) = 0$
　　　　$(1/2,1/2,0)$ については　$\boldsymbol{K}\cdot\boldsymbol{r}_{\mathrm{Na}} = 2\pi(h\cdot 1/2 + k\cdot 1/2 + l\cdot 0) = 2\pi(h+k)/2$
　　　　$(1/2,0,1/2)$ については　$\boldsymbol{K}\cdot\boldsymbol{r}_{\mathrm{Na}} = 2\pi(h\cdot 1/2 + k\cdot 0 + l\cdot 1/2) = 2\pi(h+l)/2$
　　　　$(0,1/2,1/2)$ については　$\boldsymbol{K}\cdot\boldsymbol{r}_{\mathrm{Na}} = 2\pi(h\cdot 0 + k\cdot 1/2 + l\cdot 1/2) = 2\pi(k+l)/2$
Cl$^-$： $(1/2,1/2,1/2)$ については　$\boldsymbol{K}\cdot\boldsymbol{r}_{\mathrm{Cl}} = 2\pi(h\cdot 1/2 + k\cdot 1/2 + l\cdot 1/2)$
　　　　　　　　　　　　　　　　　　　　$= 2\pi(h+k+l)/2$
　　　　$(0,0,1/2)$ については　$\boldsymbol{K}\cdot\boldsymbol{r}_{\mathrm{Cl}} = 2\pi(h\cdot 0 + k\cdot 0 + l\cdot 1/2) = 2\pi l/2$
　　　　$(0,1/2,0)$ については　$\boldsymbol{K}\cdot\boldsymbol{r}_{\mathrm{Cl}} = 2\pi(h\cdot 0 + k\cdot 1/2 + l\cdot 0) = 2\pi k/2$
　　　　$(1/2,0,0)$ については　$\boldsymbol{K}\cdot\boldsymbol{r}_{\mathrm{Cl}} = 2\pi(h\cdot 1/2 + k\cdot 0 + l\cdot 0) = 2\pi h/2$

まとめると
$$F(\boldsymbol{K}) = f_{\mathrm{Na}}\{e^0 + e^{i\pi(h+k)} + e^{i\pi(h+l)} + e^{i\pi(k+l)}\}$$
$$+ f_{\mathrm{Cl}}\{e^{i\pi(h+k+l)} + e^{i\pi h} + e^{i\pi k} + e^{i\pi l}\}$$

ブラベ格子

ブラベ格子（Bravais lattice）は7種の単純単位格子と7種の複合単位格子を含む合計14種の空間格子のことで，三次元空間を原子が埋めるときの規則性を表す．複合格子はより簡単な単純格子にかきなおすこともできる．

結晶系	単純格子	底心格子	体心格子	面心格子
三斜				
単斜				
斜方				
正方				
立方（等軸）			(bcc)	(fcc)
三方または菱面体				
六方				

となり

h, k, l のすべてが偶数のとき	$F(\mathbf{K}) = 4f_{\mathrm{Na}} + 4f_{\mathrm{Cl}}$
h, k, l のすべてが奇数のとき	$F(\mathbf{K}) = 4f_{\mathrm{Na}} - 4f_{\mathrm{Cl}}$
h, k, l が偶数と奇数の混合のとき	$F(\mathbf{K}) = 0$

各逆格子点の反射X線強度は $F(\mathbf{K})$ の二乗に比例するので h, k, l のすべてが偶数か奇数のときは $F(\mathbf{K})$ が値をもち, 反射X線が観測されるが, h, k, l が偶数と奇数の混在している場合には $F(\mathbf{K})$ が0となり反射X線が観測されない.

位 相 情 報

[問題 2・26]* $F(\mathbf{K})$ がすべての逆格子点で測定できれば, $\rho(\mathbf{a})$ は $\rho(\mathbf{a}) = \int F(\mathbf{K}) \exp(-i\mathbf{K}\cdot\mathbf{a})$ なる逆フーリエ変換により求められる. しかし, 実際のX線結晶構造解析実験で測定できるのは, 各逆格子点でのX線の強度であり, これは $F(\mathbf{K})$ ではなく, その絶対値の二乗である $F(\mathbf{K})F^*(\mathbf{K})$ に相当するものである.

1) $F(\mathbf{K})$ ではなく $F(\mathbf{K})F^*(\mathbf{K})$ の測定を行うことにより, もとの $F(\mathbf{K})$ からどのような情報が失われるか.

2) そのような情報を回復するために, 実際の構造解析ではどのような手段を用いているか.

[解 答] 1) $F(\mathbf{K}) = \int \rho(\mathbf{a}) e^{i\mathbf{K}\cdot\mathbf{a}} d\mathbf{a}$ を $F(\mathbf{K}) = \sum_i f_i = \sum_i |f_i| e^{i\phi_i}$ と書いて図示すると (図1), $F(\mathbf{K})$ が大きさ $|F(\mathbf{K})|$ と位相 ϕ をもつベクトルであることがわかる.

一方, $F^*(\mathbf{K}) = |F(\mathbf{K})| e^{-i\phi}$ なので $F(\mathbf{K})\cdot F^*(\mathbf{K}) = |F(\mathbf{K})|^2$ となり, ϕ についての情報が失われる.

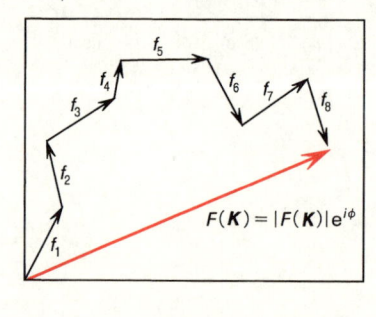

図 1　　　　　　　　図 2

〔注: $\phi \neq \sum \phi_i$ である. これは図2を考えてみればわかる.〕

2) 重原子同形置換法 (次ページのコラム参照), 絶対法, 分子置換法などを用いる.

酸化還元電位と標準自由エネルギー

[問題 2・27] アセトアルデヒドが $NADH+H^+$ によりエタノールに還元される反応の酸化還元電位 ΔE および $\Delta G^{o\prime}$ を求めよ.

$$
\begin{array}{lr}
& E_0' \\
アセトアルデヒド + 2H^+ + 2e^- \longrightarrow エタノール & -0.16\,\text{V} \\
NAD^+ + 2H^+ + 2e^- \longrightarrow NADH + H^+ & -0.32\,\text{V}
\end{array}
$$

[解 答] 酸化還元電位 $\Delta E = -0.16 - (-0.32) = 0.16\,\text{V}$
$\Delta G^{o\prime} = -nF\Delta E_0' = -31\,\text{kJ/mol}$

[問題 2・28] 酸化還元電位は図のような装置で, それぞれの電極表面では電荷の受渡し以外の反応はないものとしたとき, テスト電極と標準水素電極の間に現れる電位差である. 次の問いに答えよ. 3)の a~f の空欄には適切な用語を入れ文章を完成せよ.

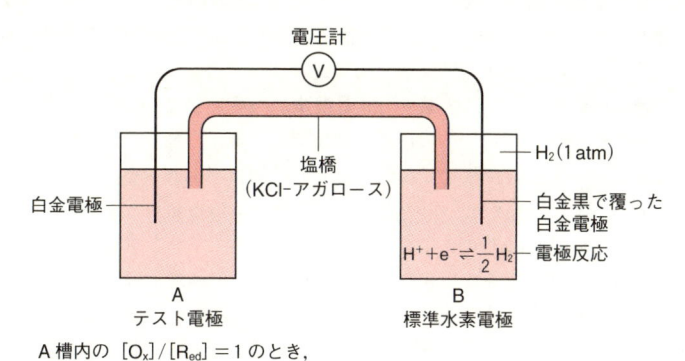

電圧計 V

塩橋 (KCl-アガロース)

白金電極

H_2 (1 atm)

白金黒で覆った白金電極

$H^+ + e^- \rightleftarrows \frac{1}{2}H_2$ 電極反応

A テスト電極

B 標準水素電極

A槽内の $[O_x]/[R_{ed}] = 1$ のとき, 電圧計に表れる電圧が $\Delta E_0'$ である

1) 水素イオンの活動度が 1 (pH 0) のときの水素電極の電極電位を 0 とするとき, 溶液 A 中の酸化剤 (Fe^{3+}) と還元剤 (Fe^{2+}) の平衡時における濃度を $[O_x]$, $[R_{ed}]$ とすると, 酸化還元電位 (E) はどう表されるか.

2) 生化学における標準状態，pH 7.0，25℃においての水素電極の酸化還元電位を求めよ．

3) 次の3種の半反応を共存させると，それぞれの酸化還元電位の違いはシトクロム　a　の還元反応の方がシトクロム　b　の還元より進みやすいことを示している．その結果，全体としてシトクロム　c　の酸化と　a　の還元が起こる．つまり，電子はシトクロム　c　から　a　へと流れる．電子伝達系では，シトクロムが　d　に　e　の順に並んでいるので，電子は　f　の順に整然と受渡される．

$$\text{シトクロム } a\text{-Fe}^{3+} + e^- \longrightarrow \text{シトクロム } a\text{-Fe}^{2+} \qquad E_0' = 0.29\,\text{V}$$
$$\text{シトクロム } c\text{-Fe}^{3+} + e^- \longrightarrow \text{シトクロム } c\text{-Fe}^{2+} \qquad E_0' = 0.25\,\text{V}$$
$$\text{シトクロム } b\text{-Fe}^{3+} + e^- \longrightarrow \text{シトクロム } b\text{-Fe}^{2+} \qquad E_0' = -0.04\,\text{V}$$

重原子同形置換法

結晶によるX線の回折パターンと各反射点の強度の測定からは，結晶の対称性（結晶系）と，単位胞内の原点から各原子までのベクトルの長さ（構造因子の絶対値）のみがわかる．単位胞内の各原子の三次元的な位置を決めるためには，各ベクトルの方向がわからないといけない．反射点の位置と強度からだけではこの角度が決められないため結晶の三次元構造がわからない．この問題を解くには，各反射点の反射強度だけでなく，複素数としての構造因子の位相の方を知る工夫がいる．これが結晶解析における，"位相問題"である．

この問題の解決法の一つに**重原子同形置換法**がある．もとの結晶の形を変えないまま（同形のまま），各単位胞内の決まった位置に水銀，白金，ウランなど原子番号の大きい金属イオンを結合させてもう一度X線の回折パターンをとる．そうすると結晶系は変わっていないから，回折点の分布の様子は前と変わらないが，各回折点の強度は重原子の存在により変化する．この変化は導入された重原子を含む構造因子の変化によってもたらされたものなので，もとの反射強度との比較から重原子の構造因子，すなわち重原子の単位胞内での位置を知ることができる．もとの構造因子を$\vec{F}_\text{P}$，重原子置換した場合の構造因子を$\vec{F}_\text{PM}$，重原子のみの構造因子を$\vec{F}_\text{M}$とすると，$\vec{F}_\text{PM} = \vec{F}_\text{P} + \vec{F}_\text{M}$なので，右図のようなハーカー (Harker) 作図を各反射点について，二つの同形置換体について繰返すことによって，各反射点の$\vec{F}_\text{P}$と$\vec{F}_\text{PM}$の位相を決めることができる．〔詳しくは，角戸正夫他著，"X線結晶解析——その理論と実際"，東京化学同人 (1978) 第4章を参照せよ．〕

[解答] 1) 鉄イオンの酸化還元反応の平衡定数 K を次のように書いてみる.

$$\mathrm{Fe^{3+} + e^- \longrightarrow Fe^{2+}} \qquad K = \frac{[\mathrm{Fe^{2+}}]}{[\mathrm{Fe^{3+}}][\mathrm{e^-}]}$$

電極における電子濃度は,

$$[\mathrm{e^-}] = \frac{1}{K}\frac{[\mathrm{R_{ed}}]}{[\mathrm{O_x}]}$$

と形式的に書ける. さらに電極における電子圧として,

$$-\frac{RT}{nF}\ln[\mathrm{e^-}] = \frac{RT}{nF}\ln K + \frac{RT}{nF}\ln\frac{[\mathrm{O_x}]}{[\mathrm{R_{ed}}]}$$

をとり, これを電極電位とすると,

(重原子同形置換法つづき)

(a) 同形置換結晶が一つの場合　　(b) 二つで理想的な解が得られる場合

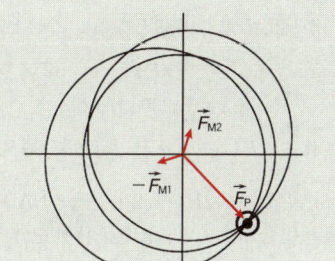

ハーカーの作図法 [角戸正夫他著, "X線結晶解析 —— その理論と実際", p.137, 東京化学同人 (1978) を改変.]

1) まず原点のまわりに半径 $|\vec{F}_\mathrm{P}|$ の円を描く.
2) $-\vec{F}_\mathrm{M}$ のベクトルを描く.
3) $-\vec{F}_\mathrm{M}$ の先端を中心として半径 $|\vec{F}_\mathrm{PM}|$ の円を描く.
4) ● の二つの点が $\vec{F}_\mathrm{P} = -\vec{F}_\mathrm{M} + \vec{F}_\mathrm{PM}$ をみたしている.
5) (b) でもう一つの同形置換を行い, 二つの同形置換が同時に満足する点◉を決める. この点は (a) の ● のうち 1 にあたる.
6) 原点から ◉ へ引いたベクトルがこの反射点での $\vec{F}_\mathrm{P}$ となる.

$$E = E_0 + \frac{RT}{nF} \ln \frac{[O_x]}{[R_{ed}]}$$

2) 水素イオンの酸化還元反応を $H^+ + e^- \longrightarrow {1/2} H_2$ のように書くと, pH 7.0 における電極電位 E は次式で計算できる.

$$E = E_0 + \frac{RT}{nF} \ln \frac{[H^+]}{[H_2]^{1/2}} = 0 + \frac{RT}{F} \ln(1 \times 10^{-7}) = -0.413\,V$$

ただし, 上で $[H_2] = 1$, $n = 1$, $F = 96{,}500\,C/mol$.

酸化還元電位

酸化還元電位 E が正の反応は還元方向に進みやすく, 負のものは酸化方向に進む.

[例1]　　　$1/2\,O_2 + 2H^+ + 2e^- \longrightarrow H_2O$　　　　$E_0' = 0.82\,V$　　(1)
　　　　　　$H^+ + e^- \longrightarrow 1/2\,H_2$　　　　　　　　$E_0' = -0.42\,V$　(2)

ただし, 反応 (1), (2) 式の酸化還元電位は pH 7.0 での値である. 上記の二つの反応は, 共存させると (1) 式は右に, (2) 式は左に進むので, 水素と酸素から水ができる方向が反応の進む方向となる. このときの自由エネルギーの変化は,

$$\Delta G^{\circ\prime} = -nF\Delta E_0' = -2 \times 96{,}500 \times \{0.82 - (-0.42)\}$$
$$= -239\,kJ/mol$$

と計算される (F はファラデー定数で $96{,}500\,C/mol$, n は移動する電子数).

[例2]　　　$NAD^+ + 2H^+ + 2e^- \longrightarrow NADH + H^+$　　　$E_0' = -0.32\,V$　(3)

を (1) 式と組合わせると, 2電子移動を伴う反応

$$NADH + H^+ + 1/2\,O_2 \longrightarrow NAD^+ + H_2O$$

について $\Delta E_0' = 1.14\,V$, $\Delta G^{\circ\prime} = -220\,kJ/mol$ と計算できる.

標準状態で二つの酸化還元反応を組合わせた場合は, 酸化還元電位の高い反応が還元方向 (電子など還元剤を消費する方向) に, 低い反応が酸化方向 (酸化剤を消費する方向) に進む. 標準状態でないときは酸化剤と還元剤の濃度によって酸化還元電位 E は,

$$E = E_0' + (RT/nF) \ln[\text{酸化剤}]/[\text{還元剤}]$$

で計算される値となる. 酸化剤とは還元型であり, 還元剤とは酸化型であることも注意する. たとえば, $[NAD^+]/[NADH]$ が 1 の場合が標準状態であり, これが 10 であれば $E = -0.29\,V$ となる.

3) a. a　b. b, c　c. b, c　d. ミトコンドリア内膜　e. b, c, a　f. $b \to c \to a$

タンパク質の流体力学的性質

[問題 2・29]* タンパク質の流体力学的性質に関する下記の問いに答えよ．

1) 分子量 M，偏比容 $\bar{v}_2$ のタンパク質分子を剛体球として，この剛体球の半径 R_0 を求めよ．アボガドロ数を N_A とする．

2) このタンパク質分子が 1g 当たり δ g の水を水和水としてもち，上記剛体球のまわりに一様に分布しているとしたとき，水和水を含めた球の半径 R を求めよ．δ の値はタンパク質では一般にいくらか．

3) ゲル濾過クロマトグラフィー（分子ふるいクロマトグラフィー，排除体積クロマトグラフィーともいう）における溶出位置（溶出容積，V_e）は粒子のストークス半径 R_h に依存する．
  a) ストークス半径とは何か．
  b) 溶出位置（溶出容積）とストークス半径（R_h）の関係について述べよ．

4) タンパク質分子のストークス半径 R_h と摩擦係数（並進）f はどのような関係にあるか．

5) 沈降係数 s と摩擦係数 f の関係を示し，さらに沈降係数をストークス半径の関数として記せ．

6) タンパク質分子の摩擦係数 f とその分子が球状であると仮定したときの摩擦係数 f_0 の比を摩擦比とよぶ．摩擦比はタンパク質分子の水和と形にどのように依存するかについて述べよ．

[解答] 1) $\dfrac{4}{3}\pi R_0^3 = V_0 = \dfrac{M\bar{v}_2}{N_A}$ より，$R_0 = \left(\dfrac{3M\bar{v}_2}{4\pi N_A}\right)^{1/3}$

2) $V = V_0 + \Delta V = \dfrac{M}{N_A}\bar{v}_2 + \dfrac{M\delta}{N_A}\bar{v}_1 = \dfrac{M\bar{v}_2}{N_A}\left(1 + \dfrac{\delta \bar{v}_1}{\bar{v}_2}\right)$，ここで $\bar{v}_1$ は水の比容である．

これより，
$$V = \dfrac{4}{3}\pi R^3 = \dfrac{M\bar{v}_2}{N_A}\left(1 + \dfrac{\delta \bar{v}_1}{\bar{v}_2}\right)$$

したがって，
$$R = \left\{\dfrac{3M\bar{v}_2}{4\pi N_A}\left(1 + \dfrac{\delta \bar{v}_1}{\bar{v}_2}\right)\right\}^{1/3}$$

タンパク質 1g 当たり δ は約 0.3 である．

3) a) 実際の粒子と同じ溶出位置に溶出する仮想的な球の半径をストークス半径という. また, 水和タンパク質のストークス半径を考える場合には, 仮想的な剛体球が水和したものとして, 下式のように表すことができる.

$$R = R_0\left(1 + \frac{\delta \bar{v}_1}{\bar{v}_2}\right)^{1/3}$$

b) ゲル沪過クロマトグラフィーにおいてカラムの全容量を V_T とすると,

$$V_T = V_0 + V_g + V_i$$

である. ここで, V_0 はゲルの外部の容量, V_g はゲル粒子のゲル材料の占める容積, V_i はゲル粒子内部の空間の容量である. ゲル内部に存在する溶質の重量を m_i とすると,

$$m_i = \sigma V_i c$$

と書ける. ここで, σ は分配係数, c はゲルの外の溶質の濃度である.

特定の溶質 p が入ることのできる V_i 内の容量を V_p とすると,

$$\sigma = V_p/V_i$$
$$V_e = V_0 + \sigma V_i$$
$$\sigma = -A \log R_h + B$$

4) $f = 6\pi\eta R_h$ (ストークスの式)

5) $s = \dfrac{M(1-\bar{v}_2\rho)}{N_A f}$, 4) より $f = 6\pi\eta R_h$ なので

$$s = \frac{M(1-\bar{v}_2\rho)}{6\pi N_A \eta R_h}$$

6) $\quad f = \left(\dfrac{f}{f_{sp}}\right)\left(\dfrac{f_{sp}}{f_0}\right)f_0$

$$f = \left(\frac{f}{f_{sp}}\right)6\pi\eta\left\{\frac{3M\bar{v}_2}{4\pi N_A}\left(1+\frac{\delta\bar{v}_1}{\bar{v}_2}\right)\right\}^{1/3}$$
f_{sp} は水和した球の並進摩擦係数.

f/f_{sp} はペラン (J. Perrin) により下式のように与えられている. ここで $p = \dfrac{b}{a}$ であり, $2a$ は回転軸方向の長さ, $2b$ は回転に垂直な方向の長さである.

偏長回転楕円体(フットボール形): $\dfrac{f}{f_{sp}} = \dfrac{(1-p^2)^{1/2}}{p^{2/3}\ln[\{1+(1-p^2)^{1/2}\}/p]}$

扁平回転楕円体(円盤形): $\dfrac{f}{f_{sp}} = \dfrac{(p^2-1)^{1/2}}{p^{2/3}\tan^{-1}\{(p^2-1)^{1/2}\}}$

沈降速度法のデータから f/f_0 を求めることができる. f/f_0 は水和のない球では 1 になることが期待されるが, 実際に沈降速度法で得られる球状タンパク質の摩擦比は 1.2

程度の値となる．これは f_0 の値として水和していない剛体球の摩擦係数を用いているためである．

電 気 泳 動

[問題 2・30] 荷電分子が溶けている水溶液の一方に陽極をおき，他方に陰極をおいて電場 E を印加して，直流電流を流すと，溶液中の陽イオンは陰極へ，陰イオンは陽極へ向かって移動する．この水溶液にはイオン強度 0.1 M，pH 7.0 のリン酸緩衝液のほかに，負電荷を 30，正電荷を約 20 もった高分子イオンが低濃度で溶けている．次の問いに答えよ．

1) この高分子はこの条件下でどちらの極に向かって泳動されるか．

2) この分子の正味の荷電数を Z とすると，もし真空中であれば印加された直流電場 E によって ZE の力を受ける．ところが水中では，高分子イオンのほかに NaCl など中性塩が溶けているため，高分子イオンの正電荷のまわりにはマイナスの低分子イオン，負電荷のまわりにはプラスの低分子イオンが反対電荷のイオンより少し多めに集まっている．そのため，高分子イオンの正負電荷は遠くから見ると反対電荷の低分子イオンの雲で覆われたように見え，正味の電荷も Z ではなく $Z'(|Z|>|Z'|)$ となる．この条件下での高分子イオンの泳動速度 v を，分子の摩擦係数と $Z'E$ を用いて表せ．

3) 線状高分子である DNA の場合，摩擦係数は分子の長さにほぼ比例する．いろいろな長さの DNA の電気泳動を水溶液中と二次元ゲル中で行った場合，泳動速度と分子量の関係を求めよ．

4) この高分子はタンパク質であり，以下に示すようなアミノ酸組成をもっている．pH 7 において正の電荷および負の電荷をもっているアミノ酸残基はどれか．

Ala 10	Asn 5	Asp 9	Arg 6	Cys 2	Gln 5	Glu 20
Gly 10	His 2	Ile 10	Leu 20	Lys 13	Met 1	Phe 5
Pro 2	Ser 15	Thr 5	Trp 3	Tyr 5	Val 10	

5) この分子の等電点を推定し，そのときの電気泳動速度を求めよ．ただし His, Asp, Glu の側鎖の pK_a はそれぞれ，6.0, 4.0, 4.0 とせよ．

[解答] 1) 正，負の電荷をもっているが，全体としては -10 の電荷をもつのでこの分子は陽極へ向かって移動する．

2) 電場によって $Z'E$ の力がかかった直後は加速度がつくが，溶媒の粘性により分子の移動速度はすぐ一定となり，摩擦係数を f とすると，$fv = Z'E$ が成り立つ．よって，移動速度 v は $v = Z'E/f$ となる．

3) DNA の荷電はリン酸基によるので，総電荷数 Z' はその長さ l に比例する．f が l に比例すれば，水溶液中での移動速度 $v = Z'E/f$ は一定となる．ゲル電気泳動で DNA を分子の長さによって分けられるのは，大きい分子ほどゲルの網目構造にひっかかって動きにくいため，同じ電場では遅くなるためである．

4) 正電荷：Lys，Arg，N 末端のアミノ基，His 残基の約 $1/10 = 0.2$ 個分
   負電荷：Asp，Glu，C 末端のカルボキシ基（$pK_a \fallingdotseq 2$）

5) 等電点は高分子の総電荷が 0 になる pH なので，この場合 pH を下げてゆくと，まず His が pH 6 付近でプロトン化して 2 残基で +2 の寄与がある．残り −8 の電荷はグルタミン酸とアスパラギン酸の 29 個の電荷が 8 個分中和される pH で消え，そのときの pH が等電点となる．

$pH = pK_a + \log\dfrac{[A^-]}{[AH]}$ において，$pK_a = 4.0$，$\dfrac{[A^-]}{[AH]} = \dfrac{21}{8}$ を代入すると，$pH = 4.4$ を得るので，等電点は 4.4 である．このとき，総電荷 Z' は 0 なので電気泳動移動度は 0 である．

金属イオン

[問題 2・31] 次の文章の a〜i の空欄を埋めよ．

水溶液中の遷移金属イオンの周囲には，| a | とよばれる低分子が存在する．中央の金属イオンの種類に応じて，| a | の数は 2, 3, 4, 6 などの数をとる．| a | の数が 2 の場合は | b |，3 では平面状，4 では | c | と | d |，6 では | e | の頂点の方向から配位子が金属イオンに配位するのが普通である．中央のイオンが陽イオンであるから，| a | は一般的に電子供与性のある | f | または | g | 電子をもつ酸素，窒素，硫黄などを含む中性分子である．| a | が金属イオンに配位する方向が幾何学的な対称性をもつ理由は，| a | が供与する電子が遷移金属イオンの空いた | h | 軌道に入るためである．この軌道には直交する | i | 種類の軌道があり，それぞれの軌道は空間的に限られたいくつかの方向だけに伸びている．そのように空間的に限られた方向性をもつ軌道を使う結合は，全体として特殊な対称性を見せる．

[解 答] a. リガンド（配位子）　b. 直線状および折線状　c. 四面体状　d. 平面状　e. 八面体状およびプリズム形三角柱状　f. 陰イオン　g. 不対　h. d　i. 5

[問題 2・32]* 機能発現のために金属イオンを必要とするタンパク質は数多くある．次のような金属タンパク質にはどのような金属イオンが結合するかを示し，その機能を説明せよ．

1) カルモジュリン　　2) トランスフェリン　　3) フェリチン
4) フェレドキシン　　5) シトクロム c　　6) サーモリシン
7) ニトロゲナーゼ　　8) 硝酸レダクターゼ　　9) ラッカーゼ
10) 炭酸デヒドラターゼ　　11) カルボキシペプチダーゼ
12) アルコールデヒドロゲナーゼ　　13) ヘモシアニン

[解 答] 1) **カルモジュリン**（calmodulin）　分子量約 16,000 の小型タンパク質で，2 個のカルシウムイオンを結合することによって構造が変化するとホスホジエステラーゼ，アデニル酸シクラーゼ，ホスホリラーゼ b キナーゼ，グリコーゲンシンターゼ，平滑筋ミオシン軽鎖キナーゼなどを活性化する．

2) **トランスフェリン**（transferrin）　血清中の鉄イオン輸送タンパク質であり，1 分子（分子量 75,000）につき鉄イオンを 2 原子結合する．

3) **フェリチン**（ferritin）　肝臓にある鉄イオン貯蔵タンパク質であり，20 個のタンパク質でできた球殻構造の中に約 2000 の水酸化第二鉄（Fe^{3+}）を含んでいる．

4) **フェレドキシン**（ferredoxin）　いわゆる非ヘム鉄タンパク質であり，分子量 6000〜14,000 について等量の鉄と硫黄を［4Fe-4S］，［3Fe-3S］，［2Fe-2S］の形のクラスターとして含む．硝酸還元，窒素固定，硫酸還元，光合成など，いろいろな代謝系で電子伝達分子として働く．

5) **シトクロム c**（cytochrome c）　プロトポルフィリンの中心に鉄イオンをもつ**ヘムタンパク質**の一種で，ミトコンドリアの電子伝達系の成分である．分子量は約 12,000，ヘムはチオエーテル結合でタンパク質のシステイン残基に共有結合している．

6) **サーモリシン**（thermolysin）　1 個の亜鉛イオン，4 個のカルシウムイオンを含むタンパク質分解酵素であり，熱安定性が高いことで知られている．カルシウムが構造の安定性に寄与しており，亜鉛が活性中心にあって酵素機能を支えている．

7) **ニトロゲナーゼ**（nitrogenase）　窒素固定を行う微生物にある酵素で，鉄-硫黄クラスターをもつ鉄タンパク質とモリブデン-鉄タンパク質からなり，ATP，電子，

H^+,および水の存在下で窒素を還元してアンモニアを生成する.

8) **硝酸レダクターゼ**(nitrate reductase)　植物,カビ,緑藻において,硝酸イオン NO_3^- を還元して亜硝酸イオン NO_2^- とする酵素で,モリブデンと補酵素としてフラビンをもつ.電子供与体として NADH または NADPH をとる酵素が知られている.また,脱窒細菌にはモリブデンのほかに鉄-硫黄クラスターをもつ酵素が発見されている.

9) **ラッカーゼ**(laccase)　ウルシ樹液に含まれる青色の銅酵素である.樹液中のウルシオールというポリフェノールを酸化して黒化する作用がある.動物血液中のセルロプラスミンはラッカーゼと性質が似ている.

10) **炭酸デヒドラターゼ**(carbonate dehydratase)　血液中および組織中で二酸化炭素の水和と肺胞におけるその脱水和を触媒する亜鉛酵素であり,分子量は約30,000.カルボニックアンヒドラーゼの通称で知られている.

11) **カルボキシペプチダーゼ**(carboxypeptidase)　亜鉛酵素であり,タンパク質の C 末端からアミノ酸を一つずつ切取る.タンパク質の C 末端アミノ酸分析に用いられる.

12) **アルコールデヒドロゲナーゼ**(alcohol dehydrogenase)　アルコールとアルデヒドの間の酸化還元反応を触媒する酵素で,最もよく知られているのは哺乳動物の肝臓にある酵素で亜鉛を含む.

13) **ヘモシアニン**(hemocyanin)　無脊椎動物(貝類,カタツムリ,イカ,タコ,エビ,カニ,カブトガニ,クモなど)の血液における酸素運搬タンパク質であり,銅を含み,酸素化によって青色を帯びる.多くの場合,分子量数百万のきわめて大きい複合体をつくっている.

キレート剤

[問題 2・33]　タンパク質の機能に特定の金属イオンが必要であることを証明する方法を考えてみよう.

1) まず,精製したタンパク質の機能発現のために金属イオンが必要かどうかを簡単に試す方法として,金属イオンを強く結合するキレート剤とよばれる試薬を入れてタンパク質の機能が失われるかどうか試験してみる.生化学でよく用いられるキレート剤の例を 3 種あげよ.

2) キレート剤によりタンパク質の機能が失われると,次にはタンパク質 1 分子当たりどのような金属イオンが何個必要かを決める.その方法の例をあげよ.

3) 最終的には，金属イオンとタンパク質の結合定数を測定して，両者の結合の強さを数値として表す．その測定方法を述べよ．

[解答] 1) i) エチレンジアミン四酢酸：Mg^{2+}, Ca^{2+} など二価金属イオンを結合する．EDTA としてよく知られている．ナトリウム塩として用いる．

ii) エチレングリコールビス(2-アミノエチルエーテル)四酢酸：Ca^{2+}, Cd^{2+} を選択的に結合する．EGTA とよばれる．ナトリウム塩として用いる．

iii) 1,10- または o-フェナントロリン：電荷のない二座配位子として銅，鉄，コバルトなど多くの金属イオンとキレート錯体をつくる．

iv) クエン酸：Ca^{2+} のキレート剤として用いる．

EDTA

EGTA

1,10-フェナントロリン

クエン酸

2) イオンの種類を決めるには，a) キレート剤によって金属イオンを取去ったタンパク質に，生体に必要とされる度合の強そうなものから順に添加してみて機能がどのイオンによって回復されるかを調べる，b) 精製したタンパク質の原子吸光分析法により結合している金属イオンの種類を決める，などの方法がある．

3) タンパク質と金属イオンの結合定数を決定するためには，既知濃度のタンパク質 (P) と金属イオン (M) の混合溶液をつくり，平衡に達した後で，非結合金属イオン濃度 [M] の濃度を決定する必要がある．[M] の決定には，原則として"透析平衡法"を用いる．あるいは原理的にこれと同じ方法を用いる．(問題 2・6 も参照)

熱 運 動

[問題 2・34] 個々の分子が特別な外力を受けないで熱運動だけで動いているとすると，その平均の並進運動エネルギーは $3/2\,kT$ である．次の問いに答えよ．

1) 分子量 M の分子が熱運動しているときの平均速度はどのくらいか．
2) 分子量 10,000 のタンパク質が 27 ℃ で熱運動しているときの平均速度(真空

中）を計算せよ．

　3）水中に溶けているタンパク質は実際には上で計算したような速度で動き回っているようには思えない．なぜか．

[解答] 1) $\frac{1}{2}M\langle v\rangle^2 = \frac{3}{2}RT$ とおけば，$\langle v\rangle^2 = \frac{3RT}{M}$ なので，平均速度は平方根をとって，

$$\sqrt{\langle v^2\rangle} = \sqrt{\frac{3RT}{M}}$$

と書ける．

2) $\sqrt{\langle v^2\rangle} = \sqrt{\frac{3\times 8.3\times 300}{10}} = 27\,\text{m/s}$

SI 単位系では $R = 8.3\,\text{J}/(\text{K}\cdot\text{mol})$，$M = 10\,\text{kg}$ として用いた．

3) まわりに水分子があるので短い時間内に多数回の衝突を繰返している．相当アクティブな人でも満員電車で身動きがとれない状態と同様である．しかし，ごく短い時間内で衝突と衝突の間では分子は上で計算したように大きい速度をもっている．

英語も覚えよう

イオン強度 ionic strength　　イオン積 ion product　　位相差顕微鏡 phase-contrast microscope　　遠心分離 centrifugation, centrifugal separation　　解離定数 dissociation constant　　化学シフト chemical shift　　化学平衡 chemical equilibrium　　拡散係数 diffusion coefficient　　核磁気共鳴 nuclear magnetic resonance　　吸光度 absorbance　　キレート剤 chelating reagent　　金属タンパク質 metalloprotein　　蛍光スペクトル fluorescence spectrum　　結合定数 binding constant　　ゲル沪過クロマトグラフィー gel filtration chromatography　　顕微鏡 microscope　　酸化還元電位 oxidation-reduction potential　　脂質二重層 lipid bilayer　　質量分析 mass spectrometry　　スキャッチャードプロット Scatchard plot　　ストークス半径 Stokes radius　　相互作用 interaction　　速度定数 rate constant　　沈降係数 sedimentation coefficient　　沈降速度 sedimentation velocity　　沈降平衡 sedimentation equilibrium　　電気陰性度 electronegativity　　電気泳動 electrophoresis　　電気伝導度 electrical conductivity　　電子顕微鏡 electron microscope　　等電点 isoelectric point　　熱運動 thermal motion　　非共有結合 noncovalent bond　　比誘電率 dielectric constant　　分光光度計 spectrophotometer　　分子量 molecular weight　　平衡定数 equilibrium constant　　ヘンダーソン–ハッセルバルヒの式 Henderson–Hasselbalch equation

3. 酵素反応

酵素反応速度論

[問題 3・1] 次の文章の空欄を埋め，文章を完成せよ．

酵素は反応の平衡定数を変化させずに，□a□のみを変えるので，□b□の一種である．細胞内の糖代謝のスタートにおいては，グリコーゲンを加リン酸分解する□c□という酵素が働いて，グルコース 1-リン酸を生じる．グルコース 1-リン酸はホスホグルコ□d□の作用により，グルコース 6-リン酸に変換される．□d□は構造異性体間の変換を行う酵素の総称である．グルコース 6-リン酸は次に□e□という酵素の作用で，ケトース型の異性体（isomer）であるフルクトース 6-リン酸となり，さらに□f□の作用でフルクトース 1,6-ビスリン酸となる．□f□の活性は，ATP の作用で低下し，ADP の作用を受けて上昇する．つまり，細胞が ATP を必要としているときには酵素活性が上昇して解糖系に豊富な基質を提供し，細胞内に十分な ATP が存在するときには，酵素活性が低下して，ATP が過剰につくられるのを防ぐ．このような仕組みを**フィードバック阻害**といい，基質以外の分子，たとえば ATP によって活性が制御される酵素を□g□という．

[解答] a. 速度定数または反応速度　b. 触媒　c.（グリコーゲン）ホスホリラーゼ　d. ムターゼ　e. グルコース-6-リン酸イソメラーゼ　f. ホスホフルクトキナーゼまたはホスホヘキソキナーゼ　g. アロステリック酵素（ATP は基質でもある）

[問題 3・2] 次の文章を読み，a, b, c の枠内に式を書き入れよ．

酵素 (E) が基質 (S) に働きかけて産物 (P) に変える触媒として働くとき，まず E と S が結合して ES という中間体をつくる．

$$\mathrm{E} + \mathrm{S} \underset{k_2}{\overset{k_1}{\rightleftharpoons}} \mathrm{ES} \overset{k_3}{\longrightarrow} \mathrm{E} + \mathrm{P}$$

産物 P が生成してくる速度 d[P]/dt は中間体 ES の濃度に比例し，その比例定数が k_3 なので

$$d[P]/dt = k_3[ES]$$

と書ける．次に ES の濃度を知らなくてはならないので，その時間変化を k_1, k_2, k_3 の 3 個の速度定数を使って書いてみる．

ES は，1) E と S が結合してできてくる速度 $k_1[E][S]$ から
　　　　2) E と S が離れて E と S に戻る速度 $k_2[ES]$ と
　　　　3) ES から P が生じてゆく速度 $k_3[ES]$ を
差引いた速度で変化することがわかる．よって

$$d[ES]/dt = \boxed{\text{a}}$$

普通の実験条件では，基質の量に比べ酵素の量は非常に少ないので，ES の量も小さい．ES の量が小さければ，通常の生化学反応ではその時間変化も小さいので，上の式で d[ES]/dt = 0 とおいてしまう．その式から [ES] を求めると

$$[ES] = \boxed{\text{b}}$$

となる．ES の濃度はこのように [E] と [S] に比例する．これではまだ基質に結合していない酵素の濃度 [E] という測定がむずかしい量が残っているので，[E] = [E]$_0$ − [ES] とおいて，上の式に代入し [ES] を求めると

$$[ES] = \boxed{\text{c}}$$

となる．[E]$_0$ は酵素の全濃度である．この式を，はじめの d[P]/dt に代入すると，目的の式が得られる．

$$v = d[P]/dt = k_3[E]_0[S] / \left(\frac{k_2 + k_3}{k_1} + [S] \right) = \frac{V_{\max}[S]}{K_m + [S]}$$

ES の時間変化を 0 とするこのような方法を，"定常状態法（または定常状態近似）" といい，酵素反応速度についてはミカエリス (L. Michaelis) とメンテン (M. L. Menten) によって用いられ，現在でも広く酵素反応の研究に応用されている．反応の初速度を求めている時間的に早い段階では基質濃度の変化は小さいので，[S] は初濃度 [S]$_0$ で置き換えてよい．また，式の中で K_m, $V_{\max}$ と書いたパラメーターはそれぞれ，ミカエリス定数および最大速度とよばれ，酵素の特性を表すパラメーターとして広く用いられている．この式に従う v を [S]$_0$ の関数としてグラフに表してみると，問題 3・3 の問いに示す図のようになる．

[解答]　a. $k_1[\text{E}][\text{S}]-(k_2+k_3)[\text{ES}]$　　b. $k_1[\text{E}][\text{S}]/(k_2+k_3)$
c. $[\text{E}]_0[\text{S}]/\{(k_2+k_3)/k_1+[\text{S}]\}$

[問題 3・3]　下図は酵素反応速度測定実験の一例である．図を見て次の問いに答えよ．

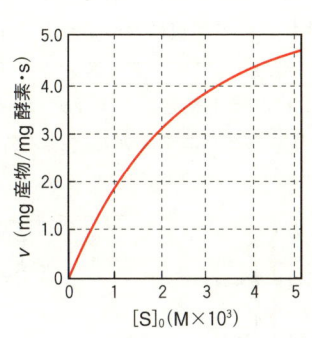

1) 図の実験結果から6点以上を読みとり，次式に従って逆数プロットせよ．

$$\frac{1}{v}=\frac{1}{V_{\max}}+\frac{K_{\mathrm{m}}}{V_{\max}}\times\frac{1}{[\text{S}]_0}$$

2) プロットからミカエリス定数 K_{m} と最大速度 $V_{\max}$ を求めよ．
3) K_{m} と $V_{\max}$ は上の図においてはグラフ上のどのような点に相当するか．

[解答]　1)

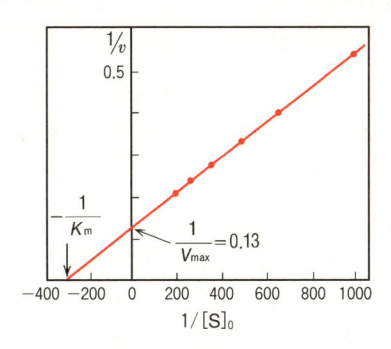

2) $K_{\mathrm{m}}=0.0036\,\text{M}$, $V_{\max}=7.7\,\text{mg 産物/mg 酵素}\cdot\text{s}$

3) $V_{\max}$ は $[\text{S}]_0\to\infty$ のときのグラフの漸近値であり，K_{m} は $V_{\max}/2$ を与える基質濃度である．

消 化 酵 素

[**問題 3・4**] 消化酵素にはタンパク質を分解するプロテアーゼ，デンプンの主成分（アミロース，アミロペクチン）を分解するアミラーゼ，脂肪を分解するリパーゼ（トリアシルグリセリドリパーゼ），核酸を分解するヌクレアーゼなどの種類がある．
　1) それぞれの酵素が切断する化学結合の名を記せ．
　2) 消化酵素が働くとそれぞれの物質はどのような分子に変わるか．

[**解　答**]　1) プロテアーゼ：ペプチド結合，アミラーゼ：α-1,4-グリコシド結合およびα-1,6-グリコシド結合，リパーゼ：エステル結合，ヌクレアーゼ：ホスホジエステル結合

　2) タンパク質はオリゴペプチド，アミノ酸．デンプン（アミロース，アミロペクチン）はマルトース，グルコース．脂肪はグリセロール，脂肪酸．核酸はリボヌクレオチド，デオキシリボヌクレオチド．

[**問題 3・5**] プロテアーゼは活性中心の化学的性質によって，4種類のグループに分類される．次の問いに答えよ．
　1) プロテアーゼの4種のグループをあげ，活性中心の特徴を述べよ．
　2) それぞれのグループのプロテアーゼ活性を特異的に阻害する方法を述べよ．
　3) プロテアーゼがタンパク質のペプチド結合を切るときの基質特異性について，トリプシンおよびキモトリプシンを例にあげて説明せよ．

4) 多くのプロテアーゼは活性のない前駆体として生合成される．トリプシン，キモトリプシンがどのような前駆体から，どのようにしてつくられるかを説明せよ．なぜ，プロテアーゼは活性のない前駆体として生合成され，あとになって活性化されるのか，その理由を考えよ．

[解答例] 1) プロテアーゼは活性中心にセリン残基をもつセリンプロテアーゼ〔トリプシン（trypsin），キモトリプシン（chymotrypsin），スブチリシン（subtilisin）など〕，システインをもつチオール（システイン）プロテアーゼ（パパイン，カスパーゼなど），金属イオンをもつ金属（メタロ）プロテアーゼ（サーモリシン，コラゲナーゼなど），アスパラギン酸をもつアスパラギン酸（酸性）プロテアーゼ（ペプシン，HIVプロテアーゼなど）の4種に分類される．

2) a) セリンプロテアーゼはフェニルメチルスルホニルフルオリド（PMSF）などを活性中心のセリン残基と反応させる．
b) チオールプロテアーゼは酸化剤で活性中心のSH基の水素を除去する．
c) 金属プロテアーゼはキレート剤で金属イオンを除去する．
d) アスパラギン酸プロテアーゼは溶液のpHを中性に上げる．

3) トリプシンは塩基性アミノ酸残基（リシン，アルギニン）のC末端側のペプチド結合を切断する．キモトリプシンはロイシン，トリプトファンなど疎水性アミノ酸残基のC末端側のペプチド結合を切断する．

4) トリプシンはトリプシノーゲン，キモトリプシンはキモトリプシノーゲンから，おもに次のような限定分解を経て活性化される．

$$\text{トリプシノーゲン}(229\text{aa}) \longrightarrow -\overset{6}{\text{Lys}} \mid \overset{7}{\text{Ile}}- \xrightarrow{(1-6)\text{ヘキサペプチド除去}} \beta\text{-トリプシン}(7-229) \text{(活性型)}$$

$$\text{キモトリプシノーゲン}(245\text{aa}) \longrightarrow -\overset{15}{\text{Arg}} \mid \overset{16}{\text{Ile}}- \longrightarrow \pi\text{-キモトリプシン}$$

$$\text{aa: アミノ酸} \xrightarrow{14-15 \quad 147-148} \alpha\text{-キモトリプシン (活性型)} \begin{cases} A(1-13) \\ B(16-146) \\ C(149-245) \end{cases}$$

プロテアーゼの多くのものが不活性な前駆体の形で生合成されるのは，活性型プロテアーゼの存在が生体にとっては本来きわめて危険なためといえる．たとえば，トリプシンやキモトリプシンを生合成するのは膵臓であるが，このような酵素が膵臓でつくられている間，あるいは小腸に運ばれてくる間にタンパク質分解活性をもっていると，膵臓自身，あるいは膵臓から腸への通り道にあるタンパク質を分解してしまうこ

とになる．このような不用意な傷害を防ぐために，プロテアーゼはその活性が必要になるまでは前駆体として安全に保護されている．このことは，消化酵素でないプロテアーゼの場合でもあてはまる．たとえば，血液凝固系を活性化するプロテアーゼであるトロンビンは，ふだんはプロトロンビンという不活性な前駆体である．この場合も，必要のないときに血液凝固が起こらないように，トロンビンの活性を抑えているわけである．

酵素の人工改変実験

[問題 3・6]＊　図1のように乳酸デヒドロゲナーゼはNADHを補酵素としてピルビン酸を乳酸に変換する．リンゴ酸デヒドロゲナーゼは同じくNADHを補酵素としてオキサロ酢酸をリンゴ酸に変換する（いずれの酵素の名も反対方向の反応をもとにつけられている）．酵素のタンパク質工学に関する以下の問いに答えよ．

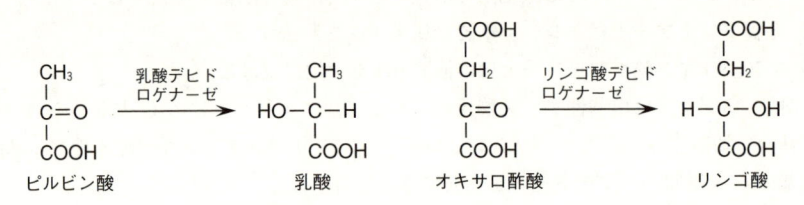

```
  CH₃                      CH₃              COOH                    COOH
   |      乳酸デヒド          |               |     リンゴ酸デヒド       |
  C=O    ロゲナーゼ        HO-C-H           CH₂    ロゲナーゼ          CH₂
   |      ———→              |                |      ———→              |
  COOH                     COOH             C=O                     H-C-OH
                                             |                        |
                                            COOH                     COOH
 ピルビン酸                  乳酸            オキサロ酢酸              リンゴ酸
```

図 1

1) 酵素活性の大小を比較するパラメーターとして k_{cat}/K_m が用いられる＊．このパラメーターの反応速度論的な意味をミカエリス-メンテン型の反応を仮定して説明せよ．〔ヒント：問題3・2のbを用いる．〕

2) 乳酸デヒドロゲナーゼの場合は酵素および酵素-基質（ピルビン酸）複合体

野生型および変異型酵素の速度論パラメーター[†]

酵素	ピルビン酸			オキサロ酢酸		
	k_{cat} (s^{-1})	K_m (mM)	k_{cat}/K_m (M^{-1}s^{-1})	k_{cat} (s^{-1})	K_m (mM)	k_{cat}/K_m (M^{-1}s^{-1})
野生型	250	0.060	4.2×10^6	6.0	1.5	4.0×10^3
Asp^{197}→Asn	90	0.66	1.3×10^5	0.50	0.15	3.0×10^3
Thr^{246}→Gly	16.0	13.0	1.3×10^3	0.94	0.20	4.7×10^3
Gln^{102}→Arg	0.9	1.8	5.0×10^2	250	0.06	4.2×10^6

＊　k_{cat} は問題3・2の k_3 のことである．

の原子レベルでの構造がX線結晶解析によって得られており，図2の195番のヒスチジンが活性部位に存在し，酵素反応における電子の受容体として必須であることが明らかにされている．また，20種類の生物起源の乳酸デヒドロゲナーゼと6種類のリンゴ酸デヒドロゲナーゼの一次構造が知られている．これらの情報を基にして乳酸デヒドロゲナーゼをリンゴ酸デヒドロゲナーゼに変換することを考え，3種の変異株を作製し，表にある2種類の基質に対する反応速度パラメーターk_{cat}とK_mを求めたところ，Gln^{102}→Arg変異型のみがリンゴ酸デヒドロゲナーゼとしての活性が高かった．それぞれの変異型酵素の性質の変化を図2の活性部位周辺の原子配置と関連づけて考察せよ．

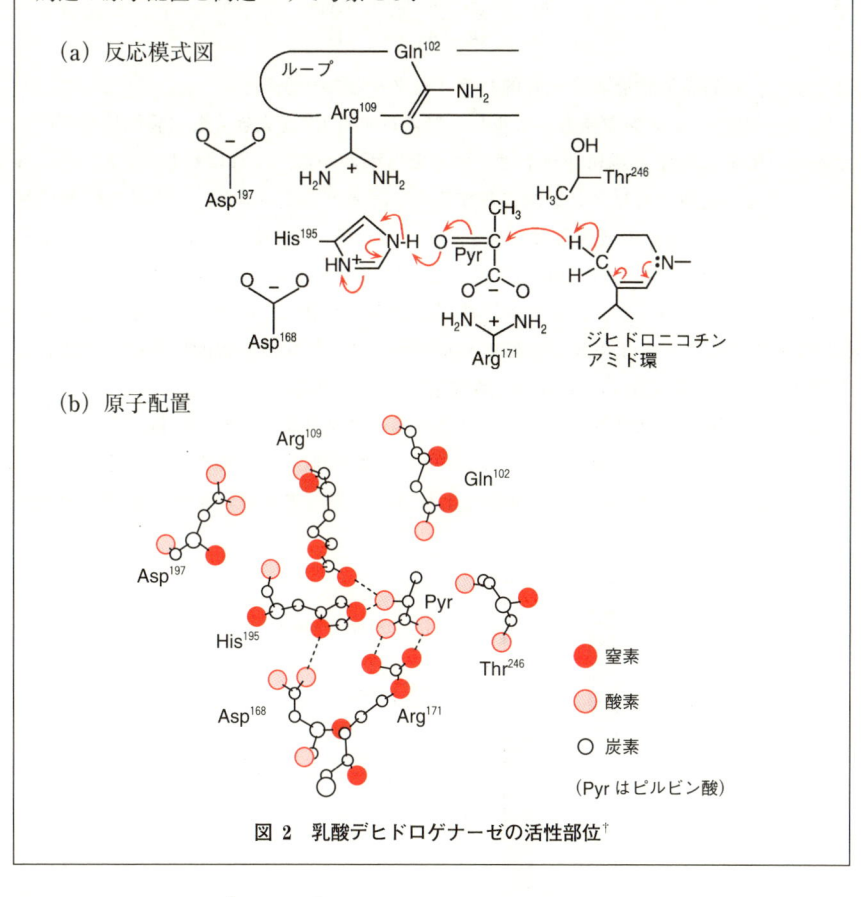

(a) 反応模式図

(b) 原子配置

図2 乳酸デヒドロゲナーゼの活性部位[†]

[解答例] 1) $S+E \underset{k_2}{\overset{k_1}{\rightleftarrows}} ES \overset{k_{cat}}{\longrightarrow} E+P$ において一般に$k_2 \gg k_{cat}$の例が多いので，ミ

カエリス定数 $K_\mathrm{m}\,[=(k_2+k_\mathrm{cat})/k_1]$ は

$$K_\mathrm{m} \fallingdotseq k_2/k_1 = K_\mathrm{s}\,(\text{ES の解離定数})$$

となる．また問題 3・2 の式 (c) から $[\mathrm{S}]\ll K_\mathrm{m}$ では，P の生成速度 $v\,(=k_\mathrm{cat}[\mathrm{ES}])$ は

$$v = k_\mathrm{cat}[\mathrm{ES}] \simeq \frac{k_\mathrm{cat}}{K_\mathrm{m}}[\mathrm{E}]_0[\mathrm{S}]$$

となり，$k_\mathrm{cat}/K_\mathrm{m}$ は上記反応の速度定数になる．特に，二つの競合する基質 A, B に対しては

$$\frac{v_\mathrm{A}}{v_\mathrm{B}} = \frac{(k_\mathrm{cat}/K_\mathrm{m})_\mathrm{A}}{(k_\mathrm{cat}/K_\mathrm{m})_\mathrm{B}} \times \frac{[\mathrm{A}]}{[\mathrm{B}]}$$

となって，基質特異性を表す一般的パラメーターとなりうる．

2) いずれのアミノ酸置換も，ピルビン酸に対する K_m を大きくし（親和性を下げ），オキサロ酢酸に対する親和性を上げていることがわかる．これに対して，k_cat をみると，いずれの変換でもピルビン酸に対する k_cat は下がっているが，オキサロ酢酸に対しては，Gln[102]→Arg の変換だけが k_cat を上げている．その結果，$k_\mathrm{cat}/K_\mathrm{m}$ で比較すると，この変換のみ活性を約 1000 倍上昇させていることがわかる．各残基の位置を図 2 に照らして考えてみると，Asp[197] は活性部位から最も離れているが，おそらく電荷を 0 にすることによってオキサロ酢酸のカルボキシ基に対する静電的反発を抑えていると考えられる．（静電的相互作用は長距離相互作用である．）

Thr[246] と Gln[102] は活性部位に近く，前者の場合はグリシンに変えて側鎖を小さくすることによってピルビン酸より大きなオキサロ酢酸の収容を容易にしていると考えられる．Gln[102]→Arg のみが大きく活性を上昇させたが，アルギニンの正電荷とオキサ

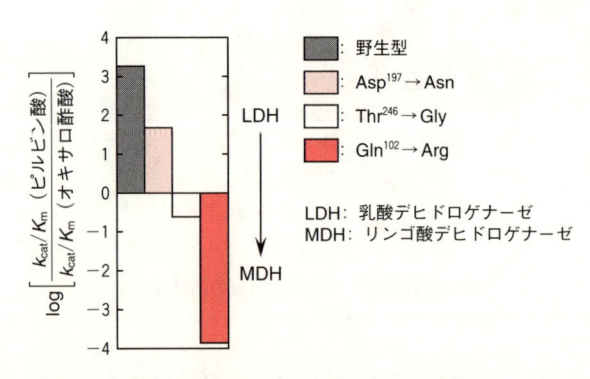

図 3　野生型と変異型酵素の活性比較[†]

ロ酢酸の負電荷を静電的にひきつけると思われる．実際，変異株のX線結晶解析により，アルギニンのグアニジノ基 $-NHC(=NH)NH_2$ とオキサロ酢酸のカルボキシ基はイオン対を形成することが確認されている．

なお，実際には基質の結合に伴って酵素の側に構造変化が起こることが多く，変異型酵素をつくった場合にそれがこの問題のように期待通りの変化を示すことはむしろ少ない．タンパク質工学によって酵素の熱安定性の向上や基質特異性の変換をめざす試みは現在盛んに行われているが，タンパク質の構造形成の原理や反応機構自体についての基礎的な研究で未解決の部分が多い．

〔† 図2，図3および表は H. M. Wilks, et al., *Science*, **242**：1541 (1988) による．〕

アロステリック酵素

[問題 3・7] アロステリック酵素についての次の文章を完成せよ．

アロステリック酵素とは，反応の初速度と基質濃度のグラフをつくったとき，普通の酵素ならば a 形のグラフとなるものが， b 形になる酵素のことである． a 形では基質濃度がかなり低い範囲でも基質濃度を少し増やすだけで酵素反応の初速度が急激に大きくなる．ところが b 形の反応曲線では，基質濃度が低い間は初速度がなかなか大きくならない．それでも基質濃度を増してゆくと初速度はだんだん速くなり，ある基質濃度以上では急激に増大する．そしてそれ以上の基質濃度増加に対しては初速度はゆるやかに c に近づく．酵素反応の初速度は酵素にどれだけの基質が結合するかに比例することを頭において，アロステリック酵素の反応曲線を考えてみると，基質濃度の低いときは，普通の酵素に比較して基質が結合し d なっているといえる．なぜそうなるかを考えてみると，アロステリック酵素をつくる e の間に負の f があるからである．

なぜ e の間に負の f が生じるかというと，基質が結合する前と後では， e の間の相互作用に変化が強いられるからである． e が4個ある場合，1個の e に基質が結合すると，隣の二つか三つの e との間の相互作用のあり方を変えたいことになる．ところが，他の e は基質を結合していないので，それを変えたくない．"変えたい"，"変えたくない"という e どうしの押し問答が続く限り，基質は酵素に結合しにくい．これが，基質濃度の低い間は速度がなかなか上がらない原因となる．それでも基質濃度を高めてむりやり

に基質をおしつけてゆくと，酵素のすべての　e　が突然ゴロンと態度を変えて，　e　間の相互作用はすべて基質結合歓迎型に変わる．そうすると急激に基質が結合しやすくなり，反応曲線はアロステリック酵素に特有な　b　形を描くようになる．このような酵素が代謝制御に利用されやすいのは，酵素の活性中心とは異なる場所に結合して　b　形反応曲線を左右にずらすことのできる，アロステリック　g　によって酵素の機能を敏感に調節できるためである．

　アロステリック酵素は代謝系で　h　段階を触媒する酵素に多くみられる．たとえば，解糖系における　i　，ウリジン 5′―リン酸などピリミジン生合成系における　j　，クエン酸回路における　k　などがある．それぞれ，アロステリック　g　として，　l　，　m　，　n　がよく知られている．

[解　答] a. (直角)双曲線　　b. シグモイドまたはS字　　c. 最大速度　　d. にくく　　e. サブユニット　　f. 協同性または協力性　　g. エフェクター　　h. 律速　i. ホスホフルクトキナーゼ　　j. アスパラギン酸カルバモイルトランスフェラーゼ　k. イソクエン酸デヒドロゲナーゼ　　l. ADP↑, AMP↑, ATP↓, クエン酸↓, のいずれか一つ（↑は活性化，↓は不活性化作用を示す）　　m. CTP↓　　n. ADP↑

ヘ モ グ ロ ビ ン

[問題 3・8] ヘモグロビンは O_2 分圧の高い肺胞で O_2 と結合し，O_2 分圧が低く CO_2 分圧の高い筋肉など末梢器官では O_2 を遊離する．このような反応が O_2 分圧，CO_2 分圧の変化に対応して効率よく進行するためのメカニズムをアロステリック効果，ボーア効果などの言葉を使って説明せよ．

[解答例] ヘモグロビン分子は，$\alpha_2\beta_2$ あるいは $(\alpha\beta)_2$ と表される四つ（2種類）のサブユニットで形成される．酸素分圧と結合量との関係をいわゆるヒルプロットで詳しく調べると，正の**アロステリック効果**が認められる．すなわち，酸素が一つデオキシヘモグロビン分子に結合すると分子の構造変化が起こり，次の酸素はより結合しやすくなる．またオキシヘモグロビンから酸素が一つ脱離すると分子の構造変化が起こり，次の酸素がより脱離しやすくなる．

　二酸化炭素が多い末梢では，血中に炭酸として溶け込むために pH が低下し，次の図に示すように，酸素分圧が低下すれば，より容易に酸素を脱離するようになる．**ボー**

ア効果が観察される．

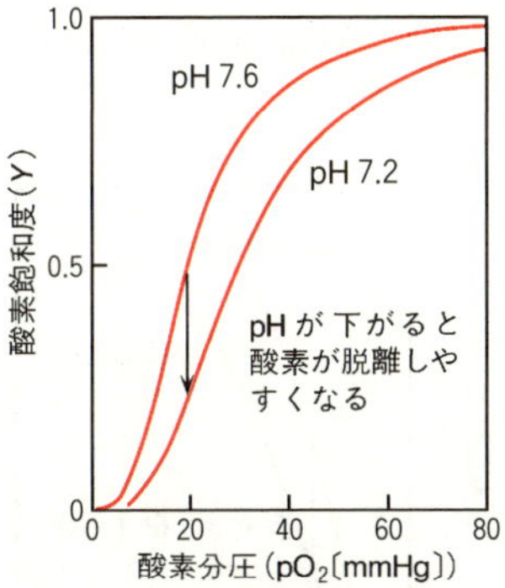
1.0
0.5
0
pH 7.6
pH 7.2
pHが下がると
酸素が脱離しや
すくなる
酸素飽和度（Y）
0
20
40
60
80
酸素分圧（pO$_2$〔mmHg〕）

ヘモグロビンからの酸素の解離に及ぼす pH の影響

赤血球中には2,3-ビスホスホグリセリン酸が存在し，これがデオキシヘモグロビンに結合して安定化するので，相対的にオキシ型が不安定となり酸素親和性が低下する．実際に私たちが高山などに登り，酸素分圧が低くなり，肺と末梢における酸素分圧の差が少なくなると，この物質の濃度が高まり，末梢における酸素供給をスムーズにしているといわれている．

[問題 3・9]　胎児は母体から胎盤を通して酸素を得る必要がある．そのために，胎児のヘモグロビンは母体のそれと構造が異なる．機能上どのような違いがみられると思うか述べよ．

[解答例]　酸素はまず母体の肺胞で母体ヘモグロビンと結合し，酸素分圧の低い胎盤のところでヘモグロビンから解離し，その後胎盤を通り，胎児のヘモグロビンと結合せねばならない．このことがスムーズに進行するためには，胎児のヘモグロビンは母体のそれに比較して低酸素分圧下で酸素に高い親和性をもっていなければならない．実際に母体ヘモグロビンが $\alpha_2\beta_2$ で表されるのに対し，胎児ヘモグロビンは $\alpha_2\gamma_2$ で表されるようにサブユニット組成が異なる．誕生と同時に γ サブユニットが急激に減少し，β サブユニットが逆に増加し，生後 6 カ月ほどで成人型となる．母体赤血球と胎児赤血球では次の図に示すように，同じ酸素分圧ならば，後者の方が酸素に対しより高い親和性をもつ．しかし，実際に両者のヘモグロビンを精製し，比較すると，逆の

結果が得られる．このような結果の相違は，2,3-ビスホスホグリセリン酸に対する親和性の差によって説明される．すなわち，胎児ヘモグロビンの方が母体のそれよりも 2,3-ビスホスホグリセリン酸に対する結合が弱いのでデオキシ型の安定性が低いためである．

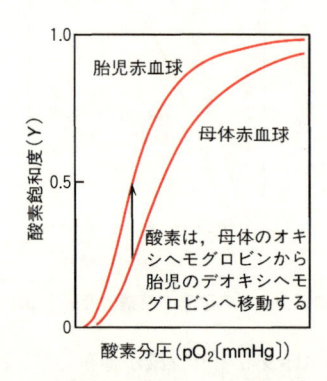

母体および胎児赤血球からの酸素解離の比較

英語も覚えよう

アロステリック酵素 allosteric enzyme　　酵素反応 enzyme reaction　　消化酵素 digestive enzyme　　定常状態法（近似）steady-state method（approximation）　　ヘモグロビン hemoglobin　　ミカエリス定数 Michaelis constant　　律速段階 rate limiting step

4. 代　　謝

糖　類　の　代　謝

[問題 4・1] 次のa〜kの空欄を埋めよ．

　ともにアルドースである，グルコース，マンノース，ガラクトースの3種の単糖は，栄養素あるいは糖タンパク質などの素材として生体内代謝に関与することが多い．マンノースはグルコースのC[a]に関するエピマー，ガラクトースはC[b]に関するエピマーである．マンノースとガラクトースは[a]と[b]で立体配置が異なるので，エピマーではなく[c]である．これら3種の単糖がアルドース3兄弟とすれば，ケトースであるフルクトース（果糖）は従兄弟（いとこ）といえる．ヘキソキナーゼの作用でATPを使ってリン酸化された

　　グルコース6-リン酸 $\overset{\text{d}}{\rightleftharpoons}$ フルクトース6-リン酸 $\overset{\text{e}}{\rightleftharpoons}$ マンノース6-リン酸

の間の相互転換は，[d]，[e]によって触媒される．前二者は解糖系の中間体であるので，マンノースもこの転換を経て解糖系でエネルギー源として利用できる．ただ，コンニャクマンナンなどマンノースを主成分とする多糖類を分解する酵素が人間にはないので，マンノースが大量に栄養源として摂取される機会は少ない．ガラクトースはミルクの主成分であるラクトース（乳糖）の，フルクトースはスクロース（ショ糖）の分解産物として生じ，次のような代謝過程を経て解糖系へ入り，エネルギー源として使われる．

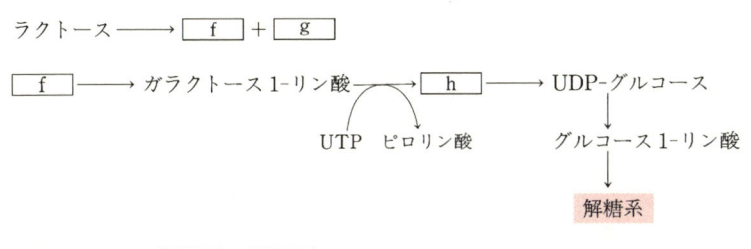

　　ラクトース ⟶ [f] + [g]

　　[f] ⟶ ガラクトース1-リン酸 ⟶ [h] ⟶ UDP-グルコース
　　　　　　　　　　　　　　　　　↑　　　　　　　　　　　↓
　　　　　　　　　　　　　　　UTP　ピロリン酸　　　グルコース1-リン酸
　　　　　　　　　　　　　　　　　　　　　　　　　　　　　↓
　　　　　　　　　　　　　　　　　　　　　　　　　　　　解糖系

　　スクロース ⟶ [g] + [i]

106   4. 代　　謝

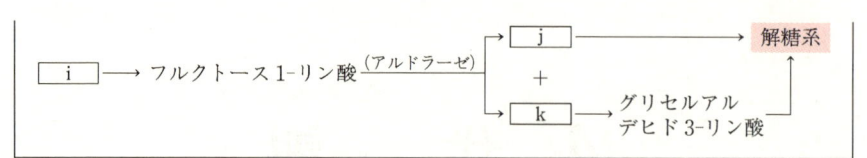

```
┌───┐               (アルドラーゼ) ┌───┐
│ i │──→ フルクトース 1-リン酸 ─────→│ j │─────────────→ 解糖系
└───┘                              └───┘   ＋          ↑
                                   ┌───┐   グリセルア
                                   │ k │──→ デヒド 3-リン酸
                                   └───┘
```

[解 答]　a. 2　　b. 4　　c. ジアステレオマー　　d. グルコース-6-リン酸イソメラーゼ　　e. マンノース-6-リン酸イソメラーゼ　　f. ガラクトース　　g. グルコース　　h. UDP-ガラクトース　　i. フルクトース　　j. ジヒドロキシアセトンリン酸　　k. グリセルアルデヒド

[問題 4・2]　糖と糖をつないで二糖類以上の多糖類をつくるときの基質は，UDP-グルコース，UDP-ガラクトース，UDP-マンノース，UDP-フコースなどヌクレオシド二リン酸糖である．たとえば，スクロースの生合成は UDP-グルコースとフルクトース 6-リン酸がスクロースリン酸シンターゼの作用で結合して，スクロース 6-リン酸を生じる．

　1) UTP（ウリジン三リン酸）とグルコース 1-リン酸から，ウリジルトランスフェラーゼの作用で UDP-グルコースが生じる反応を構造式を用いて示せ．

　2) UDP-グルコースとフルクトース 6-リン酸からスクロース 6-リン酸が生じる反応を構造式で表せ．

　3) スクロース 6-リン酸がスクロースに変わるためには，どのような酵素が必要か．

　4) アミノ糖の生合成ではフルクトース 6-リン酸がグルタミンによりアミノ化されて生じたグルコサミン 6-リン酸が出発物質となる．フルクトース 6-リン酸がグルタミンにより C2 位にアミノ化を受ける反応を構造式で示せ．

[解 答]　1)

グルコース 1-リン酸　＋　UTP　──ウリジルトランスフェラーゼ──→

（次ページにつづく）

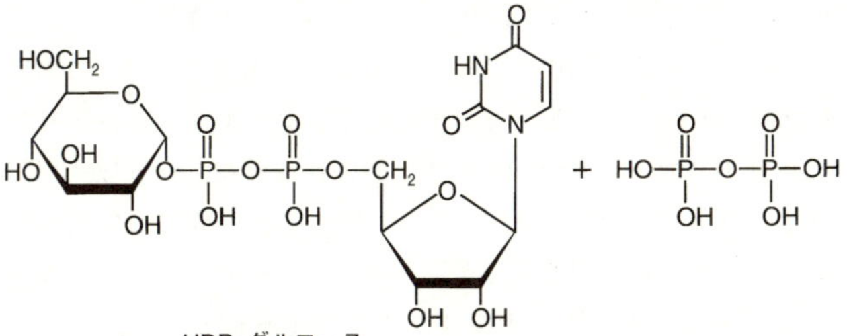

4. 代 謝

[UDP-グルコース の構造式]

UDP-グルコース

2) UDP-グルコース + [フルクトース6-リン酸の構造式、位置(2), (5), (6)をマーク] → [スクロース6-リン酸の構造式] + UDP

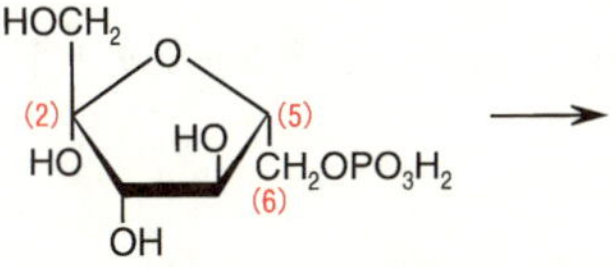

フルクトース6-リン酸†

〔† この構造式は通常表示の裏返しになっていることに注意〕

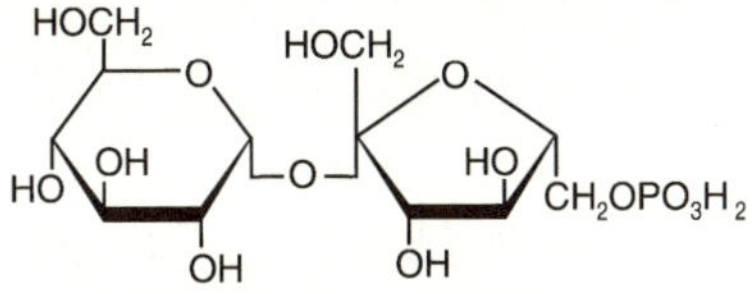

スクロース6-リン酸

3) スクロースホスファターゼ

4) [D-フルクトース6-リン酸] + [L-グルタミン] → [D-グルコサミン6-リン酸] + [L-グルタミン酸]

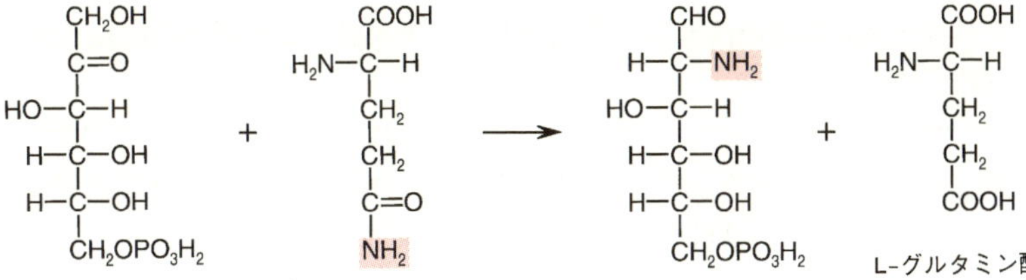

D-フルクトース6-リン酸　　L-グルタミン　　D-グルコサミン6-リン酸　　L-グルタミン酸

[問題 4・3] 砂糖 (スクロース) を食べるとグルコースとフルクトースに加水分解される．グルコースは解糖系で分解され，エネルギー源となるが，フルクトースはどのように利用されるかを説明した次の文中の空欄を埋めて次の文章を完成せよ．

フルクトースはケトヘキソキナーゼ（フルクト-1-キナーゼ）の作用で，a に変換されてから，アルドラーゼの作用で b と c に分解される．この反応は解糖系におけるフルクトース 1,6-ビスリン酸の分解によく似ているが，リン酸が一つ足りないのでグリセルアルデヒド 3-リン酸の代わりに c が生じ，トリオキナーゼの作用でグリセルアルデヒド 3-リン酸となって解糖系の代謝経路に合流する．フルクトース代謝に関連するケトヘキソキナーゼを欠くとフルクトース尿症に，またアルドラーゼを欠くとフルクトース不耐症となり，フルクトース摂取後，嘔吐や下痢症状を起こす．

[解 答] a. フルクトース 1-リン酸　b. ジヒドロキシアセトンリン酸　c. グリセルアルデヒド

[問題 4・4] 次のグリコーゲンについての文章の空欄を埋めよ．

グリコーゲンは体内臓器では a や b に多く含まれる．生合成の原料はグルコースであり，これがグルコース c ，グルコース d を経てグリコーゲンシンターゼの基質となる e に変換される．これがグリコーゲンの f に順次組込まれてゆき，さらに g により枝分かれを生じてグリコーゲンが合成される．グリコーゲンの分解はグリコーゲン h の作用で i を生じ，さらに j の作用でグルコース 6-リン酸となって解糖系に入る．分枝のところでは k の作用が働いて遊離のグルコースを生じる．
グリコーゲンの直鎖部分は l グリコシド結合，分枝部分は m グリコシド結合である．

[解 答] a,b. 肝臓，筋肉　c. 6-リン酸　d. 1-リン酸　e. UDP-グルコース
f. プライマー　g. 分枝酵素（枝つくり，またはブランチング酵素）　h. ホスホリラーゼ　i. グルコース 1-リン酸　j. ホスホグルコムターゼ　k. 脱分枝酵素（枝切り，またはデブランチング酵素）　l. α-1,4-　m. α-1,6-

解 糖 系

[問題 4・5] 解糖系と発酵に関する次の問いに答えよ．

1) 次の文章のa〜wの空欄を埋めよ．

解糖系は六炭糖であるグルコースを分解して炭素を3個もつ乳酸に変換する代謝経路である．大まかには，図1のように書くことができる〔（ ）内の数字は炭素数〕．

```
            ATP  ATP
             ↓    ↓                    ジヒドロキシアセトンリン酸 (3)
グルコース(6) ·········→ フルクトース 1,6-ビスリン酸(6) ──→ ↓
                                       グリセルアルデヒド 3-リン酸(3)
                          NAD⁺, リン酸─→ ↓ ─→ NADH+H⁺
                                      1,3-ビスホスホグリセリン酸 (3)
                                        ↓ ─→ ATP
                                      ホスホエノールピルビン酸(3)
                                        ↓ ─→ ATP
                                      ピルビン酸(3)
                          NADH+H⁺ ─→ ↓ ─→ NAD⁺
                                      [ a ]
```

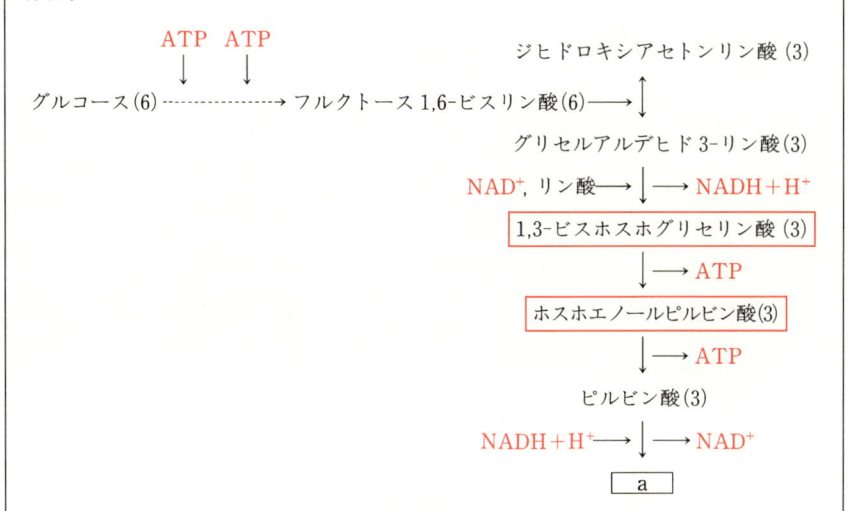

図1 解糖系

ピルビン酸は嫌気的条件下でグリセルアルデヒド 3-リン酸の酸化の際に生じた NADH+H⁺ により還元されて [a] となる．一方，NADH+H⁺ は酸化剤 NAD⁺ となり，再びグリセルアルデヒド 3-リン酸の酸化に使用されるので，嫌気的条件下でも ATP 生産が止まることはない．ピルビン酸が [b] の作用で [c] を生じていったん [d] になり，NADH+H⁺ で還元されると，[e] を生じるアルコール発酵が進む．

さらに詳しくみると，グルコースがグリコーゲンの加リン酸分解によって [f] として供給される場合とグルコース単体として供給される場合がある．単体のグルコースはヘキソキナーゼの作用で ATP を消費して [g] となる．

グルコース 1-リン酸は [h] の作用でグルコース 6-リン酸となり，[i] の作用でフルクトース 6-リン酸に，さらに 6-ホスホフルクトキナーゼの作用で ATP を消費して [j] となる．

[j] を分解して炭素数3の分子を2個生じる反応を触媒するのはフルクトースビスリン酸 [k] とよばれる酵素である．[k] またはアルデヒドリアーゼとよばれるものには 30 近い種類があり，[l] 反応またはその逆反応を触媒す

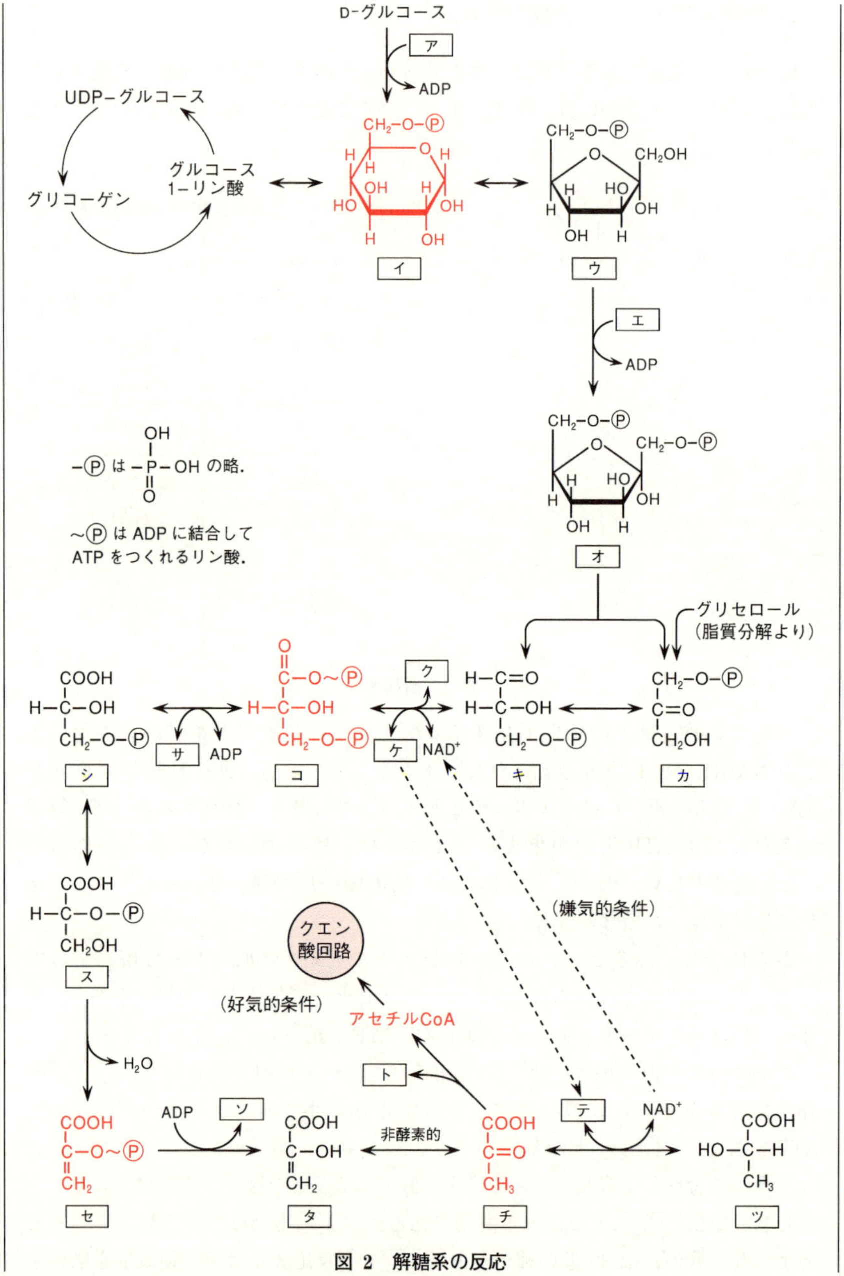
D-グルコース
ア
ADP
UDP−グルコース
グリコーゲン
グルコース
1−リン酸
イ
ウ
エ
ADP
オ
−Ⓟ は −P−OH の略.
〜Ⓟ は ADP に結合して
ATP をつくれるリン酸.
グリセロール
(脂質分解より)
ク
ケ
NAD+
サ
ADP
シ
コ
キ
カ
ス
H2O
(嫌気的条件)
クエン
酸回路
(好気的条件)
アセチルCoA
ト
ADP
ソ
非酵素的
テ
NAD+
セ
タ
チ
ツ

図 2 解糖系の反応

る酵素の総称である．

アルドラーゼの作用で生じた2分子のうち m が NAD^+ を補酵素として酸化され，同時に無機リン酸を使っての基質レベルのリン酸化が起こり， n を生じる．この反応はグリセルアルデヒドリン酸 o により触媒される．

アルドラーゼの作用で生じるもう一方のジヒドロキシアセトンリン酸は p の作用でグリセルアルデヒド3-リン酸に変換されて上の経路をたどる．

n から1位のリン酸をADPへ転移してATPを生成するのはホスホグリセリン酸キナーゼである．この酵素は，逆反応に対して名付けられており，逆反応は光合成反応で重要な役割を果たす．

3-ホスホグリセリン酸は2,3-ビスホスホグリセリン酸を補酵素としてもつホスホグリセロ q の作用で r に変換され，さらに s の作用で高エネルギー物質である t になる．この物質はATP以上の高エネルギーリン酸化合物であるが，このままでは筋肉そのほかの生体器官で使用できないので，ADPにリン酸基を転移してATPを1分子生成すると同時に，自身は u となる．

生じた u は嫌気的条件下ではNADHにより還元されて乳酸になる．また，好気的条件下では， v の働きで脱炭酸を伴いつつ w を生じてクエン酸回路その他へこれを供給する．

2) 1)の説明の空欄を埋めたら，解糖系の反応経路（左図）のア〜トの空欄内に物質名を入れよ．

[解 答] 1) a. 乳酸　b. ピルビン酸デカルボキシラーゼ　c. 二酸化炭素　d. アセトアルデヒド　e. エタノール　f. グルコース1-リン酸　g. グルコース6-リン酸　h. ホスホグルコムターゼ　i. グルコース-6-リン酸イソメラーゼ　j. フルクトース1,6-ビスリン酸　k. アルドラーゼ　l. アルドール縮合　m. グリセルアルデヒド3-リン酸　n. 1,3-ビスホスホグリセリン酸　o. デヒドロゲナーゼ　p. トリオースリン酸イソメラーゼ　q. ムターゼ　r. 2-ホスホグリセリン酸　s. エノラーゼ　t. ホスホエノールピルビン酸　u. ピルビン酸　v. ピルビン酸デヒドロゲナーゼ複合体　w. アセチルCoA

2) ア．ATP　イ．グルコース6-リン酸　ウ．フルクトース6-リン酸　エ．ATP　オ．フルクトース1,6-ビスリン酸　カ．ジヒドロキシアセトンリン酸　キ．グリセルアルデヒド3-リン酸　ク．Pi　ケ．$NADH+H^+$　コ．1,3-ビスホスホグリセリン酸　サ．ATP　シ．3-ホスホグリセリン酸　ス．2-ホスホグリセリン酸　セ．ホスホエノールピルビン酸　ソ．ATP

タ．エノールピルビン酸　　チ．ピルビン酸　　ツ．乳酸　　テ．NADH+H$^+$
ト．CO$_2$

[問題 4・6] 右の図は生化学の立場から重要な代謝経路を示したものである．図を眺めて，以下の設問に答えよ．

1) 次の文章中のa～eに相当する言葉を記せ．
AからBに至る経路は a とよばれ，細胞が b な状態にあるときに特に活性が高い．CがDと合体して環状の代謝経路に入るが，この経路は c とよばれ，細胞が d な状態にあると，Aは a を経た後，この経路で代謝される．C以降の代謝は e の内部で行われる．

2) Bは肝臓に運ばれた後，点線で示された経路をたどってAという単糖に再合成される．A,B,C,Dは何か．また，この経路を例に代謝調節について簡単に述べよ．

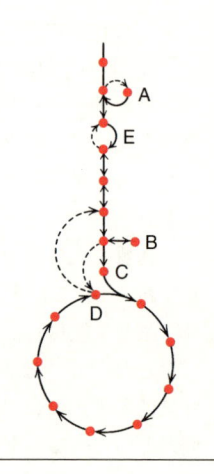

[解答] 1) a. 解糖系　b. 嫌気的　c. クエン酸回路（TCA回路）　d. 好気的　e. ミトコンドリア

2) A：グルコース，B：乳酸，C：アセチルCoA，D：オキサロ酢酸．
　グルコースの分解と合成は大部分が可逆反応であるが，点線の部分は合成系で，分解とは別の酵素によって触媒されることによって代謝調節が効率的に行われる．フルクトース6-リン酸がフルクトース1,6-ビスリン酸になる過程（E）では，分解系酵素がATPによって阻害を受け，合成系酵素はAMPによって阻害を受けるので，有効な調節が行われる．

[問題 4・7] 解糖系で生じたピルビン酸は酸化的条件下では，酸化的脱炭酸反応を受けてアセチルCoAに変わる．

1) この酵素は 2-オキソ酸デヒドロゲナーゼの一種であり，ピルビン酸デヒドロゲナーゼ複合体（E1+E2+E3）とよばれている．脱炭酸反応を触媒するE1の補酵素はチアミン二リン酸（チアミンピロリン酸，TPPともいう，図1）である．
　チアゾール環のN$^+$の強い電子求引性により，>N$^+$=CH- のHがH$^+$として

離れ，炭素が負電荷をもつカルボアニオンとしてピルビン酸の α 炭素を求核攻撃することを考えて，ピルビン酸の脱炭酸により α-ヒドロキシエチルチアミン二リン酸（活性アセトアルデヒドともよぶ）複合体を生じる過程を図示せよ．

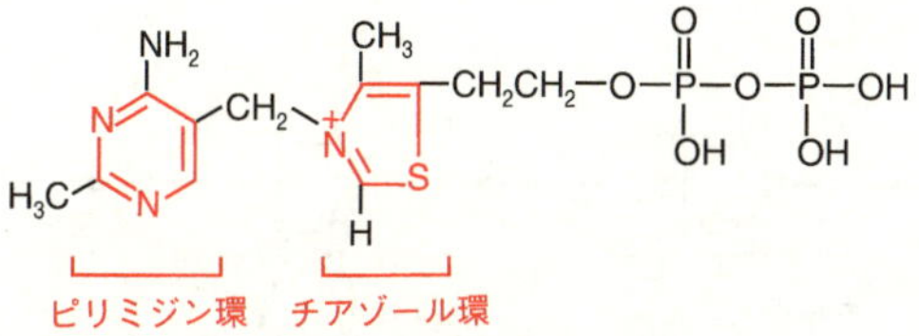

図1 チアミン二リン酸

2) α-ヒドロキシエチルチアミン二リン酸は，
   a) 酵素のリシン残基に結合した酸化型リポ酸（リポアミド）にアセチル基を転移してゆく過程（酵素 E1），
   b) 補酵素 A がアセチル基を受取り，ジヒドロリポ酸を生じる過程（酵素 E2），
   c) ジヒドロリポ酸が FAD により酸化されてリポ酸に戻る過程（酵素 E3），

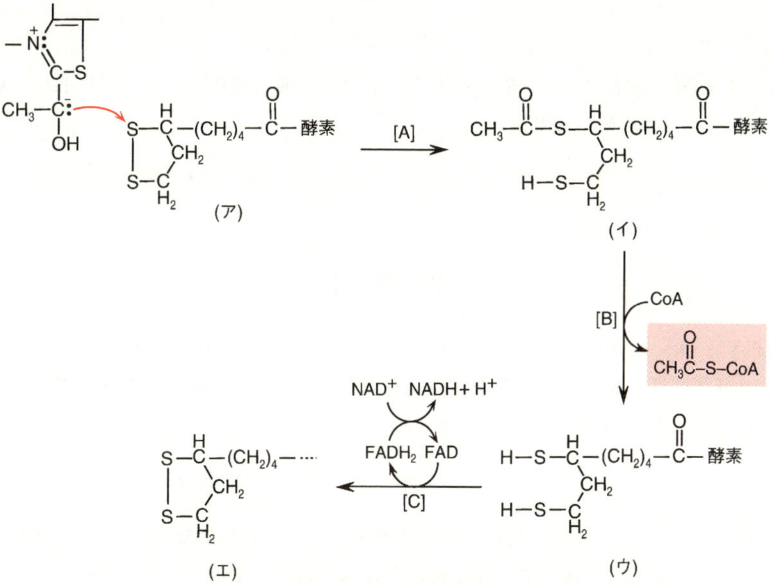

図2 アセチル CoA の生成とリポ酸の働き

を経て，ピルビン酸はアセチル CoA に変換される．それぞれの酵素は図2のどの部分で働くかを［ ］内に記入せよ．また（ ）内には適合する化合物名を記入せよ．

[解答] 1)

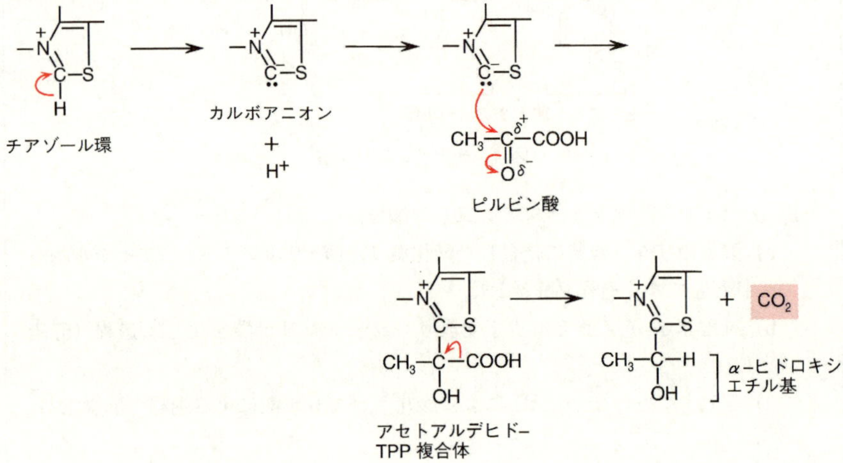

（チアゾール環 → カルボアニオン + H^+ → ピルビン酸付加 → アセトアルデヒド-TPP 複合体 → α-ヒドロキシエチル基 + CO_2）

2) a. A b. B c. C
ア．リポ酸（残基） イ．S-アセチルヒドロリポ酸（残基） ウ．ジヒドロリポ酸（残基） エ．リポ酸（残基）

糖 新 生

[問題 4・8] 筋肉が無酸素条件下で働いたあとに生じている乳酸をもう一度グルコースにつくり直す糖新生の道筋は乳酸をピルビン酸に酸化したあと解糖系を逆行すればよいかのようにみえるが，

　　　　　　ピルビン酸 ── ホスホエノールピルビン酸(PEP)

の反応を ATP などを使って直接進める酵素がない．この部分をう回して PEP を生成するほかにも数箇所で解糖系酵素とは異なる酵素を用いてグルコースの再生が行われる．この糖新生の道筋をまとめた次の図を a～f に物質名または酵素名

を記入して完成せよ．

糖新生

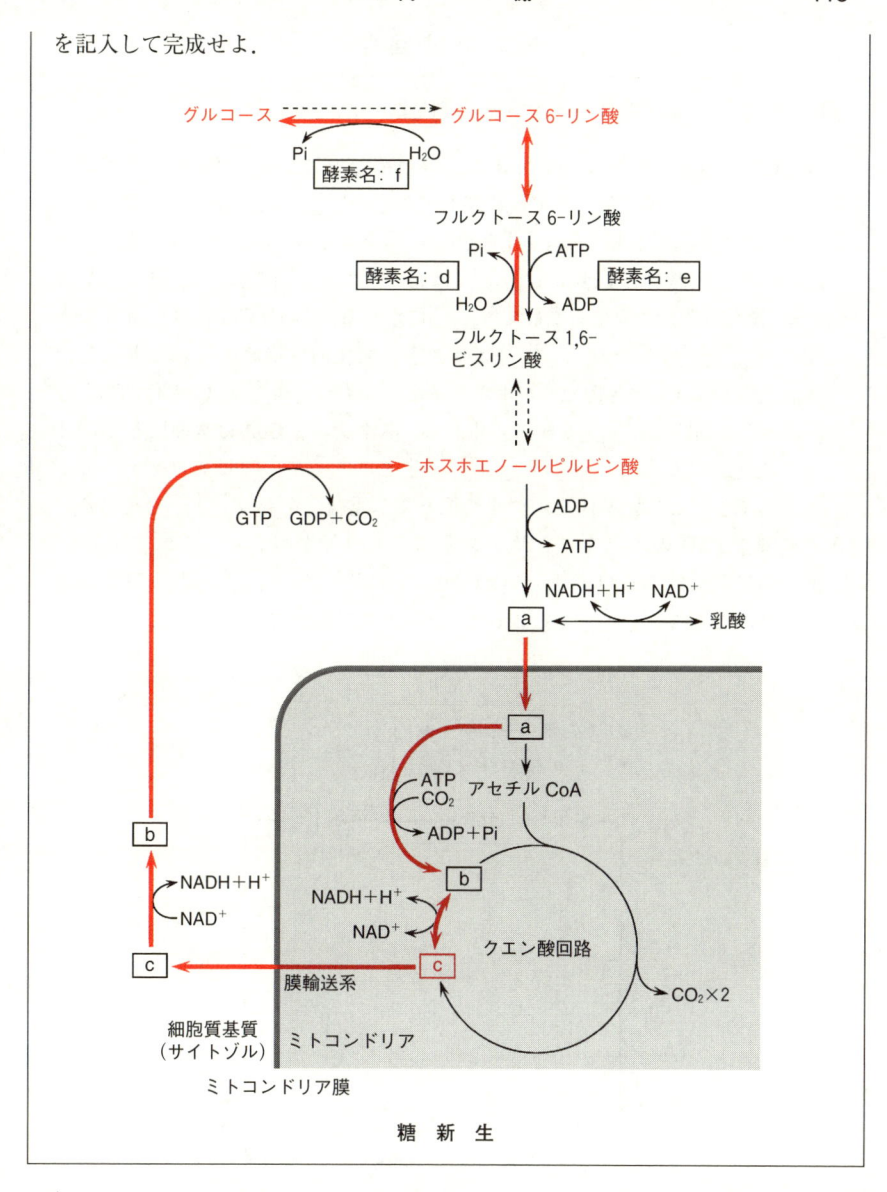

[解答] a. ピルビン酸　b. オキサロ酢酸　c. リンゴ酸　d. フルクトース-1,6-ビスホスファターゼ　e. ホスホフルクトキナーゼ　f. グルコース-6-ホスファターゼ

クエン酸回路

[問題 4・9] 次の文章のa～lの空欄を埋めよ．

1) TCA回路とは　a　の略であり，解糖系で生じたピルビン酸を補酵素A (CoA) の存在下，酸化的条件で脱炭酸して生じた　b　をオキサロ酢酸と縮合してカルボキシ基を3個もつ C_6 化合物　c　を生じるのがスタートである．そのため　c　回路ともよばれる．　c　は cis-アコニット酸を経て　d　に異性化され，酸化的脱炭酸反応を受けて　e　にかわる．この反応で　f　が1モル還元されて　g　となる．　e　はひき続き酸化的脱炭酸とこれに共役したCoA化を受けて C_4 化合物でカルボキシ基を二つもつ　h　のCoA付加物となる．このとき同時に　g　を1モル生じる．スクシニルCoAは次の反応でGDPのリン酸化と共役して　h　と　i　を生じる．　h　デヒドロゲナーゼが　h　のC2とC3からHを一つずつ取って二重結合をもつ　j　を生じるとき，補酵素FADのイソアロキサジン環に水素付加が起こり，　k　となる．　j　の二重結合に H_2O のHとOHが付加して　l　，　l　からHが二つ　f　にわたされ，　g　を生じると，オキサロ酢酸が再生している．

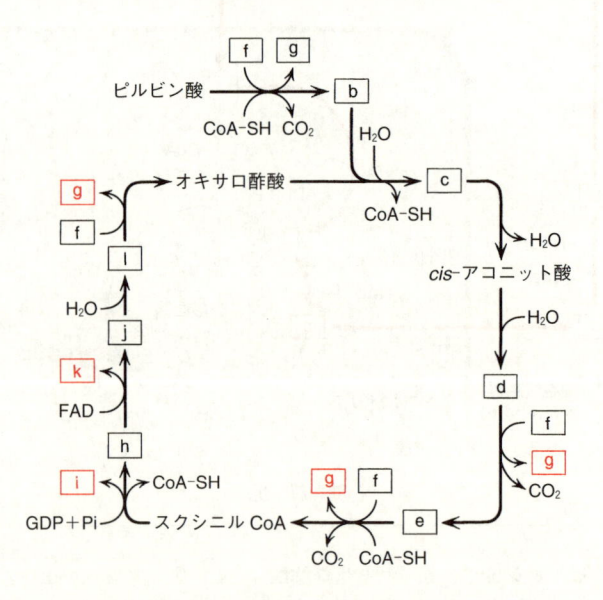

[クエン酸回路の図]

2) c, e, h, およびオキサロ酢酸の構造式を書け.

[解 答] 1) a. トリカルボン酸回路（tricarboxylic acid cycle）　b. アセチル CoA
c. クエン酸　d. イソクエン酸　e. 2-オキソグルタル酸またはα-ケトグルタル酸
f. NAD^+　g. $NADH+H^+$　h. コハク酸（succinic acid）　i. GTP　j. フマル酸
k. $FADH_2$　l. リンゴ酸

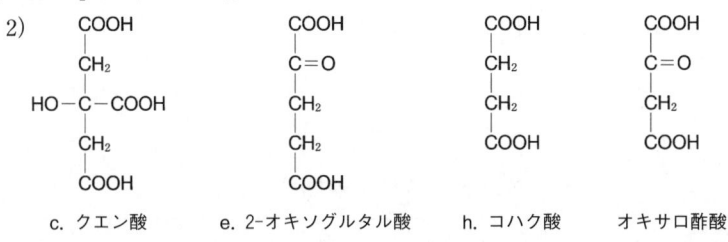

2)

```
    COOH              COOH              COOH              COOH
    |                 |                 |                 |
    CH₂               C=O               CH₂               C=O
    |                 |                 |                 |
HO-C-COOH            CH₂               CH₂               COOH
    |                 |                 |
    CH₂               CH₂               COOH
    |                 |
    COOH              COOH

   c. クエン酸      e. 2-オキソグルタル酸    h. コハク酸        オキサロ酢酸
```

[問題 4・10] 多くの動物ではアセチル CoA の酢酸部分はクエン酸回路で H_2O と CO_2 に酸化されるので，脂肪が糖に変換されることもない．ところが植物では 2 分子のアセチル CoA を使ってリンゴ酸を生成し，これをクエン酸回路の酵素群によってオキサロ酢酸に変換して糖新生経路にのせることができる．

1) このような経路を何とよぶか．またどのような細胞小器官に存在するか．

2) 1 分子目のアセチル CoA はクエン酸回路に入り，オキサロ酢酸と合体してクエン酸を生じ，ついで *cis*-アコニット酸を経てイソクエン酸になる．ここまではクエン酸回路そのものであるが，このあとイソクエン酸はイソクエン酸リアーゼにより分解されて A と B を生じる．A がここでアセチル CoA と縮合して C を生じ，C はサイトゾルへ移行して糖新生経路にのる．B はクエン酸回路の中間体として代謝される．A, B, C の名称と構造式を記せ．また，C を生じる酵素名も記せ．

3) 動物もクエン酸回路を使ってアセチル CoA を取込んでオキサロ酢酸をつくることができる．オキサロ酢酸は糖新生の出発物質となりえるのに，動物ではアセチル CoA から糖新生が行われないのはなぜか．

[解 答] 1) グリオキシル酸回路．グリオキシソーム（glyoxysome）に存在する．

2) A: グリオキシル酸　HC=O　　B: コハク酸　CH_2COOH
　　　　　　　　　　　　|　　　　　　　　　　　　　　　|
　　　　　　　　　　　COOH　　　　　　　　　　　CH_2COOH

C: リンゴ酸　HOCHCOOH
　　　　　　　　|
　　　　　　CH_2COOH

Cを生じる酵素：リンゴ酸シンターゼ

3) クエン酸回路ではじめにオキサロ酢酸と合体してクエン酸を生じたアセチル基は，回路を一周するうちに，イソクエン酸→2-オキソグルタル酸→スクシニル CoA の二つの段階で，それぞれ CO_2 として放出されてしまう．このため，はじめに消費されたのと同量のオキサロ酢酸は再生されるが，糖新生のために余分に再生されることはない．

ペントースリン酸回路

[問題 4・11] ペントースリン酸回路について次の問いに答えよ．

1) ペントースリン酸回路は脂肪酸生合成あるいはコレステロール生合成に必須な補酵素である $NADPH+H^+$ を供給する役割をもつ代謝経路である．回路はまずグルコース 6-リン酸の C1 の酸化による 6-ホスホグルコン酸（グルコン酸 6-リン酸）の生成で始まり，このとき $NADP^+$ が $NADPH+H^+$ に還元される．グルコン酸生成はグルコース-6-リン酸デヒドロゲナーゼの作用によるグルコノ-δ-ラクトン 6-リン酸（6-ホスホグルコノラクトン）生成を経て行われる．δ-ラクトンとは六員環の分子内エステルのことである．この段階の反応を化学式を用いて表せ．

2) 次に 6-ホスホグルコン酸はデヒドロゲナーゼの作用で再び $NADP^+$ に 2H を渡して $NADPH+H^+$ を生成し，脱炭酸を伴ってケトペントースであるリブロース 5-リン酸を生じる．ここまででペントースリン酸回路による $NADPH+H^+$ の生成反応は終わりである．この先は，副産物として生じたリブロース 5-リン酸を無駄にしないように，リボース，フルクトース，グリセルアルデヒドなど生体が利用できる分子につくりかえてゆく作業である．まずリブロース 5-リン酸はリブロースリン酸-3-エピメラーゼの作用でキシルロース 5-リン酸，リボース-5-リン酸イソメラーゼの作用でアルドースリン酸であるリボース 5-リン酸を生じてゆく．下線を引いた分子の構造をかけ．

3) トランスケトラーゼはキシルロース 5-リン酸とリボース 5-リン酸から三炭糖リン酸と七炭糖リン酸を生じる反応を触媒する．この三炭糖リン酸と，ベンケイ草（*Sedum*）に多いのでセド-の接頭辞をもつ七炭糖リン酸の構造と名称を記せ．

4) この三炭糖リン酸と七炭糖リン酸はトランスアルドラーゼの作用で，次に六炭糖リン酸と四炭糖リン酸に分割される．ここで生じる六炭糖リン酸は何か．

4. 代　　謝

四炭糖はエリトロース4-リン酸といい，五炭糖であるキシルロース5-リン酸とトランスケトラーゼの作用で反応し，フルクトース6-リン酸とグリセルアルデヒド3-リン酸を生む．

5) トランスアルドラーゼとトランスケトラーゼの触媒する反応を説明せよ．

[解答] 1)

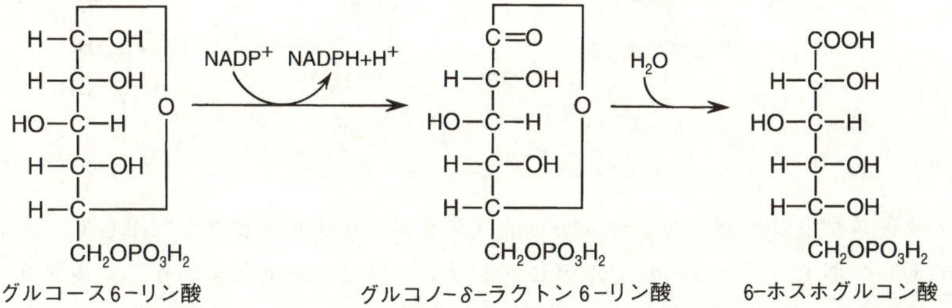

グルコース6-リン酸　→（NADP⁺ → NADPH+H⁺）→ グルコノ-δ-ラクトン6-リン酸 →（H₂O）→ 6-ホスホグルコン酸

2) リブロース5-リン酸 →（エピメラーゼ）→ キシルロース5-リン酸
　　　　　　　　　　→（イソメラーゼ）→ リボース5-リン酸

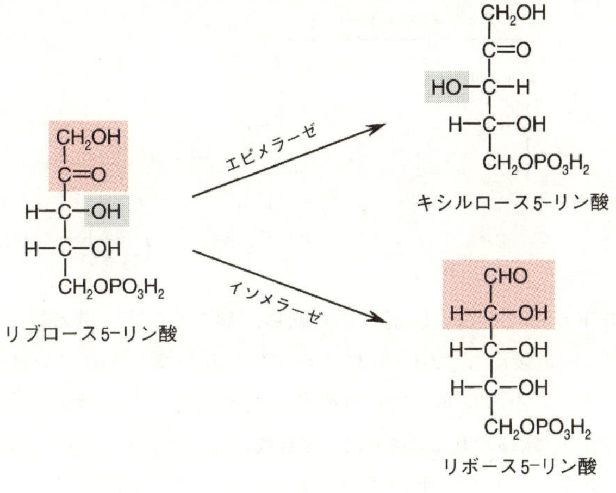

3) 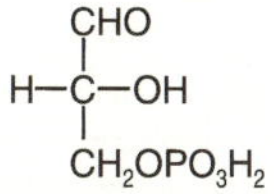 グリセルアルデヒド3-リン酸，セドヘプツロース7-リン酸

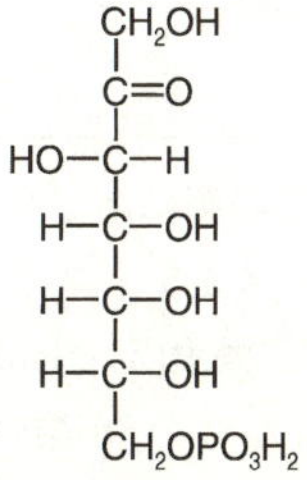

4) フルクトース 6-リン酸

5) トランスアルドラーゼ：ケトースのジヒドロキシアセトン部分を適当なアルドースのアルデヒド基に移す．ジヒドロキシアセトントランスフェラーゼともいう．

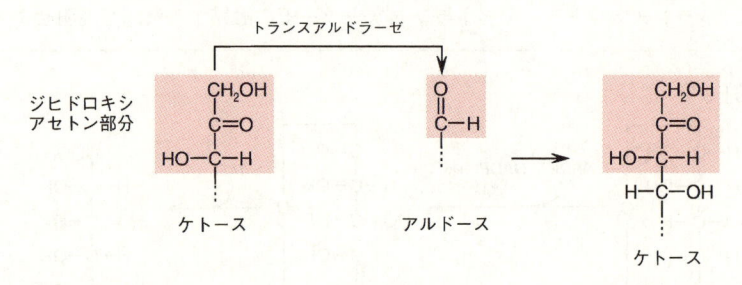

トランスケトラーゼ：ケトースから活性グリコールアルデヒドを取出してアルドースの C1 へ移す．グリコールアルデヒドトランスフェラーゼともいう．アルドラーゼとは異なる．

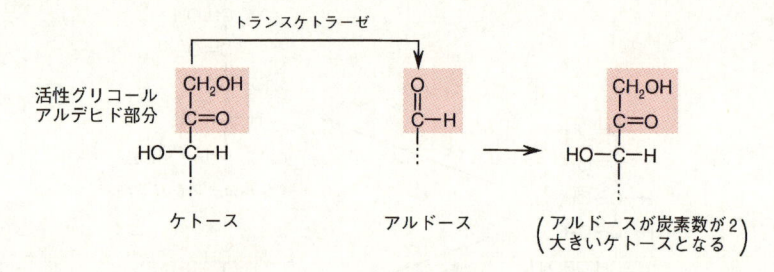

トランスアルドラーゼでは，炭素 3 個の転移が起こるので，炭素数にして 3(グリセルアルデヒド 3-リン酸)＋7(セドヘプツロース 7-リン酸)→6(フルクトース 6-リン酸)＋4(エリトロース 4-リン酸) という変化が可能となる．トランスケトラーゼの作用では，炭素 2 個の転移が起こるので，炭素数にして 5(キシルロース 5-リン酸)＋5(リボース 5-リン酸)→3(グリセルアルデヒド 3-リン酸)＋7(セドヘプツロース 7-リン酸) という変化が起こる．

[問題 4・12] 1) 植物の葉にあるリブロース-1,5-ビスリン酸カルボキシラーゼ (RuBisCO) はリブロース 1,5-ビスリン酸に CO_2 を付加して 2 分子の 3-ホスホグリセリン酸を生成する炭酸固定のほかに，酸素添加反応を触媒する．この酵素の活性部位に，CO_2 ではなく O_2 が結合すると基質であるリブロース 1,5-ビスリン酸は CO_2 が結合した場合と同じように分解するが，生じる産物は 3-ホスホグリセ

リン酸と 2-ホスホグリコール酸となる．2-ホスホグリコール酸の構造式を書け．

2) 上記のような反応は電子伝達系による O_2 の還元によるふつうの呼吸とは違う形で酸素を消費するので，**光呼吸** (photorespiration) とよばれている．なぜなら，光合成植物において呼吸同様酸素を消費し，二酸化炭素を放出するからである．光呼吸における酸素消費と二酸化炭素放出がどのような反応過程で起こるかを次の図の a～f の空欄を埋めながら理解しよう．

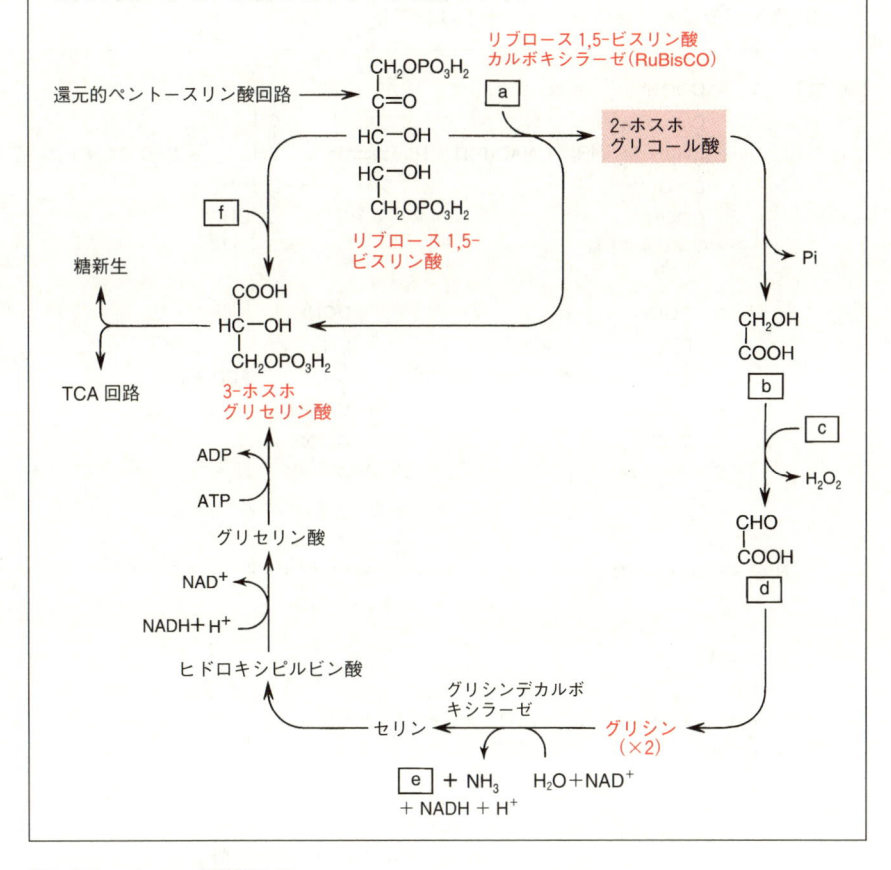

[解答] 1)　$$\begin{array}{l} CH_2OPO_3H_2 \\ | \\ COOH \end{array}$$
2-ホスホグリコール酸

2) a. O_2　　b. グリコール酸　　c. O_2　　d. グリオキシル酸　　e. CO_2
f. CO_2

アンモニアの固定

[問題 4・13] アンモニアをアミノ酸の窒素源として固定する次の 4 種の酵素が触媒する反応を化学式で表せ．
1) グルタミン酸デヒドロゲナーゼ
2) グルタミンシンテターゼ
3) カルバモイルリン酸シンターゼⅠおよびⅡ

[解答]

1) 2-オキソグルタル酸 + NH_3 + NAD(P)H + H^+ ⇌ グルタミン酸 + $NAD(P)^+$ + H_2O

2) グルタミン酸 + NH_3 + ATP ⇌ グルタミン + ADP + Pi

3)
Ⅰ. NH_3 + CO_2 + 2ATP + H_2O ⟶ $H_2N-CO-O-PO_3H_2$ (カルバモイルリン酸) + 2ADP + Pi

Ⅱ. グルタミン + CO_2 + 2ATP + H_2O ⟶ $H_2N-CO-O-PO_3H_2$ (カルバモイルリン酸) + 2ADP + Pi + グルタミン酸

カルバモイルリン酸はオルニチンと反応してシトルリンを生成し，尿素回路の経路でアルギニンを生じるほか，さまざまな窒素源となる．

アミノ酸の代謝

[問題 4・14] アミノ酸の生合成はクエン酸回路の中間体から出発するものが多い.

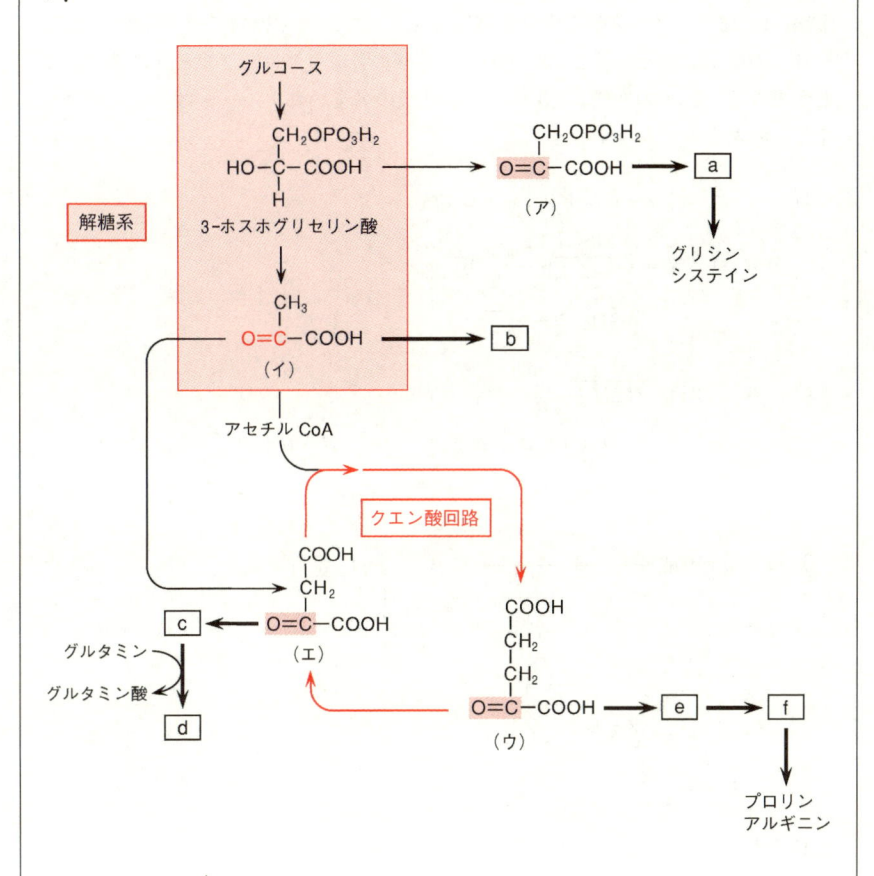

(図: 解糖系・クエン酸回路とアミノ酸生合成の関係)

グルコース → $CH_2OPO_3H_2$ / $HO-CH-COOH$ (3-ホスホグリセリン酸) → $CH_2OPO_3H_2$ / $O=C-COOH$ (ア) → a → グリシン, システイン

→ CH_3 / $O=C-COOH$ (イ) → b

アセチル CoA → クエン酸回路

$COOH$ / CH_2 / $O=C-COOH$ (エ) → c → d ; グルタミン → グルタミン酸

$COOH$ / CH_2 / CH_2 / $O=C-COOH$ (ウ) → e → f → プロリン, アルギニン

上の図の $O=C-COOH$ の部分がアミノトランスフェラーゼの作用で，グルタミン酸やアラニンなどのアミノ基の転移を受けるとアミノ酸になる．□内にアミノ酸名を入れ，（ ）内には構造式に対応する 2-オキソ酸（α-ケト酸）の名を入れよ．

[解答] a. セリン   b. アラニン   c. アスパラギン酸   d. アスパラギン
e. グルタミン酸   f. グルタミン

ア．3-ホスホヒドロキシピルビン酸　イ．ピルビン酸　ウ．2-オキソグルタル酸
エ．オキサロ酢酸

[問題 4・15]* アミノ酸の生合成経路は主として細菌や植物で調べられている．それらの結果をまとめると，20種のアミノ酸の合成経路は6グループに分けることができる．a～tの空欄に20種のアミノ酸の名をいれよ．──→ は多段反応経路をまとめたものとみなすこと．

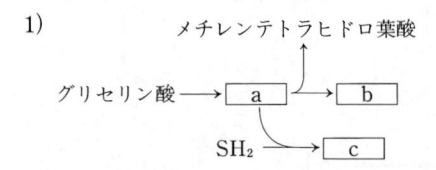

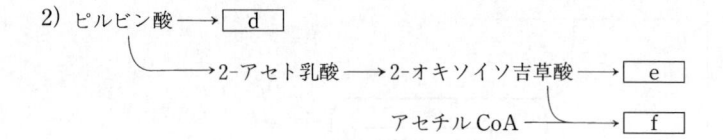

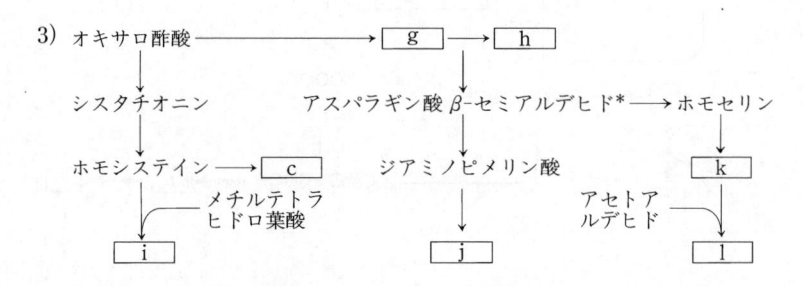

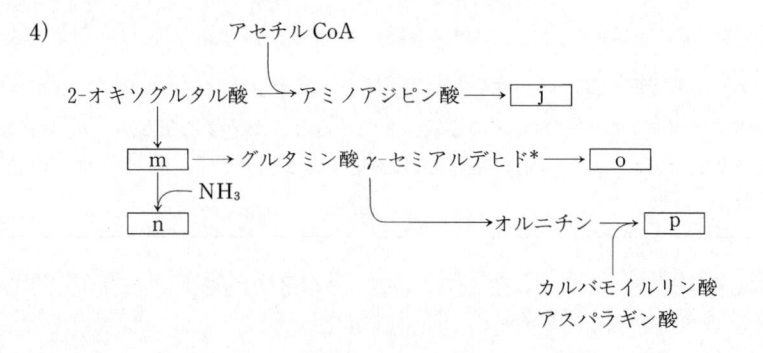

1) グリセリン酸 ──→ [a] ──→ [b]
　　　　　　　　　　↑メチレンテトラヒドロ葉酸
　　　　　　　　SH₂ ──→ [c]

2) ピルビン酸 ──→ [d]
　　　└──→ 2-アセト乳酸 ──→ 2-オキソイソ吉草酸 ──→ [e]
　　　　　　　　　　　　　　アセチルCoA ──→ [f]

3) オキサロ酢酸 ──→ [g] ──→ [h]
　　↓
　シスタチオニン　　　アスパラギン酸 β-セミアルデヒド* ──→ ホモセリン
　　↓　　　　　　　　　　↓　　　　　　　　　　　　　　　　↓
　ホモシステイン ──→ [c]　　ジアミノピメリン酸　　　　　　　[k]
　　↓メチルテトラ　　　　　↓　　　　　アセトアルデヒド ↓
　　　ヒドロ葉酸
　　[i]　　　　　　　　　　[j]　　　　　　　　　　　　　[l]

4) 　　　　　　　　アセチルCoA
　　　　　　　　　　↓
　2-オキソグルタル酸 ──→ アミノアジピン酸 ──→ [j]
　　↓
　[m] ──→ グルタミン酸 γ-セミアルデヒド* ──→ [o]
　　↓NH₃　　　　　　　　　　　　　　　　↓
　[n]　　　　　　　　　　　　　　　　オルニチン ──→ [p]
　　　　　　　　　　　　　　　　　　カルバモイルリン酸
　　　　　　　　　　　　　　　　　　アスパラギン酸

5) エリトロース 4-リン酸 ＋ ホスホエノールピルビン酸
　　　　　　　　↓
　　　　　アントラニル酸
　　　　　　　　　　　　　── PRPP(ホスホリボシルピロリン酸)
　　プレフェン酸
　　　　↓　　　↓　　　↓
　　　　q　　　r　　　s

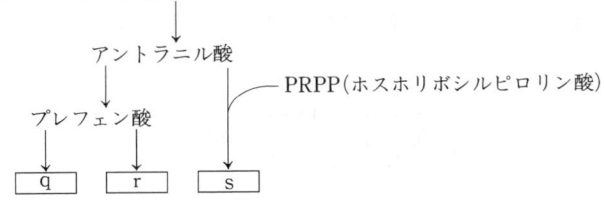

6) ホスホリボシルピロリン酸 ＋ ATP ⟶ t

〔* ともに生化学における慣用名であり，正式名はアスパラギン酸 β-セミアルデヒドが (S)-2-アミノ-4-オキソ酪酸，およびグルタミン酸 γ-セミアルデヒドが (S)-2-アミノ-5-オキソ吉草酸となる．〕

[解答] a. セリン　b. グリシン　c. システイン　d. アラニン　e. バリン　f. ロイシン　g. アスパラギン酸　h. アスパラギン　i. メチオニン　j. リシン　k. トレオニン　l. イソロイシン　m. グルタミン酸　n. グルタミン　o. プロリン　p. アルギニン　q, r. チロシン，フェニルアラニン　s. トリプトファン　t. ヒスチジン

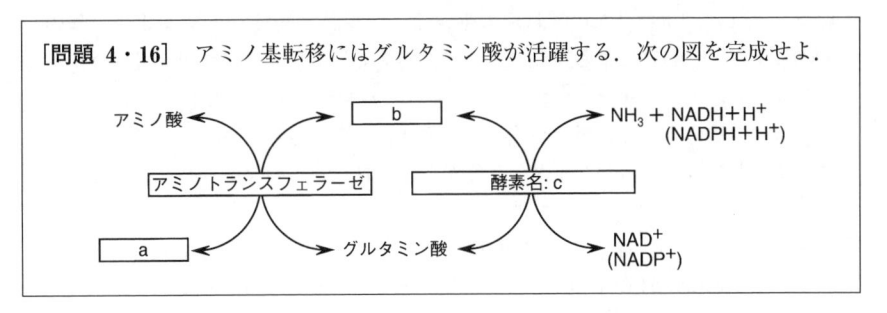

[問題 4・16] アミノ基転移にはグルタミン酸が活躍する．次の図を完成せよ．

アミノ酸 → b → NH_3 + NADH+H^+ (NADPH+H^+)
アミノトランスフェラーゼ　酵素名：c
a ← グルタミン酸 ← NAD^+ ($NADP^+$)

[解答] a. 2-オキソ酸または α-ケト酸　b. 2-オキソグルタル酸または α-ケトグルタル酸　c. グルタミン酸デヒドロゲナーゼ

[問題 4・17] 問題 4・15 でみたように，グリシンはセリンからメチレン基がグリシンヒドロキシメチルトランスフェラーゼ（セリンヒドロキシメチルトランスフェラーゼともいう）の作用で除かれるいわゆる脱離反応によって生成する．グリシンからセリンが生成する逆の反応も可能である．この反応のメチル供与体と

なるテトラヒドロ葉酸は次のような構造をもっている．グリシンとセリンの間でやりとりされるメチレン基は葉酸のどこへ結合するかを示せ．

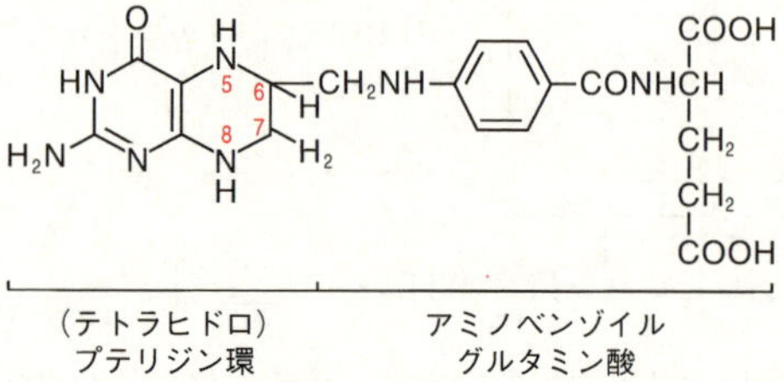

(テトラヒドロ)プテリジン環　アミノベンゾイルグルタミン酸

[解答]

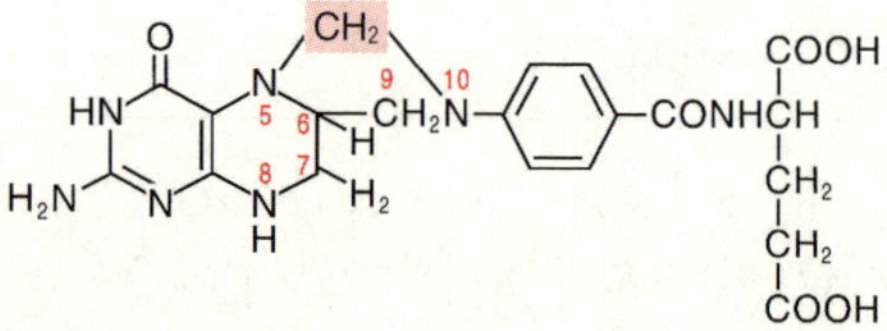

[問題 4・18] ヒトの場合プロリンは必須アミノ酸ではなく，グルタミン酸からつくられる．プロリンの五員環の生成は，グルタミン酸の γ-カルボキシ基の $NADH+H^+$ と ATP による還元によってグルタミン酸 γ-セミアルデヒド（カルボキシ基とアルデヒド基をもつ化合物）を生じ，アルデヒドの C とアミノ基の N が二重結合で結合し，五員環をつくる．二重結合が還元されピロリジン環になるとプロリンができている．グルタミン酸から，プロリンへの反応経路を完成せよ．

[解答]

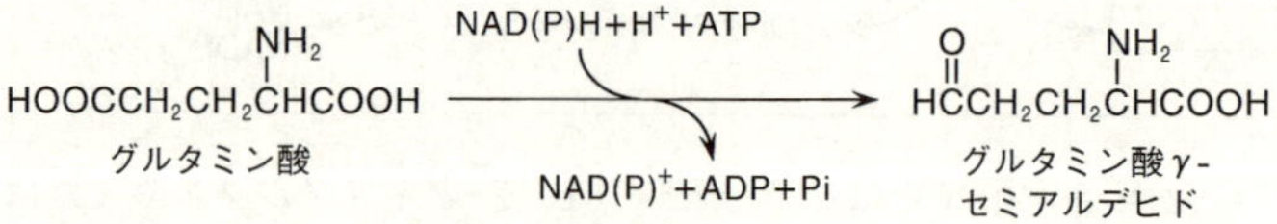

$$HOOCCH_2CH_2CHCOOH \xrightarrow[NAD(P)^+ + ADP + Pi]{NAD(P)H + H^+ + ATP} HCCH_2CH_2CHCOOH$$

グルタミン酸　　　　　　　　　　　　　　　　　グルタミン酸 γ-セミアルデヒド

グルタミン酸 γ-セミアルデヒドのアミノ基とアルデヒド基が脱水縮合して五員環を生じ，NADPH により還元を受けて，プロリンとなる．

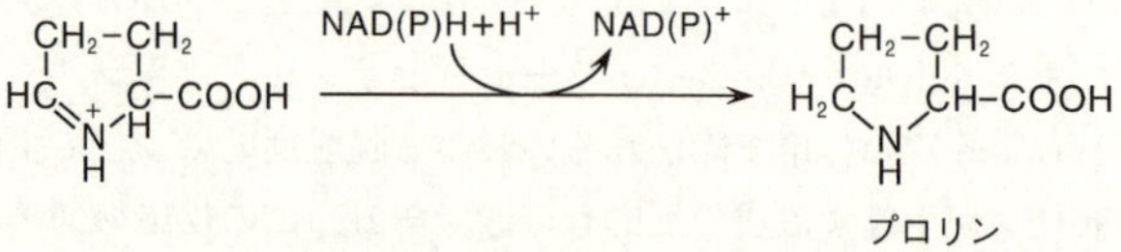

プロリン

[問題 4・19] ヒスチジンはホスホリボシルピロリン酸 (PRPP), ATP, グルタミン, グルタミン酸からつくられる. 次の図はヒスチジンの骨格炭素と窒素が上記分子のどれに由来するかを示したものである. ホスホリボシルピロリン酸とATPから生じるホスホリボシルATPの構造を書き, そのどの部分が図の赤で囲んだ部分に移行するかを示せ.

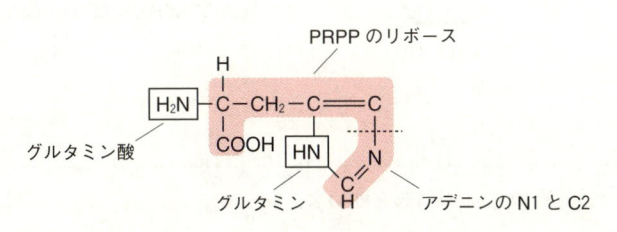

[解答]

ホスホリボシルATP

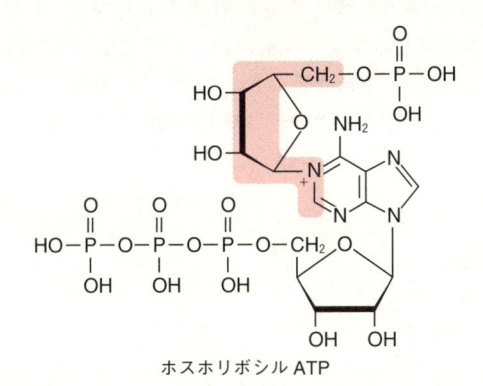

[問題 4・20] 動物ではメチオニンは含硫アミノ酸として必須であり, システインの原料となる. 次のシステイン生成経路の空欄を埋め, その物質の構造式を記せ. システインのS以外の骨格構造はすべてセリンに由来することに注意せよ.

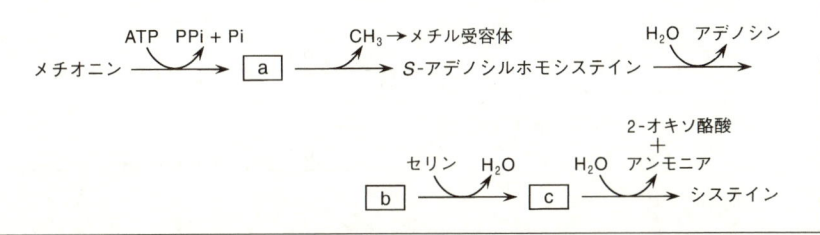

メチオニン →(ATP / PPi + Pi)→ [a] →(CH₃ → メチル受容体)→ S-アデノシルホモシステイン →(H₂O / アデノシン)→ [b] →(セリン / H₂O)→ [c] →(H₂O / 2-オキソ酪酸 + アンモニア)→ システイン

[解答] a. *S*-アデノシルメチオニン

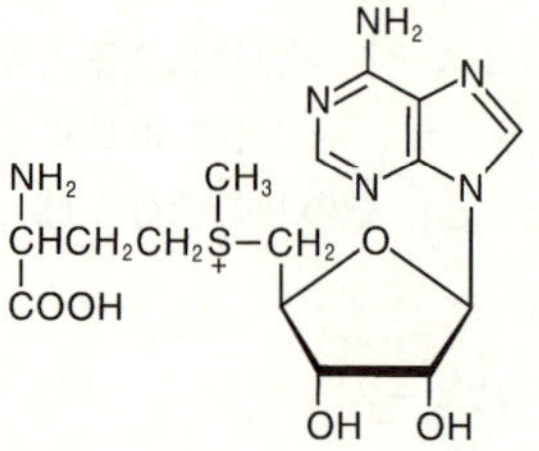

b. ホモシステイン
HSCH₂CH₂CHCOOH
　　　　　　NH₂

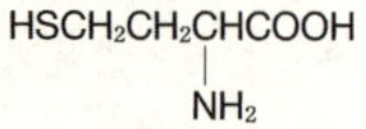

c. シスタチオニン
HOOCCHCH₂CH₂SCH₂CHCOOH
　　　NH₂　　　　　　NH₂

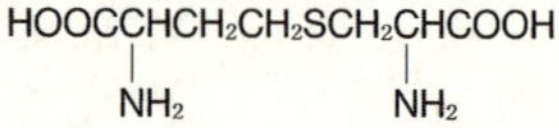

[問題 4・21] 次のa〜fの空欄を埋めよ．

　補酵素ピリドキサールリン酸はアミノ酸代謝に活躍する．ピリドキサールリン酸のアルデヒド基と酵素のリシン残基のε-アミノ基がシッフ塩基結合しているところへ，基質となるアミノ酸が近づき，そのアミノ基でリシンに代わってピリドキサールリン酸を奪い取る．その後は酵素の違いによって下図のように3種類の反応，a ， b ， c が進み，L-アミノ酸がそれぞれ d ， e ， f に代謝される．

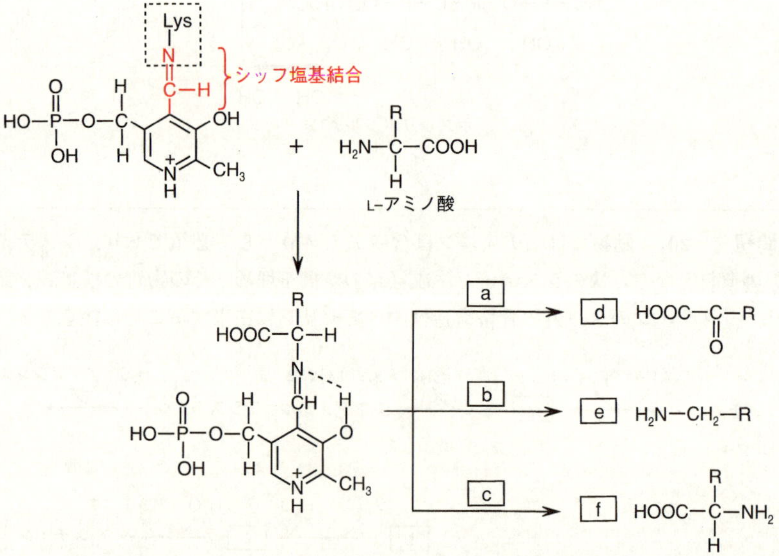

[解 答]　a. アミノ基転移　　b. 脱炭酸　　c. ラセミ化　　d. 2-オキソ酸　　e. アミン　　f. D-アミノ酸

窒素の排泄

[問題 4・22]　生体内で行われる代謝経路には回路をなしているものがいくつか知られている．右の図もその一つであるが，この図に関して以下の問いに答えよ．
　1) 物質 A は強い細胞毒であるために，より無毒な物質 B に転換して解毒する．この回路は C とよばれる．A, B, C に相当する言葉は何か．
　2) この回路の働いている臓器はどこか．

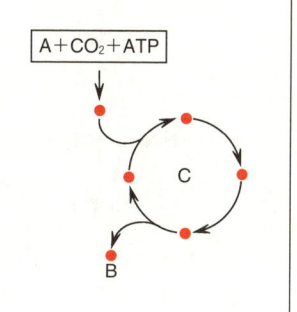

[解 答]　1) A. アンモニア　　B. 尿素　　C. 尿素回路
2) 肝臓

[問題 4・23]　タンパク質性窒素の排泄には三つの形態がある．次のような動物の場合どのような化合物の形で行われるか．それぞれの動物において排泄作用に利用できる水の量との関連について考えよ．
　1) 淡水魚　　2) オタマジャクシ　　3) 親ガエル　　4) カメ　　5) ヘビ
　6) 鳥　　7) 哺乳類

[解 答]　1) アンモニア　　2) アンモニア　　3) 尿素　　4) 尿素　　5) 尿酸
6) 尿酸　　7) 尿素
　アンモニアは蓄積すると生物にとって有毒なので，常に排泄物を水に洗い流せる動物で用いられる排泄法である．陸上動物は窒素を尿素または尿酸の形にして蓄え，まとめて排泄する．このとき，尿素の方が尿酸より水によく溶けるので，哺乳類などある程度からだの水分の排泄ができるものは尿素で，爬虫類の多くと鳥類は固体の尿酸の形で窒素を排泄する．

[問題 4・24] タンパク質性窒素は不要になるとアンモニア，尿素，尿酸の形で排泄される．ヒトは窒素を尿素として排泄するために尿素回路という代謝系をミトコンドリアとサイトゾル内にもっている．尿素はこの回路の最終産物である L-アルギニンの加水分解で生成する．

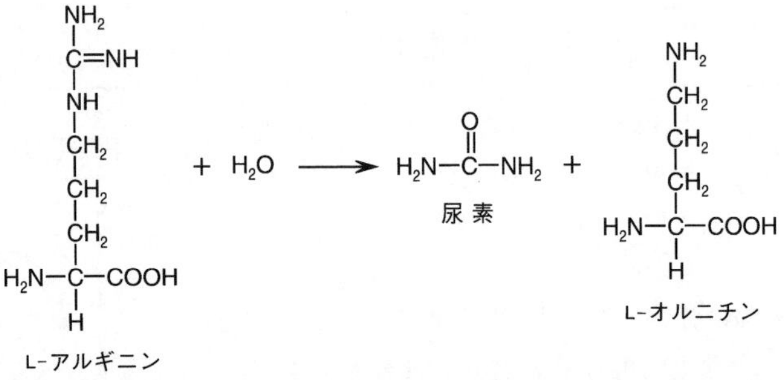

L-アルギニン + H_2O ⟶ 尿素 ($H_2N-CO-NH_2$) + L-オルニチン

アンモニアはミトコンドリア内で ATP 2 分子を消費してカルバモイルリン酸となり，リシンより CH_2 が一つ少ないアミノ酸である L-オルニチンと縮合し L-シトルリンとなる．
1) その反応式を書け．
2) L-シトルリンの >C=O 部分に L-アスパラギン酸のアミノ基が縮合し，アルギニノコハク酸を生じ，ついでアルギニンとフマル酸に分解する過程を構造式で示せ．フマル酸はどのように代謝されるか．

[解答] 1)

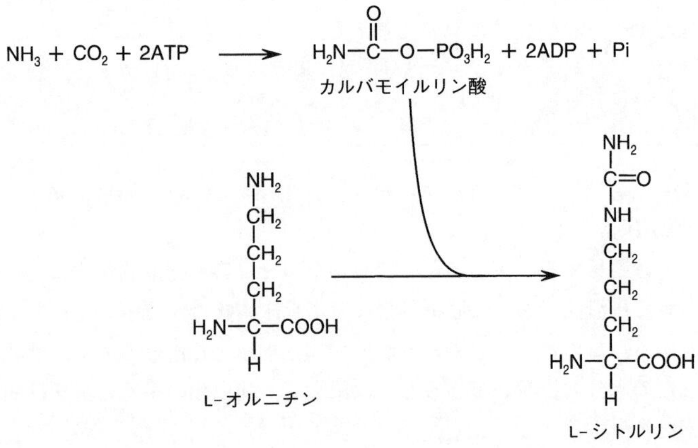

$NH_3 + CO_2 + 2ATP \longrightarrow H_2N-CO-O-PO_3H_2$ (カルバモイルリン酸) $+ 2ADP + Pi$

L-オルニチン + カルバモイルリン酸 ⟶ L-シトルリン

2)

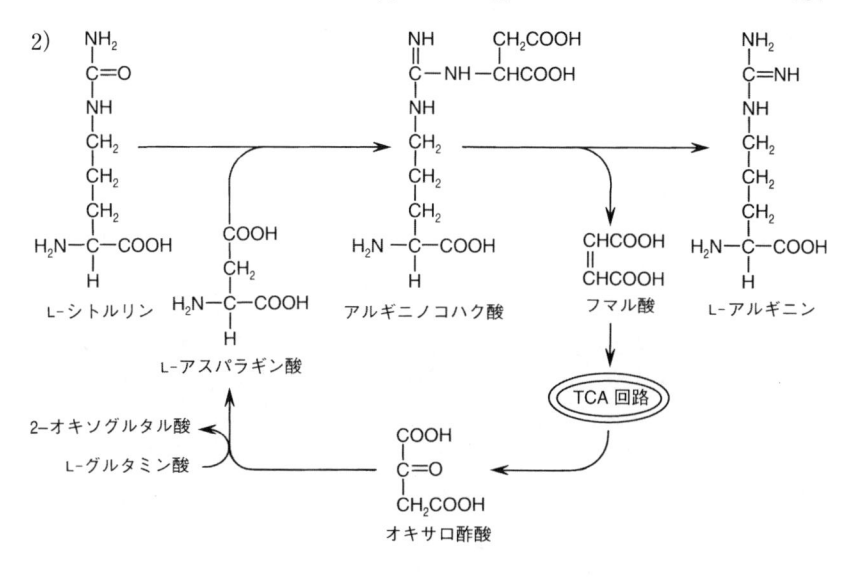

L-シトルリン → アルギニノコハク酸 → L-アルギニン

L-アスパラギン酸

フマル酸 → TCA 回路 → オキサロ酢酸

2-オキソグルタル酸 ← L-グルタミン酸

脂肪酸の代謝

[問題 4・25] 脂肪酸の生合成について次の問いに答えよ．空欄のある部分は空欄を埋めよ．

1) 生体における飽和脂肪酸の合成は酵素(E)の SH 基に結合したアセチル CoA をプライマー（出発物質），アシルキャリヤータンパク質（ACP）の $4'$-ホスホパンテテイン部位に結合したマロニル CoA を基質として，1 回の反応でアセチル基の C1 炭素（カルボニル基の炭素）の側に炭素を 2 個ずつ伸ばすかたちで進行する．アセチル CoA への CO_2 付加でつくられるマロニル CoA のマロン酸部分の構造を書け．

2) マロニル基の C2 炭素がアセチル CoA のカルボニル炭素に求核攻撃し，脱炭酸が起こって 3-オキソ酸-ACP が生じる．以上の反応を化学式で表せ．

3) 3-オキソ酸-ACP は，

還元（デヒドロゲナーゼによる 3-オキソ酸への水素付加で 3-ヒドロキシ酸へ）
↓
脱水（デヒドラターゼが C2 から水素，C3 からヒドロキシ基を引抜いて 2-エン酸へ）
↓
還元（エノイルレダクターゼによる二重結合への水素付加を経て飽和脂肪酸へ）

の3段階を経て炭素数が二つ長い酪酸のACP誘導体を生じる．以上の3段階の反応を化学式で表せ．二つの還元反応で補酵素として水素を供給するのはどのような物質か，その名をあげよ．

4) ブチリル基がACPからEのSHに移った後，以上の反応が再びブチリル基とマロニル基の間で起こると，結果としてヘキサノイル基が生じ，7回行われれば a 基，8回なら b 基が生成する．この段階で酵素 c が作用すると遊離脂肪酸が生成する．

5) 以上述べてきたように，酵素反応の基質となるのはマロニルCoAである．この物質の生合成を触媒するのは， d という酵素である．この酵素はリシン残基に結合した補欠分子族である e を含み， f ， g ， h を等モルずつ使ってマロニルCoAを生成する．

[解答] 1) $HOOC-CH_2-COOH$

2)
$$CH_3-\underset{O}{\overset{\parallel}{C}}-S-E + {}^-O-\underset{O}{\overset{\parallel}{C}}-CH_2-\underset{O}{\overset{\parallel}{C}}-S-ACP$$
アセチル縮合酵素　　　　　マロニル-ACP

↓ → CO_2

$$CH_3-\underset{O}{\overset{\parallel}{C}}-CH_2-\underset{O}{\overset{\parallel}{C}}-S-ACP$$
3-オキソ酸-ACP

3) 3-オキソ酸-ACP

還元 ↓ → $NADPH + H^+$ / $NADP^+$

$$CH_3\underset{OH}{\overset{|}{C}}HCH_2\underset{O}{\overset{\parallel}{C}}-S-ACP$$

脱水 ↓ → H_2O

$$CH_3CH=CH\underset{O}{\overset{\parallel}{C}}-S-ACP$$

還元 ↓ → $NADPH + H^+$ / $NADP^+$

$$CH_3CH_2CH_2\underset{O}{\overset{\parallel}{C}}-S-ACP$$

還元反応の補酵素はいずれも $NADPH + H^+$ である．

4) a. パルミトイル　　b. ステアロイル　　c. チオエステラーゼ
5) d. アセチル CoA カルボキシラーゼ　　e. ビオチン　　f, g, h. アセチル CoA, CO_2, ATP

[問題 4・26]　1) 脂肪酸の β 酸化系でアセチル CoA が生じる過程を示した下の図で，a～f の ☐ 内に構造式を書いて反応の順序がわかるようにせよ．

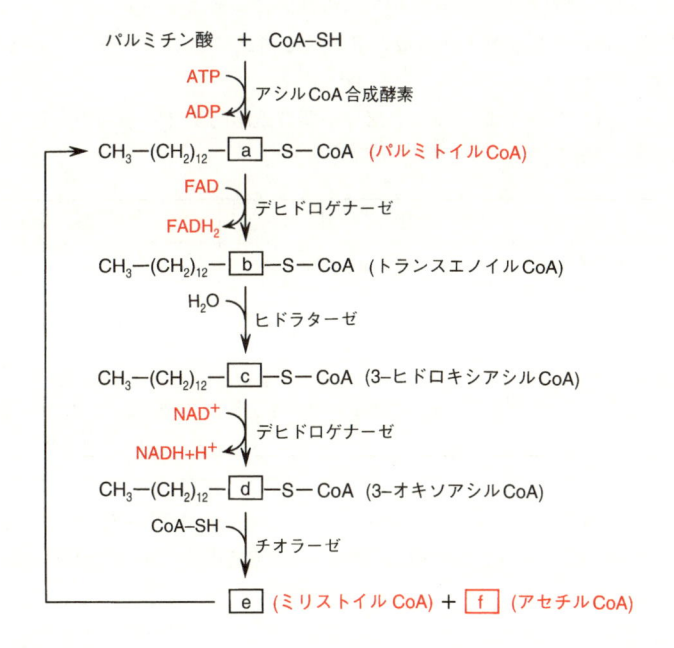

パルミチン酸 ＋ CoA–SH
　　　ATP ↘
　　　　　　アシル CoA 合成酵素
　　　ADP ↗
→ CH_3–$(CH_2)_{12}$–[a]–S–CoA　(パルミトイル CoA)
　　　FAD ↘
　　　　　　デヒドロゲナーゼ
　　　$FADH_2$ ↗
　CH_3–$(CH_2)_{12}$–[b]–S–CoA　(トランスエノイル CoA)
　　　H_2O ↘
　　　　　　ヒドラターゼ
　CH_3–$(CH_2)_{12}$–[c]–S–CoA　(3-ヒドロキシアシル CoA)
　　　NAD^+ ↘
　　　　　　デヒドロゲナーゼ
　　　$NADH+H^+$ ↗
　CH_3–$(CH_2)_{12}$–[d]–S–CoA　(3-オキソアシル CoA)
　　　CoA–SH ↘
　　　　　　チオラーゼ
　　　　　　[e] (ミリストイル CoA) ＋ [f] (アセチル CoA)

2) 脂肪酸酸化はミトコンドリア内の酵素により触媒され，このときカルニチンが重要な役割を果たすことが知られている．カルニチンの役割と構造を記せ．

[解 答]　1) a. –CH_2–CH_2–C(=O)–　　b. –CH=CH–C(=O)–　　c. –CH(OH)–CH_2–C(=O)–
d. –C(=O)–CH_2–C(=O)–　　e. CH_3–$(CH_2)_{12}$–C(=O)–S–CoA　　f. CH_3–C(=O)–S–CoA

2) カルニチンは脂肪酸がミトコンドリアの内膜を通って中に入る際にキャリヤーとして働いている．脂肪酸はサイトゾル中ではアシル CoA の形で存在するが，内膜外

(CH₃)₃NCH₂CHCH₂COOH 以下 OH 基付き
カルニチン

側でカルニチンアシルトランスフェラーゼ I の作用でアシルカルニチンとなり，カルニチン-アシルカルニチントランスロカーゼに結合して膜の中を移動する．内膜からミトコンドリアの中に放出される際にはカルニチンアシルトランスフェラーゼ II の作用で再びアシル CoA となる．カルニチンが欠損した患者では脂肪酸の酸化が低下する．

[問題 4・27] 脂肪酸の代謝について次の問いに答えよ．
 1) 動物における脂肪酸の生合成と β 酸化を対比させた以下の表の a〜i の空欄を埋めよ．
 2) ヒトの体内にある脂肪酸は大部分が偶数鎖脂肪酸である理由を述べよ．また，奇数鎖脂肪酸がつくられる際の基質を記せ．

	生 合 成	β 酸 化
細胞内におけるおもな反応の場	a	b
中間体	酵素に結合しており，遊離してこない	アシル CoA
補酵素	c	d, e
エネルギー	7×f+14×g → 49×f (消費)	7×h+7×i−2×f → 33×f (発生)

[解答] 1) a. 細胞質 b. ミトコンドリア c. NADPH+H$^+$ d. FAD e. NAD$^+$ f. ATP g. NADPH+H$^+$ h. FADH$_2$ i. NADH+H$^+$
 2) 脂肪酸合成酵素は，アセチル CoA（炭素数2）をプライマーとして，マロニル CoA（炭素数3）を付加することによって鎖長を伸ばす．この際，マロニル CoA の炭素原子1個は CO_2 として脱炭酸されるので，実質的には炭素数が2伸びることになる．そのために反応産物は炭素数が偶数になる．アセチル CoA ではなくプロピオニル CoA がプライマーになると奇数鎖の脂肪酸が合成される．また，メチルマロン酸血症で，メチルマロニル CoA が増加するとこれが合成に使われて分枝鎖脂肪酸ができる．

[問題 4・28] 下記の文章は正しいか．もし誤りならばその理由を説明せよ．
 1) 脂肪酸の酸化的分解は分子のカルボキシ末端より開始される．
 2) 偶数個の炭素原子よりなる脂肪酸のみが酸化的分解でアセチル CoA を生じ

る．

3) アセチル CoA を 8 分子使ってパルミチン酸 1 分子が生成するときに，8 分子の ATP が消費される．

4) 脂肪酸の合成がアシル基の伸長で行われるとき，アシルキャリヤータンパク質と縮合酵素の間でアシル基の受渡しが行われる．

5) 脂肪酸には飽和と不飽和のものがあるが，不飽和脂肪酸はヒトの体内では合成できないので，食物から摂取しなければならない．

[解答] 誤りがあるのは 2) と 3) と 5) である．

2) 脂肪酸の β 酸化は 1 サイクルごとにアセチル CoA が 1 分子ずつ切り離されてくるので，奇数個の炭素原子よりなる脂肪酸の場合でもアセチル CoA は生じる．偶数直鎖脂肪酸 ($2n$) では n 分子のアセチル CoA になるが，奇数直鎖脂肪酸 ($2n+1$) からは ($n-1$) 分子のアセチル CoA とプロピオニル CoA が 1 分子できる．

3) 脂肪酸生合成で ATP が消費されるのはプライマー以外の 7 分子のアセチル CoA からマロニル CoA が合成される段階である．パルミチン酸 (16:0) がつくられるためには 7 分子のマロニル CoA が使われるので，必要な ATP は 7 分子である．

5) ヒトの細胞内でモノ不飽和酸であるオレイン酸〔18:1(9)〕はステアリン酸からデサチュラーゼの触媒下に合成できる．体内で合成できず食物から摂取しなければならない必須脂肪酸は 9 位と 12 位に二重結合をもつリノール酸〔18:2(9,12)〕である．

[問題 4・29] 人体におけるトリアシルグリセロール（トリグリセリド）の代謝（合成と分解）についての次の文章を完成せよ．

トリアシルグリセロールの合成は生体内では a の 1,2 位のヒドロキシ基への脂肪酸のエステル結合による導入（アシル化）とそれに続く b による 3 位の脱リン酸化，その位置への第三のアシル基の導入によって行われる．分解は c によって脂肪酸エステルが順次加水分解され，グリセロールと脂肪酸になる．人体では食餌からのトリアシルグリセロールも大切な供給源で，膵リパーゼによって 2-モノアシルグリセロールと遊離脂肪酸に分解されて小腸上皮細胞に吸収され，小胞体でトリアシルグリセロールに再合成される．再合成されたトリアシルグリセロールは d として乳糜管に分泌され，胸管を経て血管に入る．エネルギーが足りているときには，d は e に運ばれトリアシルグリセロールとして貯蔵される．しかし，食餌不足で貯蔵に回せないときには，f ， g などで消費される．

[解答] a. グリセロール 3-リン酸　b. ホスファターゼ　c. リパーゼまたはトリアシルグリセロールリパーゼ　d. キロミクロン　e. 脂肪組織　f, g. 骨格筋，心筋，肝臓より二つ

糖質・脂質・アミノ酸代謝相互関連

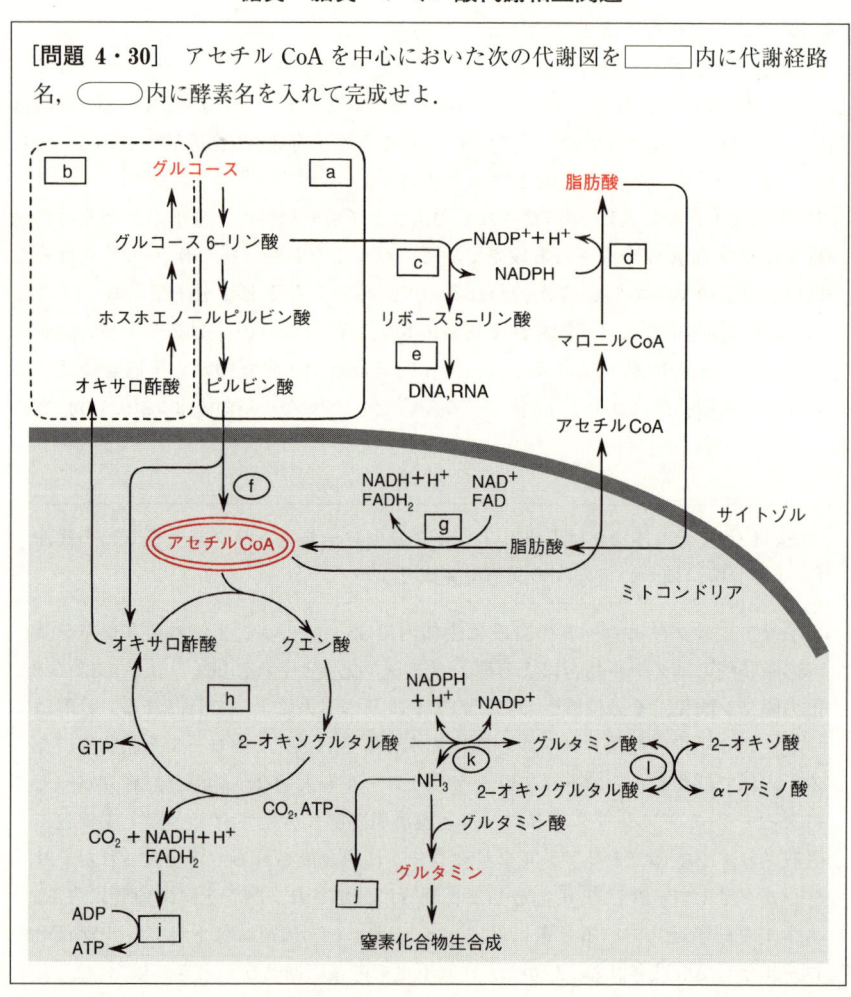

[問題 4・30] アセチル CoA を中心においた次の代謝図を □ 内に代謝経路名，○ 内に酵素名を入れて完成せよ．

[解答] a. 解糖系   b. 糖新生系   c. ペントースリン酸回路   d. 脂肪酸合成系   e. ヌクレオチド合成系   f. ピルビン酸デヒドロゲナーゼ複合体   g. β酸化系   h. クエン酸回路, トリカルボン酸回路, TCA回路, またはクレブス回路   i. 電子伝達系, 呼吸鎖, 酸化的リン酸化系のいずれか   j. 尿素回路   k. グルタミン酸デヒドロゲナーゼ   l. アミノトランスフェラーゼ

アセチル CoA

[問題 4・31] アセチル CoA は補酵素 A (coenzyme A: CoA) と酢酸がチオエステル結合している. CoA は, 2-(または β-)メルカプトエチルアミン, β-アラニン, パントイン酸(またはパント酸)およびアデノシン 3',5'-リン酸の四つの部分に分けて考えると覚えやすい.

1) アセチル CoA の構造式を書け.

2) アセチル CoA などアシル CoA 化合物の加水分解の自由エネルギーは大きいので, アシル CoA は高エネルギー化合物とよばれる. $-\overset{O}{\underset{\|}{C}}-O-C-$ に比べて $-\overset{O}{\underset{\|}{C}}-S-C-$ が高エネルギー化合物となるのはなぜか.

[解答] 1) 構造式(アセチル基, β-メルカプトエチルアミン, β-アラニン, パントイン酸(パント酸), パンテテイン酸, パンテテイン 4'-リン酸, アデノシン 3',5'-リン酸)

2) $-\overset{O}{\underset{\|}{C}}-O-C-$ は $-\overset{O^-}{\underset{\|}{C}}=\overset{+}{O}-C-$ という共鳴構造がとれ安定化するが, $-\overset{O}{\underset{\|}{C}}-S-C-$ は共鳴構造がとれないので不安定であり, 加水分解の自由エネルギー変化が大きい.

[問題 4・32] アセチル CoA カルボキシラーゼのような CO_2 の付加を行う酵素には，補酵素としてリシン残基の ε-アミノ基にビオチンが結合している．カルボキシル化に使われる CO_2 は水溶液中の HCO_3^- から BCCP（ビオチンカルボキシルキャリヤータンパク質，biotin carboxyl carrier protein）上のビオチンの N に ATP の力を借りて結合する．

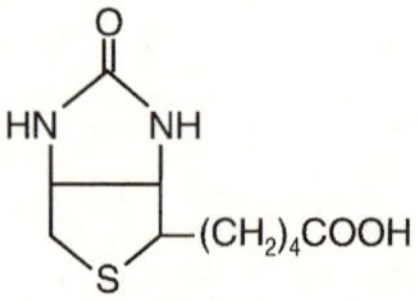

ビオチン

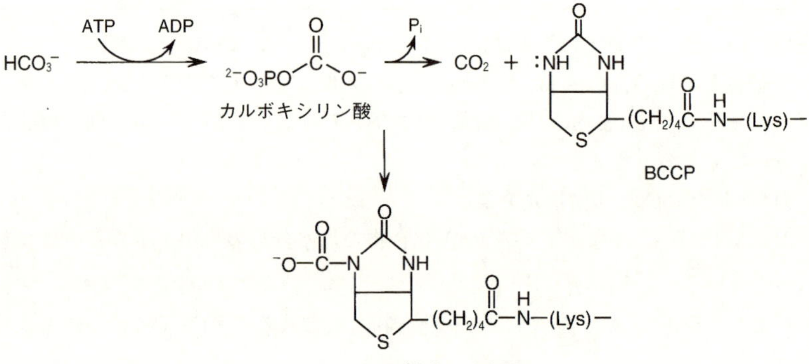

$$HCO_3^- \xrightarrow{ATP \; ADP} {}^{2-}O_3PO-C(=O)-O^- \xrightarrow{P_i} CO_2 + \text{:NH-BCCP}$$

カルボキシリン酸

カルボキシル BCCP

アセチル CoA が，ビオチンに結合した CO_2 の炭素を求核攻撃して，マロニル CoA を生じる反応を図解せよ．

[解 答]

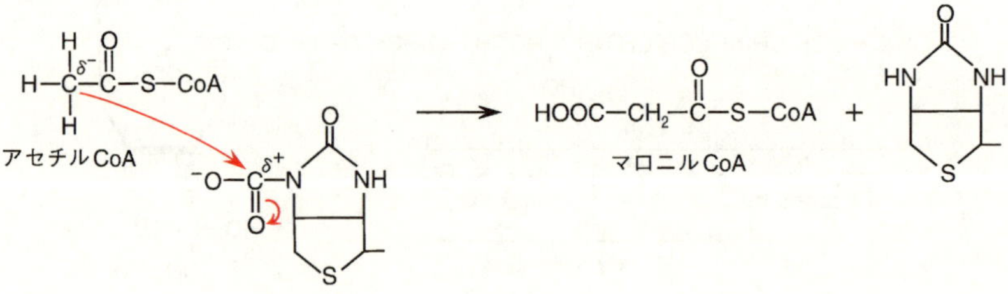

アセチル CoA → HOOC-CH_2-C(=O)-S-CoA + ビオチン

マロニル CoA

ケトン体生成

[問題 4・33] 通常，アセチル CoA はクエン酸回路により CO_2 に酸化されるが，

飢餓時あるいは糖尿病のときには糖の代謝が低下する．このときエネルギー供給のために脂肪酸が分解され，多量のアセチル CoA を産出する．このアセチル CoA がクエン酸回路で処理しきれず，ケトン体を生じて尿中にケトン体が放出されるケトーシス症状をみせることがある．ケトン体とはどのような物質か．それらはどのようにして生じるか．

[解答] ケトン体とは，アセト酢酸（3-オキソ酪酸），その代謝産物である 3-ヒドロキシ酪酸，アセトンの総称である．すべてアセチル CoA から以下の経路で 3-ヒドロキシ-3-メチルグルタリル CoA を経て合成される．アセト酢酸，3-ヒドロキシ酪酸が血液を酸性にするためアシドーシスを伴う．またアセトン臭のある尿を排泄することもある．

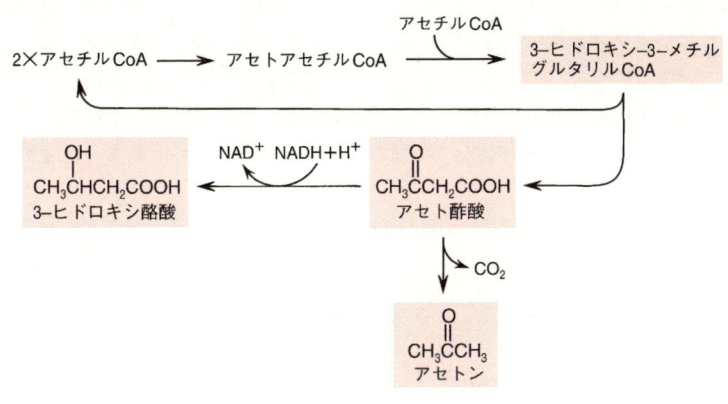

$$2 \times アセチルCoA \longrightarrow アセトアセチルCoA \xrightarrow{アセチルCoA} 3\text{-}ヒドロキシ\text{-}3\text{-}メチルグルタリルCoA$$

3-ヒドロキシ酪酸 CH_3CHCH_2COOH (OH) ← (NAD$^+$/NADH+H$^+$) ← アセト酢酸 CH_3CCH_2COOH (=O) → CO_2 → アセトン CH_3CCH_3 (=O)

細 胞 膜

[問題 4・34] 細胞膜の素材の一つはグリセロリン脂質である．グリセロリン脂質はグリセロールの二つのヒドロキシ基に疎水性の高い脂肪酸が 2 分子結合しており，残りの一つのヒドロキシ基には親水性をもつリン酸基が結合し，そのリン酸基にさらにエタノールアミン，コリン，セリン，イノシトールなどの分子がついたものである．次の問いに答えよ．

1) グリセロールの 3 個のヒドロキシ基すべてに脂肪酸が結合したトリアシルグリセロールや，脂肪酸が一つだけついているリゾリン脂質を素材にした細胞膜ができないのはどのような理由によるのか．

2) リン脂質にはグリセロリン脂質のほかにスフィンゴリン脂質がある．その

代表的な分子はスフィンゴミエリンである．その構造は 4-スフィンゲニン（スフィンゴシン）という炭素数 18 の長鎖アミノアルコールのアミノ基に脂肪酸が酸アミド結合し，アルコール性ヒドロキシ基にコリンリン酸がホスホジエステル結合したものである．下の図を参考にしてスフィンゴミエリンの構造式を書け．

$$\underset{\text{4-スフィンゲニン}}{HOCH_2CH\text{-}CHCH=CH(CH_2)_{12}CH_3}$$
$$\overset{\quad\quad H_2N\ \ OH}{}$$

3) スフィンゴミエリンにおけるコリンリン酸の代わりに D-ガラクトースが β-グリコシド結合したものはセレブロシド，脂肪酸のついていないものはサイコシン（O-ガラクトシルスフィンゴシン）とよばれる．それぞれの構造式を書け．

セレブロシドは脳に多く，これをアルカリ加水分解（ブタノール中 1N KOH）するとサイコシンを得ることができる．サイコシンには細胞毒作用がある．

[解答] 1) トリアシルグリセロールは親水部がないので水中で大きな塊となり，リゾリン脂質は疎水部が小さいため，小型のミセルをつくる．いずれも二次元膜をつくるのに適していない．

2) 4-スフィンゲニンに題意にあるように脂肪酸（例としてオレイン酸）とコリンリン酸をつけてみる．

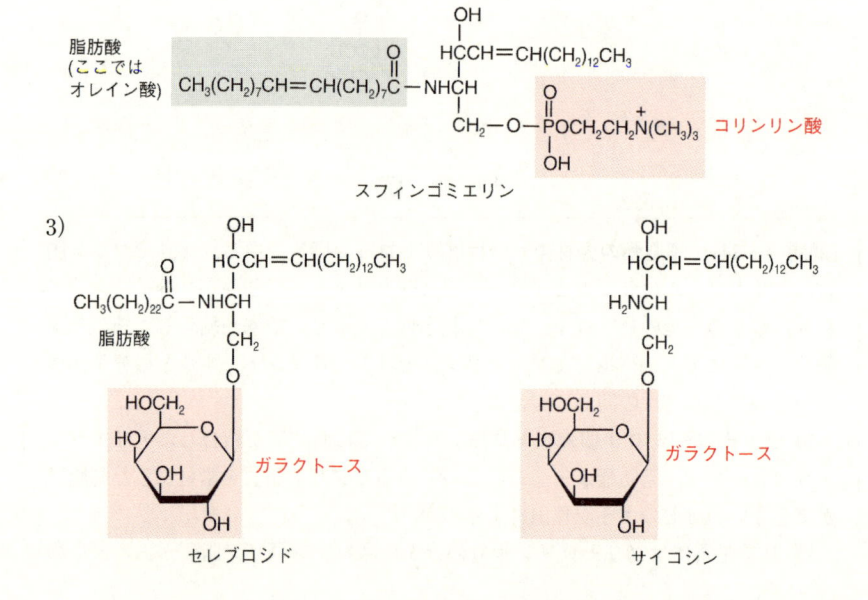

[問題 4・35] 次の文章の a〜p の空欄に適切な用語を入れ，文章を完成せよ．

　細胞表面を覆う細胞膜は脂質二重層からなる．その中に多くのタンパク質が浮かんでおり，いろいろなホルモンなどの[a]や，[b]チャネルなども含まれる．この膜の脂質は主として[c]と[d]からなるが，[c]は親水部と疎水部をもつ両親媒性分子であり，膜の外側と内側では親水基の種類が異なる．外側には主として[e]が分布し，内側では[f]が多く分布している．一方[d]は，A, B, C, D の四つの縮合環構造をもち，A 環の C3 に OH 基，D 環の C17 に側鎖をもつ炭素数 27 の物質である．[d]は食物からも吸収されるが，肝臓などで[g]からヒドロキシメチルグルタリル CoA（HMG-CoA）を経て生合成される．HMG-CoA からメバロン酸を合成する酵素である[h]は，[d]生合成の律速酵素で[d]によりフィードバック抑制を受けている．[d]は食物から供給されるものと体内で合成されるものを合わせてヒトでは毎日 2 g 前後がつくられる．同量が体外に排泄されてバランスが保たれているが，その主たる代謝産物は肝臓でつくられる[i]である．[i]は[j]に蓄えられ濃縮された後に十二指腸に分泌される．

　一方，分子内に糖を含む脂質は[k]とよばれ，[l]と[m]に大別される．[m]は長鎖塩基である[n]をもつのが特徴で，その最も簡単なものは脳や腎にある[o]である．[m]のうちシアル酸を含んだものは[p]とよばれる．これらの物質は細胞表層の外側に糖鎖を突き出した形で存在し，細胞間認識機構に関与するものとして近年多大な注目を集めている．

[解 答] a. 受容体（レセプター）　b. イオン　c. グリセロリン脂質　d. コレステロール　e. ホスファチジルコリン　f. ホスファチジルエタノールアミン　g. アセチル CoA　h. HMG-CoA レダクターゼ　i. 胆汁酸　j. 胆のう　k. 糖脂質　l. グリセロ糖脂質　m. スフィンゴ糖脂質　n. スフィンゲニンまたはスフィンゴシン　o. セレブロシド　p. ガングリオシド

コレステロールの生合成

[問題 4・36] 次の文章の空欄 a〜e に適切な用語を記せ．

動脈硬化性疾患の発症に深くかかわっている　a　は　b　から炭素数30の鎖状構造をもつ　c　を経て合成される．　c　が閉環すると　d　となり，以後この物質の環に付いているメチル基が3個離脱して　a　となる．この代謝経路の律速段階の酵素は　e　で，メバロン酸を合成する反応を触媒する．したがって，この酵素の阻害剤を投与すると　a　の合成が抑制される．

[解答] a. コレステロール　b. アセチルCoA　c. スクアレン　d. ラノステロール　e. ヒドロキシメチルグルタリルCoAレダクターゼ（HMG-CoAレダクターゼ）

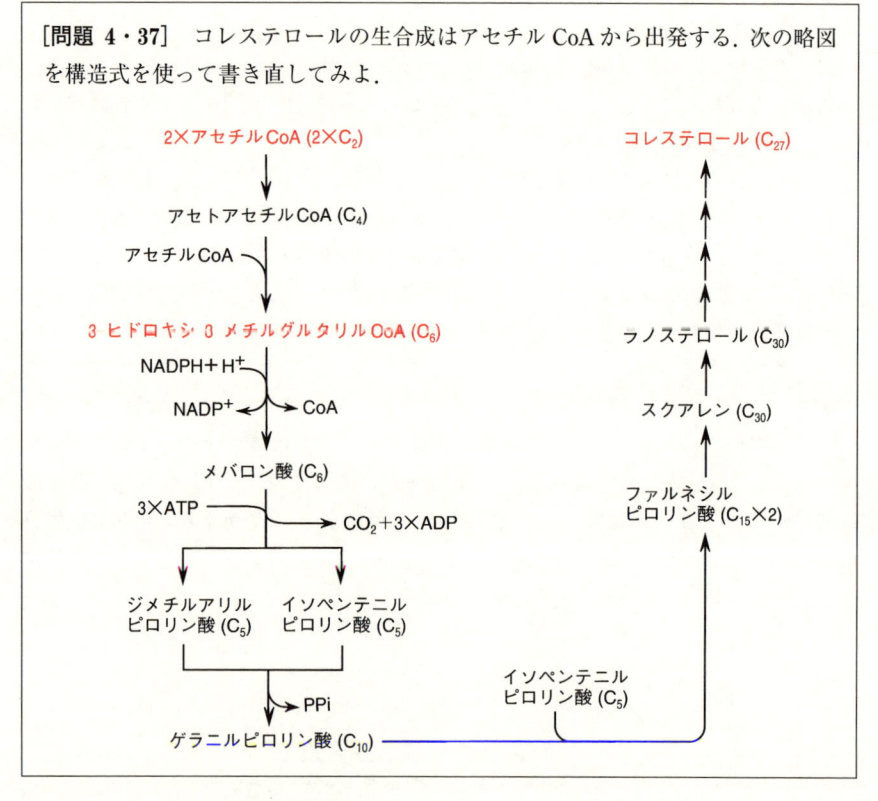

[問題 4・37] コレステロールの生合成はアセチルCoAから出発する．次の略図を構造式を使って書き直してみよ．

$2 \times$ アセチルCoA $(2 \times C_2)$
↓
アセトアセチルCoA (C_4)
アセチルCoA ↘
↓
3 ヒドロキシ 3 メチルグルタリルCoA (C_6)
NADPH + H$^+$ ↘
NADP$^+$ ↙ ↘ CoA
↓
メバロン酸 (C_6)
$3 \times$ ATP ↘
↘ $CO_2 + 3 \times$ ADP
↓　　↓
ジメチルアリル　イソペンテニル
ピロリン酸 (C_5)　ピロリン酸 (C_5)
↓
→ PPi
ゲラニルピロリン酸 (C_{10}) ──────

イソペンテニル
ピロリン酸 (C_5)
↓
ファルネシル
ピロリン酸 $(C_{15} \times 2)$
↑
スクアレン (C_{30})
↑
ラノステロール (C_{30})
↑
↑
↑
コレステロール (C_{27})

[解答] それぞれの構造を次に示す．

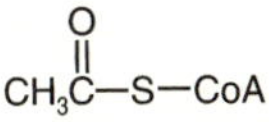

4. 代謝

アセチル CoA

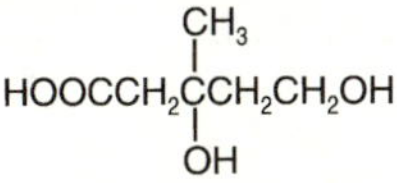

メバロン酸

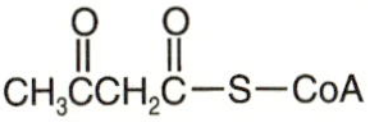

アセトアセチル CoA

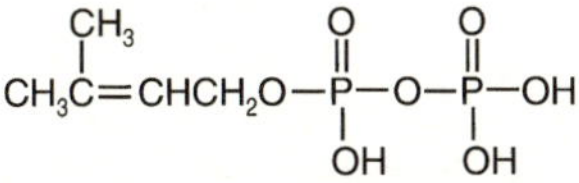

ジメチルアリルピロリン酸

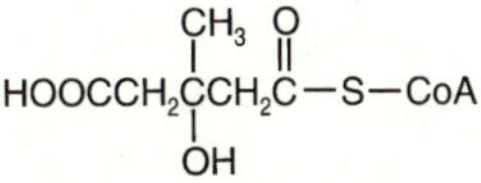

3-ヒドロキシ-3-メチルグルタリル CoA

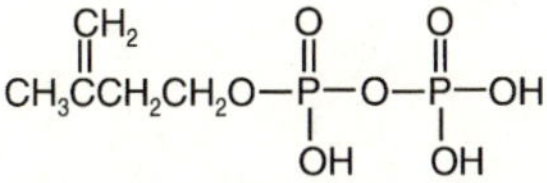

イソペンテニルピロリン酸

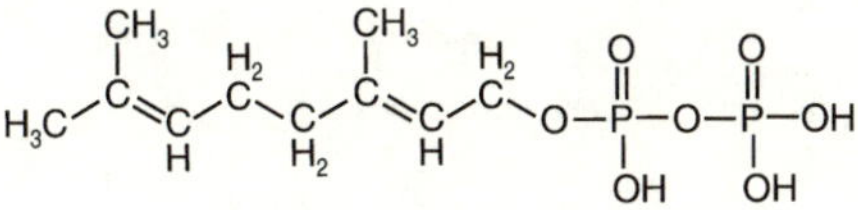

ゲラニルピロリン酸

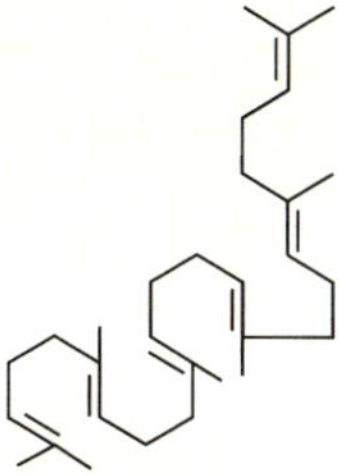

スクアレン

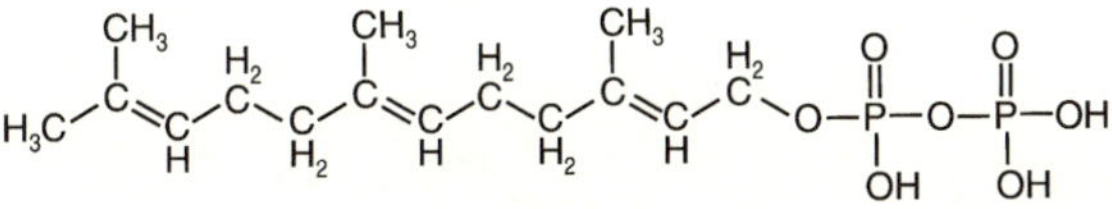

ファルネシルピロリン酸

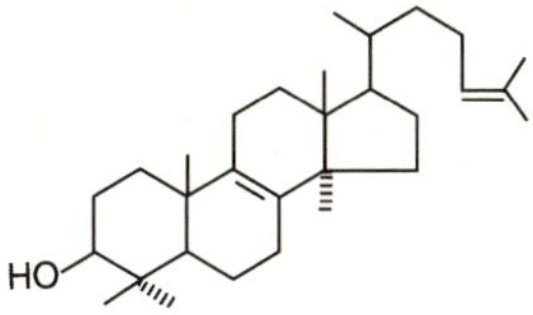

ラノステロール

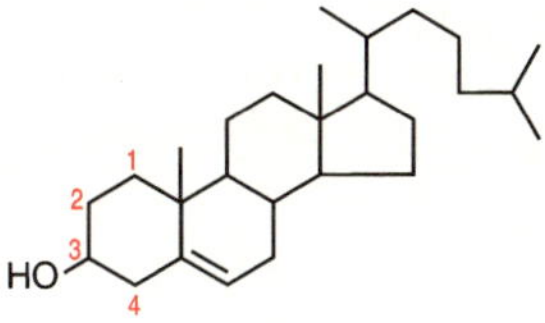

コレステロール

プロスタグランジン

[問題 4・38]* プロスタグランジン (PG) に関する以下の問いに答えよ.
 1) 図はアラキドン酸代謝過程を図式化したものである. a〜g の空欄に当てはまる酵素あるいは物質名を記せ.

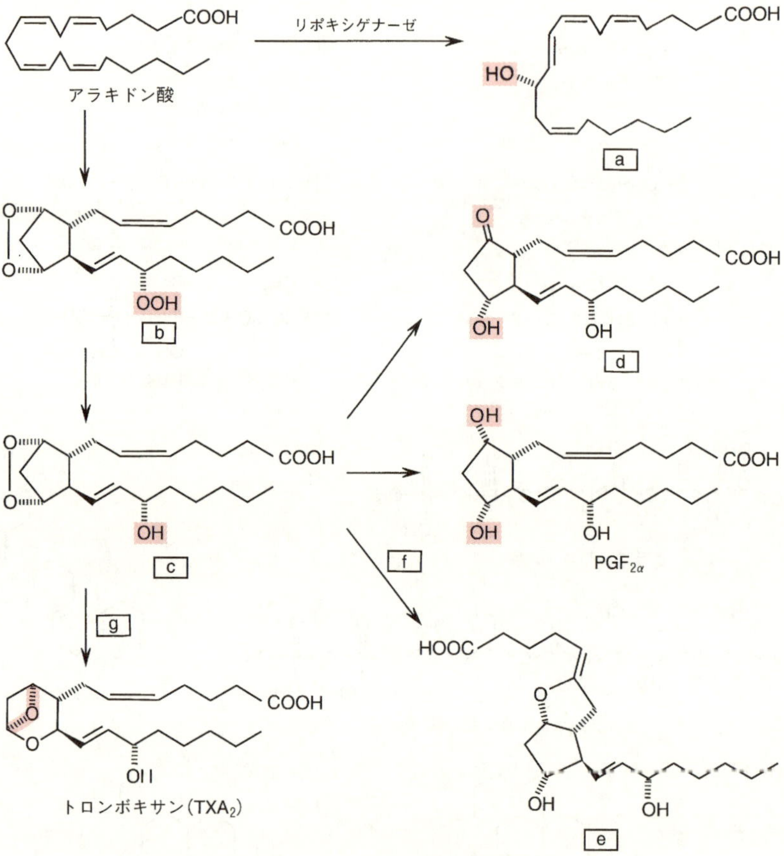

144   4. 代　　謝

アラキドン酸

リポキシゲナーゼ

a

b

c

d

PGF$_{2\alpha}$

f

g

トロンボキサン(TXA$_2$)

e

アラキドン酸代謝経路

2) 以下の文章のh～oの空欄内に入るべき適切な物質名もしくは酵素名を答えよ．またア～カの｛　｝内からは正しいものを選べ．

　プロスタグランジン（prostaglandin）は精液中に存在する子宮（平滑）筋収縮物質として発見され，前立腺（　h　）由来という意味から命名された．精液の供給源は前立腺ではないのでこの命名はおかしいとする異論もあったが，現在では全身の細胞が PG 合成能をもつことが知られてきたことからもとの PG という名前が定着している．初期に発見された PGE，PGF$_\alpha$ の基本構造は　i　とよばれ，(ア){1,2,3} 本の側鎖をもつ(イ){2,3,4,5} 員環からなる脂肪酸である．その 9 位に　j　基，11 位に　k　基の付いたものを(ウ){E, F$_\alpha$} 型，9,11 位両方に

k がα位に付いたものを(エ){E, F$_\alpha$}型という．PGE$_1$やPGE$_{2\alpha}$などの数字（添字）は側鎖に存在する 1 の数を示す．PGは通常それ自身は細胞膜には存在せず，その産生は細胞膜構成成分であるリン脂質に存在する前駆物質 m が細胞外刺激により n A$_2$の働きでリン脂質から遊離することから始まる．これがただちに o によって(オ){PGG$_2$, PGH$_2$}，ついで(カ){PGG$_2$, PGH$_2$}に変えられ，そこから多くの誘導体が産生される．PGは生体内で速やか（数分以内）に分解され不活性物質になる．

[解答] 1) a. 12-ヒドロキシエイコサテトラエン酸（12-HETE） b. PGG$_2$ c. PGH$_2$ d. PGE$_2$ e. PGI$_2$（プロスタサイクリン） f. PGI$_2$シンターゼ g. トロンボキサンシンターゼ

2) h. prostate gland i. プロスタン酸 j. ケト k. ヒドロキシ l. 二重結合 m. アラキドン酸 n. ホスホリパーゼ o. シクロオキシゲナーゼ ア. 2 イ. 5 ウ. E エ. F$_\alpha$ オ. PGG$_2$ カ. PGH$_2$

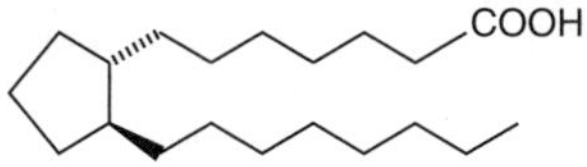

プロスタン酸

ヌクレオチド生合成

[問題 4・39]*　次の図は真核生物ヌクレオチド生合成の *de novo*（新規合成）経路およびサルベージ（救援）経路を示したものである．図を見ながら以下の問いに答えよ．

1) 空欄a〜cに基質となる物質名を日本語および英語で入れよ．
2) 空欄d〜fに適切な酵素の名称を与えられている略称から類推して入れよ．
3) この図中で下向きあるいは上向きの矢印で示す経路のうちのどちらが *de novo* 経路で，どちらがサルベージ経路とよばれる部分か答えよ．
4) サルベージ経路はDNA生合成経路の阻害剤であるアンチ葉酸（アメトプテリンなど葉酸機能阻害剤）で阻害されるか否か．
5) サルベージ経路のどこかの反応が進まない変異株がいくつも発見された．これらの変異株は薬剤で *de novo* 経路が阻害されるとサルベージ経路で欠損する機能を相補できる遺伝子を互いの融合あるいは遺伝子導入によって外部から取込ま

なければ生育できない．この性質は分子細胞生物学実験の宿主としてこれら変異株の有用性を示す．実際に融合細胞を培養する選択培地として使われる HAT 培地に含まれている 3 種類の薬剤（HAT はそれらの頭文字を集めた名称である）の名前をあげ，それぞれの役割を解説せよ．

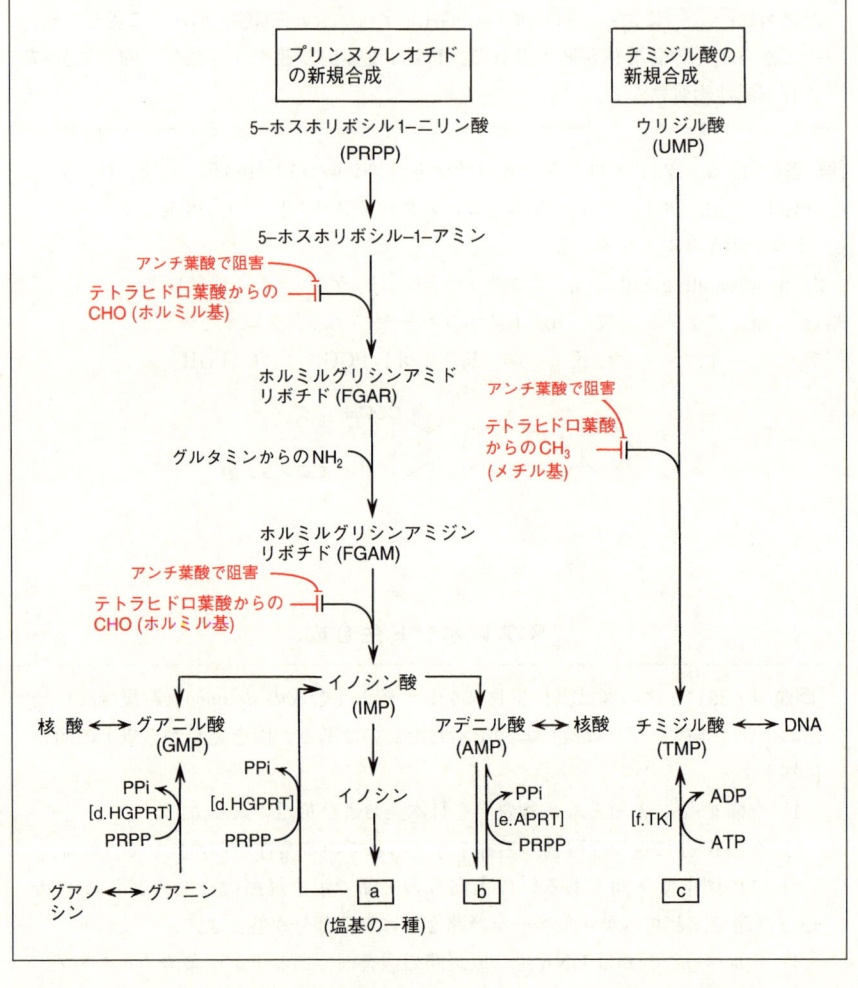

```
          ┌─────────────┐              ┌─────────────┐
          │プリンヌクレオチド│              │チミジル酸の │
          │の新規合成    │              │新規合成     │
          └─────────────┘              └─────────────┘
                │                              │
         5-ホスホリボシル1-二リン酸              ウリジル酸
              (PRPP)                          (UMP)
                │
                ▼
         5-ホスホリボシル-1-アミン
   アンチ葉酸で阻害 ──┐
   テトラヒドロ葉酸からの ─┤
   CHO (ホルミル基)
                │
                ▼
         ホルミルグリシンアミド
         リボチド (FGAR)              アンチ葉酸で阻害
                                     テトラヒドロ葉酸
         グルタミンからのNH₂             からのCH₃
                                     (メチル基)
                ▼
         ホルミルグリシンアミジン
         リボチド (FGAM)
   アンチ葉酸で阻害
   テトラヒドロ葉酸からの
   CHO (ホルミル基)
                ▼
         イノシン酸
          (IMP)
```

[**解 答**] 1) a. ヒポキサンチン（hypoxanthine） b. アデニン（adenine） c. チミジン（thymidine）

2) d. ヒポキサンチン-グアニンホスホリボシルトランスフェラーゼ， e. アデニンホスホリボシルトランスフェラーゼ， f. チミジンキナーゼ

3) 下向き矢印が *de novo* 経路，上向き矢印がサルベージ経路
4) 阻害されない
5) ヒポキサンチン：HAT 培地を用いた選択には核酸合成のサルベージ経路に存在する HGPRT の欠損株を用いるが，これはこの酵素反応の基質である．

アミノプテリン (aminopterin)：核酸の新規合成 (*de novo* synthesis) の初期の段階でテトラヒドロ葉酸がメチル基やホルミル基を供与するのを阻害する．

チミジン：HAT 培地を用いた選択には核酸合成のサルベージ経路にあるチミジンキナーゼの欠損株を用いるが，これはこの酵素反応の基質である．

電 子 伝 達 系

[問題 4・40] 次の 1), 2) の問いに答えよ．

1) 解糖系，β酸化系，クエン酸回路，その他デヒドロゲナーゼ系で生じた NADH+H$^+$，FADH$_2$ は　a　においてミトコンドリア内膜の内側と外側に H$^+$（プロトン）濃度勾配をつくるシステムの駆動力となる．内膜の外側にたまった H$^+$ は，すきあらば内側へ流れこもうとする　b　をもつようになる．この力を ADP をリン酸化して ATP にするために使う酵素　c　の作用と図のように共役させて ATP をつくる．a, b, c に適切な用語を入れよ．

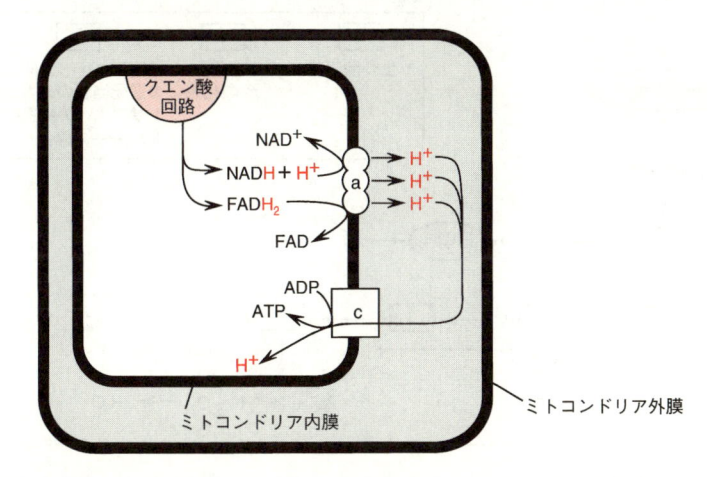

2) 膜電位 Δφ，膜の両側での pH の差 ΔpH を用いて b を表す式を書け．

[解 答] 1) a. 電子伝達系　b. プロトン駆動力または起プロトン力 (proton motive force)　c. H$^+$-ATP アーゼ，H$^+$ 輸送性 ATP アーゼまたは ATP 合成酵素

2) プロトン駆動力 $\Delta\bar{\mu}_{H^+}$ は

$$\Delta\bar{\mu}_{H^+} = \Delta\phi - Z\Delta pH$$

で表される．ここで，$Z = \dfrac{2.303RT}{F} = \dfrac{2.303 \times 8.3 \times 300}{96{,}500} = 0.060\,\text{V}$，$\Delta\phi$ は膜電位，ΔpH は膜内外の pH 差である．

[問題 4・41] 酸化的リン酸化と電子伝達系を示す次の図中の a～j の空欄に，下に示した代謝系において NADH＋H$^+$，および FADH$_2$ を生成する脱水素酵素名を入れよ．また k と l の空欄にはミトコンドリアの電子伝達系を構成する分子名を入れよ．

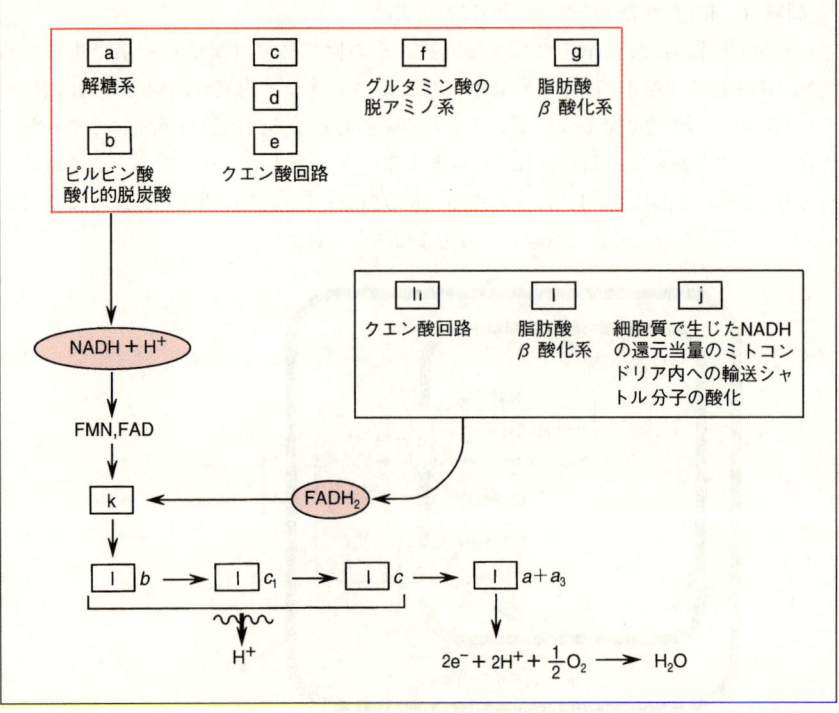

[解 答]　a. グリセルアルデヒド-3-リン酸デヒドロゲナーゼ　b. ピルビン酸デヒドロゲナーゼ　c, d, e. イソクエン酸デヒドロゲナーゼ，2-オキソグルタル酸デヒ

ドロゲナーゼ,リンゴ酸デヒドロゲナーゼ　　f. グルタミン酸デヒドロゲナーゼ
g. 3-ヒドロキシアシル CoA デヒドロゲナーゼ　　h. コハク酸デヒドロゲナーゼ
i. アシル CoA デヒドロゲナーゼ　　j. グリセロール-3-リン酸デヒドロゲナーゼ
k. ユビキノン（CoQ_{10},Q_{10} はイソプレン単位が 10 個あることを示す）　　l. シトクロム

[参考] ユビキノンの構造

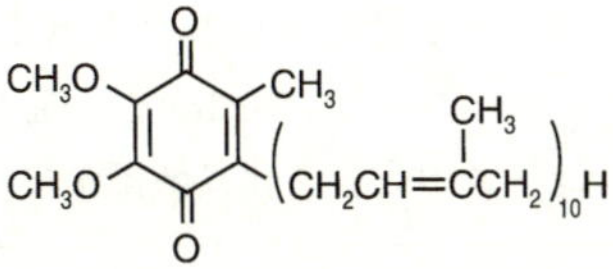

$$CH_3O-\overset{O}{\underset{O}{\bigcirc}}-CH_3, CH_3O-(CH_2CH=\underset{CH_3}{C}CH_2)_{10}H$$

NADPH とその生成

[問題 4・42] $NADP^+$ は NAD^+ のアデニンヌクレオチドの $C2'$ の炭素についているヒドロキシ基にリン酸基がエステル結合したものであり，NAD^+ キナーゼの作用により，ATP を利用した NAD^+ のリン酸化によりつくられる．

1) その構造を書け．

2) 細胞内では $NADP^+$ より，その還元型である NADPH の濃度の方が高い．$NADP^+$ を還元型に変える代謝経路について，その名をあげよ．

3) その代謝経路はおよそ次の図に従って，グルコース 6-リン酸の $NADP^+$ による酸化で始まる．この経路での 2 回の脱水素反応はいずれも $NADP^+$ が補酵素

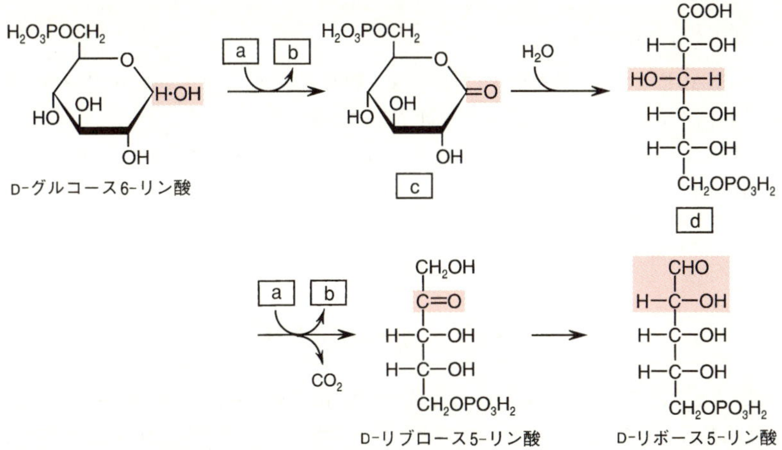

となっており，NADPHを生じる．a～dに該当する名称を記入せよ．

　4）経路の後半では，五炭糖リン酸2分子が，可逆的に三炭糖，四炭糖，五炭糖，六炭糖，七炭糖の変換を経て，フルクトース6-リン酸とグリセルアルデヒド3-リン酸を生じる．最終産物は，解糖系や糖新生系の酵素の作用でグルコース6-リン酸に変換され，再びこの代謝系に入ってくる．この代謝経路が1回転すると，グルコース6-リン酸のC1炭素がCO_2となって遊離し，同時に2分子の$NADP^+$が還元される．グルコース6-リン酸1分子が完全に酸化される場合の化学量論式をまとめよ．グルコースの完全酸化に酸素が用いられない点に注意せよ．

[解答]　1)

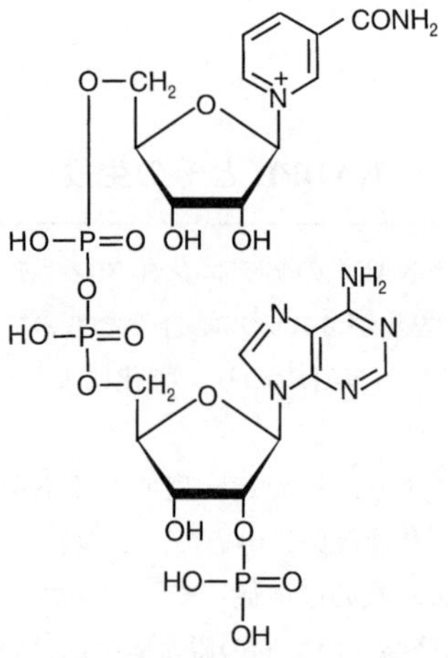

[構造式：$NADP^+$]

2) ペントースリン酸回路

3) a. $NADP^+$　　b. $NADPH+H^+$　　c. D-グルコノ-δ-ラクトン6-リン酸（6-ホスホグルコノラクトン）　　d. 6-ホスホグルコン酸

4) グルコース6-リン酸$+12\,NADP^+ +7\,H_2O \longrightarrow 6\,CO_2+12\,NADPH$（すなわち，$NADPH+H^+$）＋リン酸

$$NAD^+ \longrightarrow NADH + H^+$$

[問題 4・43]　NAD^+とNADHも生体内で酸化還元反応を行う酵素の基質ないしは補酵素として働く．一般に，NAD^+が基質から，プロトン（H^+）とヒドリド

イオン（H⁻）の形で水素を2原子引抜く．ヒドリドイオンはNAD⁺のニコチンアミド環の4位の炭素に結合して窒素原子上の正電荷を中和する．プロトンは水中に放出される．

  1) エチルアルコールを酸化してアセトアルデヒドに変えるアルコールデヒドロゲナーゼの作用を化学式で表せ．その際に，補酵素であるNAD⁺に起こる反応も化学式で表せ．
  2) 上の反応の平衡定数を式で表せ．
  3) pH 7.0のときとpH 9.0のときで［アセトアルデヒド］/［エチルアルコール］の比はどのように変化するか．

[解答] 1)

$$CH_3CH_2OH \xrightarrow{\text{アルコールデヒドロゲナーゼ}} CH_3CHO$$
エチルアルコール　　　　　　　　アセトアルデヒド
$$H^- + H^+$$

2) $K = \dfrac{[CH_3CHO][NADH][H^+]}{[CH_3CH_2OH][NAD^+]}$

〔注：NAD⁺ + H⁻ → NADHの反応で，ヒドリドイオンはピリジン環の4位の炭素へ環の表側または裏側から結合する．表か裏かは酵素により異なる．H⁺は水中に放出される．〕

3) pH 7.0 では 9.0 のときより [H$^+$] が 100 倍高いので，K を一定にするためには [CH$_3$CHO]/[C$_2$H$_5$OH] の値は逆に小さくなるので，アセトアルデヒドへの酸化反応は進みにくくなる．

FMN と FAD

[問題 4・44] 生体内での酸化剤として働くフラビンモノヌクレオチド (FMN) やフラビンアデニンジヌクレオチド (FAD) は，ジメチルイソアロキサジン環に鎖状構造の五炭糖アルコールであるリビトールリン酸が結合したリボフラビンを含むヌクレオチドである．

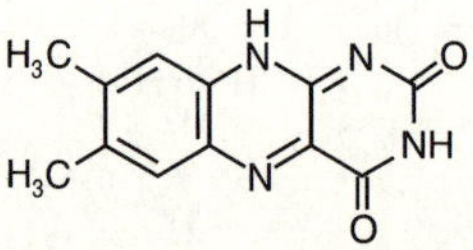

ジメチルイソアロキサジン 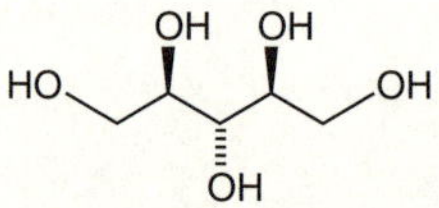   リビトール

1) FMN，FAD の構造を書け．
2) また，これらの補酵素に水素が2原子ずつ結合したものは還元剤として働く．イソアロキサジン環のどこに水素が結合するのかを示せ．
3) FMN はアミノ酸オキシダーゼの補酵素として働く．FMN が水素原子2個をイソアロキサジン環に取込み FMNH$_2$ となると同時に，アミノ基についていたプロトンが遊離して，アミノ酸はイミノ酸となる．このイミノ酸が自動的に加水分解すると 2-オキソ酸（α-ケト酸）が生じる．以上の反応を化学式で表せ．
4) FAD はコハク酸デヒドロゲナーゼの補酵素として，コハク酸から水素原子を二つ奪って，フマル酸とする．この酵素はどのような代謝系の構成員か．この反応を化学式で表せ．

[解答] 1)

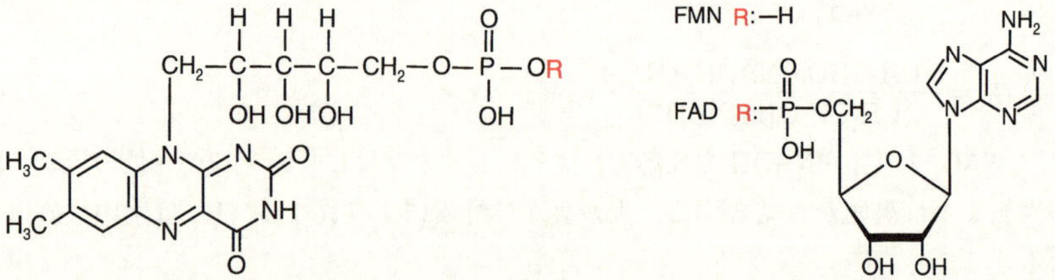

2)

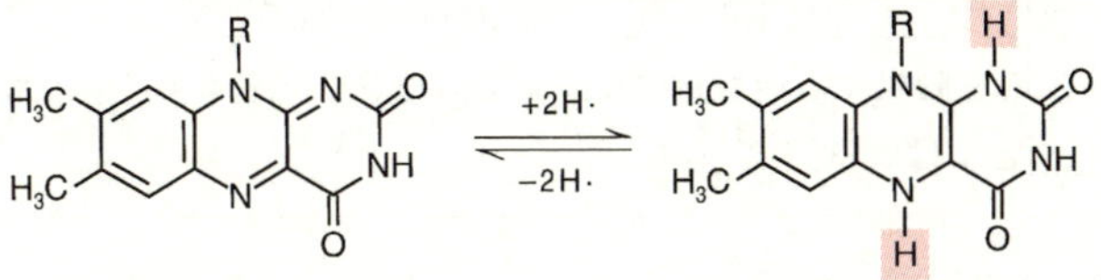

酸化型フラビン ⇌ (+2H·/−2H·) 還元型フラビン

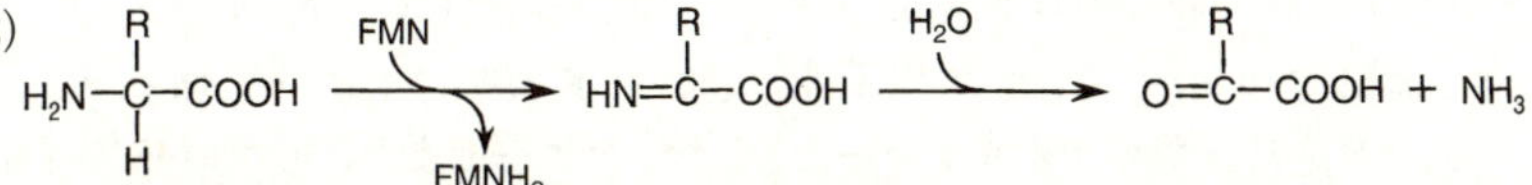

3) アミノ酸 →(FMN/FMNH$_2$) イミノ酸 →(H$_2$O) 2-オキソ酸 + NH$_3$

4) コハク酸デヒドロゲナーゼはTCA回路で働く．その関与する反応は以下のとおり．FADH$_2$は電子伝達系でユビキノンを還元する．

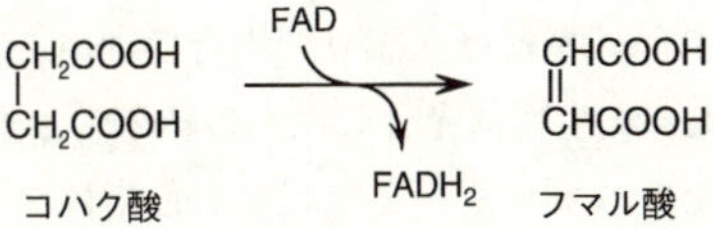

コハク酸 →(FAD/FADH$_2$) フマル酸

光 合 成

[問題 4・45] 次の文章のa～vの空欄を埋めよ．

　高等植物の器官は基本的には，| a |と| b |と| c |と花・種子に大別することができる．

　それぞれの器官は複数の| d |から構成されており，それらは構造と機能を同じくする| e |の集まりである．

　高等植物のガス交換は，| f |の裏側にある| g |細胞に囲まれた| h |を通して行われる．

　葉の柔組織は通常，| i |組織と| j |組織からなる葉肉を構成している．

　植物の細胞は，一番外側を| k |で取囲まれ，その内側に| l |が存在している．動物の細胞には前者が存在しない．

　維管束組織のうちで，水分および塩類が通る部分を| m |，有機物の溶液が通る部分を| n |という．

　細胞小器官（たとえば核）はオルガネラともよばれる．| o |や| p |などは植物細胞に特有のオルガネラである．

　葉緑体では| q |のエネルギーを用いて，水と| r |から| s |が合成される．

光合成の反応は ┌t┐ 反応と ┌u┐ 反応に分けられる.
炭酸固定反応を触媒する最も重要な酵素で，地球上で最も多く存在するタンパク質は ┌v┐ とよばれる.

[解 答] a, b, c. 茎，葉，根　d. 組織　e. 細胞　f. 葉　g. 孔辺　h. 気孔　i, j. 柵状, 海綿状　k. 細胞壁　l. 細胞膜　m. 導(道)管　n. 師管　o. 葉緑体　p. 液胞　q. 光　r. 二酸化炭素　s. 炭水化物　t, u. 明, 暗　v. リブロース-1,5-ビスリン酸カルボキシラーゼ/オキシゲナーゼまたはリブロース-1,5-ビスリン酸カルボキシラーゼ

[問題 4・46] 次の文の正誤を記せ. 誤りの場合は理由を記せ.
1) すべての種類の光合成生物は光合成反応の結果，分子状酸素を発生する.
2) 光合成に有効な光のエネルギーを吸収する色素はクロロフィル類だけである.
3) $^{14}CO_2$ を含む大気中で光合成を行わせたとき，すべての高等植物で ^{14}C が最初に取込まれる化合物は 3-ホスホグリセリン酸である.
4) 高等植物の光合成の炭酸固定反応（二酸化炭素の吸収）に平行して，通常光呼吸による二酸化炭素放出反応も同時に起こっている.
5) 葉緑体は独自の DNA をもっており，葉緑体のほとんどすべてのタンパク質を葉緑体内で合成することができる.
6) 作用スペクトルとは，吸収された光量子数当たりの反応の効率を各波長に対しプロットしたものである.
7) 光合成によって発生する分子状酸素は水に由来する.
8) 光合成反応中心は光合成膜の中で無秩序な配向をとっている.
9) 炭酸固定経路で最も重要な酵素であるリブロース-1,5-ビスリン酸カルボキシラーゼ/オキシゲナーゼは，光合成生物だけが有している.
10) 葉緑体もミトコンドリアも，必要とする脂質のほとんどすべてをそれぞれの器官内で合成できる.

[解 答] 1) 誤り. 光合成細菌は酸素を発生しない.
2) 誤り. カロテノイド類やフィコビリン類も存在する.
3) 誤り. C_4 植物ではオキサロ酢酸である.
4) 正しい

5) 誤り．葉緑体のかなりの種類のタンパク質はサイトゾルで合成される．
6) 誤り．照射された光量子数当たりである．
7) 正しい
8) 誤り．一定の配向をとっている．
9) 誤り．化学合成細菌も有している．
10) 誤り．ミトコンドリアは脂質を合成できない．

[問題 4・47] 光合成反応において光のエネルギーを使って生じた ATP と NADPH を使って，二酸化炭素を固定し，糖合成へと進む中間体であるグリセルアルデヒド 3-リン酸を生み出すのが還元的ペントースリン酸回路（カルビン回路ともいう）である．その出発はリブロース 5-リン酸の ATP を基質としたリン酸化であり，生成物はリブロース 1,5-ビスリン酸である．次の問いに答えよ．

1) 光合成をする植物においては，リブロース 1,5-ビスリン酸と二酸化炭素はリブロースビスリン酸カルボキシラーゼ/オキシゲナーゼの作用でリブロースのエンジオール中間体を経て，C2 炭素へ CO_2 が結合し，C3 がカルボニル基の 3-オキソ酸中間体を通って 2 分子の 3-ホスホグリセリン酸を生じるという経路を経て炭酸固定が行われる．反応中間体の構造を含めて，この反応経路を化学式で表せ．

2) 生じた 3-ホスホグリセリン酸は以後 ATP によるリン酸化と NADPH （＋H^+，以下同様）による還元を経て □ へと変換し，糖質の合成を可能とする．空欄に適当な名称を入れよ．

[解答] 1)

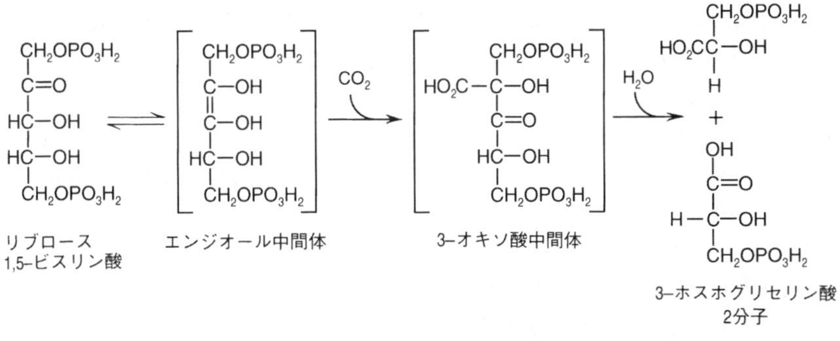

リブロース 1,5-ビスリン酸 ⇌ エンジオール中間体 →(CO_2)→ 3-オキソ酸中間体 →(H_2O)→ 3-ホスホグリセリン酸 2分子

2) グリセルアルデヒド 3-リン酸

[問題 4・48] 光合成反応は太陽光のエネルギーを利用して空気中の二酸化炭素を有機化合物として固定し，糖質につくりかえてゆく機構である．次の文章の空欄 a〜h を埋め，問いに答えよ．

1) 二酸化炭素が"固定"されるということは問題 4・47 で見たように，リブロース 1,5-ビスリン酸と二酸化炭素が反応して 2 分子の ⎡ a ⎤ を生成することをさす．生じた ⎡ a ⎤ はその後 ATP を消費して ⎡ b ⎤ へ，さらに NADPH を補酵素とした還元反応で ⎡ c ⎤ を生じて糖の合成経路に入ってゆく．⎡ d ⎤ が炭素原子を 3 個もつ分子であるところから，この経路を炭酸同化(固定)の ⎡ e ⎤ ともいう．

2) 上の反応経路に必要な ATP と NADPH は葉緑体内のどのような光合成反応でつくられているか．また，これらの物質の葉緑体内から炭酸固定が行われるサイトゾルへの移行はどのような機構で行われているか．

3) 一方，サトウキビ，トウモロコシ，サトウモロコシなど熱帯性の乾いた土地に生育する植物では二酸化炭素がリンゴ酸，アスパラギン酸など炭素数 4 の化合物に取込まれていることがわかった．このような植物がもつ炭酸同化の経路を ⎡ f ⎤ 経路または ⎡ f ⎤ ジカルボン酸回路とよんでいる．この経路では，CO_2 が葉肉細胞で最初に固定されるのは ⎡ g ⎤ と合体して ⎡ h ⎤ を生じる反応にある．⎡ h ⎤ は，そのあとリンゴ酸またはアスパラギン酸に転換されてから維管束鞘細胞に運ばれる．ここでアスパラギン酸もリンゴ酸に変わり，すべてのリンゴ酸は脱炭酸反応を受けて CO_2 とピルビン酸に変わる．このピルビン酸は葉肉細胞に戻って植物にあって動物にはないピルビン酸正リン酸ジキナーゼの作用で ⎡ g ⎤ を再生する．

4) C_4 植物における二酸化炭素の初期固定を化学式で示せ．また，上記の過程で脱炭酸により再び CO_2 となった炭素はその後どのような運命をたどるか．

5) C_4 経路をもつ植物（C_4 植物）の葉の構造的な特徴を記せ．

[解 答] 1) a. 3-ホスホグリセリン酸　b. 1,3-ビスホスホグリセリン酸　c. グリセルアルデヒド 3-リン酸　d. グリセリン酸　e. C_3 経路または還元的ペントースリン酸回路

2) ATP: 光合成色素が集めた光エネルギーを利用して，光合成電子伝達が起こり，それに伴ってチラコイド膜内外に水素イオンの電気化学的勾配が生じる．この勾配が解消されるときに ATP 合成酵素の働きで ATP が合成される．

NADPH: 光合成電子伝達の作用により，水からの電子で $NADP^+$ が光化学系 I に

よって還元され，NADPH が生じる．

葉緑体内で生成した 3-ホスホグリセリン酸は，ATP と NADPH を消費してジヒドロキシアセトンリン酸となり，葉緑体の包膜を通過する．細胞質では，ジヒドロキシアセトンリン酸を再び 1,3-ビスホスホグリセリン酸に変換する過程で ATP と NADPH を再生し，細胞質内での糖の合成に用いる．

3) f. C_4 g. ホスホエノールピルビン酸 h. オキサロ酢酸

4)

$$CO_2 + \text{ホスホエノールピルビン酸} \xrightarrow[\text{Pi}]{\text{ホスホエノールピルビン酸カルボキシラーゼ}} \text{オキサロ酢酸}$$

リンゴ酸の脱炭酸で生じる二酸化炭素はリブロース 1,5-ビスリン酸カルボキシラーゼ作用で，C_3 経路と同じようにリブロース 1,5-ビスリン酸と反応して 2 分子のグリセルアルデヒド 3-リン酸を生じて糖質の合成経路に入る．

5) C_4 植物では維管束が維管束鞘細胞で囲まれており，さらにその外を葉肉細胞が囲むという特徴（クランツ構造）がきわだっている．

[問題 4・49] 次の問いに答えよ．

波長 680 nm の光量子 10 個を吸収して下記の光合成反応が 25 ℃ で進行し，1 分子の CO_2 が固定されていると仮定する．

$$CO_2 + H_2O \longrightarrow \frac{1}{6} C_6H_{12}O_6 + O_2$$

1) この波長による反応の量子収率を求めよ．

2) この反応のエネルギー効率を計算せよ．ただし，二酸化炭素の分圧を 0.00033 気圧，酸素の分圧を 0.209 気圧，グルコースの濃度を 10 mM，pH 7 における上記反応のギブズの標準自由エネルギー変化を 478 kJ/mol，680 nm の光量子 10 mol のエネルギーを 1760 kJ とする．

3) 2) で二酸化炭素の分圧が 10 倍変化すると，エネルギー効率はどれだけ変化するか．

[解 答] 1) 量子収率の定義は

$$\frac{\text{反応した分子数(または生成分子数)}}{\text{吸収された光量子数}}$$

である．よって $1/10 = 0.1$

2) エネルギー効率の定義は

$$\frac{\text{反応によって放出(または吸収)される自由エネルギー}(\Delta G')}{\text{吸収された光のエネルギー}}$$

と表される．ここで $\Delta G'$ は，問題中の反応式より次の式で定義される．

$$\Delta G' = \Delta G^{\circ \prime} + RT \ln \frac{[O_2][C_6H_{12}O_6]^{1/6}}{[CO_2][H_2O]}$$

$\Delta G^{\circ \prime}$ に $478\,\text{kJ/mol}$，[ ] にそれぞれの濃度を入れて計算すると，$\Delta G' = 481.4\,\text{kJ/mol}$ となる．

よって効率は，　　　　$481.4/1760 = 0.2735\ (27.35\%)$

3) 2) で CO_2 の濃度を 0.0033 気圧として $\Delta G'$ を計算すると，$5.706\,\text{kJ/mol}$ の変化(減少)となる．$5.706/1760 = 0.00324$，すなわち約 0.3% 変化する．

[問題 4・50] 次の文章を読んで問いに答えよ．

　光合成膜の懸濁液に十分短い，かつ十分強い閃光を照射して，酸化型の反応中心によるシトクロムの酸化反応と，それにひき続くシトクロムの再還元反応の解析を行った．シトクロムの酸化還元反応は $550\,\text{nm}$ (還元型の α 吸収帯のピークの位置) の吸光度変化を分光的に測定することによって行った．下図はその時間経過の模式図である (図の矢印で閃光を照射する．閃光の持続時間は $10\,\mu\text{s}$).

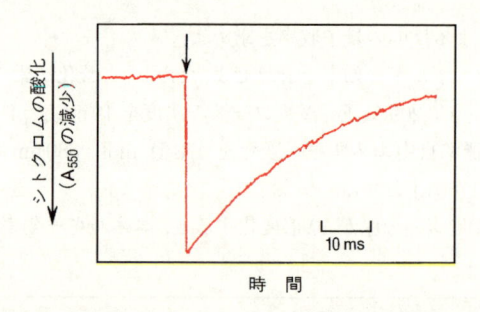

1) 閃光直後にみられる急激なシトクロムの酸化の大きさ(酸化されたシトクロ

ムの量）は，閃光の光強度のほかにどのような因子によって左右されるか（光化学反応や電子伝達反応それ自体は正常であるとする）．
〔ヒント：光を照射する前の還元型のシトクロムの量を考える．〕
　2）シトクロムの標準酸化還元電位をこの系で測定するにはどうすればよいか．
　3）シトクロムの，閃光後 t 時間での再還元速度 V_t が $V_t = k[\text{cyt}]_{\text{ox}}[x]_{\text{red}}$ と表されるとする．ここで k は速度定数，$[\text{cyt}]_{\text{ox}}$ は時間 t でのシトクロム酸化型の活量，$[x]_{\text{red}}$ は，シトクロムと反応する未知の電子伝達体の時間 t での還元型の活量とする．この系を用いて x の閃光照射前の還元型の滴定を行う方法を記せ．
〔ヒント：閃光照射後のシトクロムの再還元反応の初速度に着目せよ．〕

[**解 答**]　1）懸濁液の酸化還元電位（状態）

　2）懸濁液の酸化還元電位をいろいろ変えて，閃光照射によって酸化されたシトクロムの量を測定する．全量の半分のシトクロムが閃光照射によって酸化される酸化還元電位（中点酸化還元電位 E_m）が，与えられた pH における求めるものである．

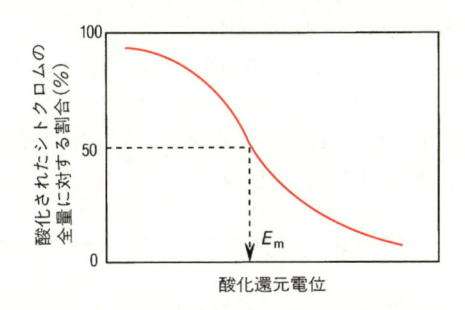

　3）懸濁液の酸化還元電位（E_h）とシトクロムの再還元反応の初速度をプロットし，得られるシグモイド曲線が x の還元型（または酸化型）の滴定曲線である．

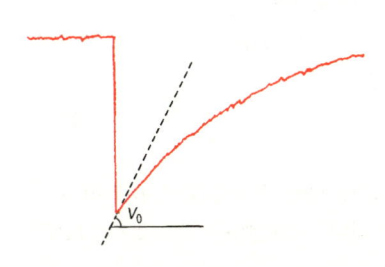

シトクロム再還元反応初速度の測定法　　　　初速度を用いた滴定曲線

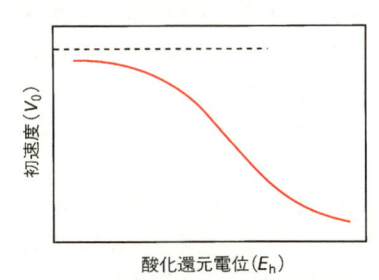

[問題 4・51] 1) 次の文章中の a～l の空欄に，下記の語群から最も適当なものを選んで文章を完成せよ．

太陽光のエネルギーを利用して有機物を生産している高等植物や藻類は 2 種類の a をもっている． b は c の発生に関与し， d は e の還元に関与している．それぞれの a は， f と g から構成され， g に吸収された光エネルギーは， h によってそれぞれの f に運ばれ， i によって電子伝達が開始される． b と d は電子伝達系で連結されている．電子伝達体としては，脂溶性の j ，膜タンパク質複合体である k ，水溶性の l があげられる．

(語群) ア．アンテナ色素　イ．反応中心　ウ．共鳴移動　エ．光化学系
オ．光化学系I　カ．光化学系II　キ．プラストキノン
ク．プラストシアニン　ケ．酸素　コ．水素
サ．シトクロム b_6/f 複合体　シ．$NADP^+$　ス．FADH
セ．電荷の分離　ソ．葉緑体

2) 1) の文章を参考にして，水から $NADP^+$ までの電子伝達系の概略を示せ．

[解答] 1) a. エ　b. カ　c. ケ　d. オ　e. シ　f. イ　g. ア
h. ウ　i. セ　j. キ　k. サ　l. ク

2)
$$H_2O \underset{H^+}{\overset{O_2}{\rightleftarrows}} \xrightarrow{e^-} 光化学系II \longrightarrow プラストキノン \longrightarrow シトクロム b_6/f 複合体$$
$$\longrightarrow プラストシアニン \longrightarrow 光化学系I \longrightarrow フェレドキシン \longrightarrow NADP^+$$

[問題 4・52] 高等植物の光合成反応中心に関する次の問いに答えよ．
1) 反応中心 I と II での電荷分離の後の，酸化側と還元側の反応について記せ．
2) 反応中心 I と II の電子受容体の相違を述べよ．
3) 除草剤として用いられている DCMU（ジクロロフェニルジメチル尿素）の作用を簡単に述べよ．
4) 反応中心 II のクロロフィル二量体 P_{680} の標準酸化還元電位は，反応中心 I のクロロフィル二量体 P_{700} のそれに比べ著しく高い．この理由をそれぞれの反応中心の機能の面から説明せよ．

4. 代　謝

[解答]　1), 2) 次表参照．

電荷分離後の反応と電子受容体

		反応中心 I	反応中心 II
電荷分離後の反応	酸化側	P_{700}^+ はプラストシアニンを酸化し，酸化されたプラストシアニンはシトクロム f を酸化する	P_{680}^+ はマンガンクラスターを酸化し，最終的には水を酸化する
	還元側	P_{700} から出た電子はビタミン K_1 を経て一群の鉄-硫黄クラスターに伝達される	P_{680} から出た電子は，フェオフィチンを経て，電子受容体 Q_A（プラストキノン），Q_B（プラストキノン）へと順次伝達される
電子受容体		ビタミン K_1 一群の鉄-硫黄クラスター	フェオフィチン Q_A（プラストキノン） Q_B（プラストキノン）

3) 反応中心 II の Q_B 結合部位に，Q_B と競争的に結合することにより Q_A と Q_B の間の電子伝達を阻害する．その結果，光合成反応全体が進行しない．

4) 反応中心 II は水を酸化するための酸化力を生成するため，P_{680} の標準酸化還元電位は水のそれ（約 0.8 ボルト）よりも高い必要がある．他方，P_{700}^+ はプラストシアニンを酸化するので，P_{700} の標準酸化還元電位はプラストシアニンのそれ（約 0.4 ボルト）より高いだけでよい．

英語も覚えよう

アセチル CoA acetyl-CoA　　アルコール発酵 alcohol fermentation　　オキサロ酢酸 oxaloacetic acid　　解糖 glycolysis　　カルニチン carnitine　　カルバモイルリン酸 carbamoyl phosphate　　クエン酸回路（トリカルボン酸回路）citric acid cycle (tricarboxylic acid cycle)　　グリオキシソーム glyoxysome　　α-ケトグルタル酸 α-ketoglutaric acid　　嫌気的 anaerobic　　好気的 aerobic　　光呼吸 photorespiration　　呼吸鎖 respiratory chain　　コハク酸 succinic acid　　細胞壁 cell wall　　細胞膜 cell membrane　　サルベージ経路 salvage pathway　　酸化還元電位 oxidation-reduction potential　　シッフ塩基 Schiff base　　シトクロム cytochrome　　脂肪酸 fatty acid　　脂肪酸 β 酸化 fatty acid β oxidation　　受容体 receptor　　真核生物 eucaryote (eukaryote)　　スクロース sucrose　　代謝 metabolism　　多糖類 polysaccharide　　テトラヒドロ葉酸 tetrahydrofolic acid　　*de novo* 経路 *de novo* pathway　　電子伝達系 electron transport system　　糖新生 gluconeogenesis　　トリアシルグリセロール（トリグリセリド）triacylglycerol (triglyceride)　　ニコチンアミドアデニンジヌクレオチド nicotinamide adenine dinucleotide (NAD)　　二糖

類 disaccharide　乳酸 lactic acid　尿酸 uric acid　尿素 urea　尿素回路 urea cycle　排泄 excretion　ビオチン biotin　ヒドロキシメチルグルタリル CoA レダクターゼ hydroxymethylglutaryl-CoA reductase　ヒポキサンチン hypoxanthine　ピルビン酸 pyruvic acid　フマル酸 fumaric acid　フラビンアデニンジヌクレオチド flavin adenine dinucleotide（FAD）　フラビンモノヌクレオチド flavin mononucleotide（FMN）　プロスタグランジン prostaglandin（PG）　プロスタン酸 prostanoic acid　プロトン駆動力 proton motive force　ペントースリン酸回路 pentose phosphate cycle　補酵素 coenzyme　ホスホリボシル ATP phosphoribosyl ATP　ホスホリボシルピロリン酸 phosphoribosyl pyrophosphate　ミトコンドリア mitochondrion（*pl.* mitochondria）　葉緑体 chloroplast　両親媒性分子 amphipathic molecule　リンゴ酸 malic acid

5. 分 子 生 物 学

DNA の 基 礎

[問題 5・1] DNA の二本鎖を切断する酵素に，制限酵素とよばれる一群の便利な酵素がある．これらの酵素は，いろいろな種類の細菌によってつくられ，菌体内に入ってくるよそものの DNA を分解して自分を守る作用がある．次の問いに答えよ．

1) 菌体内に入ってくる DNA としてどのようなものが考えられるか．
2) 制限酵素は DNA をあらゆる場所でむやみに分解するのではなく，数塩基の長さの特定の塩基配列を読取って，そこで DNA の二本鎖を切断する．クラス I と II があり，I は特定塩基配列を認識するが，そこから離れた位置にある結合を切断するので切断箇所に配列特異性はない．クラス II の制限酵素では認識配列内あるいはすぐ近くの結合を切断するので切断箇所の配列も決まっている．たとえば，大腸菌（$E. coli$）が産生する $EcoR$I というエンドヌクレアーゼは次のような 6 塩基の塩基配列をもつ部分に結合して，DNA 鎖を G と A の間で切断する．

```
           (上側の鎖の切断点)
                ↓
        5'- G — A — A — T — T — C -3'
        3'-( )-( )-( )-( )-( )-( )- 5'
```

クラス II の制限酵素の切断する場所での塩基配列の特徴を考えて，-( )-( )- で表された下側の DNA 鎖の塩基配列と切断点を書き入れよ．

3) 細菌では一般に遺伝子を隔離しておく核がなく，自分の DNA もよそものの DNA も同じように細胞質内にある．それにもかかわらず，よそものの DNA を分解して，自分の DNA を分解しないでおくことができるのはなぜか．

[解 答] 1) （バクテリオ）ファージが細菌に感染してその DNA が菌体内に入る可能性が最も高い．この場合制限酵素は細菌自身の DNA は分解せず，（バクテリオ）ファージ DNA のみを分解して細菌を守る生体防御機構として働くことが期待できる．

2) *Eco*RI は DNA の局所構造として 2 回回転対称軸をもつ，回文構造（palindrome）とよばれる塩基配列に結合して，2 本の DNA 鎖の対称的な位置を切断するので，答は次のようになる．下側の塩基配列が上側の塩基配列を反対側から読んだものになっていることに注意．

$$5'-G-\overset{\downarrow}{A}-A-T-T-C-3' \quad (上側)$$
$$\blacklozenge \quad (2 回回転対称軸)$$
$$3'-C-T-T-A-A-G-5' \quad (下側)$$
$$\underset{\uparrow}{} \quad (下側の鎖の切断点)$$

3) 細菌自身の DNA にも上のような配列はありうるので，制限酵素がここで自分の DNA を切らないようにするには，下図のように m で印をした特定のアデニン塩基を細菌のもつ酵素である *Eco*RI メチラーゼによってメチル化して N^6-メチルアデニンに変えることによって制限酵素が GA の間を切断しないようにしておく方法がとられている．他の例でもメチル化は，アデニンかシトシン（5-メチルシトシンになる）かに限られる．

$$5'-G-A-\overset{m}{A}-T-T-C-3'$$
$$\blacklozenge$$
$$3'-C-T-T-A-\underset{m}{A}-G-5'$$

[参 考] たとえば制限酵素 *Hae*III は下図のように上下で同じ位置を切るので，端のそろった切り口をもつ DNA ができる．m で示したシトシンが 5-メチルシトシンだと切断されなくなる．

$$5'-G-G-\overset{\downarrow\;m}{C}-C-3'$$
$$3'-C-C-\underset{m\;\uparrow}{G}-G-5'$$

[問題 5・2] 以下の問いに答えよ．ただし 1 塩基対の分子量を 635，アボガドロ数を 6.0×10^{23} とする．

1) 大腸菌は 4.6×10^6 bp の塩基対をもつ．このとき 1 匹の大腸菌に含まれる DNA の重さを計算せよ．

2) 大腸菌を 1×10^9 cfu/mL（cfu は colony forming unit の略で，生きた菌数のみを測定する）のときに集菌する場合，1 mg の DNA を欲しいときには収率 25% として何リットルの培養をすべきか．

3) 重なり合う二つの塩基対の中心間の距離を 0.34 nm としたとき，大腸菌

DNA の長さはいくらか．

 4) 高電圧ショックにより細胞膜に穴をあけて DNA を注入するエレクトロポレーション法によると 1 μg の pBR322 DNA (4361 bp) 当たり 5×10^{10} cfu の形質転換効率が達成されている．これは加えたうちの何％の DNA が大腸菌に取込まれた計算になるか．また形質転換効率の理論上の上限（100％取込まれたときの効率）はいくらか．ただし 1 匹の大腸菌には同時に 2 分子以上の DNA は取込まれないと仮定する．

[解 答] 1) $4.6\times10^6\times635/(6.0\times10^{23}) = 0.0049\,\mathrm{pg} = 4.9\,\mathrm{fg}$ (f はフェムト = 10^{-15})

 2) $1\,\mathrm{mg}/4.9\,\mathrm{fg} = 2.0\times10^{11}$ 匹の大腸菌が必要．ゆえに $2.0\times10^{11}/1\times10^9 = 200\,\mathrm{mL}$．収率 25％なので実際には $200\div0.25 = 800\,\mathrm{mL}$ の培養をすべきである．

 3) $0.34\times4.6\times10^6 = 1.56\times10^6\,\mathrm{nm} = 1.56\,\mathrm{mm}$

 4) 1 μg の pBR322 DNA は $1\times10^{-6}\,(\mathrm{g})\times(6.0\times10^{23})/(635\times4361) = 2.2\times10^{11}$ 分子数となる．この値，すなわち 1 μg の pBR322 DNA (4361 bp) 当たり 2.2×10^{11} cfu が形質転換効率の上限である．$5\times10^{10}/(2.2\times10^{11}) = 0.23$，すなわち形質転換効率が 5×10^{10} cfu のときは約 23％の DNA が大腸菌に取込まれた計算になる．

DNA スーパーコイル

[問題 5・3] 1 本の DNA 二本鎖の両端が DNA リガーゼによって連結されると，環状 DNA ができる．次の問いに答えよ．

 1) 天然状態の二本鎖 DNA は 10.4 塩基配列ごとに 1 回転する B 形のらせん構造をもっているので，260 塩基対をもつ B 形 DNA を環状にすると，らせんの回転数が 25 の環状 DNA ができる．では，塩基対の数が 255 および 265 の B 形二本鎖 DNA を環状にするにはどのような工夫が必要か，5′ 末端と 3′ 末端とを結合しなくてはならないことを考えて図解して答えよ．

 2) 1) の塩基対を 255 および 265 もつ環状 DNA は，どのような構造的ひずみをもっているか．

 3) 自然界で見つかった環状 DNA は，右図のような二本鎖がさらにらせんを巻いたスーパーコイル（超らせん）とよばれる構造をもっているものが多い．スーパーコイルは 2) でみた構造的ひずみをもっと極端にもつものである．たとえば，環状になったときに，ワトソン-クリック型二重らせ

DNA スーパーコイル

んの巻き数(総塩基対数/10.4)に最も近い整数より5だけ少ない場合,どのようなスーパーコイルが生じるかを考えよ.

4) 塩基配列は同じでも,スーパーコイル状態が異なる環状DNAどうしを何とよぶか.

[解 答] 1) そのままの状態で環状にしようとすると,いずれの場合も一方の鎖の3′末端と他方の鎖の3′末端,5′末端と5′末端が向き合ってしまう.そこで,らせんを半回転分だけほどくか,よけいに巻くかして,5′末端と3′末端をつなぐようにする(図参照).そうすると,らせんの回転数が,24または25(塩基対数255),25または26(塩基対数265)の環状DNAができる.

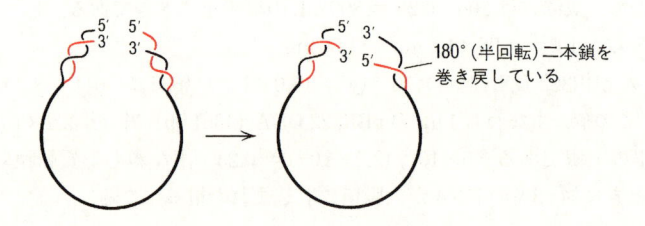

2) こうすると,天然状態で最もエネルギーの低い状態に比べて,らせん半回転だけねじり方が足りないか,多すぎる構造的ひずみをもつこととなる.

3) (塩基対数/10.4)に最も近い二重らせんの数をもっているものは,リラックス型(緩和型)といって,スーパーコイルのない環状構造をしている.これに対して,二重らせんが少なくなったものは,ネガティブスーパーコイルを巻き,巻き数が5回少ないと,図の(b)のように二重らせんDNAが4~5回の右巻きのスーパーコイルを巻いて二重らせんの巻き数を元へ戻す.このことは,ゴムまたはプラスチックのホースを用いて実験してみるとよくわかる.

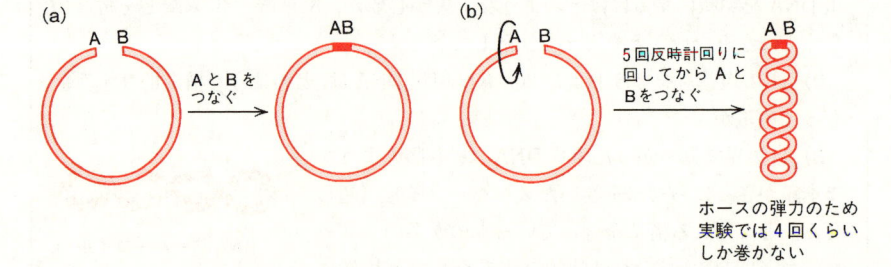

4) トポロジカル(同じものではあるが,つなぎ方で形の異なるものの意味)アイソ

マー（異性体）を略して，トポ(ア)イソマーという．

> [問題 5・4] 自然界にはスーパーコイル DNA の構造的ひずみを減らしたり，増やしたりできる酵素がある．次の酵素の作用にはどのような違いがあるか．
> 1) トポイソメラーゼ I
> 2) トポイソメラーゼ II〔原核生物（細菌）では DNA ジャイレースとよぶこともある〕
>
> 生物にとって，環状 DNA のスーパーコイル状態を変化させる必要があるのはどのような場合か．

[解 答] 1) DNA の二本鎖の一方のみを切断してスーパーコイルをほどき，その後再結合反応を触媒してスーパーコイルを 1 回転緩和する．

2) DNA 二本鎖の両方を切断して正のスーパーコイルをほどくか，あるいは環状 DNA に新たに負のスーパーコイルをつくる．

環状 DNA をスーパーコイル状態にすると細胞内で占める実効体積が減るので，DNA をコンパクトにしまっておくのに都合がよい．事実，プラスミド DNA を多くもつ細菌ではスーパーコイル状態のプラスミドが凝縮した形で細胞内に蓄えられている例がある．一方，環状 DNA を複製したり，そこから RNA を合成するためにはスーパーコイル状態をゆるめなくてはならない．

複　製

> [問題 5・5] 次の問いに答えよ．
> 1) 下図に示すように，遺伝情報は DNA から RNA へ，RNA からタンパク質へと移されてゆくが，反対に生物の一生のうちでタンパク質に生じた構造変化の情報が，タンパク質→RNA→DNA の方向に伝えられて生殖細胞の遺伝子に組込まれ，子孫に伝えられてゆくことはない．
>
> a ⟲ DNA —b→ mRNA —c→ タンパク質
>
> i) 図のような考えは分子生物学の分野で何とよばれているか．

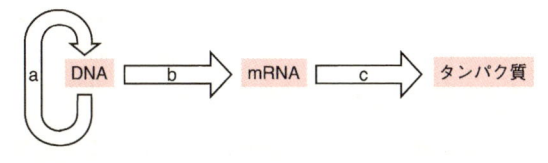

ii) この図の a～c に相当する用語を下の語群から選べ.

（語群）　ア．複製（replication），イ．転写（transcription）
　　　　　ウ．組換え（recombination），エ．修飾（modification）
　　　　　オ．翻訳（translation）

2) 次の図は大腸菌の DNA の複製について図解している．空欄 a～j に適切な言葉を入れよ．

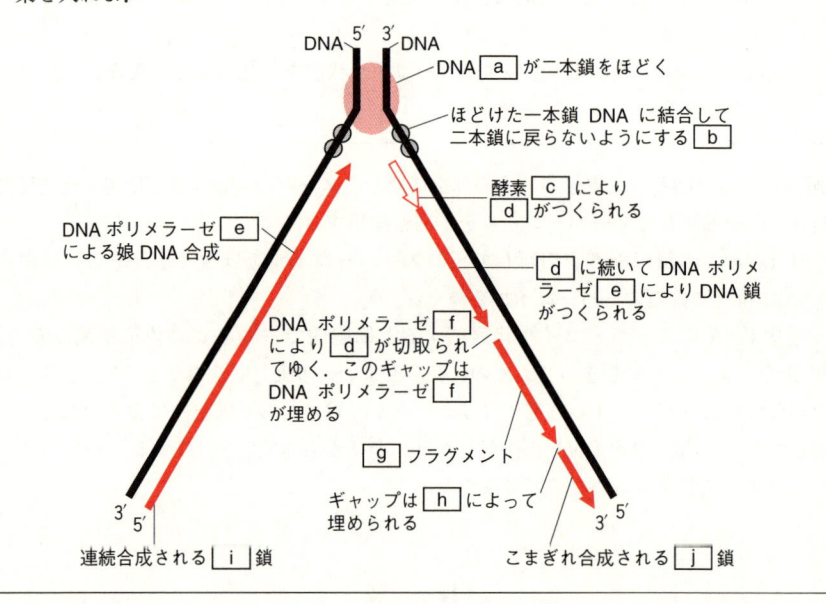

（図：大腸菌の DNA 複製模式図）
- DNA 5′　3′ DNA
- DNA [a] が二本鎖をほどく
- ほどけた一本鎖 DNA に結合して二本鎖に戻らないようにする [b]
- 酵素 [c] により [d] がつくられる
- [d] に続いて DNA ポリメラーゼ [e] により DNA 鎖がつくられる
- DNA ポリメラーゼ [e] による娘 DNA 合成
- DNA ポリメラーゼ [f] により [d] が切取られてゆく．このギャップは DNA ポリメラーゼ [f] が埋める
- [g] フラグメント
- ギャップは [h] によって埋められる
- 連続合成される [i] 鎖
- こまぎれ合成される [j] 鎖

[解答] 1) i) セントラルドグマ　　ii) a．ア　b．イ　c．オ
2) a．巻戻しタンパク質（アンワインディングタンパク質）またはヘリカーゼ
b．一本鎖 DNA 結合タンパク質または SSB タンパク質　　c．プライマーゼ
d．RNA プライマー　　e．III　　f．I　　g．岡崎　　h．DNA リガーゼ
i．リーディング　　j．ラギング

[問題 5・6]* 次の文章中および図中の a～k の空欄を埋め，またア～オの｛ ｝内からは適当なものを選んで，文章を完成せよ．

　　[a] らは染色体複製に際して自律的に複製を行う複製単位のことを [b] と名づけた．これは複製開始を指示する特殊なタンパク質（イニシエー

ター)の遺伝子と，イニシエーターが特異的に結合したDNAの複製を開始させる塩基配列(レプリケーター)という2個の機能単位を備えていると仮定し，イニシエーター合成の調節により複製開始が制御されると想定したものである(図1).プラスミドやファージなどの小型 b に関してはこの仮説の正しさが実証されており，真核生物においても大筋は成り立つとされる． b は複製様式によって以下の二つに分けられる．1) 巨大なDNA分子が1個の b をなしており，その上にそれぞれ1箇所の開始点と終結点をもつ．細菌，ファージ，プラスミドなどの原核生物の染色体DNAあるいは動植物ウイルスや酵母のプラスミドがこれに当たる．2) DNA 1分子の中に多数の b が連結して存在している例．1個の b の平均長が数十万bp程度あり，真核生物の染色体DNAがこの様式を採用している(哺乳動物の1個の染色体には数百個の b が存在する).

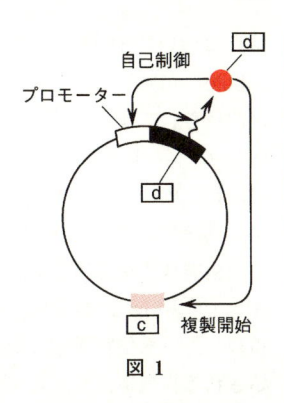

図1

e フラグメントとは，わが国の岡崎令治によって1969年に提出された不連続複製モデルで主要な役割を果たす新生DNA短鎖のこと． f によるDNAポリメラーゼI発見の後，1960年代に入って染色体DNAの逐次的複製が見いだされ，娘鎖の伸長が鎖の両方向(5′→3′ と 3′→5′)に起こると予想されるにもかかわらず，その後発見されたDNAポリメラーゼII, IIIにおいてさえ，(ア) {3′→5′, 5′→3′} 方向にしか伸長反応を進められないという極性の矛盾があった．岡崎は，それまでの複製フォーク(Y字形複製点)における両鎖の同時複製という観察はいずれも1000ヌクレオチド以上の巨視的な手段に頼っているので，もっと微視的な解像力をもった手段により実験すれば，両鎖ともにDNAポリメラーゼの性質どおり(イ) {3′→5′, 5′→3′} 方向に起こっていることが観察できるかもしれないと考えた．それを証明するために秒単位で標識するという巧妙な g 法を採用したところ，見事に短鎖が新たに合成されるのが見つかった．彼のこの実験によって初めて(ウ) {3′→5′, 5′→3′} 伸長鎖(ラギング鎖 lagging strand)において複製フォークの伸長方向とは逆向きに合成される短鎖DNA(1000～2000ヌクレオチド)が発見され，その後これらの短鎖が連結される反応を繰返すことで，(エ) {3′→5′, 5′→3′} 方向への伸長反応が巨視的には(オ) {3′→5′, 5′→3′} に進んでいるように見えることが証明されたのである．この短鎖は彼の業績を称えて，その後， e フラグメントとよばれるようになった．

　　h 型DNA複製は b の複製様式のひとつで，環状あるいは直線状の開

始点において DNA 二本鎖が開裂して複製バブル (replication bubble) が発生し，それが徐々に左右両方向に広がるように鎖が伸長されてゆく複製様式のことである (図 2)．大腸菌染色体 DNA のオートラジオグラフィーによって初めてその電子顕微鏡観察に成功した h にちなむ命名．θ 型複製ともいう．細菌と真核生物の染色体 DNA は細胞分裂にふさわしいためか皆この複製様式を採用している．

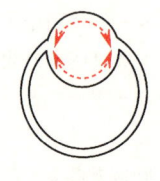

図 2

 i 型 DNA 複製は b の複製様式のひとつで，環状 DNA で複製が二本鎖の一方に部位特異的な切断を生じることによって開始される複製様式である (図 3)．切断点の 3′ 末端をプライマーとし，環状部分の一本鎖を鋳型として j 鎖の合成が行われ，一方引きはがされた側の一本鎖を鋳型として k 鎖の合成が継続され，環状一本鎖のまわりをぐるぐると何周か複製が続いて元の何倍もの長さをもつ DNA 分子が合成される．この様式は短時間に多量の複製を必要とするファージ感染などに適しており，現に十数倍の長さの DNA が複製されたのち順次切断されて各ファージ粒子に分配されるものもある．

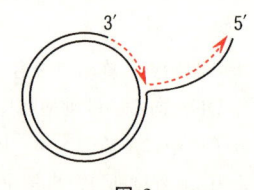

図 3

[解答] a. ジャコブ (F. Jacob)　b. レプリコン　c. レプリケーター　d. イニシエーター　e. 岡崎　f. コーンバーグ (A. Kornberg)　g. パルスラベル　h. ケーンズ (J. Cairns)　i. ローリングサークル　j. リーディング　k. ラギング

　ア. $5′→3′$　イ. $5′→3′$　ウ. $3′→5′$　エ. $5′→3′$　オ. $3′→5′$

DNA 修復

[問題 5・7]　次の 1)〜5) に示す DNA 修復に関与する酵素のもつ機能を下の機能群から選べ．
　1) SSB タンパク質　　2) RecA タンパク質　　3) Dam タンパク質
　4) DNA リガーゼ　　5) Uvr エンドヌクレアーゼ

　(機能群)　a. チミン二量体付近で DNA に切れ目を入れる
　　　　　　b. 娘鎖認識のため DNA をメチル化する

c. 一本鎖 DNA の安定化
d. ATPase，プロテアーゼ活性による DNA 組換えの誘発
e. DNA の切れ目を閉じる

[解答] 1) c   2) d   3) b   4) e   5) a

[問題 5・8] 紫外線は遺伝子に害を与える可能性がある．たとえば，夏あまり日に当たると DNA 上に起こる損傷が原因でひやけ炎症を経て皮膚がんを誘発する可能性もある．次の問いに答えよ．

1) DNA が紫外線によって受ける損傷の中に，チミン二量体形成がある．どのような反応か．

2) チミン二量体が生成した大腸菌 DNA を修復する機構を示した図の a〜d に適切な用語を入れ，図を完成せよ．

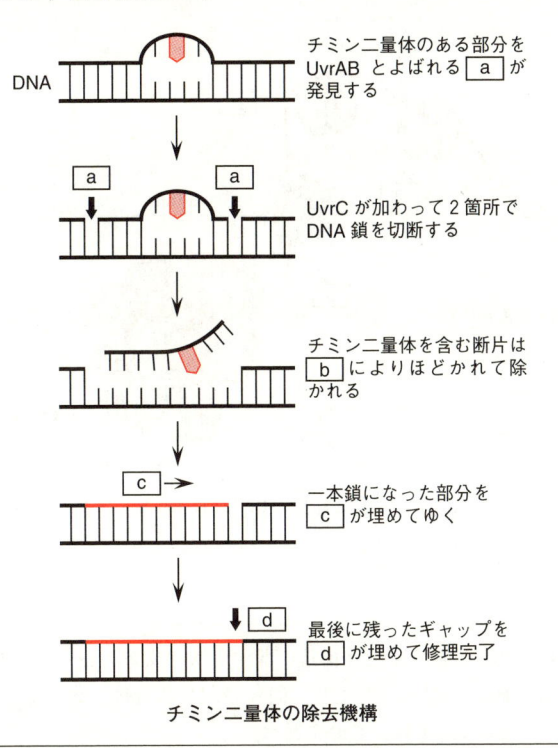

チミン二量体のある部分を UvrAB とよばれる a が発見する

UvrC が加わって2箇所で DNA 鎖を切断する

チミン二量体を含む断片は b によりほどかれて除かれる

一本鎖になった部分を c が埋めてゆく

最後に残ったギャップを d が埋めて修理完了

チミン二量体の除去機構

[解 答] 1)

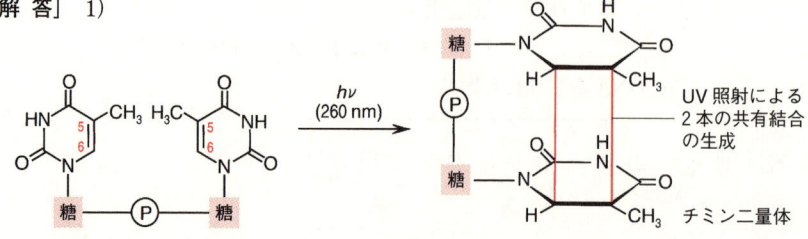

2) a. エンドヌクレアーゼ　　b. ヘリカーゼ　　c. DNA ポリメラーゼ I
d. DNA リガーゼ

染色体の構造

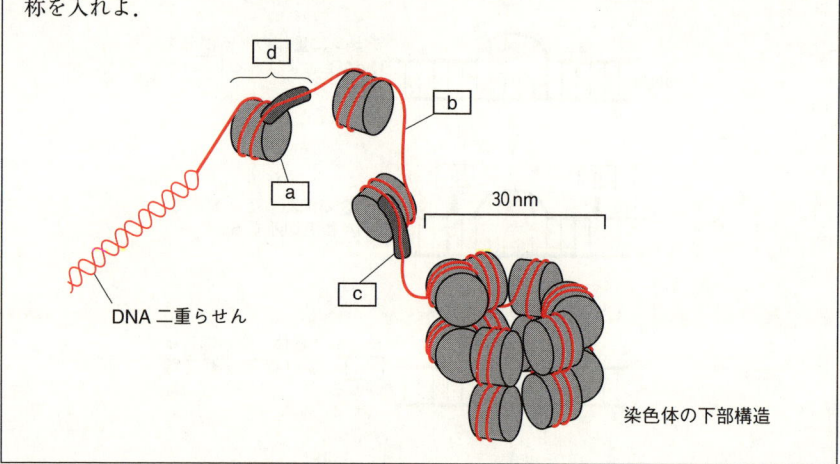

[問題 5・9]　下記に示す染色体中の DNA のパッキングモデルの図の a〜d の名称を入れよ．

[解 答]　a. ヒストン八量体（H2A, H2B, H3, H4)$_2$　　b. リンカー DNA　　c. ヒストン H1　　d. ヌクレオソーム

[問題 5・10]　真核生物の染色体構造に関する次の文章のa〜tの空欄に該当する用語を下記の語群から選べ．ただし，同一の記号には同一の用語が入る．また，ア〜コの｛　｝内からは正しいものを選べ．

5. 分子生物学

生物のうち細胞の中に核をもたないものは[a]とよばれ，核をもつものは[b]とよばれる．[a]における遺伝子は環状 DNA（単一であることが多い）がタンパク質と複合体を形成した構造をとっているが，[b]の場合，その遺伝子はタンパク質との複合体として細胞核中に存在し，高度に折りたたまれて[c]を形成する．[c]のうち DNA とタンパク質（主としてヒストン）の複合体は[d]と称する．[d]のうち転写が不活性なものは[e]とよばれる．その部分は反復配列の多い，ほとんど転写されない不活性な遺伝子部分と考えられている．その他の部分は[f]と称される．それぞれの[c]は細胞分裂において紡錘糸の付着点である[g]をもち，紡錘糸の付着する[c]の構造部位は[h]と称され，[h]からみて短い方を[i]，長い方を[j]とよぶ．真核生物の多くは二倍体（diploid）からなり，両親からそれぞれ受継いだ[k]は対をなして存在している．生殖細胞（配偶子）では[l]となり，対をつくらないそれぞれ 1 種類の[c]をもつ．特定の種は一定の染色体数をもち，たとえばヒトでは(ア){20, 22, 24}対の[m]と 1 対の[n]からなる．

ヒトの遺伝子は[l]当たり約(イ){3, 30, 300}億塩基対より構成されるが，その長さは 1 塩基間の距離が(ウ){0.34, 3.4, 34} nm であることを考慮すると，総計で約 1 m にも達する．これらの DNA 分子がおそらく 1 本ずつの繊維としておのおのの[c]に分納されている．数 cm 程度の DNA 分子を約(エ){$10^3, 10^4, 10^5$}倍の濃縮率で数 μm の長さの[c]におさめるために何段階かのステップに分かれた精密な DNA 分子折りたたみ機構が存在する．まず，DNA の二重らせんは[o]と総称される塩基性タンパク質が 2 分子ずつ 4 種類結合した[p]からなる[q]コアに，平均(オ){100, 146, 160}塩基対（base pair: bp）単位で(カ){1.25, 1.50, 1.75}回転して巻付いており，[q]間の連結部分（平均 60 bp）も含めて約(キ){160, 200, 220} bp を単位とした繰返しをもつ直径約(ク){0.11, 1.1, 11} nm の"数珠玉構造"をとっている．[o]H1 とよばれる分子種は[q]に外から結合し，自身のリン酸化をシグナルとして隣接する[q]間の距離を伸縮させることで第二の収納ステップである，数珠玉(ケ){6, 7, 8}個を 1 単位にコイル状に巻付いた直径約(コ){3, 30, 300} nm の[r]構造を仲介する．[r]はさらに凝集して[c]を構成するが，凝集の程度によって[s]が観察されることもある．[c]は細胞核内では[t]とよばれる骨格構造に結合してその形態変化を調節している．

(語群) セントロメア，　原核生物，　動原体，　真核生物，　染色質（クロマチン），　一倍体（半数体），　ヘテロクロマチン（異質染色質），

ユークロマチン(真正染質),　短腕,　長腕,　染色体,　相同染色体,　ヒストン,　常染色体,　ソレノイド,　クロモメア(染色小粒),　核マトリックス,　性染色体,　ヒストン八量体,　ヌクレオソーム

[解答]　a. 原核生物　b. 真核生物　c. 染色体　d. 染色質(クロマチン)　e. ヘテロクロマチン(異質染色質)　f. ユークロマチン(真正染色質)　g. 動原体　h. セントロメア　i. 短腕　j. 長腕　k. 相同染色体　l. 一倍体(半数体)　m. 常染色体　n. 性染色体　o. ヒストン　p. ヒストン八量体　q. ヌクレオソーム　r. ソレノイド　s. クロモメア(染色小粒)　t. 核マトリックス
　　ア. 22　イ. 30　ウ. 0.34　エ. 10^4　オ. 146　カ. 1.75　キ. 200　ク. 11　ケ. 6　コ. 30

転　写

[問題 5・11]　次の図は大腸菌の転写についての図解である．空欄a〜fに適切な用語を入れよ．

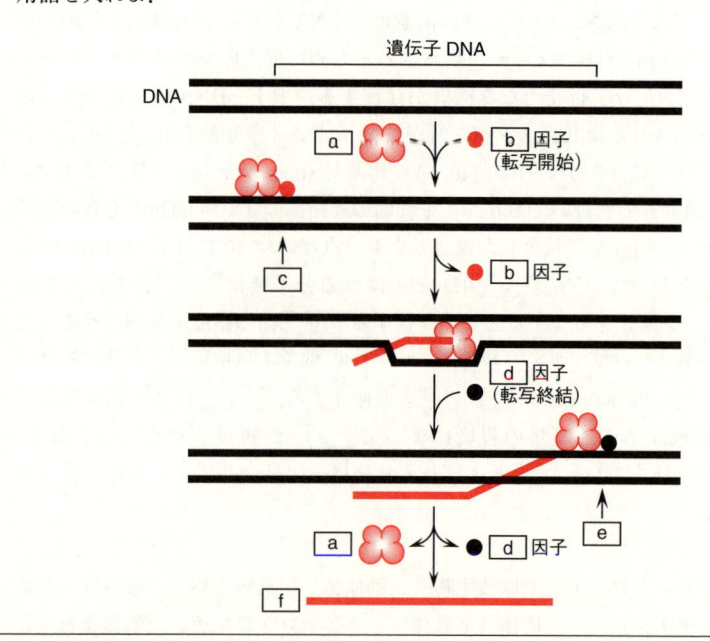

[解 答] a. RNAポリメラーゼ　　b. σ（シグマ）　　c. プロモーター部位　　d. ρ（ロー）　　e. 終結部位またはターミネーター部位　　f. メッセンジャーRNA（mRNA）

[問題 5・12]　大腸菌では，DNAの転写開始位置を +1 番目の塩基対とし，その 5′末端側の一つ前を −1 としたとき，RNAポリメラーゼは −10 および −35 番目を中心としたおのおの 6 塩基対の配列を目印にして転写開始位置を見つける．次の問いに答えよ．

1) −10 および −35 番目付近に特徴をもつ DNA のこの部位は，一般に何とよばれる領域か．

2) −10 付近の 6 塩基対配列をプリブナウ（Pribnow）配列といい，次のように多くの遺伝子で，TATAAT に近い配列をもっている．また −35 付近の配列は TTGACA という配列に近いものが多い．この二つの領域のどちらかで突然変異が生じたとき，転写にどのような影響があるか．

$$\begin{array}{ccc} -35 & -10 & -1\ +1 \\ 5'\cdots\cdots\text{TTGACA}\cdots\cdots\cdots\text{TATAAT}\cdots\cdots\text{転写開始部位}\cdots\cdots 3' \end{array}$$

3) 異なる構造遺伝子についてみると，同じ大腸菌 DNA でも，−10 および −35 付近の配列は少しずつ異なっている．配列が 2) で示した代表的な配列（コンセンサス配列とよばれる）に近い場合と，違いが大きい場合では，その機能にどのような違いがみられているか．

[解 答]　1) プロモーター（promoter）領域〔promote という動詞は（発現を）助けるという意味がある．〕

2) この領域は RNA ポリメラーゼが転写開始領域として認識して，+1 番目から転写を開始する．ある構造遺伝子の上流にある，この領域に突然変異が起こると，RNA ポリメラーゼは転写を開始できないので，その構造遺伝子のメッセンジャー RNA がつくられず，したがってタンパク質もつくられない．

3) プロモーター領域のコンセンサス配列（共通配列）の違いによって RNA ポリメラーゼが結合して転写を開始する頻度が異なる．メッセンジャー RNA を早くたくさん必要とする遺伝子は，コンセンサス配列に近いプロモーター配列をもっている．

[問題 5・13]　大腸菌の RNA ポリメラーゼは $\alpha_2\beta\beta'\sigma$ というサブユニット構造を

もっており，合計した分子量は約 450,000 である．次の問いに答えよ．

1) この分子を球状と仮定して，その直径を求め，その大きさがプロモーター領域をカバーするのに十分であることを確かめよ．タンパク質の偏比容 $\bar{v}$ は 0.75 mL/g とせよ．

2) σ サブユニットがない RNA ポリメラーゼを精製することも可能であるが，この形の酵素は σ サブユニットをもつものに比較して，転写効率がきわめて悪い．なぜか．

3) プロモーター領域に結合した RNA ポリメラーゼは -10 と -35 の間で DNA の二重らせんを切断せずにほどくので，大腸菌の環状遺伝子 DNA にネガティブスーパーコイルが導入される．そのため，あらかじめ二重らせんをほどいてくれるジャイレース (gyrase) の働きは多くの遺伝子に対して RNA ポリメラーゼの転写活性を高める方向に作用する．では，ジャイレース自身の遺伝子の転写に関してジャイレースはどう作用すると考えられるか．酵素量の調節をネガティブフィードバックの観点でとらえてみよ．

[解 答] 1) $(4\pi/3)r^3 N_A = M\bar{v}$（ここで，$r$ は半径，N_A はアボガドロ数，M は分子量）を用いると，問題文に示したように，タンパク質の偏比容 $\bar{v}$ は 0.75 mL/g なので $r = 5.1$ nm という結果を得る．よって直径は約 10 nm となる．コンセンサス配列（共通配列）は，約 30 塩基対の範囲にわたっているので，二本鎖 DNA の長さにして約 10 nm であり，ちょうど RNA ポリメラーゼでカバーできる長さである．実際にはポリメラーゼは少し細長い形をしており，プロモーター領域だけでなく，転写開始位置もカバーできる．

2) σ サブユニットはポリメラーゼがプロモーター領域に結合するために必要なサブユニットなので，これがない酵素は転写を開始する場所がわからない．そのため，転写機能はほとんどゼロになる．

3) ネガティブフィードバックの考えを適用すると，ジャイレース活性が高いときは，その転写は抑えられるべきだから，ジャイレース自身のプロモーターに関していえば，ネガティブスーパーコイルがあらかじめ導入されていると転写活性は低くなるはずである．

[問題 5・14] 1) 次の写真は DNA を鋳型にして mRNA がつくられてゆくところを電子顕微鏡で撮影したものである．a～d の空欄にア～カから合致するものを選んで入れよ．

5. 分子生物学

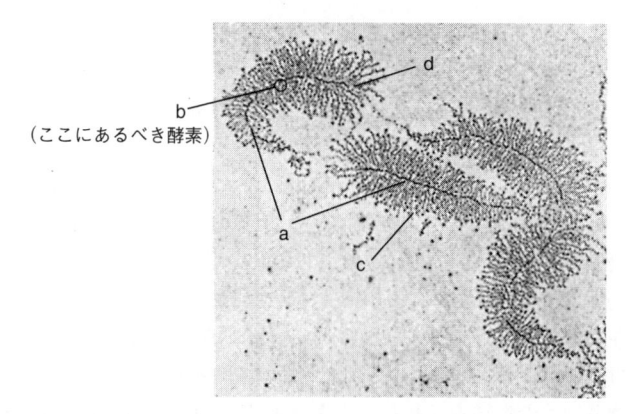

mRNA 合成 [M. F. Trendelenburg, *Hum. Genet.*, **63**, 203 (1983) による.]

ア．RNAポリメラーゼ　　イ．転写終結点　　ウ．DNA　　エ．mRNA

2) DNAの二本鎖のうち，どちらの鎖を鋳型にしてmRNAをつくるかを決めるものは何か．

[解答]　1) a. ウ　　b. ア　　c. エ　　d. イ

2) 鋳型となるのはRNAポリメラーゼがはじめに結合するプロモーター領域配列をもつ方のDNAであり，これが転写の対象となる．プロモーター領域は特殊な塩基配列によってσ因子をもつRNAポリメラーゼが結合するようになっている．この配列のことを原核生物ではプリブナウ配列（Pribnow sequence, Pribnow box）という（問題5・12参照）．真核生物ではそれに類似のものとしてTATAボックス（TATA box）の存在が指摘されている．しかし分子制御機構は両者でかなり異なる．

[問題 5・15]　次の文章のa〜iの空欄に適切な用語を入れよ．

真核生物では多くの膜タンパク質や分泌タンパク質は，細胞内の膜と結合し　a　にある　b　によって生合成される．　c　仮説は膜タンパク質がどのようにして膜を通過し分泌されてゆくかを説明する仮説である．このモデルによると膜に入るか膜を通過して分泌されるタンパク質は，そのN末端側に　c　とよばれるアミノ酸配列をもつ．それらは疎水性アミノ酸を多く含むため，翻訳されリボソームから露出するとすぐに　d　というタンパク質-RNA複合体に結合する．　d　は300ヌクレオチドのRNAと6種類のタンパク質からなる．こ

れらの結合により翻訳は一時停止し，このリボソーム-SRP 複合体は小胞体上を移動して ┌d┐ 受容体を探し，細胞質側から結合するとリボホリンという糖タンパク質によって膜に固定される．そこでまた翻訳は再開され，┌d┐ 複合体を通して翻訳されたタンパク質が膜を通過してゆく．

原核生物の mRNA は開始コドン（AUG）のすぐ 5′ 側上流にある塩基配列（AGGAG）と 16S rRNA の 3′ 末端領域との相補性を利用した結合によってリボソームに認識されているという仮説がある．提唱した 2 人の名前にちなんで ┌e┐ 配列と名付けられた．この相補性は真核生物には存在せず，そこでは原核生物には存在しない 5′ 末端のキャップ構造（mRNA が 5′ 末端側から分解されるのを防ぐ構造）がリボソームによって認識されているらしい．

原核生物遺伝子の転写のほとんどは A か G により始まっているが，その開始点より −10 塩基上流に TATAAT という共通配列がある．これを発見者にちなんで ┌f┐ 配列とよぶ．真核生物の ┌g┐ ボックス（−30 に存在する）に相当するが，塩基配列は ┌g┐ ボックスほど一定していない．（たとえば，GATACT, TATGTT, TATGCT などがある．）

大腸菌で RNA の転写を担う RNA ポリメラーゼは DNA を鋳型として NTP を重合させるコア酵素と −35 領域に結合して転写開始信号の認識に関与する ┌h┐ からなる．

大腸菌で RNA ポリメラーゼの停止信号となる塩基配列を ┌i┐ とよぶ．それは逆向きの繰返し構造をとっており，その相補的な塩基対によってステム-ループ構造をとって RNA ポリメラーゼの認識を助けている．

[解答] a. 粗面小胞体　b. リボソーム　c. シグナルペプチド　d. シグナル認識粒子または SRP（signal recognition particle）　e. シャイン-ダルガーノ　f. プリブナウ　g. TATA　h. σ 因子　i. ターミネーター

翻　訳

[問題 5・16]　図を参照しながら以下の文章を読んで設問に答えよ．

翻訳とよばれる，タンパク質の生合成は大小二つのサブユニットから構成される ┌a┐ とよばれる巨大なタンパク質-RNA 複合体が，転写された mRNA に結合することで開始する．当初から研究が進んできた大腸菌における翻訳では，まず大小サブユニットが会合して生じた P 部位，A 部位，E 部位とよばれる三つの

空隙のうち，P 部位に □b□ tRNA が入り，mRNA の AUG 配列開始コドンに結合する．次に 2 番目のコドンに対応するアミノ酸（ここでは His）を運ぶ □c□ tRNA^His-延長因子複合体が A 部位に入る．この二つのアミノ酸は □d□ という酵素により連結される．つづいて □e□ とよばれる酵素が働いて mRNA を 3 塩基分移動させて P 部位にあった tRNA は E 部位に移り，その後に放出される．このとき，A 部位にあった tRNA^His は P 部位に移動する．さらに 3 番目の □c□ tRNA が空になった A 部位に入り，新たなペプチド延長反応を継続していく．やがて終結コドンが現れると，□c□ tRNA の代わりに □f□ が A 部位に入って延長反応が阻止され，新生タンパク質が □a□ から遊離される．翻訳過程の反応は速やかに進行し，大腸菌では 1 秒間に 18 個ものアミノ酸が次々と結合されて新生タンパク質が合成される．

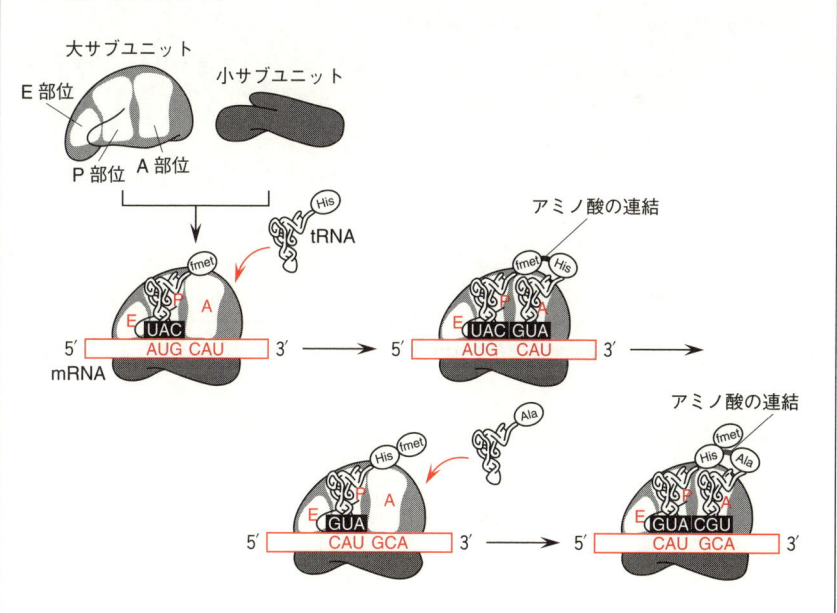

1) a〜f の空欄に該当するものを下の語群から，一つ選んで入れよ．
2) 翻訳および P 部位，A 部位，E 部位を英語で記せ．

（語群）アミノアシル，アミノ酸，解離因子，チロシン，トランスロカーゼ，分解因子，ペプチジルトランスフェラーゼ，ペプチド延長因子，ホルミルメチオニル，メチオニン，逆転写酵素，リボソーム，RNA ポリメラーゼ，rRNA,

3) 翻訳の開始コドンと三つの終結コドンを記せ．

4) タンパク質は合成後さまざまな形で修飾（modification）を受ける．その例を五つあげよ．

[解 答] 1) a. リボソーム　b. ホルミルメチオニル　c. アミノアシル　d. ペプチジルトランスフェラーゼ　e. トランスロカーゼ　f. 解離因子

2) 翻訳：translation，P 部位：peptidyl site，A 部位：aminoacyl tRNA site，E 部位：exit site

3) 開始コドン：AUG，終結コドン：UAA, UAG, UGA〔注：U を T としてもよい〕

4) ⅰ) メチル化：メチルリシン，メチルヒスチジン

　　ⅱ) ヒドロキシル化：ヒドロキシプロリン，ヒドロキシリシン

　　ⅲ) グリコシル化：糖タンパク質一般

　　ⅳ) リン酸化：ホスホチロシン，ホスホトレオニン，ホスホセリン，ホスホアスパラギン酸，ホスホヒスチジン

　　ⅴ) アセチル化：N 末端アミノ基，アセチルリシン

　　ⅵ) ペプチド切断：シグナルペプチドの切断，ペプチド切断による活性化（プロテアーゼ，補体 C3, C4, α_2 マクログロブリン）

のうちから五つあげる．

[問題 5・17]　アミノ酸の活性化と tRNA への結合を示した次の図の a～f に適切な用語を入れよ．

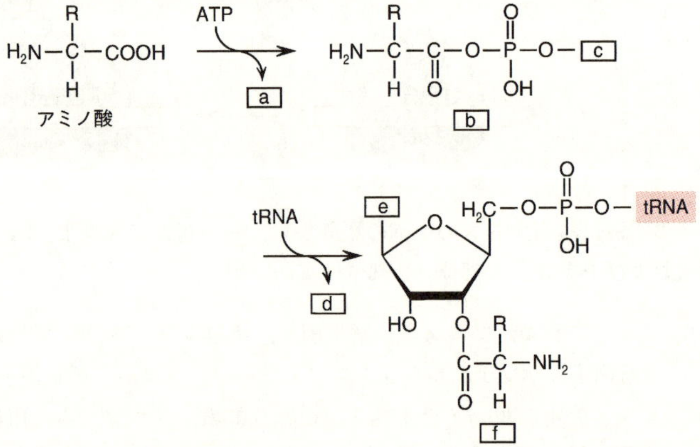

[解答]　a. ピロリン酸（PP$_i$）　　b. アミノアシル AMP　　c. アデノシン
d. AMP　　e. アデニン　　f. アミノアシル tRNA

[問題 5・18]　tRNA のなかで最初に構造決定されたのは酵母のアラニン特異的 tRNA であり，その塩基配列は，

5′-ⒸGGCGU▽UGMeⒼCGUAGUH$_2$CGGUH$_2$AGCGⒸGMe$_2$CUCCCUUIGCIMe ΨGGGAGAGGUH$_2$C△CCGGTΨCGAUUCCGG△▽UCGUCⒸACCA-3′

であった．次の問いに答えよ．
　1）次の記号で表されている修飾ヌクレオシドの名を記せ．
　　　Ψ　　GMe　　GMe$_2$　　UH$_2$　　T　　IMe
　2）上の塩基配列で同じしるしで囲んだ塩基の間で水素結合をつくることを仮定して，いわゆる tRNA のクローバーリーフ構造をつくってみよ．水素結合対をつくる可能性のある塩基間に • を入れて示せ．
　3）この tRNA が読取るコドンの配列を記せ．

[解答]　1）Ψ：プソイドウリジン，　GMe：メチルグアノシン，　GMe$_2$：N^2,N^2-ジメチルグアノシン，　UH$_2$：ジヒドロウリジン，　T：リボチミジン，　IMe：メチルイノシン

2）

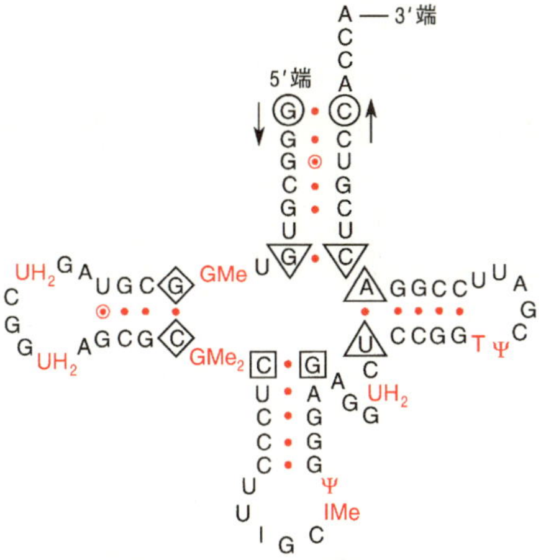

〔注： ◉ で示した G◉U 対はウォブル（ゆらぎ）対ともよばれる非ワトソン-クリック型塩基対である．• は通常のワトソン-クリック型塩基対を示す．〕

3) GCC, GCU, GCA（I は C, U, A とウォブル対をつくる）

[問題 5・19] 遺伝暗号に関する次の問いに答えよ．
1) 開始コドンを記せ．
2) 終結コドンを 3 種類記せ．
3) 同義のコドンを六つもつアミノ酸を 3 種類三文字表記および一文字表記で記せ．
4) 同義のコドンを三つもつアミノ酸を三文字表記および一文字表記で記せ．
5) 同義のコドンを一つしかもたないアミノ酸を 2 種類三文字表記および一文字表記で記せ．
6) 次のアミノ酸のうち同義のコドンを二つしかもたないアミノ酸を選べ．
　　Phe, Gly, Ala, Cys, Thr, His, Glu, Lys, Val

[解答] 1) AUG（または ATG）　2) UAA, UAG, UGA（または TAA, TAG, TGA）
3) Leu(L), Ser(S), Arg(R)　4) Ile(I)　5) Met(M), Trp(W)　6) Phe(F), Cys(C), His(H), Glu(E), Lys(K)

[問題 5・20] タンパク質翻訳の開始コドン（AUG）はメチオニン（Met）のコドンの役割も果たす．これらが間違いなく使い分けられている理由（分子機序）を説明せよ．

[解答例] AUG コドンのアンチコドン（UAC）をもつ tRNA には 2 種類ある．原核生物では一方を $tRNA_F^{Met}$，他方を $tRNA_M^{Met}$ とよび，真核生物では一方を $tRNA_I^{Met}$，他方を $tRNA_M^{Met}$ とよぶ．両者おのおのに対応するメチオニル tRNA 合成酵素が知られている．原核生物ではメチオニル tRNA（Met-$tRNA_F^{Met}$）のメチオニンのアミノ基は酵素的にホルミル化されて fmet-$tRNA_F^{Met}$ となり，タンパク質合成の開始にのみ使われる．この酵素（ホルミルトランスフェラーゼ）は明らかに両 tRNA を見分けている．真核生物の $tRNA_I^{Met}$ もやはりタンパク質合成開始にのみ使われているが，メチオニンはホルミル化されていない．この fmet-$tRNA_F^{Met}$ あるいは Met-$tRNA_I^{Met}$ のみが GTP, 開始因子（initiation factor: IF），リボソームの小サブユニットとともに開始複合体を形成して mRNA の AUG というコドン近傍に結合することができる．逆にポリペプチド鎖延長中の AUG コドンには $tRNA_M^{Met}$ のみが選ばれ，かくして両者は間違いなく使い分けられるのである．

5. 分子生物学

[問題 5・21] 写真は mRNA にリボソームが結合してタンパク質合成を行っているところを電子顕微鏡撮影したものである．A，B どちら側が mRNA の 3′ 末端と考えられるか．

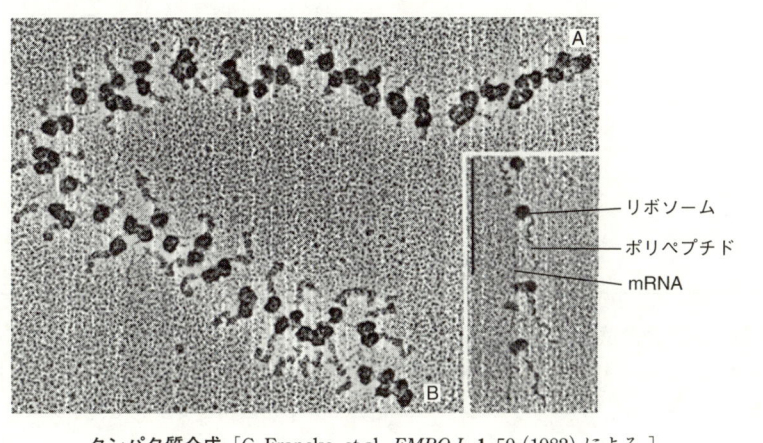

タンパク質合成 [C. Francke, et al., *EMBO J.*, **1**, 59 (1982) による．]

[解 答] 黒い丸がリボソームであり，外側へ伸びている灰色の線状のものが新しく合成されたタンパク質なので，タンパク質が長い方向，すなわち B が mRNA の 3′ 末端である．

原核生物の遺伝子制御

[問題 5・22] 図 1，図 2 は原核生物である大腸菌の遺伝子発現の制御機構を表している．空欄 a〜i に適切な用語を入れよ．

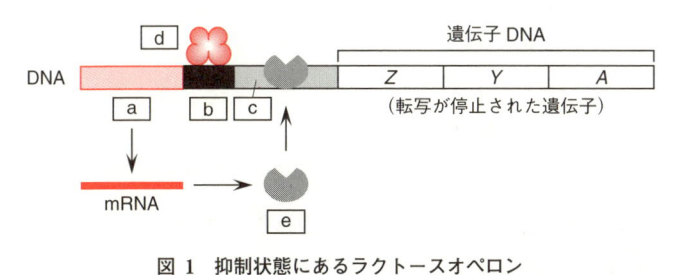

図 1 抑制状態にあるラクトースオペロン

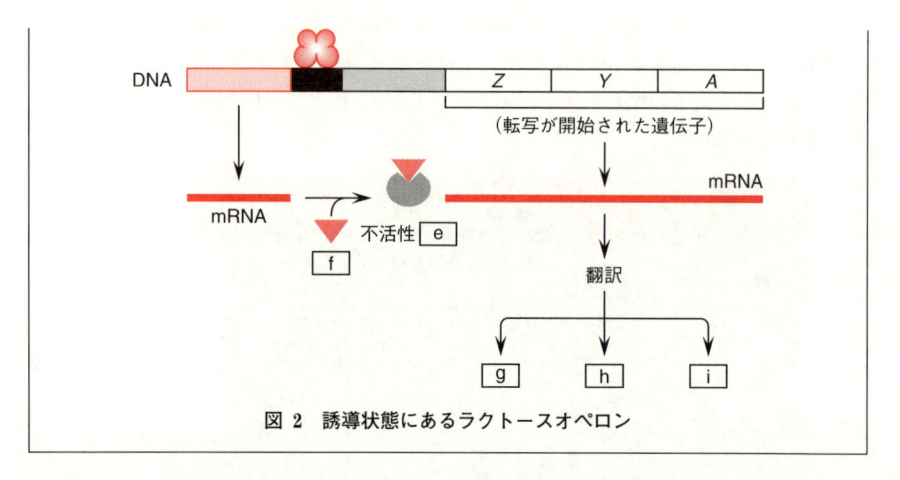

図 2　誘導状態にあるラクトースオペロン

[解答]　a. 調節遺伝子　b. プロモーター部位　c. オペレーター部位　d. RNA ポリメラーゼ　e. リプレッサー　f. インデューサー（誘導物質）　g, h, i. β-ガラクトシダーゼ，β-ガラクトシドパーミアーゼまたはパーミアーゼ，チオガラクトシドアセチルトランスフェラーゼまたはアセチルトランスフェラーゼ

[問題 5・23]　二重らせん DNA の 2 本の鎖の中で，RNA ポリメラーゼの鋳型となるのはアンチセンス鎖とよばれる方の鎖である．もう一方の鎖はメッセンジャー RNA と同じ塩基配列をもっており，センス鎖とよばれる．

1) RNA ポリメラーゼはどのようにしてアンチセンス鎖をセンス鎖から区別して転写を開始し，進めるかを述べよ．

2) 大腸菌では転写が始まり，$5'\to3'$ の方向にホスホジエステル結合が一つつくられると，σ 因子は酵素から離れる．σ 因子のない酵素は DNA への結合が強くなり，めったに離れなくなる．酵素が転写を終わり，酵素が DNA から離れるべきシグナルの代表的な例は，次のような GC に富む回文配列（下線部どうし，および点下線部どうし）とそれに続く AT の多い配列である．

CAGCCGCCAGTTCCGCTGGCGGCATTTTAACTTTC（センス鎖）
　　　　　◆（2 回回転対称軸）
GTCGGCGGTCAAGGCGACCGCCGTAAAATTGAAAG（アンチセンス鎖）

回文配列の部分の転写産物は水素結合による塩基対でヘアピン構造をつくると考えられている．その構造を示せ．

3) 上のような回文配列をもたない遺伝子の場合はどのような終結の仕方があるか.

[解答] 1) DNA のアンチセンス鎖の転写開始部位から 5' 末端側へ（上流へという意味）40 塩基配列ほどの領域はプロモーター領域という特別な塩基配列をもっていて，RNA ポリメラーゼがまずこの部位を目印にして，転写するべき鎖と，転写を開始するべき位置を見つけ出す.

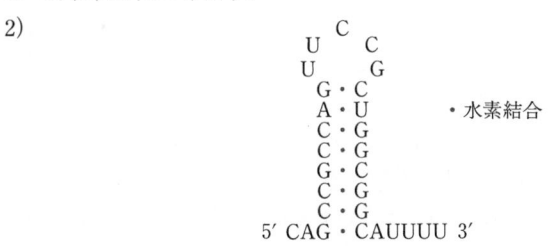

2)
```
          C
       U     C
       U     G
       G · C
       A · U      ・水素結合
       C · G
       C · G
       G · C
       C · G
       C · G
   5' CAG・CAUUUU 3'
```

3) 転写終結機能をもついくつかのタンパク質が知られている．そのなかで，ρ 因子とよばれる 6 個のサブユニットからなる DNA 結合タンパク質は，DNA の上を動いてゆき，RNA ポリメラーゼが DNA にとりついて RNA をつくっている現場（転写バブル transcription bubble）にくると，RNA 上の塩基配列を見分けて，終結すべきときは RNA に結合して DNA から引き離して転写を終結する．

真核生物の遺伝子制御

[問題 5・24] 真核生物の転写に関する次の文章の空欄 a〜k を埋めよ.

原核生物の転写は a 種類の RNA ポリメラーゼによって行われるが，真核生物の転写は，その産物の種類，すなわち b RNA, c RNA, d RNA かによって， e 種の異なるポリメラーゼによって転写される．すなわち，RNA ポリメラーゼ I は b RNA を，II は c RNA を，III は d RNA またはそれらの前駆体を主として転写する．リボソームの 5S RNA は他の 18S, 5.8S, 28S RNA とは異なり，ポリメラーゼ III により転写される．原核生物の場合と同様，RNA ポリメラーゼは，RNA を f の方向に合成してゆく．また，DNA ポリメラーゼと異なり，ヌクレアーゼ活性（核酸を切る活性）はもたないので，まちがったヌクレオチドを取込んだ場合でも，これを切り出して正しいものと入

れ替える □g□ 機能はもっていない．

　真核生物のプロモーターの例として，ポリメラーゼⅡの場合をあげると，多くの場合に転写開始位置から −25 付近の位置に □h□ ボックス（または Hogness ボックス）とよばれる配列がある．この部分のコンセンサス配列は □i□ という 7 塩基配列である．しかし，プロモーターの存在は転写開始の十分な条件ではなく，このほかに CAAT ボックスとか，GC ボックスがプロモーターとして必要とされている．しかし，この配列はポリメラーゼⅡ自身によって認識されるのではなく，□j□ とよばれる遺伝子ごとに特異性の高い，多くの種類のタンパク質性転写因子によって認識され，それらがプロモーター領域に結合することにより，ポリメラーゼⅡが転写を開始することができる．

　また，転写開始点から数千塩基も離れたところにあって，真核生物のプロモーターの作用を何十倍にも高める作用をもつ □k□ 配列の重要性を忘れることはできない．その位置は必ずしも，転写開始点の上流とは限らず，下流にも，あるいは転写配列内にあることすら見いだされている．

[解　答]　a. 1　　b. リボソームまたは r　　c. メッセンジャーまたは m
d. 転移，トランスファーまたは t　　e. 3　　f. 5′→3′　　g. 校正　　h. TATA
i. TATA$\frac{A}{T}$A$\frac{A}{T}$　　j. 転写制御因子　　k. エンハンサー

[問題 5・25]　次の文章は哺乳動物の DNA（ゲノム）について述べたものである．a〜l の空欄を埋めよ．

　哺乳動物の核内遺伝子 DNA は原核生物の遺伝子 DNA と異なり，環状ではなく，□a□ 状である．そして，非常に長いので，その複製は数百から数千にのぼる □b□ からスタートする．一方，哺乳動物のミトコンドリアにある DNA は □c□ 状である．これらの DNA は異なる DNA ポリメラーゼにより複製される．DNA ポリメラーゼ α, δ, ε はそれぞれが □d□ にある遺伝子の複製の開始，ラギング鎖の合成，リーディング鎖の合成を行う（問題 5・5 参照）．DNA ポリメラーゼ γ は □e□ にある遺伝子の複製をする酵素で，傷ついた DNA の □f□ をするのは DNA ポリメラーゼ β である．

　哺乳動物のミトコンドリア DNA のコドンは核遺伝子のコドンと異なるものがある．AGG と AGA は核遺伝子では □g□ をコードするが，ミトコンドリアでは終結コドンとなっている．AUA, UGA は通常 □h□ と □i□ のコドンである

が，ミトコンドリアではそれぞれメチオニンとトリプトファンをコードする．

ヒトのゲノムの約 10% は [j] 配列とよばれる 300 塩基配列の 100 万回近い繰返しでできている．ほかにもあるこのような反復配列を合計すると遺伝子の 50% を超える領域が反復配列で構成されている．[j] 配列は同一の場所で繰返しているのではなく，あちらこちらにばらばらに存在する．平均すると，ヒトの [k] 億の遺伝子塩基配列のうち任意の 20,000 配列をとるとたいてい一つ以上の [j] 配列を含んでいる．

リボソーム RNA やヒストンをコードする遺伝子は数珠つなぎにつながった繰返し構造をもっているが，タンパク質の多くは [l] 個の遺伝子から生産される．

[解 答] a. 線   b. 複製起点または複製開始点   c. 環   d. 核   e. ミトコンドリア   f. 修復   g. アルギニン   h. イソロイシン   i. 終結または終止   j. Alu   k. 30   l. 1

[問題 5・26] 先にみたように真核生物の RNA ポリメラーゼは RNA ポリメラーゼ I, II, III の 3 種類から成り立っている．次の文章においてア～オの { } の部分には I, II, III のうちのいずれかを，また，a～g の空欄には適切な用語を入れよ．

RNA ポリメラーゼ {ア} は主として rRNA を，RNA ポリメラーゼ {イ} は主として mRNA を，RNA ポリメラーゼ {ウ} は主として tRNA や 5S RNA などの小分子 RNA を転写する．

RNA ポリメラーゼ {エ} によって転写されるのはタンパク質をコードする構造遺伝子と一部の [a] 遺伝子である．タンパク質をコードする遺伝子はいくつかの単位から成り立っている．原核生物のそれと大きく異なっているのは成熟 mRNA に至る前に除去される [b] とよばれる介在配列によって mRNA 部分（エキソン）が分断されていることである．RNA ポリメラーゼ {オ} によって転写された mRNA 前駆体は [c] とよばれ，転写後核内で速やかにキャップ（cap）構造が [d] 末端に，200～300 塩基のポリ A が [e] 末端に付加される．ポリ A 付加位置の認識信号として [f] なる配列がポリ A より上流 11～30 bp に見いだされる．ヒストン mRNA や受精卵の一部の mRNA のようにポリ A がないか長さが極端に短いものもあるが，これらは例外的である．[c] は核膜を通過する際に [g] とよばれる仕組みにより [b] が除かれ，成熟 mRNA となってリボ

ソーム上に運ばれ，タンパク質へと翻訳される．成熟 mRNA には翻訳開始コドン（AUG）と終結コドン（UGA など）の上，下流にそれぞれ機能未知の非翻訳領域をもつ．

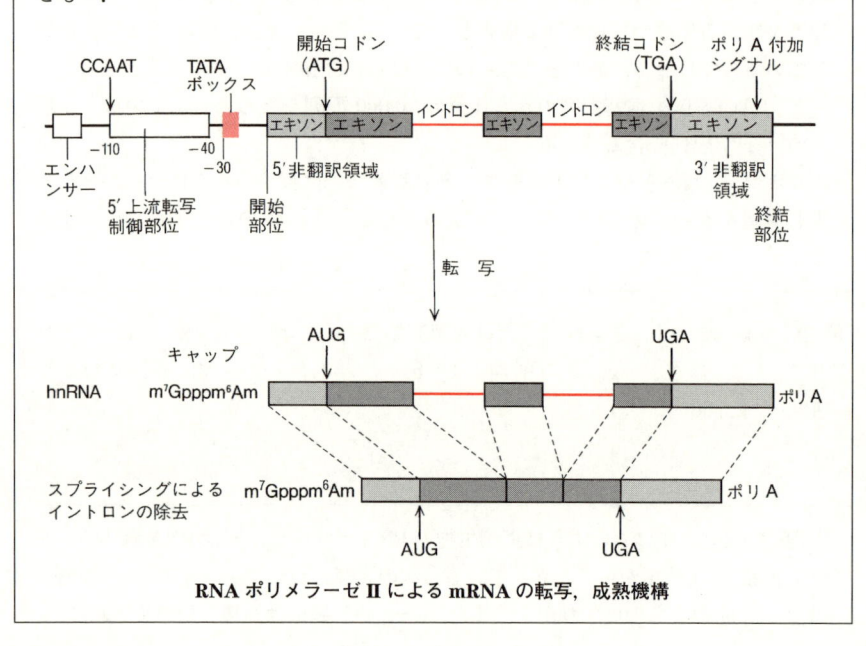

RNA ポリメラーゼ II による mRNA の転写, 成熟機構

[解答] ア．I　イ．II　ウ．III　エ．II　オ．II
a. snRNA (small nuclear RNA)　b. イントロン　c. hnRNA (heterogeneous nuclear RNA)　d. 5′　e. 3′　f. AATAAA　g. スプライシング

[問題 5・27] 問題 5・26 でみたように真核生物のメッセンジャー RNA は，DNA の一次転写産物である RNA がスプライシングという過程で，イントロンとよばれる部分を切取り，残ったエキソンとよばれる部分をつなぎ合わせてつくられる．その前にキャップ構造が 5′ 末端側につけられている．次の問いに答えよ．

1) キャップ構造とは図1のような構造で，転写が終わるとすぐに一次転写産物である RNA の 5′ 末端につくられる．その意義を述べよ．

2) スプライシングは大きく分けると，スプライソソームというリボ核タンパク質複合体によって行われるものと，一次転写産物である RNA 自身のたとえばイントロン部分の RNA が行う場合（リボザイム機能）とがある．それぞれの場

合の反応を図解した図2と図3を見て，二つの反応の類似点を指摘せよ．

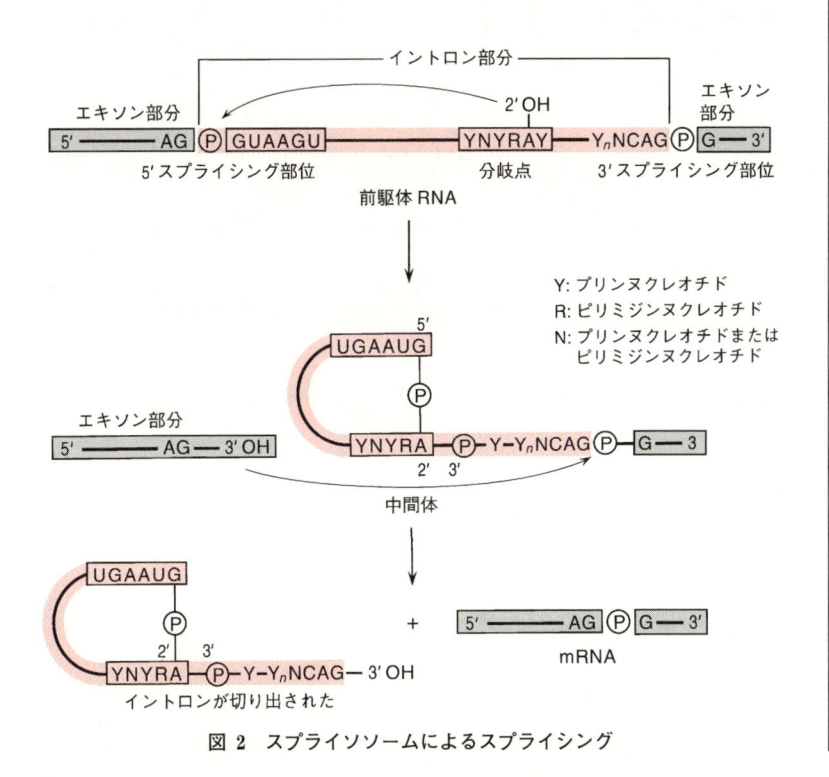

図1 キャップ構造

図2 スプライソームによるスプライシング

Y: プリンヌクレオチド
R: ピリミジンヌクレオチド
N: プリンヌクレオチドまたはピリミジンヌクレオチド

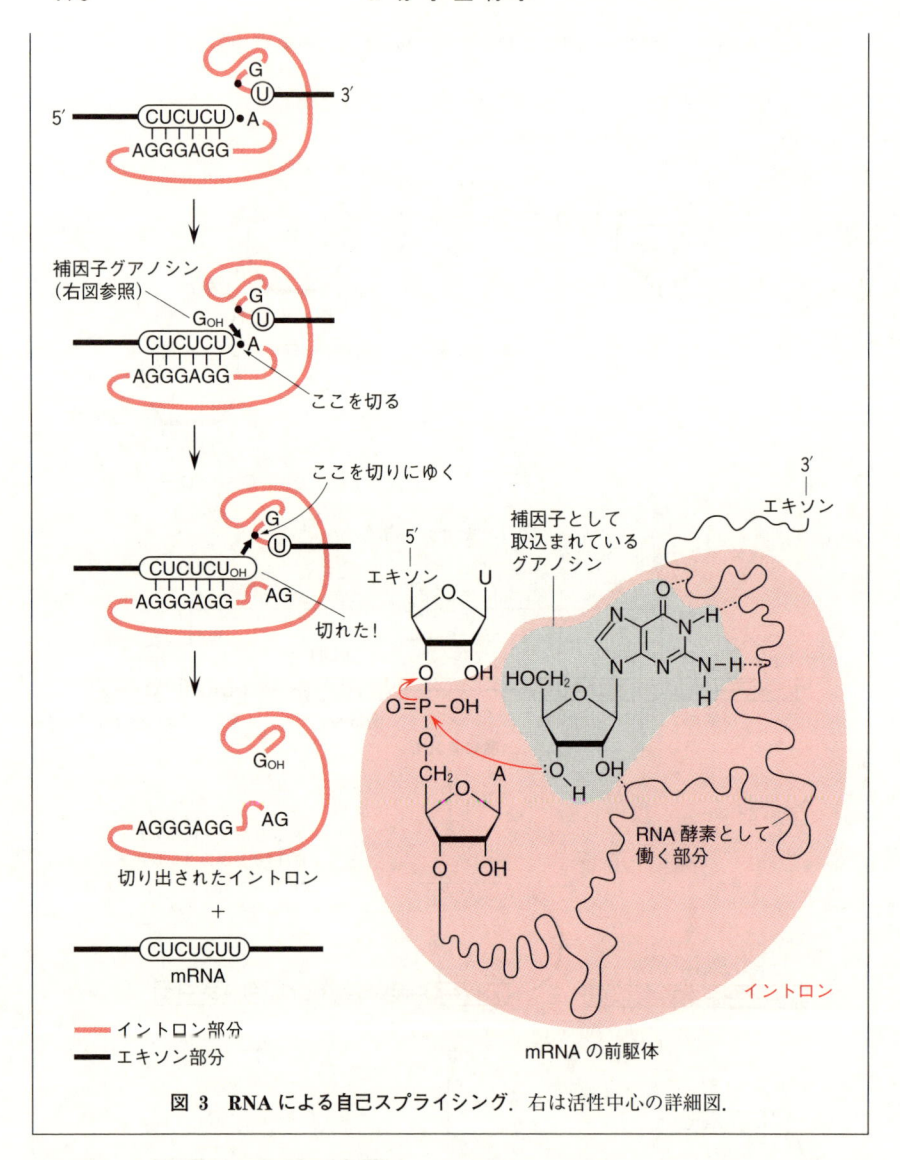

図3 RNAによる自己スプライシング．右は活性中心の詳細図．

[解 答] 1) キャップ構造はできあがったRNAが5′末端から分解されるのを防ぐ工夫と考えられている．

2) 類似点はいずれの場合も，リボースの−OH（スプライソソーム機構では分岐点のアデニル酸の2′-OH，RNAによる自己スプライシングの場合は図3の右側に示した

ように補因子として使われるグアノシンの 3′-OH) の酸素が，上流側のエキソンとイントロンの間のホスホジエステル結合のリンを求核攻撃して，ジエステル結合を自分の側に転移することにより，エキソンとイントロンの間の結合を切っている．さらに，自由になった上流側の 3′-OH の酸素が下流側のエキソンとイントロンの間のホスホジエステル結合のリンを，やはり求核的に攻撃してエステル結合の転移により，エキソンどうしをつなぎ，イントロンを切り出している．

異なる点はスプライソソーム機構で切り出されたイントロンは，分岐点の存在により，輪状の構造をもっている点である．

[問題 5・28] 次のような DNA センス鎖上の塩基配列は遺伝子の機能発現上どのような意味をもつか，下の欄から選べ．
1) ATG　2) TAG　3) AATAAA　4) GT……AG　5) TATA^A_TA^A_T
6) GGGCG

(遺伝子上での機能)
ア．mRNA の 3′ 非翻訳領域にあるポリ A 付加信号
イ．真核生物遺伝子のプロモーター配列で TATA ボックスとよばれる
ウ．イントロンの両端にある普遍的な塩基配列で，この外側がエキソンであることを示して，スプライシングの目印となる．
エ．真核生物でタンパク質をコードする遺伝子 DNA の転写開始位置から －60 ないし －120 の位置にあり，GC ボックスとよばれる．ここに結合する転写制御因子 SP1 は転写を促進する．
オ．翻訳開始コドン
カ．翻訳終結コドン

[解答]　1) オ　2) カ　3) ア　4) ウ　5) イ　6) エ

[問題 5・29] 次にあげる二つの用語の違いを説明せよ．
1) ヘテロクロマチンとユークロマチン
2) スプライシングとプロセシング
3) シススプライシングとトランススプライシング
4) モノシストロン性とポリシストロン性

5) プロモーターとエンハンサー

[解答例]　1) **ヘテロクロマチン**（heterochromatin）は異質染色質ともよばれ，細胞の有糸分裂が終わり，染色体がほどける時期になっても DNA 染料（ギムザなど）で濃く染まったままの部分を示す．これは染色質（DNA とタンパク質）が凝縮した部分で，その塩基配列が高度に反復した，転写が不活性な領域と考えられている．他方，**ユークロマチン**（euchromatin）はその反対に，凝縮の小さい部分で転写が活性な通常の遺伝子の領域である．真正染色質ともいう．

　2) 一般に RNA 前駆体やタンパク質（ペプチド）前駆体が何らかの分子機序により修飾されたり，より短く加工されたりして機能をもつ成熟 RNA や成熟タンパク質（ペプチド）になってゆく過程を**プロセシング**（processing）と総称する．**スプライシング**（splicing）とは二つのエキソンに挟まれたイントロンを切除する機構の呼称で，プロセシングの一種である．たとえば "tRNA のプロセシングにはスプライシングと塩基の修飾が含まれる" という使い方をする．

　3) **シススプライシング**（cis-splicing）とは二つのエキソンに挟まれた１個のイントロンを切除する過程で，通常のスプライシングがこれに含まれる．**トランススプライシング**（trans-splicing）とは二つの異なる遺伝子の転写産物である異なる RNA 鎖を一部ずつ切除してつなぎ合わせる分子機序の呼称で，トリパノソーマや線虫（*C.elegans*）で見つかった珍しい現象である．

　4) **モノシストロン性**（monocistronic）とは一つの mRNA からは一つのタンパク質しかコードされないことで，すべての真核生物の mRNA はこの性質をもつ．**ポリシストロン性**（polycistronic）とは原核生物でみられる現象で，一つの mRNA に多種類のタンパク質をコードする翻訳開始点と終結点をもつことをいう．〔注：ただし可変スプライシングという現象によりスプライシングを受ける位置を変えることによって一つの mRNA から一部アミノ酸配列の異なるドメインを有する多種類のタンパク質を生成する機構が真核生物にはみられる．さらに真核生物にはポリタンパク質（polyprotein）というものが多くあり，それらでは一つの mRNA から生合成される一つの前駆体がプロテアーゼによって多種類の異なる生理活性をもつタンパク質を生成する．それでもこれらは定義上，モノシストロン性である．また真核生物のミトコンドリアや真核生物に感染するウイルスなどでは読み枠（フレーム）が一部重なって一つの遺伝子部分から二つ以上のタンパク質や RNA がコードされていることがある．しかしこれもそれぞれのタンパク質や RNA は１種類の転写された RNA に由来するところから定義上はモノシストロン性である．〕

　5) 遺伝子の転写を担う RNA ポリメラーゼが認識して結合する遺伝子上流の塩基配

列を**プロモーター**（promoter）とよぶ．一方，**エンハンサー**（enhancer）は一般にプロモーターより 5′ 上流にあり（例外もある），転写活性を増幅させる役割を担う塩基配列．エンハンサーに結合するいくつかの転写制御因子（タンパク質）が知られている．〔注：エンハンサーとは逆に転写活性を低下させる働きをもつ塩基配列を，サイレンサーまたはデハンサーとよぶ．〕

[問題 5・30]* 次の文章の正誤を問う．誤りと判断した場合はその理由も述べよ．
 1) hnRNA はスプライシングされる前の mRNA 前駆体である．
 2) 5′-3′ に見たときイントロン左端の AG, 右端の GU という塩基配列は普遍的に必ず存在する．
 3) U4 snRNP はスプライシングの最初の段階で mRNA 前駆体分子の 5′ スプライシング部位に結合する．
 4) イントロン分岐点へ結合するのは U2 snRNP である．
 5) スプライソソーム（spliceosome）には U1, U2, U3, U4 の 4 種類の snRNA が含まれる．
 6) ユスリカ唾液腺染色体にある"バルビアーニ環"の実体は大型の hnRNP（75S RNA を含む）である．
 7) tRNA は mRNA とは異なった分子機序でスプライシングされる．
 8) 哺乳動物では減数分裂過程で自己スプライシングが見いだされている．

[解答] 1) 正しい
 2) 誤り．左端は GU, 右端は AG である．
 3) 誤り．U4 でなく U1 である．
 4) 正しい
 5) 誤り．U1, U2, U4, U5, U6 の 5 種類の snRNA が含まれる．
 6) 正しい
 7) 正しい
 8) 誤り．哺乳動物では自己スプライシングは見いだされていない．

[問題 5・31] 真核生物（ヒトなど）と原核生物（大腸菌）の特徴を比較した次の文章は正しいか誤りか記せ．誤りと判断した場合はその理由も述べよ．
 1) 大腸菌は約 4.6×10^6 bp の DNA をもつが，ヒトは一倍体ゲノム当たりその

100倍もの長さのDNAをもつ.

2) 細胞内で大腸菌のゲノムDNAは環状のDNAからなる.真核生物のDNAはヌクレオソーム構造をとり,多くのタンパク質に覆われて規則正しく折りたたまれている.

3) 大腸菌のmRNAは転写されながら翻訳される.真核生物ではまずhnRNA (heterogeneous nuclear RNA) とよばれるmRNA前駆体として転写され,核内でスプライシングされた後,5′末端にキャップ構造が,3′末端にポリA構造が付加され,核膜を通過してからリボソームへ運ばれる.

4) 細胞の大きさは真核生物も大腸菌もおよそ同じである.

5) 真核生物は核,ミトコンドリアなど脂質の膜を有する細胞小器官をもつのに対して,大腸菌は細胞小器官をほとんどもたない.

6) ほとんどの原核生物のmRNAはポリシストロン性であるが,真核生物ではmRNAにはポリシストロン性のものはない.その代わりに選択的スプライシングによって一つのmRNA前駆体から多種類のタンパク質が生合成される機構をもつ.

7) 大腸菌のオペロンに直接に相同なものは真核生物では見つかっていない.

8) スプライシングは真核生物特有なもので原核生物には見つかっていない.

[解答] 1) 誤り.ヒトは一倍体ゲノム当たり約1000倍の3×10^9 bpのDNAをもつ.

2) 正しい

3) 誤り.スプライシングされる前にhnRNAの状態ですでにキャップとポリAが付加される.

4) 誤り.一般に真核生物細胞は大腸菌細胞より大きい.

5) 正しい

6) 正しい

7) 正しい.ただし,線虫 *C. elegans* にも,複数の遺伝子が一つのRNAとして転写されるオペロンが存在する.しかし,このRNAは,トランススプライシングにより個々のモノシストロン性mRNAに分断されてから翻訳される.したがって,大腸菌のオペロンに直接に相同なものとはいえない.

8) 誤り.T4バクテリオファージのチミジル酸シンターゼ (thymidylate synthase) をコードする *td* 遺伝子や *nrdB* (ribonucleotide reductase subunit B) と *sunY* (機能未知) 遺伝子に,また枯草菌 (*Bacillus subtilis*) に感染するファージであるSPO1のRNAポリメラーゼI遺伝子などにそれぞれ見つかっている.そのスプライシング機構はグループIタイプである.

5. 分子生物学

[問題 5・32]* 次の 1)〜9) はさまざまな DNA 分子種の略号を列挙したものである．これらの略号の意味と，どのような DNA であるかを簡略に述べよ．

1) cDNA　　2) ssDNA　　3) dsDNA　　4) mtDNA　　5) cpDNA
6) kDNA　　7) B-DNA　　8) A-DNA　　9) Z-DNA

[解答]　1) 相補的 DNA（complementary DNA）の略．鋳型となる mRNA をプライマー存在下で逆転写酵素により合成したときにできる DNA 鎖のこと．

2) 一本鎖 DNA（single-stranded DNA）の略．二本鎖をつくらないで 1 本のみで存在している DNA．

3) 二本鎖 DNA（double-stranded DNA）の略．2 本の DNA が塩基対をつくってらせん構造をとっている二本鎖 DNA．一本鎖 DNA に対比して用いることが多い．

4) ミトコンドリア（mitochondrion, *pl.* mitochondria）のもつ DNA のことで，細胞のもつ核内 DNA とは独立に複製や転写の制御を受けている．

5) 葉緑体（chloroplast）のもつ DNA のことで，細胞のもつ核内 DNA とは独立に複製や転写の制御を受けている．

6) キネトプラスト DNA（kinetoplast DNA）の略．トリパノソーマのミトコンドリアのマトリックスには染色体様構造が存在し，そのなかにミニサークル（minicircle）およびマキシサークル（maxicircle）とよばれる 2 種の環状 DNA が存在する．これらを kDNA とよぶ．RNA 編集の現象はこのマキシサークル DNA の転写産物において初めて見いだされた．〔注：kink（ねじれた）DNA を kDNA と表すこともある．〕

7) フランクリン（R. E. Franklin）やウイルキンズ（M. H. F. Wilkins）らは DNA の X 線結晶解析をしている際，湿度によって DNA が 2 種類の立体構造をとることを見いだし，A 形，B 形と名付けた．高湿度で出現する B-DNA はワトソン（J. D. Watson），クリック（F. H. C. Crick）の提唱したモデルに適合する立体構造で，2 nm の直径の筒状になるように 0.34 nm のピッチと 1 巻き当たり 10 塩基対の繰返し構造をもった右巻きの二重らせん構造をとる．

8) A-DNA は湿度が 75% 以下のときに生じる構造で，この形では塩基は軸に対して傾斜しており，1 巻き当たりの塩基数も多い．しかし A 形も含めた DNA に関して知られている他の形の立体構造は，Z 形以外は右巻き B 形のあまり重要でない変形にすぎないと考えられている．

9) 1979 年にリッチ（A. Rich）らは DNA の X 線結晶解析研究の途上，G−C 配列の繰返しをもつ DNA 断片が珍しい左巻きらせん構造をとることを見いだし，その骨格がジグザグ（zigzag）構造になっているところから Z-DNA と命名した．Z-DNA は生理

的条件下でも存在するらしく，Z-DNA 構造に特異的な抗体を作製して細胞を染めることができる．また Z-DNA 特異的に結合するズオチン（zuotin）と命名されたタンパク質も見つかっている．

[問題 5・33]* 次の 1)〜15) は細胞内において見いだされるさまざまな RNA 分子種を列挙したものである．これらの生理的役割を簡略に述べよ．

1) mRNA   2) tRNA   3) rRNA   4) snRNA   5) hnRNA
6) M1 RNA   7) telomerase RNA   8) primer RNA   9) 7S RNA
10) gRNA   11) miRNA   12) ncRNA   13) siRNA   14) snoRNA
15) piRNA

[解答例] 1) mRNA（messenger RNA，メッセンジャー RNA）はタンパク質をコードする遺伝情報を伝令してリボソーム上でタンパク質を生合成するときの鋳型としての役割を果たす．

2) tRNA（transfer RNA，転移 RNA）は平均で約 80 ヌクレオチドの長さをもち，その CCA-3′ 末端に特定のアミノ酸を結合させてタンパク質合成部位であるリボソーム上に運び，mRNA の鋳型（コドン）に従ってアミノ酸を次々と結合させてゆく助けとなる．

3) rRNA（ribosomal RNA，リボソーム RNA）はリボソームを構成する RNA．真核生物のリボソームは 4 種（28S, 18S, 5.8S, 5S）のリボソーム RNA と 80 種類以上のリボソームタンパク質から構成される大小二つのサブユニットよりなる．これらはタンパク質生合成の場を提供するが，その分子機構の詳細は未だ不明である．

4) snRNA（small nuclear RNA，核内低分子 RNA）は核内にある分子量の小さい RNA の総称で，そのうちいくつか（U1, U2, U4, U5, U6）の snRNA は mRNA のスプライシングをつかさどる複合体（スプライソソーム）の構成成分としての役割を果たしている．

5) hnRNA（heterogeneous nuclear RNA，ヘテロ核 RNA）はイントロンを含んだタンパク質をコードする遺伝子の転写産物で，mRNA の前駆体であり，真核生物の mRNA に特徴的なキャップ構造とポリ A 尾部はすでに付加されている．

6) M1 RNA は大腸菌の RNA 前駆体から tRNA の 5′ 末端を切り出す RNase P の活性発現のために必須の因子である．

7) 真核生物の染色体 DNA の両端は特殊な構造をもち，ヒトなどの脊椎動物では AGGGTT，テトラヒメナでは GGGGTT などグアニンに富んだ反復配列を示す．この

反復配列は159塩基からなるテロメラーゼRNA（telomerase RNA）を構成成分としてもつRNAタンパク質であるテロメラーゼによって生合成される．

8) プライマーRNA（primer RNA）はDNA複製の際に，その開始部分を指示する役目をもつ．

9) 7S RNAはシグナルペプチドをもつ膜タンパク質生合成の際に必要となるシグナル認識粒子（signal recognition particle: SRP）の構成因子の一つである．

10) gRNA（guide RNA，ガイドRNA）はRNA編集を行うエディトソーム（editosome）のRNA成分である．

11) miRNA（microRNA，マイクロRNA）はショウジョウバエの胚の中で発見された21～25ヌクレオチドの長さをもつRNA分子の総称である．ダイサー（Dicer）によって約70ヌクレオチドからなる前駆体RNAから切り出され，ヒト細胞内では700種類以上のmiRNAが見つかっている（前駆体RNAをコードする遺伝子は順番に*mir-1, mir-2*…などとよばれている）．miRNAは細胞内では550 kDaという巨大なサイズのひとつのタンパク質複合体であるmiRNPを形成している．ちなみに，stRNA（small temporal RNA）は標的mRNAに結合して発現を抑制するRNA分子の総称．線虫（*C. elegans*）における*lin-4*あるいは*let-7*遺伝子産物として最初に見つかった．前駆体RNAはヘアピンを構成し，ダイサーにより切り出されて機能する．その後，ヒト細胞にも同様な機能をもつ小分子RNAが多数見いだされ，miRNAと包括的に命名された．

12) ncRNA（non-coding RNA）はタンパク質をコードできるほどの長い連続読み枠（open reading frame: ORF）をもたないRNA分子の総称．ヒトゲノム解析により，転写される遺伝子のうち95％以上は非翻訳RNAであることがわかってきた．タンパク質をコードしないが独自の機能をもつので機能性RNA（functional RNA: fRNA）ともよばれる．ポリA尾部をもたないもの（ポリAマイナス）ともつもの（ポリAプラス）とがある．

13) siRNA（short interference RNA, small interfering RNA）ウイルスなど外来性の21～23ヌクレオチドの長さをもつRNA分子の総称．最近では，細胞内でもともと存在する内在性のsiRNAも見つかっている．ポリA尾部はもたない．RNA干渉において主たる役割を果たす．miRNAは標的mRNAの"翻訳を阻害する"のに対して，siRNAが標的mRNAの"分解を誘導する"．

14) snoRNA（small nucleolar RNA）は核小体に存在する約70～250ヌクレオチドの長さのRNAで，リボソームRNAの加工や修飾にかかわる．塩基配列の類似性からC/Dボックス型とH/ACAボックス型の2種類に分類される．メチラーゼと複合体を形成したC/Dボックス型snoRNAは，標的リボソームRNAの相補的な塩基配列と結合することで特定の塩基のメチル化を誘導する．プソイドウリジン合成酵素と複合体

を形成した H/ACA ボックス型 snoRNA は, 標的リボソーム RNA と結合して特定の塩基へのプソイドウリジン基 (ψ) 付加反応を助ける.

15) 生殖細胞特異的に発現する 26〜31 塩基長の miRNA の変種. siRNA/miRNA はアルゴノート (Argonaute) ファミリーのタンパク質の中でも Ago サブファミリーに結合するのに比べ, PIWI サブファミリーと結合することから piRNA (Piwi-interacting RNA) とよばれる. 別名, rasiRNA (repeat associated small interfering RNAs).

[問題 5・34] 図を参照しながら次の文章を読んで設問に答えよ.

　配偶子の形成過程で卵子と精子の DNA メチル化が異なるために, 胚発生で父親由来の遺伝子と母親由来の遺伝子の発現量が異なる現象が知られている. 一般にメチル化を受けた DNA は mRNA への転写が起こりにくくなることで発現が抑制される. 一例として, マウスの成長因子のひとつである IGF-II 遺伝子 (*igf2*) について研究が進んでいる (図参照). 父親に由来する *igf2* は発現してマウスの成長を促進するが, 母親に由来する *igf2* は修飾により発現できない. 父母の一方から変異した *igf2* を受け継いだマウスの成長の度合いを調べてみると, 子供が変異 *igf2* を母親から受け継いだ場合にはもともと発現しないのだから問題なく, 正常な父親由来の *igf2* が発現してできた正常な IGF-II タンパク質によって普通に成長できた. しかし, 変異 *igf2* を父親から受け継いだ場合には, 正常な母親由来の *igf2* は発現が抑制されたまま変異した IGF-II タンパク質しか発現されずにマウス

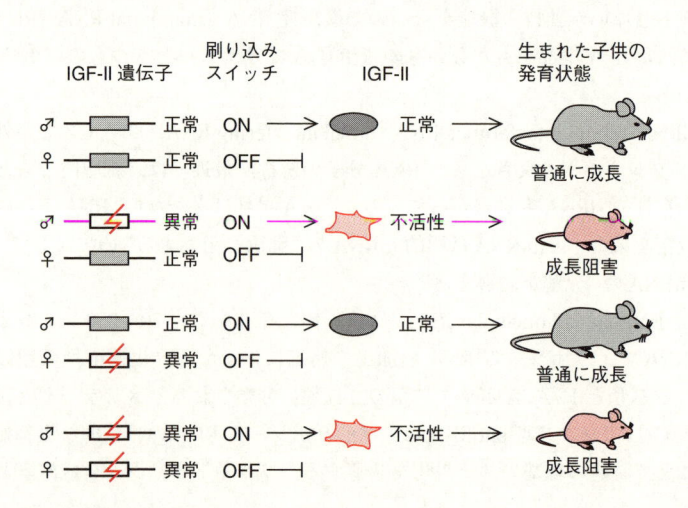

は成長が止まる．実際，この種の変異が原因となった疾患も数多く見つかっている．

1) この現象の名称を日本語と英語で記せ．
2) メチル化される塩基は何か．
3) この現象のように，DNA の塩基配列自体は変化しないが，DNA やタンパク質の後成的な修飾により遺伝子発現が影響を受ける現象を総称する用語の名称を記せ．
4) 特定のリシン残基が後成的に修飾されて遺伝子発現に影響を与えるタンパク質名と，それが受けるメチル化以外の修飾名を記せ．
5) アセチル基をはずすことで，遺伝子発現を抑制する酵素名を日本語と英語で記せ．

[解答] 1) ゲノム刷り込み，genomic imprinting　2) シトシン　3) エピジェネティクス（epigenetics）　4) ヒストン，アセチル化．そのほかリン酸化，ユビキチン化などがある．　5) ヒストン脱アセチル化酵素，histone deacetylase（HDAC）

レトロトランスポゾン

[問題 5・35] 次の文章の a～m の空欄にあてはまる用語を語群から選べ．

レトロトランスポゾンの一例であるショウジョウバエの a や酵母の b は両端に c とよばれる数百塩基対の反復配列をもつ．同様の c 構造が脊椎動物に白血病や肉腫を惹起する d の染色体への挿入型である e にも存在している． c は U3, R, U5 の三つの要素からなり，転写開始（TATA ボックスなど）やポリ A 付加のための信号（AATAAA），および逆転写反応開始のために重要なプライマーとしての f との結合部位とプリンに富んだ配列が存在する．この RNA 型腫瘍ウイルスは自身のもつ g 遺伝子にコードされた逆転写酵素を利用して h 型から i 型に変換し，それが直鎖のまま，あるいは環状化して染色体上のさまざまな位置に挿入される．挿入されたウイルス遺伝子は j の信号に従い，宿主の転写機構を利用してウイルス全長を転写し， k 遺伝子にコードされた外皮タンパク質に包まれたウイルス粒子が形成される．ウイルス発がんにおいて重要な役割を果たすのは後方の l が転写する宿主遺伝子で，正常細胞にあるふだん不活性な増殖制御遺伝子が m の挿入により大量発現することになり，細胞の増殖制御機構を狂わせてしまうと

いうモデルが発がん機構の一つとして提唱されている.

（語群）　プロウイルス,　*pol,*　*copia,*　tRNA,　レトロウイルス,
　　　　　Ty 因子,　*env,*　DNA,　LTR（long terminal repeat）,
　　　　　RNA,

[解 答]　a. *copia*　b. Ty 因子　c. LTR　d. レトロウイルス　e. プロウイルス　f. tRNA　g. *pol*　h. RNA　i. DNA　j. LTR　k. *env*　l. LTR　m. LTR

酵母の分子遺伝学

[問題 5・36]*　次の a～k の空欄を埋め，文章を完成せよ.

　　a　とは菌類が異体との接合なしに同一の菌糸で繁殖できる能力をいう. 語源的には "homo" は同一のという意味を表し，"thallos" は若い菌，あるいは若い枝を意味する. "性的同質接合の"，"同体性の"，"同株性の" などともいう.　b　はその逆で，菌類において繁殖のためには二つの雌雄が合体，接合するという有性生殖を必要とするものをいう. "性的異質接合の" ともいう.

　　変異体にその原因遺伝子以外の遺伝子を導入したときに，表現型が野生型あるいはそれに近い状態まで戻った場合，その遺伝子を　c　とよぶ.　c　が変異表現型を抑圧する理由としては，1) 変異遺伝子産物（タンパク質）と　d　上類似していて代替できる. 2) 変異遺伝子産物（タンパク質）と　e　することでその欠損機能を補いうる. 3) 変異遺伝子と同じ作用経路で　f　に位置する遺伝子が，遺伝子導入による過剰発現のために作用経路による活性化を受けなくても十分に機能できるようになった，などが考えられる.

　　ある遺伝子の変異を外部から導入した別の遺伝子で抑圧する場合，酵母の　g　(autonomously replicating sequence) を含んだプラスミドベクターでは導入された細胞内でのプラスミドのコピー数が多数で，大量のタンパク質を発現させた状態で相補していることが多い. タンパク質の量が生理的条件よりも多すぎて，必ずしも生理的状態を反映していない恐れもある. コピー数を減らす方法にはベクターに酵母のセントロメア (*CEN*) を入れておく方法がある.

　　遺伝子変異のうち多くは培養温度のわずかな違いで生育できなくなる温度感受性変異株であり，遺伝子産物であるタンパク質の 1 アミノ酸が置換してその機能が微妙に低下しているものが多い. そのような変異株ではさまざまな原因でその

変異した表現型が元に戻ることがある．それらを　h　とよぶ．
　ある変異効果を打消すもう一つの変異を　i　とよぶ．変異遺伝子上の新たな変異，あるいはその関連遺伝子上の新たな変異のうち，元の変異による表現型の異常を正常に戻すもので，その研究は変異遺伝子およびその近傍の生理作用の理解にとって有用である．これら　h　や　i　の解析は変異した遺伝子の役割について重要な情報を与える．

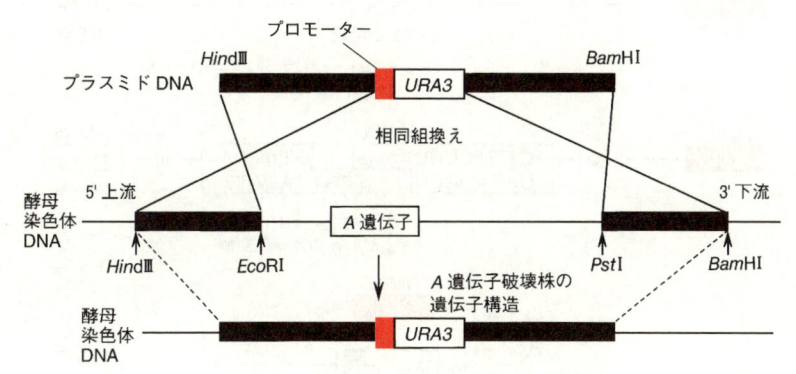

酵母における遺伝子破壊の基本概念

　酵母の分子遺伝学的手法のうち非常に有用なものに，相同遺伝子の相互組換えを利用した標的遺伝子（上図ではA遺伝子）を破壊するという技法がある．たとえば上図のように単離した遺伝子を既知の栄養マーカー（$URA3$）で一部置き換えたプラスミドを作製し酵母細胞に導入すると　j　を起こして標的遺伝子が$URA3$遺伝子に置き換わった，すなわち標的遺伝子の欠失した酵母細胞〔これを標的遺伝子の　k　とよぶ〕が作製できる．この技術は標的遺伝子の生理機能を理解するうえで非常に便利なものであるが，高等動物細胞では　j　の効率が低いためと細胞内の遺伝子が二倍体のため酵母細胞ほど簡単に実験できないのが難点である．

[解答]　a．ホモタリック（homothallic）　　b．ヘテロタリック（heterothallic）
c．サプレッサー遺伝子または抑圧遺伝子（suppressor gene）　　d．機能　　e．結合
f．下流　　g．自己複製配列またはARS　　h．復帰(突然)変異株（revertant）
i．サプレッサー変異または抑圧変異（suppressor mutation）　　j．相同組換え（homologous recombination）　　k．破壊株（disruptant）

[問題 5・37] 出芽酵母における接合型（mating type）転換の分子機構に関する下の図を見ながら，以下のその説明文のア～カの｛ ｝の中から適当な用語を選び，a～iの空欄には適当な用語を入れよ．

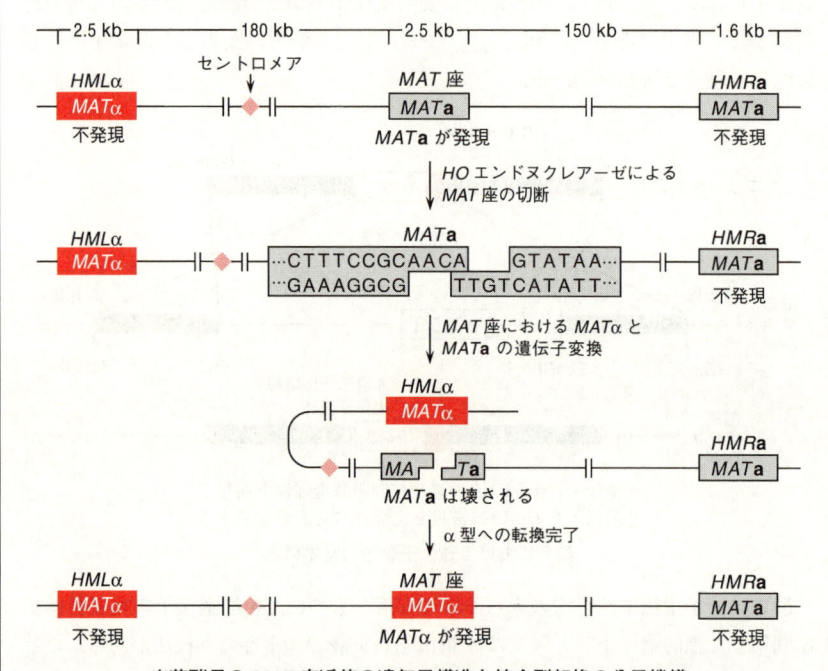

出芽酵母の MAT 座近傍の遺伝子構造と接合型転換の分子機構

出芽酵母には高等動物の性に相当するものとして **a** 型および α 型とよばれる2種類の一倍体細胞が存在し，これらは ___a___ することにより二倍体細胞（$\mathbf{a}/\alpha$）を形成する．___a___ の過程は **a** 細胞が (ア)｛$\mathbf{a}, \alpha$｝因子，α 細胞が (イ)｛$\mathbf{a}, \alpha$｝因子を細胞外に分泌することで開始される．このシグナルは **a** 因子が (ウ)｛$\mathbf{a}, \alpha$｝型の細胞膜上にある **a** 因子受容体（STE3 遺伝子産物）にキャッチされること，あるいは α 因子が (エ)｛$\mathbf{a}, \alpha$｝型の細胞膜上にある α 因子受容体（STE2 遺伝子産物）にキャッチされることで細胞内へ伝えられ，G_1 後期における増殖停止とそれに伴う特徴的な形態上の変化を誘起する．このようにして ___b___ により感作された一倍体細胞は互いを認識してから細胞膜を融合させ，核の融合に至って二倍体細胞形成を完了する．この ___b___ によるシグナル伝達系は (オ)｛一, 二｝倍体細胞に特異的で，(カ)｛一, 二｝倍体細胞では接合因子産生もなく，それらに対する感受性ももたない．

一倍体細胞が **a** 型か α 型であるかは図で示す構造をもつ MAT（mating type）と

よばれる遺伝子座（*MAT* locus）によって決定される． c 株では細胞は世代を重ねるごとに **a** 型と α 型を頻繁に転換することが知られている．この現象は通常の遺伝子変異では説明がつかず発見当時は深い謎であったが，*MAT* 座の塩基配列が決定され，それを挟むようにして d と *MAT*α という二つの対立遺伝子のコピーが e と *HMR***a** とよばれる遺伝子座に存在することがわかってから，その謎がしだいに解けてきた．現在では接合型転換の分子機構は図に模式的に示すようなシナリオに従って起こっていると理解されている．今，*MAT***a** 遺伝子が発現されている現況（**a** 型）から α 型への転換機構を考える．この場合は，1) まず f 遺伝子によってコードされるエンドヌクレアーゼによって *MAT* 座が切断される．2) *MAT* 座にある遺伝子が切断されて壊されるとともに g 遺伝子が遺伝子変換によってコピーされる．3) *MAT* 座では g 遺伝子が発現されるようになり，細胞は α 型となる．

　 f 遺伝子の発現は，その 5′ 上流 1.4 kb における転写制御領域を通して次の三つの制限を受けている．1) ある特異的抑制システムにより一倍体でだけ発現し，二倍体の状態では発現しない．2) パン酵母は非対称に分裂し，一方は接合型転換を行う h (mother cell) に，他方は転換を行わない，より小さい i (daughter cell) になるが，そのうち h でだけ発現する．3) さらに細胞周期のうち G_1 後期のスタートとよばれる時期に増殖分裂へのコミットメントが済んだ状態の G_1→S 期遷移点あたりでのみ発現される．六つのスイッチ（switch）遺伝子（*SWI1*~6）の産物が f 遺伝子の転写制御にかかわっていることがわかっているが，そのうち四つ（*SWI1, 2, 3, 5*）は －1200 ヌクレオチド上流あたりにある URS1 (upstream regulatory sequence 1) を通じて h 特異的発現を制御している．残りの二つ（*SWI4, 6*）は URS1 と TATA ボックスの間に 10 回ほど反復して現れる CACGAAA という制御配列に結合する転写制御因子複合体として働き，G_1→S 期特異的な発現を実現していることがわかってきた．

[解答] ア. **a**　　イ. α　　ウ. α　　エ. **a**　　オ. 一　　カ. 二
a. 接合　b. 接合因子　c. ホモタリック　d. *MAT***a**　e. *HML*α
f. *HO*　g. *MAT*α　h. 母細胞　i. 娘細胞

ゲルシフトアッセイ

[問題 5・38] 次の実験は，ゲルシフトアッセイ（モビリティーシフトアッセイ，

もしくはゲルリターデーション解析ともいう）に関するものである．

　筋細胞で発現しているミオシン軽鎖の遺伝子をクローニングして，その発現調節の機構を調べた．ミオシン遺伝子の発現調節には，そのコード領域の5′上流に位置するDNAの配列が関与していることがわかったので，次のような実験を行った．遺伝子上流のDNAフラグメントを調製し，放射性標識した後，電気泳動し，オートラジオグラフィーを行うと図のレーン1のところまで泳動されることがわかった．次に筋細胞の核からタンパク質を抽出し，このタンパク質と標識したDNAフラグメント，および多量のランダムな配列をもった非標識DNAとを混合した後，泳動するとレーン2のようになった．

　次に，レーン2の組成に，先ほど標識したDNAフラグメントと同じ配列をもっているが標識はされていないDNAフラグメントを同量加え，泳動したものがレーン3であり，2倍量，3倍量の非標識フラグメントを加えたものがレーン4と5である．

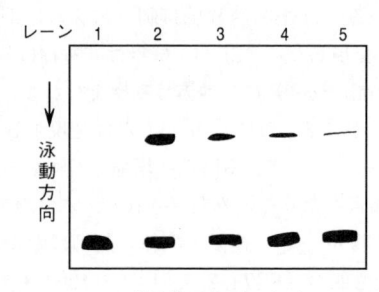

ゲルシフトアッセイ

　1）レーン2で移動度が小さいDNAフラグメントが現れるのはどのような理由によると考えられるか．
　2）多量のランダムな配列をもった非標識DNAを加えるのはなぜか．
　3）レーン2, 3, 4, 5で，移動度の小さい標識フラグメントが順次減っている．このことから何が結論できるか．

[解答例]　1) 標識したDNAの一部に核タンパク質の一部が結合し複合体をつくるので，ゲル中を移動しにくくなり，移動度の小さいバンドとして現れた．すなわち，筋細胞の核内にはこのDNAフラグメントに結合しうるタンパク質のあることが示唆される．この実験だけからではこのタンパク質が転写を調節している因子であるかどうかはわからないが，特定のDNAに結合するということから少なくとも転写調節因子の候補となりうるタンパク質が検出できる．

5. 分 子 生 物 学

2) 核内には，ヌクレオチドの配列には依存せずに非特異的にDNAに結合するタンパク質（たとえばヒストン）などが多量に存在している．ランダムな配列をもったDNAを多量に加えると，非特異的DNA結合タンパク質は主としてこちらの方に結合し標識DNAフラグメントとの結合を抑えることができるので，特異的な結合つまり意味のある結合をきわだたせることができる．

3) ミオシン遺伝子上流のDNAフラグメントと配列特異的に結合するタンパク質が存在すると結論できる．実験系には，すでに多量のランダム配列をもったDNAが含まれているので，もし，レーン2で検出される移動度の小さいバンドが非特異的結合によるものなら，少しくらいの同じ配列をもった非標識DNAフラグメントを加えたところでバンドの濃さは変わらないであろう．しかし，この実験ではバンドの濃さが減少している．すなわち，標識DNAの配列を特異的に認識し結合していたタンパク質が，非標識DNAの方にも結合するため，競合的に標識DNAとタンパク質の複合体量が減少していったと考えてよい．

英語も覚えよう

RNAポリメラーゼ RNA polymerase　アンチセンス鎖 antisense strand　イントロン intron　エキソン exon　エピジェネティクス epigenetics　エンドヌクレアーゼ endonuclease　エンハンサー enhancer　オペレーター operator　ゲノム刷り込み genomic imprinting　ゲルシフトアッセイ gel shift assay　コドン codon　コンセンサス（共通）配列 consensus sequence　ジャイレース gyrase　修飾 modification　スプライシング splicing　制限酵素 restriction enzyme　センス鎖 sense strand　DNA傷害 DNA damage　DNAスーパーコイル DNA supercoil　DNAポリメラーゼ DNA polymerase　DNAリガーゼ DNA ligase　転写 transcription　トポイソメラーゼ topoisomerase　トランスファーRNA transfer RNA (tRNA)　ヒストン histone　複製 replication　プリブナウ配列 Pribnow sequence　プロセシング processing　プロモーター promotor　ヘリカーゼ helicase　翻訳 translation　メッセンジャーRNA messenger RNA (mRNA)　ラギング鎖 lagging strand　リーディング鎖 leading strand　リボソームRNA ribosomal RNA (rRNA)　レトロトランスポゾン retrotransposon

6. 細胞生物学

細胞の構造

[問題 6・1] 次にあげる 1)～27) の代謝系, 酵素, 核酸などが, 真核生物では主としてどの細胞小器官で働いているか. a～j から選べ.
1) TCA 回路   2) 脂肪酸 β 酸化系   3) ペントースリン酸回路
4) 還元的ペントースリン酸回路（カルビン回路）   5) グリオキシル酸回路
6) 解糖系   7) 呼吸鎖電子伝達系   8) コレステロール合成系
9) トリアシルグリセロール合成系   10) リン脂質合成系   11) プリン合成系
12) ピリミジン合成系   13) 尿素回路   14) アミノ酸合成系
15) グリコーゲン合成系   16) リボソーム   17) RNA ポリメラーゼ
18) DNA ポリメラーゼ   19) ピルビン酸デヒドロゲナーゼ複合体
20) P450-モノオキシゲナーゼ系   21) 糖鎖転移酵素群
22) 最適 pH が酸性領域にある加水分解酵素群   23) H_2O_2 産生系
24) 脂肪酸合成酵素   25) mtDNA   26) snRNA   27) tRNA

　（細胞小器官）　a. ミトコンドリア　　b. 核　　c. グリオキシソーム
　　　　　　　　d. ペルオキシソーム　　e. リソソーム　　f. ゴルジ体
　　　　　　　　g. 小胞体　　h. クロロプラスト（植物）　　i. 染色体
　　　　　　　　j. 細胞質

[解答] 1) a   2) a, c, d   3) j   4) h   5) c   6) j   7) a   8) g, j   9) g
10) g   11) j   12) j (一部 a)   13) a, j   14) j   15) j   16) a, g, h, j
17) a, b, h   18) a, b, h   19) a   20) a, g   21) f   22) e   23) d   24) j
25) a   26) b   27) a, h, j

[問題 6・2] 生化学では, 細胞小器官や構造体に "なになにソーム" (some, ギリシャ語で body の意味) という名を付けることが多い. なになにの部分はその

器官の働きや，状態を簡単に表している．次にあげる働きをもつ細胞小器官は"なにソーム"とよばれているか答えよ．

1) 染色体のこと．DNA とタンパク質からなる．もともと DNA の染色（ギムザ法など）により染まる細胞内領域として同定された．

2) それぞれ 2 個の H2A, H2B, H3, H4 のヒストン八量体に DNA 二重らせん 146 塩基対が巻付いた真核生物特有の DNA-タンパク質複合体で，染色体の構成単位となる．

3) 動物細胞にある膜に囲まれた細胞小器官で，中には重合体を単量体に分解する多種類の酸性加水分解酵素（acid hydrolase）が詰まっており，不要になったタンパク質，核酸，脂質などを分解する．いろいろな大きさと形のものがあり，典型的な細胞には数百個存在する．

4) 遺伝情報の翻訳過程を担う RNA-タンパク質複合体．

5) 直径が大きくても 1 μm くらいの脂質二重層からなる小胞で，リン脂質を水中で人工的に分散させてつくる．

6) 接着斑ともいう．多細胞生物において細胞どうしの接着，およびそれによるイオンや分子のやりとりを担う．密着結合（tight junction），ギャップ結合（gap junction），焦点接着（focal adhesion）と並んで細胞接着にとって重要な構造．

7) 植物の種子の細胞質にあって脂質を成長の炭素源として使う機能をもつ細胞小器官．脂肪酸やアミノ酸を分解する酵素を含む．

8) すべての動物細胞と多くの植物細胞の細胞質にある膜に包まれた細胞小器官で，脂肪酸やアミノ酸の分解で生じた細胞毒性をもつ過酸化水素を分解するカタラーゼが大量に含まれている．

9) 精子の先端の細胞膜直下に含まれる小胞で先体ともいう．受精時に精子が卵子に突入する先体反応を担う．

10) 外部のタンパク質や小さな粒子を選択的に取込むエンドサイトーシスの途中にできる小胞のこと．ピノソーム（pinosome）ともいう．

11) 中心体ともいう．細胞核の近くに存在する微小管形成中心として機能する微小管の一端を固定する構造体．9 本のトリプレット微小管からなる中心小体（centriole）を囲む無定形な領域である．

[解答] 1) クロモソーム（chromosome） 2) ヌクレオソーム（nucleosome） 3) リソソーム（lysosome） 4) リボソーム（ribosome） 5) リポソーム（liposome） 6) デスモソーム（desmosome） 7) グリオキシソーム（glyoxysome, glyoxisome） 8) ペルオキシソーム（peroxisome） 9) アクロソーム（acrosome）

10) エンドソーム (endosome)　　11) セントロソーム (centrosome)

> [問題 6・3]　次の用語は植物細胞の構成器官を示す．その意味を簡単に述べよ．
> 1) クロロプラスト　　2) エチオプラスト　　3) クロモプラスト
> 4) アミロプラスト　　5) エライオプラスト　　6) プロトプラスト

[解　答]　1) **クロロプラスト** (chloroplast) は葉緑体ともいい，植物の光合成を担う緑色の細胞小器官．真核光合成生物の細胞小器官の一つで，独自の DNA をもつ．

細　胞　小　器　官

"なになにソーム"と名の付く小器官や構造体は問題 6・2 にあげたもの以外にも多くあり，次のようなものの名を聞くことも多い．覚えておこう．

　a) クロマトソーム (chromatosome)．ヒストン H1 は他のヒストンとは異なりヌクレオソームの外側から結合し，隣接する DNA に結合して染色体凝縮の一端を担う．このヒストン H1 が結合したヌクレオソームの単位をクロマトソームとよぶ．

　b) レプリソーム (replisome)．DNA 複製に参加する，DNA ポリメラーゼと補助因子を含む十数種類ものタンパク質からなる複合体の名称である．

　c) プライモソーム (primosome)．やはり DNA 複製において一連の複製反応開始（プライミング）にかかわる数種類（大腸菌では 6 個）のタンパク質からなる複合体の名称．この名称は複製フォークにおいてラギング鎖の合成に必要な RNA プライマーをつくる能力から付けられた．

　d) スプライソソーム (spliceosome)．mRNA のスプライシングにかかわる 5 種類の snRNA (U1, U2, U4, U5, U6) を含む RNA-タンパク質複合体である．

　e) ポリソーム (polysome)．ポリリボソーム (polyribosome) ともいう．1 個の mRNA が多数のリボソームの結合により次々に効率よく翻訳されてゆくため，ポリソーム構造をとると考えられている．

　f) ヘミデスモソーム (hemidesmosome)．デスモソームに似ているが，細胞を細胞外マトリックスに結合させる役割を果たしているもの．

　g) オートソーム (autosome)．常染色体のこと．性染色体 (sex chromosome) と区別するときに使う．

　h) メソソーム (mesosome)．細菌において DNA が付着する場所と考えられている細胞膜の陥入した部分のこと．

2) **エチオプラスト**（etioplast）は暗いところで育てた葉などにみられる黄色の顆粒で，光を当てると葉緑体となる．

3) **クロモプラスト**（chromoplast）は色素を含む細胞小器官で，葉緑体と同様に原色素体（プロトプラスチド）が分化できる．花や熟した果実の色はこれによる．

4) **アミロプラスト**（amyloplast）はデンプンを含む細胞小器官で，ジャガイモの塊茎などの組織にある．

5) **エライオプラスト**（elaioplast）は油滴や脂質を含む細胞小器官．

6) **プロトプラスト**（protoplast）は植物細胞や酵母細胞の厚い細胞壁をセルラーゼ，カタツムリの消化管液，リゾチーム等の酵素液で壊してできた内膜のみの状態．こうすれば比較的容易に培地に加えた DNA を取込むので形質転換に用いることがある．〔注：細胞壁の一部が残っている可能性があるときスフェロプラスト（spheroplast）とよぶ．〕

[問題 6・4] 次の文章は細胞小器官およびそれらの遺伝子に関するものである．その正誤を判断し，誤っている場合はその理由を述べよ．

1) ミトコンドリアは独自の DNA とリボソームをもってタンパク質合成を行っている．

2) 一つの動物細胞には 1 個のミトコンドリアが存在し，それぞれ数百コピーずつの環状二本鎖 DNA を含む．

3) 哺乳動物のミトコンドリア遺伝子はどれも非常に接近して DNA 上に配列されており，遺伝子の翻訳領域がフレームをずらして重なっている例さえ存在する．

4) ミトコンドリア遺伝子では，通常は終結コドンである UGA がトリプトファン（Trp）をコードしていたり，通常はイソロイシンコドンである AUA がメチオニン（Met）をコードしていたりする．

5) ミトコンドリア DNA 上には RNA ポリメラーゼの遺伝子はない．

6) ミトコンドリア DNA は酸化的リン酸化反応に必要なタンパク質のすべての遺伝子をコードしている．

7) 葉緑体のゲノム（タバコで 155 kb，ゼニゴケで 121 kb）には光合成にたずさわるタンパク質の遺伝子のうち半数はおさまりきれず，それらは核遺伝子によってコードされている．

8) ミトコンドリアや葉緑体内のリボソームは細胞質のそれと同じ 80S の大きさをもつ．

9) 葉緑体の遺伝子にはイントロンを含むものはない．
10) RNA は細胞質から葉緑体へ移行されないので，葉緑体での翻訳は自身の遺伝子でコードする tRNA ですべてまかなわれている．
11) 葉緑体遺伝子の転写制御機構は原核生物型でその 5′ 上流にはプリブナウ配列が見いだされる．

[解答] 1) 正しい
2) 誤り．一つの動物細胞には普通数百個のミトコンドリアが存在し，それぞれ数コピーずつの環状二本鎖 DNA（mtDNA：ヒトの場合は 16.6 kb）を含む．
3) 正しい
4) 正しい
5) 正しい
6) 誤り．ミトコンドリアの構成タンパク質の大半は核 DNA にコードされており，それらは細胞質で生合成された後，N 末端側のリーダーペプチドをミトコンドリア外膜上の受容体に結合させ，プロテアーゼによってプロセシングされながら取込まれてゆく．
7) 正しい
8) 誤り．ミトコンドリアや葉緑体のリボソームは原核生物型で 70S の大きさをもつ．
9) 誤り．いくつかの遺伝子〔23S rRNA，GAU をアンチコドンとする tRNA(Ile) の遺伝子など〕はイントロンをもつ．
10) 正しい
11) 正しい

[問題 6・5] 細胞が細胞膜の外側にある栄養分や異物を細胞内に取入れたり，細胞内でつくられたタンパク質や神経伝達物質のような機能性分子を細胞外へ放出する機構には，"なになにサイトーシス" という名前が付けられている．次にあげる作用は，"なにサイトーシス" か．
  1) 細胞内でつくられた分泌タンパク質はゴルジ小胞で糖鎖をつけるなどの修飾を受けてから分泌小胞によって細胞膜まで運ばれる．分泌小胞は細胞膜と融合して細胞外へ口を開き，内容物を放出する．炎症物質であるヒスタミンや神経伝達物質の放出もこの方法で行われる．
  2) 細胞外の栄養物を組織液とともに細胞内へ取込む作用で，膜表面の受容体

212   6. 細 胞 生 物 学

を介してこれに結合するものだけを取込む特異的な作用と，取込む分子の種類に関係なく何でも取込む非特異的な作用とがある．細胞膜に結合したクラスリンというタンパク質が関与している場合が多い．

　3) 一度細胞内に取込んだものを，細胞内に放出することなく再度細胞膜の別な場所から細胞外に放出する作用で，機能性分子を血管から組織内へ取込むときや，消化した栄養素を胃や腸壁から血管内に取込むときに用いられる方法である．

　4) 数 μm にも及ぶような大きな細菌やその破片などを細胞膜が広がって包み込むようにして細胞内に取込む作用で，細胞膜直下にあるアクチンを含んだミクロフィラメントが関与する大がかりな作用である．

[解答]　1) エキソサイトーシス〔外 (exo) へ出すから exocytosis〕
　2) エンドサイトーシス〔中 (endo) へ入れるから endocytosis〕
　3) トランスサイトーシス〔トランスポートに関係するから transcytosis〕
　4) ファゴサイトーシス〔むやみに食べる（ギリシャ語で phagos というそうだ）から phagocytosis, 日本語は貪食作用，おもしろい言葉ですね〕

細 胞 周 期

[問題 6・6]　図を参照しながら，細胞周期に関する次の文章の a～s の空欄を語群から選んで埋めよ．

　正常な細胞を栄養条件の良い環境で培養すると，たとえば哺乳動物細胞の場合には1日半くらいかけて細胞周期とよばれる過程を経て細胞分裂を行う．細胞が正常に増殖するためには，まず全 DNA を 2 倍に複製しなくてはならない．その時期を　a　期とよぶ．ついで，複製した DNA を新たに生まれる二つの娘細胞に分配したうえで細胞が二つに分断される過程を　b　期とよぶ．卵子が受精してすぐあとの発生のごく初期にはこの二つの時期が何度か繰返されるが，その後は　a　期も　b　期もすぐには開始されず，外観は何も際立った変化のない時期がある．それらは　c　期，　d　期とよばれている．　c　期と　a　期の境目には，　e　または酵母ではスタート (START) とよばれる外界の環境（栄養状態など）を検知して増殖（　a　期）に進むか否かを判断する　f　とよばれる時点がある．いったん，　e　という関所を通過すると外界の状況がどのようなものであれ，細胞周期は進行するように方向づけられて速やかに　a

6. 細 胞 生 物 学

図中ラベル: 紡錘糸, 染色体凝縮 [i], 星状体微小管 [l], 極微小管, 動原体微小管 [m], [o], [s], [p], 中央体, [q]

[j] の移動, [a], [d], 6〜8h, 3〜4h, 1h, [b], 6〜12h, [c], 減数分裂, [j] の複製, [e], 老化・分化・アポトーシス, [g], [j]

細 胞 周 期

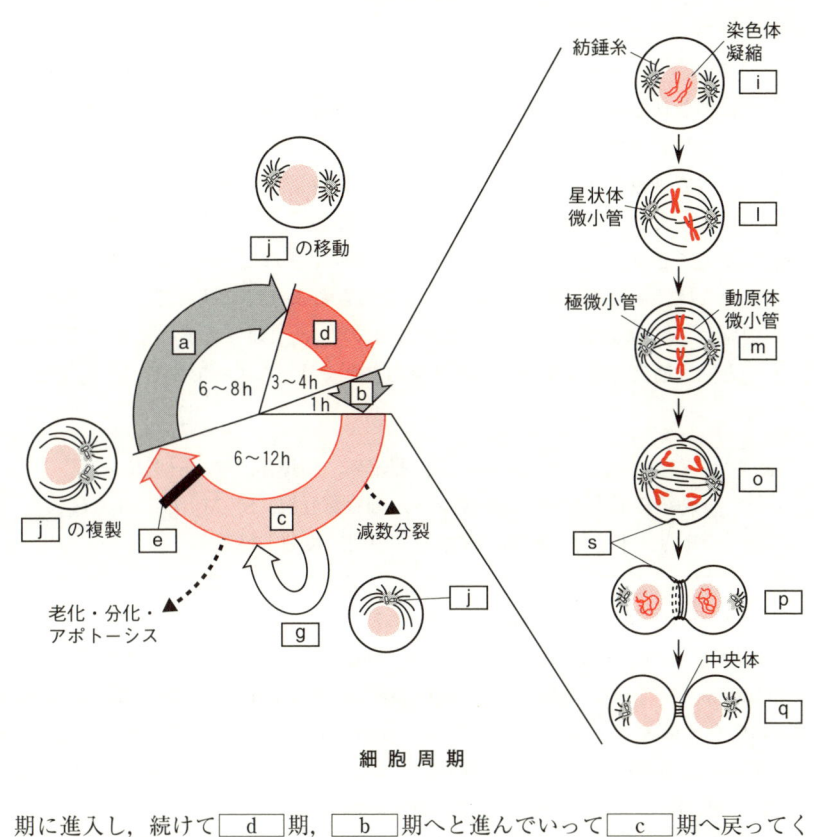

期に進入し，続けて [d] 期，[b] 期へと進んでいって [c] 期へ戻ってくる．この細胞周期から外れて増殖を休止している時期は [g] 期とよばれる．もし環境が悪いという判断が下された場合には細胞は [e] を通過できないため，[a] に進まずにそのまま [c] 期にとどまるか，[g] 期に入る．細胞のおかれた環境によっては，分化，老化，アポトーシス，減数分裂などへ進むべきシグナルを受取ることもあるが，それらの状態への分岐点は [c] 期の [e] 前に存在すると考えられている．

　[a] 期で複製された染色体が娘細胞に分配される [b] 期は一連の連続的な過程に分けられる．まず [a] 期が始まる直前に2倍に複製した [h] は [d] 期の間に核膜に沿って移動して核膜の両端に位置する．[i] に入ると核膜が壊れて個々の染色体は凝縮して太くなるとともに [h] のまわりにできた微小管形成中心（MTOC）から多数の微小管が伸びて [j] を形成する．微小管は [k] とよばれるタンパク質が重合して中空の管状になったもので，微小

の伸長は個々の［k］のサブユニットが次々と重合することで達成される．［l］では［j］が動原体に付着し，個々の染色体はどんどん伸びてくる［j］に押されて細胞の中央へ集合してゆく．やがて細胞の中心部（赤道面）へ一列に整列して次の段階を待つ．この状態を［m］とよぶ．ここで［n］制御機構によって染色分体の整列が完了したことが確認されると，個々の染色体は［j］によって核の両極側へ引っ張られる．この［o］とよばれる状態はわずか数分で完了して［p］に入ると核膜が再び構築されて分配された染色体を取巻く．それに伴って細胞質の中央が，餅をちぎるようにくびれて［q］を起こし，細胞は二つに分裂して，おのおのが次の［c］期に入る．このくびれは［r］という筋肉を構成するタンパク質のファミリーによって生じ，［s］とよばれる．

(語群) アクチン，コミットメント，収縮環，紡錘体，チューブリン，紡錘体形成チェックポイント，細胞質分裂，S, M, G_0, G_1, G_2, R点, 中心体, 前期, 前中期, 中期, 後期, 終期

[解 答] a. S（DNA合成期，DNA synthesis） b. M（mitosis） c. G_1（gap 1） d. G_2（gap 2） e. R点（restriction point, 制限点ともいう） f. コミットメント（commitment） g. G_0（静止） h. 中心体（centrosome） i. 前期（prophase） j. 紡錘体（spindle） k. チューブリン（tubulin） l. 前中期（prometaphase） m. 中期（metaphase） n. 紡錘体形成チェックポイント o. 後期（anaphase） p. 終期（telophase） q. 細胞質分裂（cytokinesis） r. アクチン（actin） s. 収縮環（contractile ring, アクチンリングともいう）

[問題 6・7]* 細胞周期に関する次の問いに答えよ．
 1) 細胞周期を動かすエンジンの役割を果たしているのはサイクリンおよびCDKという二つのタンパク質から構成される複合体である．このうちタンパク質をリン酸化するキナーゼ活性をもつものはどちらか．
 2) 上記のキナーゼによってリン酸化されるアミノ酸の名前を二つあげよ．
 3) ヒトの細胞には多種類のサイクリンやCDKが存在するが，このうちG_2/M期において存在量がピークとなるものの名前をあげよ．
 4) G_1中期から後期にかけて発現し，CDK4またはCDK6と結合して活性化するサイクリンの名前をあげよ．

5) G_1 後期から G_1/S 期にかけてサイクリン E と結合するが，S 期に入るとサイクリン E は分解されるため，主としてサイクリン A と複合体を形成するようになる CDK の名前をあげよ．

6) G_2/M 期においてサイクリン/CDK1 のリン酸化標的となり，リン酸化されることで重合体がばらばらになって核膜の崩壊を起こす核膜の裏打ちタンパク質の名前をあげよ．

[解 答] 1) CDK (cyclin-dependent protein kinase)　2) セリン，トレオニン
3) サイクリン B　4) サイクリン D　5) CDK2　6) ラミン

[問題 6・8]* 細胞周期を進行させる CDK 複合体には CKI とよばれる阻害因子が結合している．図を参照しながら次の問いに答えよ．

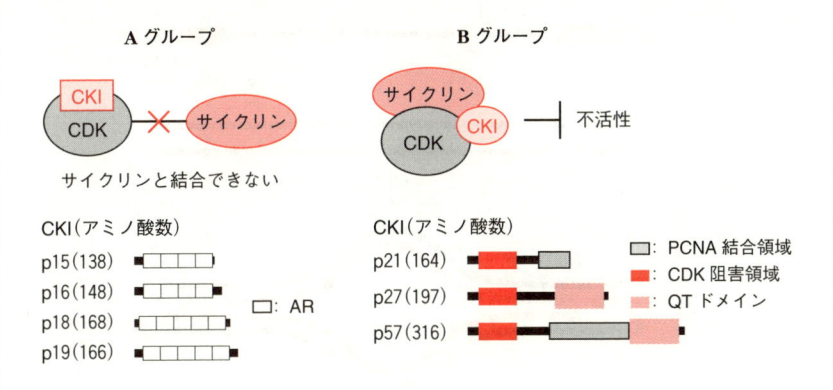

1) CDK 阻害因子は CKI という略号で総称されるが，正式名称を英語で記せ．
2) CKI は A グループ (Ink4 ファミリー) と B グループ (Cip/Kip ファミリー) の二つのグループに分けられる．これらの作用の違いを述べよ．
3) A グループに分類される四つの CKI は，分子のほとんどの部分が AR と記した繰返し構造モチーフで成り立っている．この繰返し構造モチーフの名称を記せ．
4) この繰返し構造モチーフの役割は何か．
5) B グループの CKI のうち，DNA 損傷の信号を受けた転写因子 (p53) によって急速に転写誘導されて，細胞周期を停止させる役割をもつものはどれか．
〔PCNA は DNA 複製を制御するリング状タンパク質，QT ドメインはグルタミン

（Q）とトレオニン（T）を多く含む領域である．〕

[**解 答**]　1) <u>c</u>yclin-dependent <u>k</u>inase <u>i</u>nhibitor
2) Aグループ：サイクリンとの競合結合によるG_1期進行阻害，Bグループ：サイクリン-CDK複合体への結合によるキナーゼ活性阻害．
3) アンキリンリピート
4) タンパク質分子間の相互作用を強める．
5) p21

テロメア

[**問題 6・9**]　次の図と文章を参照しながら問いに答えよ．

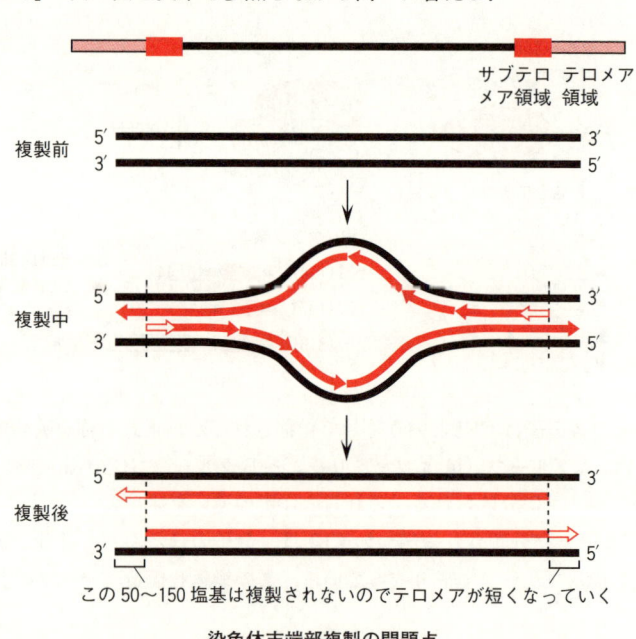

染色体末端部複製の問題点

この50〜150塩基は複製されないのでテロメアが短くなっていく

ヒトの染色体の末端には　a　とよばれる6塩基対（TTAGGG）からなる反復配列が存在し，ヒトではこの配列が数千kbにわたって反復している．細胞は分裂のためにDNA複製を行うが，そのとき　b　で　c　の5′末端にDNAを伸

長する仕組みになっているので，鋳型DNAの3' DNA末端部分，現実には a 部分，に対応する新生鎖は合成できない．すなわち，新しく生合成されるDNA鎖は c 分だけ短くなる．このあと，突出した鋳型鎖の5'末端も分解されてしまうので，結局，細胞の染色体DNAは1回分裂するごとにテロメアを50〜150塩基ずつ失ってゆく（図）．この問題は末端の反復配列が d とよばれる酵素によって合成できるという発見により解決された．

正常な哺乳動物細胞を培養すると有限回数（約50回）分裂した時点で寿命が尽きて，それ以上は分裂できなくなる．この細胞老化は個体の老化にも関連が深く，実際に胎児由来の細胞の分裂寿命は長いが，老人より採取した細胞の分裂寿命は短いことが知られている．この仕組みは a の短縮が残りの分裂回数を決める分裂時計になっていることで説明される．すなわち， a という回数券を限界値，たとえば約5千塩基対の a の長さ，まで使い切ってしまうと，異常事態が検知されて，DNA複製がこれ以上進まないような安全装置が働いて細胞周期を停止してしまい，細胞分裂も起こらなくなる．この時期を e とよぶ．一方，この時期を乗り越えてまで分裂して，さらに a を短縮させると，細胞は f とよばれる状態に陥って死滅する．この限界を g とよぶ．ところが，がん細胞にはこの制限がない．たとえばヒト正常細胞をSV40というがんウイルスに感染させてがん化すると e を超えて分裂を続け，やがて死滅する．ただし，少数の細胞は生き延びて h となる．これらの細胞では a の反復配列を伸ばす d の活性が高く，失った a を伸長して回復させているので，150回以上分裂しても，もはや a の短縮は起こらない．

1) a〜h に入るべき適切な用語を下の語群より選んで記せ．
2) 下線の現象は最初に発見した人物の名前を冠して"〜限界"とよばれる．この人物の名前を記せ．

（語群）相補鎖，アンチセンス鎖，センス鎖，ラギング鎖，リーディング鎖，DNAプライマー，RNAプライマー，オリゴヌクレオチドプライマー，クロモメア，セントロメア，テロメア，カスパーゼ，テロメラーゼ，M1期，M2期，G_1期，G_2期，M期，S期，クライシス，アポトーシス，ネクローシス，不死化細胞，がん細胞，老化細胞

[解答] 1) a. テロメア（telomere）   b. ラギング鎖   c. RNAプライマー   d. テロメラーゼ（telomerase）   e. M1期（mortality stage 1）   f. クライシス（crisis）   g. M2期（mortality stage 2）   h. 不死化細胞（immortal cell）

2) ヘイフリック（L. Hayflick）

タンパク質とその細胞小器官間の輸送

[問題 6・10] 次の図は分泌タンパク質の生合成過程を示したものである．図中の a～k の名称を答えよ．

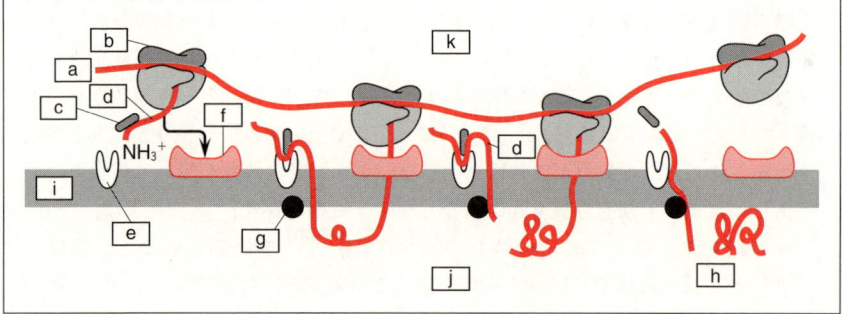

[解 答] 1) a. mRNA　b. リボソーム　c. シグナル認識粒子 (SRP)　d. シグナルペプチド　e. SRP 受容体タンパク質　f. リボソーム結合タンパク質またはリボホリン　g. シグナルペプチダーゼ　h. 生合成された分泌タンパク質　i. 小胞体膜（ER 膜）　j. 小胞体内腔（ER 内腔）　k. 細胞質

[問題 6・11] 次の図はタンパク質のミトコンドリアマトリックスへの取込み機序を模式的に示したものである．以下の問いに答えよ．
　1) 図の中の a～e の矢印で示した部分の分子機序の説明として適当なものを，次のア～オの中から選べ．
　　（分子機序）　ア．取込み標識配列は分解され，成熟配列が本来の立体構造をとる．
　　　　　　　　イ．水素イオン駆動力のエネルギーを利用して膜へ挿入する．
　　　　　　　　ウ．ATP のエネルギーを利用してタンパク質を伸展させる．
　　　　　　　　エ．取込み配列を特異的に認識する受容体に結合する．
　　　　　　　　オ．マトリックス内のプロテアーゼにより，取込み標識配列が切

6. 細胞生物学

断される.

2) ここで働く伸展タンパク質（unfolding protein）を何と総称するか.
3) 伸展タンパク質の実例を一つあげよ.

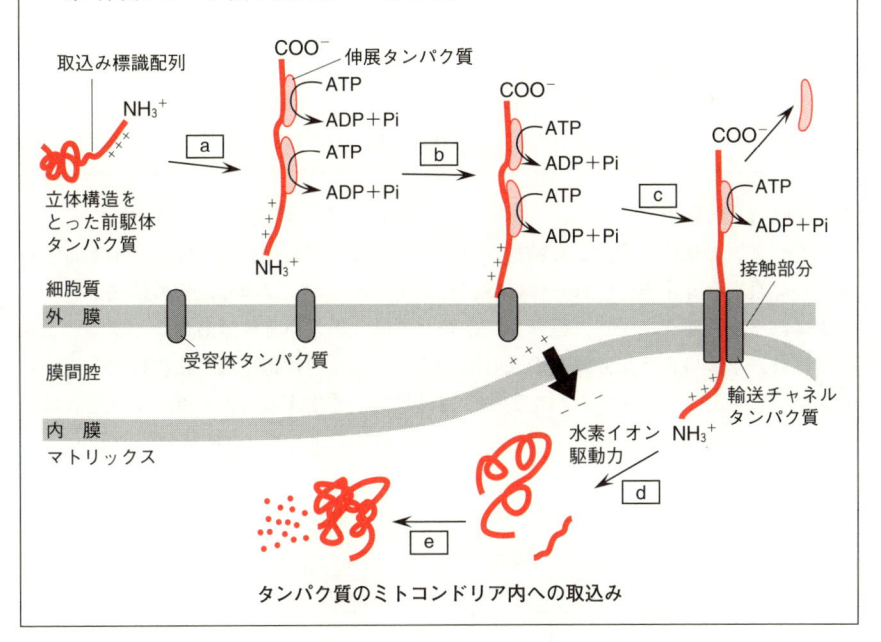

タンパク質のミトコンドリア内への取込み

[解答] 1) a. ウ b. エ c. イ d. オ e. ア

2) 分子シャペロン（molecular chaperone）〔注：chaperone とは若い未婚婦人が社交界に出たり，若い者どうしが交際したりする場所へ出掛けたりする際に，付き添ってゆく年配の既婚婦人のことを指す言葉である.〕

3) Hsp60（heat shock protein 60），Hsp70，DnaK など.

[問題 6・12] 次の文の a の空欄に適当な用語を入れ，ア～エの空欄に入る最も適当な語句を語群から選んで，文章を完成せよ.

イオンや低分子物質は比較的自由に　a　を介して核に出入りするが，タンパク質などの高分子の出入りは厳密に制御されている.　a　には，30～50種類のタンパク質からなる複雑な複合体が形成されており，細胞質から核に輸送されるタンパク質には特徴的なアミノ酸配列（核局在化シグナル，あるいは，核移行シ

グナル) が存在する. この配列には, 通常, ア のアミノ酸残基が複数含まれている. タンパク質などの a を介した輸送は, 低分子量 G タンパク質の一種である イ によって制御されており, 核内では ウ 結合型, 細胞質では エ 結合型になっている.

(語群) ア: 酸性, 塩基性, 疎水性, 親水性
イ: Rab, Rac, Ran, Ras
ウ, エ: ATP, ADP, CTP, CDP, GTP, GDP, UTP, UDP

[解答] a. 核膜孔　ア. 塩基性　イ. Ran　ウ. GTP　エ. GDP

タンパク質の核膜孔を介した輸送は双方向であり, 核と細胞質の間をシャトルするタンパク質も存在する. それらには核移行シグナルだけではなく, 核外輸送シグナルとよばれる配列が存在する. 核輸送にかかわる低分子量単量体型 G タンパク質は Ran とよばれ, 下図のような回路を形成している. また, 核輸送には, 核移行に作用するインポーチンとよばれるタンパク質や, 核外輸送に作用するエキスポーチンとよばれるタンパク質が深くかかわっており, いずれも核内において GTP 結合型の Ran と相互作用している.

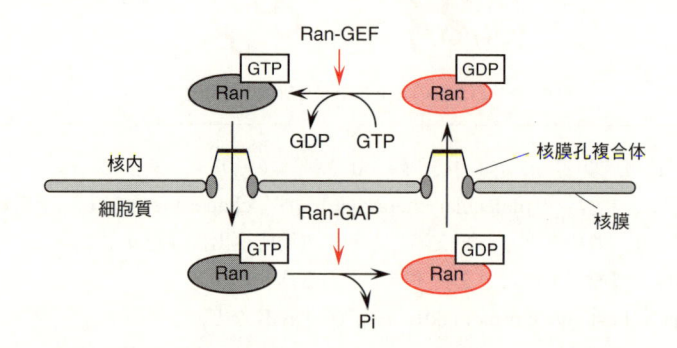

[問題 6・13] 真核細胞には, 核やミトコンドリア以外にも各種の細胞小器官 (オルガネラ) が含まれており, 細胞質 (リボソーム) で合成されたタンパク質はそれぞれ機能する場へと運ばれる.

　図中の a〜g に入る適当な細胞小器官を次の語群から選べ. ただし, a には酸化酵素や過酸化物を分解する酵素が多く含まれる. また, c は, b に面するシス層と d などに面するトランス層に分けられる.

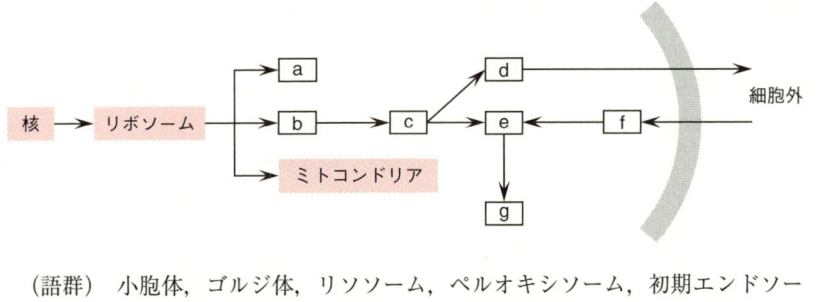

```
核 → リボソーム → a
              → b → c → d → 細胞外
              → ミトコンドリア    → e → f ←
                              ↓
                              g
```

(語群)　小胞体，ゴルジ体，リソソーム，ペルオキシソーム，初期エンドソーム，後期エンドソーム，プラスチド，分泌小胞

[解 答]　a. ペルオキシソーム　b. 小胞体　c. ゴルジ体　d. 分泌小胞　e. 後期エンドソーム　f. 初期エンドソーム　g. リソソーム

アポトーシス

[問題 6・14]　アポトーシスはプログラムされた細胞死ともよばれる現象で，線虫の発生過程から高等動物の手や足の 5 本の指のつくられる過程，オタマジャクシからカエルへの成熟に際してその尾が吸収される過程にいたるまで多細胞生物の発生過程で広くみられる現象である．例として雌雄同体の線虫 *C. elegans* の場合，一個の卵から細胞分裂を繰返して，合計 959 個の体細胞をもつ成熟個体となる．この発生過程で 131 個の細胞が完全に決められた運命に従って死ぬことが発見されている．アポトーシスによる細胞死と，薬物や外力による細胞の損傷が原因でおこる細胞死（ネクローシスという）との違いについて次の問いに答えよ．

　1) 細胞損傷が原因で起こるネクローシスの場合，細胞膜は破壊され細胞の内容物が周囲に放出されて体内環境を悪化させうる．これに対してアポトーシスの場合，細胞はどのようにして死に至るか簡単に説明せよ．

　2) 1) の際に細胞内容物が周囲に散逸しないようにするにはどのような機構が働いているか説明せよ．

[解 答]　1) アポトーシスが予定された細胞は細胞膜受容体に細胞死情報を伝達するリガンドが結合すると細胞内で一連のアポトーシス関連遺伝子が働くことにより，染色体は手際よく切断される．あるいは DNA 複製が修復不可能な損傷を受け，本来は細胞周期をコントロールするタンパク質である p53 が働いて，さらには正常に折りた

たまれなかった変性タンパク質が小胞体にたまる小胞体ストレスでアポトーシスが起こるなどいくつかの例が知られている．また，細胞内物質は小さい袋状のアポトーシス体に細胞膜ともども分割されたあと，いずれもマクロファージなど貪食性の細胞に吸収されるので，周囲に細胞内物質が散逸することはない．

2) アポトーシスの場合は，細胞や核が凝縮し，細胞内容物は細胞膜に包まれてすべてはマクロファージなどに飲み込まれて消失する．そのため，細胞の内容物が散逸して環境を悪化させることはない．

[問題 6・15]* 次の文章と図を参照しながら問いに答えよ．

　細胞が外来シグナル分子によるアポトーシス誘導を受けると，染色体の凝縮→核の断片化→アポトーシス小体（油滴状の細胞断片）の形成という形態的な変化を起こして死ぬ．アポトーシス誘導は死のシグナルである a が細胞膜に存在する b と結合して開始される． b の細胞内にある死の領域（death domain）とよばれるアミノ酸配列に c を介して結合したプロ d は，自己切断することで活性化して細胞質へ遊離する．活性化した d は e あるいは f を切断して活性化する．活性化された e は切断することで g を活性化し，こうして活性化された g は h の凝縮をひき起こす．活性化された e は i に結合して阻害している j に対しては切断することで不活性化し， i を自由にしてヌクレオソーム単位の DNA 切断をひき起こし，最終的にアポトーシスを誘導する．
　一方，活性化した f は元来がエネルギー産生工場である k に作用し，外膜と内膜の間隙に存在するカスパーゼ活性化因子の放出をひき起こす．これが Apaf-1 と協調してカスパーゼ 9 を活性化し，活性化されたカスパーゼ 9 は e を切断することで活性化するというシグナル伝達系へ合流する．転写制御因子 p53 の転写誘導標的でもある Bax は f と同様にアポトーシス促進因子で，二量体化することで k に移行し， k 膜上のチャネルである VDAC（voltage-dependent anion channel，電位依存性陰イオンチャネル）の開孔を助けることでカスパーゼ活性化因子の放出を促進する． k にはアポトーシスを抑制する l や，その類似タンパク質も存在し，カスパーゼ活性化因子の放出を阻害しながら Apaf-1 に結合してカスパーゼ 9 の活性化を抑制する．一方， m は通常は増殖因子/受容体の刺激を受けて n キナーゼによってリン酸化されることで o とよばれるタンパク質に捕獲されて細胞質に存在するが，脱リン酸化

酵素によって脱リン酸化されると k に移行し，Bcl-XL などの l ファミリーのタンパク質と結合して不活性化することでアポトーシスを促進する．

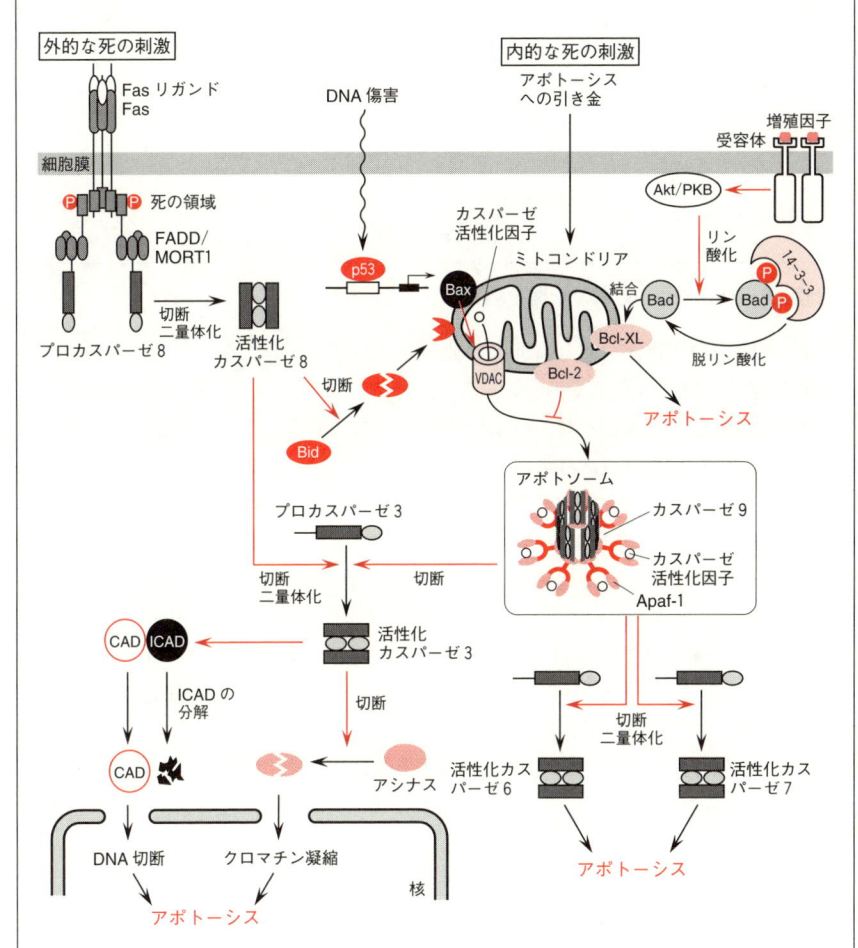

アポトーシスの起こる仕組み． ミトコンドリア膜には，図にあるもの以外にも NOXA, p53AIP1 などの Bcl-2 ファミリーのタンパク質がある．また現在では，カスパーゼに直接相互作用し，活性を阻害する IAP タンパク質によってもアポトーシスが制御されることがわかってきている．

1) 上の文章の a～o の空欄を埋めよ．
2) 図中のカスパーゼ活性化因子（○）に相当するタンパク質の名前を記せ．
3) "核が凝縮して縮小しながら死ぬ" アポトーシスの対極にあたると考えられ

ている，"細胞が膨潤して内容物が飛び出す"タイプの細胞死の呼び名を答えよ．

[解 答] 1) a. Fas リガンド　　b. Fas　　c. FADD/MORT1　　d. カスパーゼ 8　　e. カスパーゼ 3　　f. Bid　　g. アシナス　　h. クロマチン　　i. CAD　　j. ICAD　　k. ミトコンドリア　　l. Bcl-2　　m. Bad　　n. Akt/PKB　　o. 14-3-3
2) シトクロム c　　3) ネクローシス

情 報 伝 達

[問題 6・16] 次の文章の空欄を埋めよ．

1) 動物や微生物が分泌し，同種の他の個体の行動に変化を与えることのできる物質を一般に a という．
2) 標的細胞の膜表面や核，あるいは細胞質内にある特定の受容体タンパク質に対して高い親和性をもつ物質を b とよぶ．
3) 脂溶性のホルモン様化学物質で，体内のほとんどの組織でつくられ，構造中にシクロペンタン環をもつ物質は c という．
4) 細胞内の二次メッセンジャーとして用いられる物質には， d , e , f などがある．
5) 細胞外への信号伝達方法には，インスリンや成長ホルモン，性ホルモン，消化ホルモンなどを分泌して，血流などを利用して広く体内の標的細胞に送る g , 視床下部から分泌されて，ごく近くにある下垂体に働きかけて成長ホルモンの分泌を抑制するソマトスタチンのような h 作用，そして，培養細胞などでよくみられるように，細胞が自分自身が出した物質に応答する i 作用，などの種類がある．

[解 答] a. フェロモン（pheromone）　　b. リガンド（ligand）　　c. プロスタグランジン（prostaglandin）　　d, e, f. 3′,5′-サイクリック AMP (cAMP), 3′,5′-サイクリック GMP (cGMP), 1,2-ジアシルグリセロール，イノシトール 1,4,5-トリスリン酸，Ca^{2+} などのうちから三つ　　g. 内分泌（endocrine）　　h. 傍分泌（paracrine）　　i. 自己分泌（autocrine）

[問題 6・17]* 次の文章を読み，問いに答えよ．

6. 細胞生物学

哺乳動物におけるホルモンの分泌調節は，[a]→[b]→ 標的ホルモン腺細胞の間でみられるように"上位→下位"のヒエラルキーを形成しているものがあり，その適正な分泌量は一般に負のフィードバック機構によって巧妙に制御されている．その最高中枢である[a]から放出された各種の分泌刺激ホルモンは[a]-[b]門脈（血管）系を経由して[b]に達し，[b]の[c]葉から別種の分泌刺激ホルモンの放出を促す．分泌された[c]葉ホルモンは血流を介してそれぞれの標的腺細胞に運ばれ，腺細胞からのホルモン分泌を促す．たとえば[a]から分泌される副腎皮質刺激ホルモン放出因子（CRH）と甲状腺刺激ホルモン放出因子（TRH）は，[b]の[c]葉から[d]と[e]の分泌をそれぞれ促し，[d]はさらに[f]皮質に作用してステロイドホルモンである[g]の分泌を刺激する．一方，[e]は[h]腺に作用して，前駆体であるアミノ酸[i]が縮合しヨウ素化された[j]の分泌を刺激する．こうして分泌された[g]や[j]は標的細胞に達してその生理作用を発現する．[b]の別の部位[k]葉からはメラノトロピン放出ホルモン（MSH）が，また[l]葉からは[m]と[n]が分泌されるが，これらのホルモンは実は，もともと[a]で産生されており，神経細胞の軸索流にのって神経終末が存在する[l]葉へと運ばれている．

1) a〜n の空欄に最も適当な語句を入れよ．

2) 下線部で示したホルモン g や j の標的となる細胞では，それらのホルモンに対する受容体が細胞の核内に存在しており，多くのペプチドホルモンや神経伝達物質に対する受容体が細胞膜に存在する場合とは異なる．これら2種のタイプの細胞内情報伝達機構の違いについて，ホルモンの化学構造やホルモン作用の発現様式の点などから簡単に説明せよ．

[解答例] 1) a. 視床下部　b. 下垂体（脳下垂体）　c. 前　d. 副腎皮質刺激ホルモン（コルチコトロピン，ACTH）　e. 甲状腺刺激ホルモン（チロトロピン，TSH）　f. 副腎　g. グルココルチコイド　h. 甲状　i. チロシン　j. ヨードチロニン（甲状腺ホルモン，チロキシン，T_4, T_3）　k. 中　l. 後　m, n. オキシトシン，バソプレッシン

2) 親水性ホルモンは，細胞膜に存在する受容体と結合して細胞内に第二の情報物質（二次メッセンジャー）を産生し，多くの場合はその働きによってタンパク質リン酸化酵素が活性化される．その結果，酵素や機能タンパク質がリン酸化されてそれらの活性が変動し，ホルモン作用が発現する．一方，ステロイドやヨードチロニンなど

化学構造によるホルモンの分類とその特性

化学構造	物理化学的性質	血液中濃度	BP†	分泌調節	受容体	作用発現
ペプチド	親水性	低い	なし	自動調節 (＋自律神経)	細胞膜	速い (二次メッセンジャー)
アミノ酸誘導体	親水性	低い	なし		細胞膜	
カテコールアミン	親水性	低い	なし		細胞膜	
ヨードチロニン	疎水性	高い	あり	分泌刺激ホルモンの介在	核内 (細胞質)	遅い (遺伝子発現)
ステロイド	疎水性	高い	あり			

† BP: 結合タンパク質.

の疎水性ホルモンは，核内受容体と結合して DNA 鎖から mRNA の転写を促進し，タンパク質の合成（遺伝子発現）を介してそのホルモン作用を惹起する（詳しくは表参照）．

[問題 6・18] 酵素やタンパク質のなかには構成アミノ酸残基への ATP からのリン酸基の転移（リン酸化）という修飾反応によって，その活性や機能が著しく変化するものがある．事実，ホルモンや神経伝達物質など，細胞外情報伝達物質が，直接あるいは間接的にリン酸化反応を触媒する酵素を活性化し，細胞の生理機能を調節することが知られている．このような情報伝達経路に関与するタンパク質リン酸化酵素とその活性化をもたらす情報物質について，三つ以上の例をあげよ．

[解答例] 1) アデニル酸シクラーゼの活性化によって細胞内で増加した cAMP と結合し活性化されるプロテインキナーゼ A（cAMP 依存性タンパク質リン酸化酵素，A キナーゼともいう）．

2) グアニル酸シクラーゼの活性化によって細胞内で増加した cGMP と結合し活性化されるプロテインキナーゼ G（cGMP 依存性タンパク質リン酸化酵素，G キナーゼともいう）．

3) ホスホリパーゼ C の作用により細胞内に増加したジアシルグリセロールによって活性化されるプロテインキナーゼ C（タンパク質リン酸化酵素 C，C キナーゼともいう）．

4) 増殖因子やアゴニストが結合することにより活性化される受容体分子に内在する受容体キナーゼ（チロシンキナーゼの場合が多い）．

5) アゴニストが受容体分子と結合することにより活性化される受容体キナーゼ(アドレナリン β 受容体キナーゼなど).

[問題 6・19] ホルモンや神経伝達物質などの細胞外情報伝達物質(アゴニスト [A])が細胞膜に存在する受容体 [R] に結合すると,細胞はその結合に対してある生理応答を発揮する.多くの場合その応答の程度は,100倍程度のアゴニストの濃度範囲によってほぼ飽和する現象が観察される.これを"応答 (response) はアゴニストと結合した受容体 [AR] 量に比例する"という受容体占有説から説明せよ.この説によれば,受容体とアゴニストの複合体1組についての固有活性を α とすると,複合体量が [AR] のときの細胞の生理応答は α[AR] となる.ただし,遊離の [A],[R] と [AR] との間には次の平衡が成立するものとする (K_D は AR の解離定数).

$$[A] + [R] \underset{k_2}{\overset{k_1}{\rightleftharpoons}} [AR] \tag{1}$$

$$[R]_{total} = [R] + [AR] \tag{2}$$

$$K_D = \frac{k_2}{k_1} = \frac{[A][R]}{[AR]} \tag{3}$$

[解 答] (2), (3) 式より,$[R]_{total} = \frac{K_D}{[A]}[AR] + [AR] = [AR]\left(1 + \frac{K_D}{[A]}\right)$

$$[AR] = \frac{[R]_{total}}{1 + \frac{K_D}{[A]}} = \frac{[R]_{total}[A]}{K_D + [A]} \tag{4}$$

$[A] = \infty \longrightarrow [AR] = [R]_{total}$

$[A] = K_D \longrightarrow [AR] = \frac{1}{2}[R]_{total}$

$[A] = \frac{1}{10}K_D \longrightarrow [AR] = \frac{1}{11}[R]_{total}$

$[A] = 10 K_D \longrightarrow [AR] = \frac{10}{11}[R]_{total}$

双曲線型でミカエリス-メンテンの式と同じ形である(図1).[A] を対数で目盛ると図2のような形となる.生理応答の解析には図2の形がよく用いられる.[A] 濃度を $0.1 \times K_D$ から $10 \times K_D$ にまで100倍変化させたとき,図2に示すように生理応答($= \alpha$[AR])は,9%から91%まで変化する.

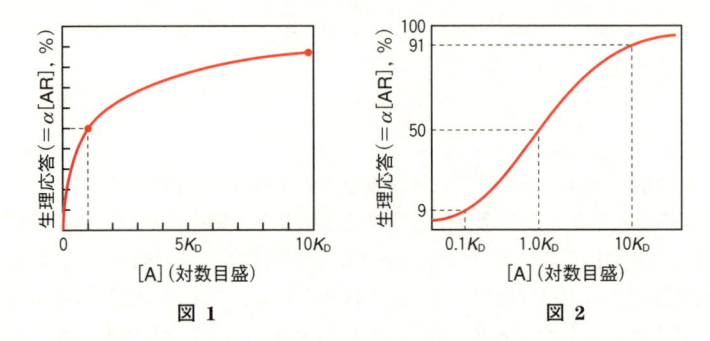

図 1

図 2

[問題 6・20] 次の記述は細胞内情報伝達に関与する酵素や物質に関するものである．a～k にあてはまる適切な用語を日本語および英語のスペルで記せ．

　細胞膜表面の受容体に結合する物質のうち作用因子（ホルモンなど）と同じ働きをし，受容体と結合することで細胞に応答を起こさせるものを a とよぶ．一方，受容体と結合はするが細胞に応答は起こさせないものを b とよぶ．アドレナリン β 受容体にホルモンが結合すると間接的に c とよばれる酵素が活性化され，細胞内の d 濃度が上昇する．この際受容体からの情報を得て c などの酵素を活性化する，GDP または GTP と結合するタンパク質を e とよぶ． e の一種がホルモン-受容体とホスホリパーゼ C（phospholipase C：PLC）とを結び付ける．

　一方，ホスホリパーゼ C（PLC）は f を分解して g と h を生成する．このうち g は i なる酵素を活性化し，一方， h は小胞体から j イオンを放出させる． i は k とよばれる発がんプロモーターの一群の受容体であり，この酵素の活性化が細胞増殖に重要な役割を果たすと考えられている．

[解答] a. アゴニスト，agonist　　b. アンタゴニスト，antagonist　　c. アデニル酸シクラーゼ，adenylate cyclase（または adenylyl cyclase）　　d. サイクリック AMP，cyclic AMP（cAMP）　　e. G タンパク質，G protein　　f. ホスファチジルイノシトール 4,5-ビスリン酸，phosphatidylinositol 4,5-bisphosphate（PIP_2）　　g. 1,2-ジアシルグリセロール，1,2-diacylglycerol（DG）　　h. イノシトール 1,4,5-トリスリン酸，inositol 1,4,5-trisphosphate（IP_3）　　i. プロテインキナーゼ C，protein kinase C（PKC）　　j. カルシウム，calcium　　k. ホルボールエステル，phorbol ester

6. 細胞生物学

[問題 6・21] 図はある生体物質の模型である．次の問いに答えよ．

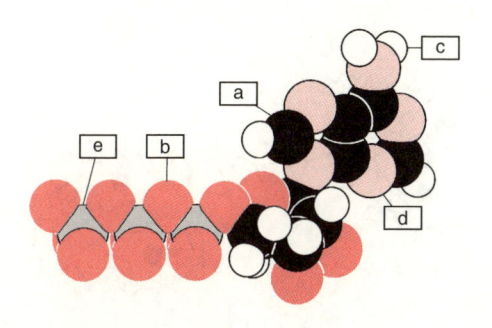

1) この物質の名称は何か．
2) a〜e に相当する原子の名前を記せ．
3) この物質の構造式を書け．
4) この物質はアデニル酸シクラーゼの働きによってある物質に変わる．その物質の名称および構造式を書け．

[解答] 1) アデノシン三リン酸（ATP）

2) a. 炭素　　b. 酸素　　c. 水素　　d. 窒素　　e. リン

3)

4) サイクリックアデノシン 3′,5′ーーリン酸またはサイクリック AMP（cAMP）

[問題 6・22] 次の図はあるカルシウム結合タンパク質の立体構造の模型である．次の問いに答えよ．

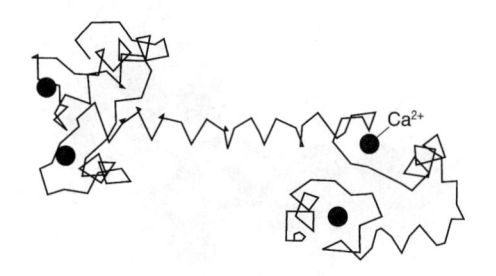

1) このタンパク質が細胞内のある酵素に結合すると，それは活性化され cAMP を加水分解するようになる．この酵素の名称を記せ．
2) このタンパク質が平滑筋細胞内で，ある酵素に結合すると，それは活性化されてミオシン軽鎖をリン酸化する．この酵素の名称を記せ．
3) このタンパク質はある酵素の必須サブユニットを構成し，細胞質の Ca^{2+} 濃度が上昇するとこのタンパク質に Ca^{2+} が結合し，それがこの酵素のアロステリックな構造変化をひき起こすことにより酵素機能を活性化し，細胞内からの Ca^{2+} の汲み出しを促進するようになる．この酵素の通称を記せ．
4) このタンパク質が神経細胞内に存在するある酵素に結合すると，この酵素の活性化を促す．この酵素の活性化は神経伝達物質の放出や合成に影響を与え，記憶などの高次の脳機能にも関係していることが知られている．この酵素の名称を記せ．
5) このタンパク質の名称を示せ．

[解 答] 1) cAMP ホスホジエステラーゼ（cAMP phosphodiesterase）
2) ミオシン軽鎖キナーゼ（myosin light chain kinase：MLCK）
3) Ca^{2+}-ATP アーゼ（Ca^{2+}-ATPase）または Ca^{2+}, Mg^{2+}-ATP アーゼ（Ca^{2+}, Mg^{2+}-ATPase）
4) CaM キナーゼ II（CaM kinase II）
5) カルモジュリン（calmodulin）

[問題 6・23] 次の文章の下線部の正誤を問う．誤りと判断した場合はその理由

も述べよ．

1) Gタンパク質はGTP結合型では効果器系（刺激に応じて活動するときに働く器官）に対して活性を示すがGDP結合型では不活性である．GTP（GDP）との結合はαサブユニットを介してなされる．

2) 出芽酵母では単一の *ras* 遺伝子（*RAS1*）が存在し，その遺伝子を破壊すると細胞は増殖できなくなる．

3) 低分子量Gタンパク質であるArfタンパク質はN末端側のGlyがファルネシル化されることで細胞膜と結合するようになる．

4) ある種の低分子量Gタンパク質では，そのC末端側のCAAXというアミノ酸のうちCysの部分がファルネシル化されることで細胞膜と結合するようになる．

5) 百日咳毒素をラットに投与しておくとアドレナリン適用時に著しいインスリン分泌を促す．この現象を指標にして精製された毒素はIAP（islet-activating protein）と名付けられ，Gタンパク質をADPリボシル化する反応を触媒する．

[解 答] 1) 正しい

2) 誤り．出芽酵母には*RAS1*，*RAS2*の二つの相同遺伝子が存在する．一方のみの遺伝子を破壊しても細胞は増殖できるが，*ras*遺伝子を両方破壊すると細胞は増殖できなくなる．

3) 誤り．細胞膜への結合はN末端側のGlyがミリスチル化されることによりなされる．

4) 誤り．ファルネシル基の代わりにゲラニルゲラニル基がチオエーテル結合している．このゲラニルゲラニル基はメバロン酸経路の中間生成物のひとつであるゲラニルゲラニルピロリン酸に由来する．

5) 正しい

[問題 6・24] 次に示すシグナル伝達に関する図を参照して以下の問いに答えよ．

1) a, b, cで示した物質あるいはタンパク質の名称を英語で記せ．

2) 図に示した細胞膜を7回貫通する共通の構造をもつ受容体（GPCR）の総称を日本語および英語の正式名称で記せ．

3) 図を，リガンド，GTP，GDPという用語を使って400字程度で解説せよ．

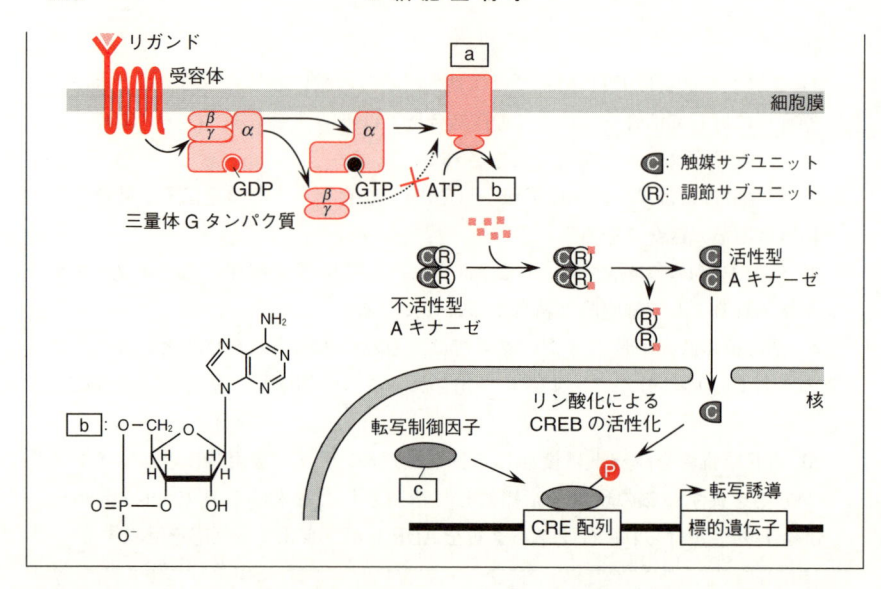

[解答例] 1) a. adenylate(adenylyl) cyclase b. cyclic AMP c. CREB〔cAMP response element（CRE)-binding protein〕

2) Gタンパク質共役型受容体, G protein-coupled receptor

3) 細胞外からのシグナルをリガンドと結合することで感知した受容体（GPCR）は, 細胞内領域で結合している三量体Gタンパク質（α, β, γという三つのサブユニットで構成される）に伝える. すると, αサブユニットに結合していたGDPが遊離して, GTPと入れ替わり, その結果βγ複合体がαから解離し, 別個にその後のシグナル伝達を担ってゆく. たとえば, 図のαはACを活性化して大量のサイクリックAMP（環状AMP, cAMP）を産生することでシグナルを増幅する. cAMPは2種類のサブユニットからなる四量体（R_2C_2）であるAキナーゼに結合し, 調節サブユニット（R）を遊離させ, 触媒サブユニット（C）を活性化させる. 核に移行した触媒サブユニットは, 転写制御因子であるCREBをリン酸化することで標的であるCRE配列に結合させ, 標的遺伝子の転写を誘導する.

感 覚 受 容

[問題 6・25] a～iの空欄に適切な用語を入れ, 次の文章を完成せよ.

私たちが目でものを見るとき, 角膜, レンズ, ガラス体を通った光は網膜に至っ

て，かん体細胞とすい体細胞にある光受容タンパク質により吸収される．光受容タンパク質には4種類あり，かん体細胞の a と3種のすい体細胞おのおのにある3種の b である．

 a と3種の b はタンパク質のアミノ酸配列に違いがあるが，光を吸収するために結合している c という分子はすべてに共通である． c は，タンパク質に結合していないときは近紫外部の光を吸収する黄色い色素であるが， a の中にあるときは500 nm付近に吸収極大をもち，赤色に見える．また，3種の b の中にある c はそれぞれ異なるアミノ酸配列をもつタンパク質の影響を受けて，赤，青，黄色の三原色に相当する光を吸収する．

 かん体細胞は，薄暗い場所で光の明暗だけを感じるが色を見分けない d とよばれる機能をもつ．一方，すい体細胞は3種が共同して色を見分ける e をもつ． c に吸収された光のエネルギーは，この分子をトランス形に変換するエネルギーとして使われ，その途中でタンパク質部分である f の構造変換を促す．

 f はかん体細胞の外節部にびっしり詰まっている g に埋込まれた膜タンパク質である． f の構造変化は円板膜の外にある h というGTP結合タンパク質を活性化して， i の活性化を促す．その後，数段階の酵素反応を経てかん体細胞外節膜に過分極性の電位変化が誘発される．この電位変化は，かん体細胞内節膜を通して，網膜内の神経細胞に伝わり，視信号として処理される．

 b にも同じ c が結合しており，ほぼ同じ機構で光信号受容により視信号を網膜内にある神経細胞に送り出す．

[解 答] a. ロドプシン　b. アイオドプシン　c. 11-シス-レチナール　d. 薄明視　e. 色覚　f. オプシン　g. 円板膜　h. トランスデューシン　i. ホスホジエステラーゼ

[問題 6・26] 細胞外から働きかけるホルモン，神経伝達物質，プロスタグランジンなど生理活性物質（特異的リガンド）のもたらす情報を細胞内に取入れるには，i) 情報物質の受容体，ii) グアニンヌクレオチド結合性調節タンパク質（Gタンパク質），iii) アデニル酸シクラーゼ活性をもつタンパク質，の3種が必要である．受容体は異なる情報伝達物質を区別しており，Gタンパク質は受容体への特異的リガンドの結合に呼応してアデニル酸シクラーゼ機能をもつタンパク質の機

能を調節する．Gタンパク質は，組織特異性があり，それぞれの組織において異なる添字をつけて区別されている．

1) 次のようなGタンパク質はどのような添字をつけてよばれているか．
   a) 目における光受容体であるロドプシンからの情報伝達器として働くGタンパク質
   b) アドレナリンβ受容体の情報伝達を行うGタンパク質
   c) 嗅覚刺激の受容体に対して情報伝達器として働くGタンパク質

2) コレラ毒素，百日咳毒素などの毒性の本体が，上記Gタンパク質のアルギニン残基，およびシステイン残基をADPリボシル化する反応を行って，G_αサブユニットによるアデニル酸シクラーゼ機能の調節を阻害する点にあることがわかってきた．ジフテリア毒素の場合は，ペプチド鎖伸長因子に対してやはりADPリボシル化を行う．

アルギニン残基あるいはシステイン残基のADPリボシル化の産物はどのような化学構造をもつか，図に書いて示せ．また，ADPリボシル基はどのような物質に由来するか．

[解答] 1) a) G_t b) G_s c) $G_{olfactory}$ または G_{olf}

2)

ADPリボシル化はニコチンアミドアデニンジヌクレオチド（NAD）のADPリボシル部分が転移される．

[問題 6・27] におい受容体は，ラット鼻腔内の嗅上皮にある嗅神経細胞からクローニングされ，1991年にアクセル（R. Axel）とバック（L. B. Buck）により報告された．彼らはこの業績等が認められ，2004年のノーベル医学生理学賞を受賞した．におい受容体に関する次の文章の空欄を埋めよ．(イ)〜(ハ)には数字を入れよ．

におい受容体は（イ）回膜貫通型のタンパク質で，□a□共役型の受容体ファミリー（GPCR）に属する．におい受容体は，ヒト，マウス，イヌ，ニワトリ，カエル，ゼブラフィッシュ，線虫などいろいろな種類の生物で発現が確認されており，GPCRファミリーの中だけでなく遺伝子全体をみても最大の多重□b□を形成している．ヒトでは388種類のにおい受容体をコードする遺伝子と，414種類の似ているが受容体をコードしない□c□が存在している．マウスでは1037種類のにおい受容体と354種類の□c□が存在する．におい受容体のコード領域にこれを分断する□d□は存在していない．におい受容体は嗅神経細胞の□e□先端にある繊毛上に発現している．におい物質がにおい受容体に結合すると，GTPの存在下で嗅神経細胞特異的に発現しているGタンパク質αサブユニット□f□が活性化され，これが□g□を活性化してATPからcAMPを生成する．cAMPはCNGチャネル（cAMP作動性チャネル）を開口させる．この結果，嗅細胞が□h□して神経インパルスが発生し，情報を脳の嗅球に伝達する．魚類や両生類では，におい物質によってはcAMPの応答を示さない場合もあり，シグナル伝達系として□i□系と使い分けている場合もある．

マウスやヒトでは1個の嗅神経細胞は（ロ）種類のにおい受容体を発現すると考えられており，さらに（二倍体細胞に）二つある遺伝子のうち片方のみが発現する．マウスの嗅上皮上では，あるにおい受容体を発現している嗅神経細胞は嗅上皮の（ハ）つのゾーンのどれか一つのゾーンに散在している．そして同じ受容体を発現している嗅神経細胞はその軸索を脳の□j□にある同じ□k□に投射している．左右それぞれの□j□に□k□は約2,000あるといわれており，内側と外側の2箇所の□k□のどちらかに投射する．一つのにおい物質はいくつものにおい受容体と結合し，一つのにおい受容体はいくつものにおい物質と結合する．あるにおい物質がくるとそれに反応するにおい受容体をもった神経細胞が興奮し，それぞれの神経回路にスイッチが入って，この興奮した回路の組合わせによりにおいが認識されると考えられている．

[解答] イ．7　ロ．1　ハ．4
a. Gタンパク質　　b. 遺伝子群　　c. 偽遺伝子　　d. イントロン　　e. 樹状突起
f. G_{olf}　g. アデニル酸シクラーゼⅢ　h. 脱分極　i. IP_3　j. 嗅球　k. 糸球体

[問題 6・28] 脊椎動物の感覚受容のシグナル伝達には，それぞれ分子的な特徴がある．表のa〜cに当てはまる受容体のタイプを語群Aから選んで答えよ．ま

た，d〜f に入る物質を語群 B から選んで答えよ．

感覚系	受容体のタイプ	二次メッセンジャー
視覚系	a	d
嗅覚系	b	e
味覚系 （甘味・苦味）	c	f

(語群 A)　イオンチャネル，G タンパク質共役型受容体，チロシンキナーゼ受容体，グアニル酸シクラーゼ
(語群 B)　ATP，ADP，cAMP，GTP，GDP，cGMP，IP_3（イノシトール-トリスリン酸），DG（ジアシルグリセロール），PA（ホスファチジン酸），PIP_2（ホスファチジルイノシトール-4,5-ビスリン酸），PIP_3（ホスファチジルイノシトール-3,4,5-トリスリン酸）

[解答]　a〜c. いずれも G タンパク質共役型受容体　d. cGMP　e. cAMP　f. IP_3
脊椎動物の視覚系（下図 左）では，ロドプシンや光受容体に含まれるレチナールが

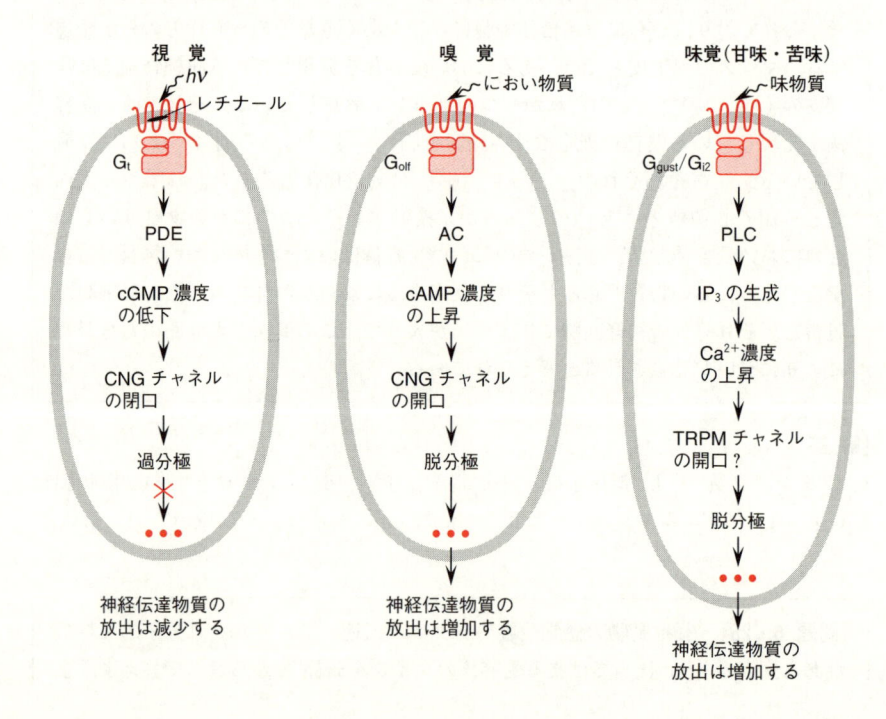

視覚
hν → レチナール
G_t
↓
PDE
↓
cGMP 濃度の低下
↓
CNG チャネルの閉口
↓
過分極
↓
神経伝達物質の放出は減少する

嗅覚
におい物質
G_{olf}
↓
AC
↓
cAMP 濃度の上昇
↓
CNG チャネルの開口
↓
脱分極
↓
神経伝達物質の放出は増加する

味覚（甘味・苦味）
味物質
G_{gust}/G_{i2}
↓
PLC
↓
IP_3 の生成
↓
Ca^{2+} 濃度の上昇
↓
TRPM チャネルの開口？
↓
脱分極
↓
神経伝達物質の放出は増加する

光エネルギーを吸収して異性化し，受容体分子の構造が変化する．次に受容体と共役してGタンパク質（トランスデューシン）が活性化し，さらにPDE（ホスホジエステラーゼ）を活性化する．PDEはcGMPを分解してCNGチャネル（cyclic nucleotide-gated channel）を閉口へと導き，膜電位を過分極側に向かわせる．嗅覚系（図 真ん中）では，におい物質が嗅覚受容体（受容体はロドプシンと同じサブファミリー）に結合し，G_{olf}（olfactory G protein）とよばれるGタンパク質がアデニル酸シクラーゼ（AC）を活性化して，cAMPの濃度上昇をひき起こす．cAMPはCNGチャネルを開口へと導き，膜電位を脱分極側に向かわせる．なお，フェロモン受容などにかかわる鋤鼻嗅覚系のシグナル伝達はこれとは異なり，関係する二つのタイプの受容体は，それぞれ味覚系（甘味，苦味）と同じサブファミリーに属する．味覚系（図 右）では，魚類から哺乳類まで普遍的に存在する甘味と苦味の受容系では，Gタンパク質共役型受容体が受容体となっており，Gタンパク質はホスホリパーゼC（PLC）を活性化してIP_3を産生させ，細胞内のCa^{2+}濃度の上昇を導き，TRPM（transient receptor potential subfamily M）チャネルが開口すると考えられている．なお，哺乳類に存在する酸味受容体と塩味受容体はイオンチャネルである．

[問題 6・29] 次の解説に相当するタンパク質の名称を語群Aから，そのアゴニストを語群Bから，それぞれ選択せよ．
 1) 興奮性神経伝達物質に結合して陽イオン（Na^+, K^+, Ca^{2+}）を通過させるイオンチャネル型受容体である．
 2) $\alpha, \beta, \gamma, \delta$という4種類のサブユニットが円状に配置して五量体（$\alpha_2\beta\gamma\delta$）を形成するイオンチャネル型受容体で，中央のチャネルはナトリウムイオンNa^+の細胞内流入を起こして神経興奮をひき起こす．
 3) 細胞外からの塩素イオンCl^-の細胞内流入を促進して神経細胞の活動を抑制するイオンチャネル型受容体で，神経細胞間の情報伝達を抑えることにより沈静作用，催眠作用，抗不安作用などをひき起こす．
 4) ストリキニーネが拮抗薬として作用するイオンチャネル型受容体で，中枢神経系において塩素イオンCl^-を細胞内へ流入させて抑制作用を示す．
 5) リガンドに反応して小胞体内のカルシウムイオンCa^{2+}を細胞質に放出するイオンチャネル型受容体である．

 （語群A）　イノシトールトリスリン酸(IP_3)受容体，グリシン受容体，
　　　　　　NMDA型グルタミン酸受容体，ニコチン性アセチルコリン受容体，

GABA_A 受容体
（語群 B） イノシトールトリスリン酸(IP_3), γ-アミノ酪酸, グリシン, グルタミン酸, ニコチン

[解 答] 1) NMDA 型グルタミン酸受容体, グルタミン酸
2) ニコチン性アセチルコリン受容体, ニコチン
〔注：アセチルコリン受容体は, ニコチン性とムスカリン性（ニコチン受容体とムスカリン受容体）の二つに大別される. おのおの, ニコチンとムスカリンがアゴニスト（作用薬）であるが, アセチルコリンは両者に作用する.〕
3) GABA_A 受容体, γ-アミノ酪酸
4) グリシン受容体, グリシン
5) イノシトールトリスリン酸 (IP_3) 受容体, イノシトールトリスリン酸 (IP_3)

細 胞 接 着

[問題 6・30] 図は静止期にある繊維芽細胞がフィブロネクチンを介して基質に接着している図である. a〜e に相当するタンパク質の名称を下から選んで記せ.

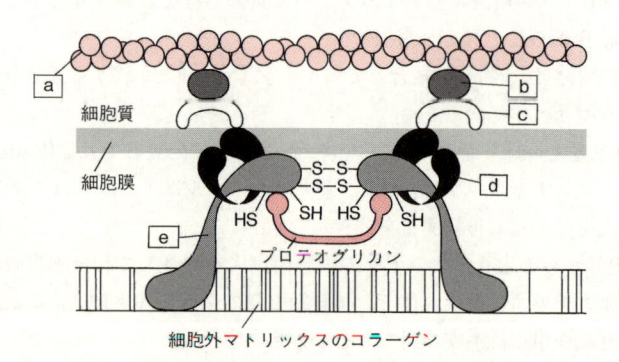

アクチン, フィブロネクチン, フィブロネクチン受容体, テーリン, ビンキュリン

[解 答] a. アクチン (actin)　　b. ビンキュリン (vinculin)　　c. テーリン (talin)
d. フィブロネクチン受容体 (fibronectin receptor)　　e. フィブロネクチン (fibronectin)

[問題 6・31] 次のような性質をもつ細胞接着に関係するタンパク質またはそのグループの名をあげよ．

1) 基底膜に含まれるタンパク質で，A鎖（分子量 約400,000），B1鎖（約215,000），B鎖（約205,000）の3本のペプチドからなり，全体として十字形をしている．分子内に基底膜のタイプⅣコラーゲンと結合する部位をもつ．

2) －Arg－Gly－Asp－というアミノ酸配列（アミノ酸の一文字記号をとって，RGD配列ともよばれる）をもつタンパク質と結合する部位をもつ受容体の一群で，細胞膜を貫通する分子量 100,000〜140,000 の2本のポリペプチド（α鎖，β鎖）からなる．

3) 脊椎動物のカルシウム依存性細胞間接着タンパク質であり，存在する場所によってE-（上皮など），P-（肺など），N-（神経系など）の種類がある．形態形成や細胞分化を制御する機能がある．

4) カルシウム非依存性の接着タンパク質で，やはり，組織によって異なる種類が存在するが，特に神経組織で重要なので，N-（なになに）で代表される．

[解答] 1) ラミニン　2) インテグリン　3) カドヘリン　4) CAM (cell adhesion molecule, 細胞接着分子)

[問題 6・32] 次の空欄を埋め，文章を完成せよ．

コラーゲン繊維は　a　本のポリペプチドが絡み合ってできており，そのアミノ酸配列の特徴は3残基ごとに　b　をもつことと，普通のタンパク質にはあまり多くない　c　というアミノ酸残基が多く含まれていることである．　c　の多くのものがヒドロキシル化されているのも特徴の一つである．

[解答] a. 3　b. グリシン残基　c. プロリン

[問題 6・33] 細胞接着に関与するタンパク質の一つであるフィブロネクチンの構造上の特徴と，そのおもな機能を，次にあげる用語を用いて説明せよ．

RGD　インテグリン　S-S結合　細胞接着　ドメイン

[解答例] 細胞外マトリックスタンパク質の一つであるフィブロネクチンは分子量約23万の鎖2本がS–S結合により会合した構造をしている。各鎖は数個のドメインからなり，それらはそれぞれ特徴のある結合能（ヘパリン結合，ゼラチン結合，細胞結合）をもつ．細胞結合をもつドメインの一つの結合中心を構成するアミノ酸配列はRGD（R: アルギニン，G: グリシン，D: アスパラギン酸）からなる．この配列をもつペプチドを加えるとフィブロネクチンへの細胞の結合（接着という）が抑制され，また標識したRGD配列をもつペプチドは細胞膜を貫通するタンパク質インテグリン（$\alpha_5\beta_1$）に結合する．つまり細胞はこのインテグリンによって種々の細胞外マトリックス成分（コラーゲンあるいは細胞接着糖タンパク質）に結合することができる．RGD以外の配列に対して結合するインテグリンやRGDを認識するが$\alpha_5\beta_1$とは異なるインテグリンで細胞外マトリックス成分に結合するインテグリンなどいくつかの分子種が知られている．

[問題 6・34] 図を参照して次の問いに答えよ．

1) ア〜エのうち，いずれがデスモソーム，密着結合，ギャップ結合，接着結合を示しているか記せ．
2) a〜eの示すタンパク質名を下の語群から選べ．
3) デスモソーム，密着結合，ギャップ結合，接着結合を英語で記せ．

（語群） アクチン，インテグリン，オクルーディン，カテニン，カドヘリン，

クローディン, コネクソン, コラーゲン, セレクチン, 中間径フィラメント, チューブリン, デスモグレイン, テーリン, ネクチン, ビトロネクチン, フィブロネクチン, ラミニン

[解答] 1) ア. 密着結合, イ. 接着結合, ウ. デスモソーム, エ. ギャップ結合
2) a. 中間径フィラメント　b. クローディン　c. カドヘリン　d. カテニン　e. コネクソン〔注：コネキシン（connexin）6分子が六角形状に会合してチャネルを形成したものをコネクソン（connexon）とよぶ。〕
3) デスモソーム：desmosome　密着結合：tight junction　ギャップ結合：gap junction　接着結合：adherens junction

細胞間接着構造	接着タンパク質	細胞内タンパク質	繊維
密着結合	オクルーディン クローディン JAM	ZOタンパク質	アクチンフィラメント
接着結合	Eカドヘリン	α/βカテニン（ビンキュリン）	アクチンフィラメント
デスモソーム	デスモグレイン	プラコグロビン/プラコフィリンとデスモプラキン	中間径フィラメント
ギャップ結合	コネキシン		

運動器官

[問題 6・35] 筋肉について次のa〜iの空欄を埋めよ．

動物の筋肉には a 筋と b 筋がある． a は骨格筋と心筋に見られる構造であり，筋原繊維をつくる細い c フィラメントと太い d フィラメントが重なっているA帯（ただしA帯の中央付近にはアクチンフィラメントが存在せず重なっていない）と，重なっていないI帯の位置が，図1のように相対的にずれて重なっているために，明暗の縞模様が見えることからこの名が付けられている．すばやく収縮し，また伸びるので運動筋として適している．

 b 筋は心臓以外の内臓筋や血管壁をつくっている．細胞内での c と d フィラメントの配列が横紋筋のように揃っておらずランダムなので，縞模様は見えない．収縮は遅いが，著しく縮んだりのびたりすることができる．

横紋筋の収縮は，細胞内の　e　濃度が 10^{-6} M 程度まで高まることによって起こる．　e　濃度の上昇が起こる原因は，筋細胞膜に届いている神経末端から　f　が放出されると，細胞膜が興奮して膜結合型の小胞体を刺激し，小胞内に蓄えられている　e　を放出させることによる．放出された　e　は　c　フィラメント上の　g　に結合する．　e　の結合でこのタンパク質が形を変えることが　h　と　i　に伝わると，アクチン-ミオシン系（アクトミオシン系ともいう）の ATP 分解活性の阻害が解除されて，　c　フィラメントと　d　フィラメントの間で滑り運動が起こり，筋肉を収縮させる．

図 1　筋原繊維の微細構造

図 2　細いアクチンフィラメント

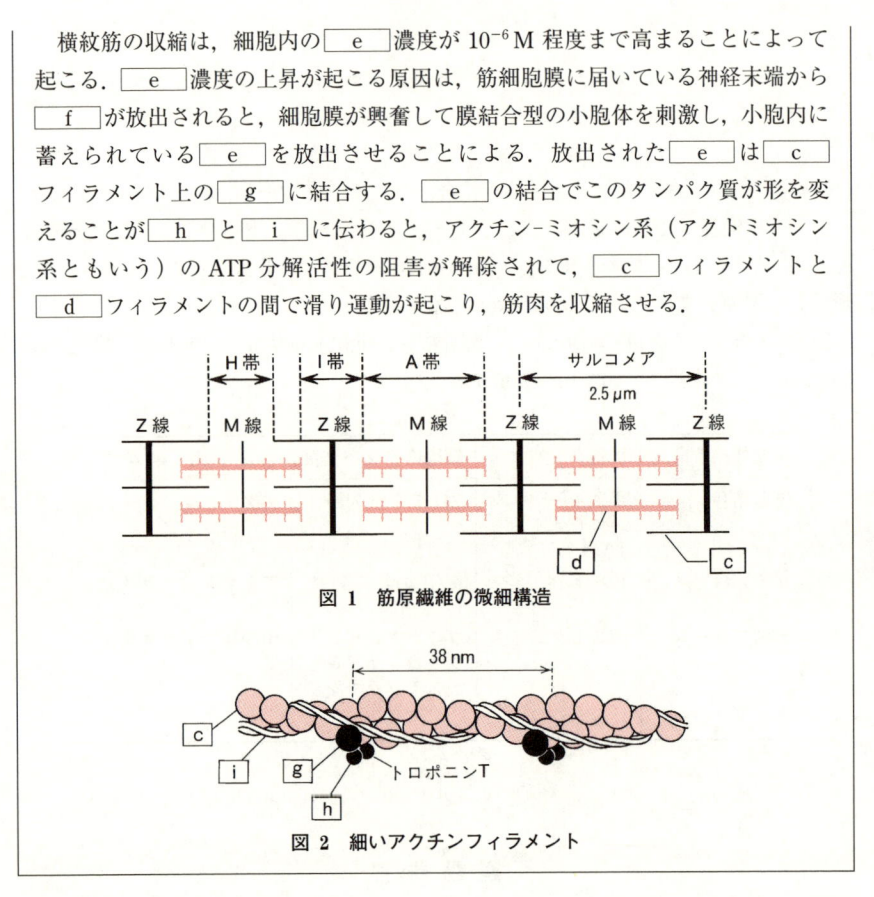

[解答] a. 横紋　b. 平滑　c. アクチン　d. ミオシン　e. カルシウムイオン（Ca^{2+}）　f. アセチルコリン　g. トロポニン C　h. トロポニン I　i. トロポミオシン

[問題 6・36]　以下の記述はある筋肉構成タンパク質に関するものである．それぞれ何というタンパク質に関するものか．下の a〜h から対応するものを選び出せ．

1) 骨格筋の細いフィラメントの構成成分の一つで 284 個のアミノ酸からなる長さ約 40 nm の棒状分子である．

2) 骨格筋の細いフィラメントの構成成分の一つで 3 種類の類似タンパク質か

らなる．1) のタンパク質の特別な部位と結合している．

3) 平滑筋細胞にある長さ約 75 nm の細長いタンパク質で，Ca^{2+} 非存在下でトロポミオシンに沿ってアクチンフィラメントに結合してミオシンのアクチンへの結合を制約する．

4) アクチンフィラメントを架橋するタンパク質の一種で，分子量 95,000 の二量体からなる．骨格筋の Z 線，平滑筋の細胞内接着斑，心筋の境界板の主要構成タンパク質である．

5) 分子量 427,000 の巨大タンパク質で，このタンパク質の欠損がデュシェンヌ型筋ジストロフィー（Duchenne muscular dystrophy：DMD）の病因と考えられる．横紋筋の細胞膜に局在しており，DMD 患者の筋肉にはみられない．

6) 分子量 130,000 のこのタンパク質は心筋の境界板や平滑筋の細胞膜に接した接着斑に存在し，α アクチニンと結合することでアクチンフィラメントを細胞膜に接着させると考えられている．

7) 横紋筋においてミオシンフィラメントを Z 線に連結する分子量が 300 万に及ぶ巨大な繊維状タンパク質で，筋肉が収縮弛緩するときに弾性ゴムバンドのようにミオシンフィラメントをサルコメア中央に位置させていると考えられている．

8) 横紋筋タンパク質の約 3% を占める，近接するアクチンフィラメントと同じ長さの巨大なタンパク質で Z 線の両側に伸びる伸長できない繊維である．

　　a. カルデスモン　　b. ネブリン　　c. α アクチニン　　d. ビンキュリン
　　e. トロポミオシン　　f. トロポニン　　g. ジストロフィン
　　h. タイチン（コネクチン）

[解答] 1) e　2) f　3) a　4) c　5) g　6) d　7) h　8) b

[問題 6・37] 細胞内にみられる繊維構造（フィラメント）には，微小管，アクチンフィラメント，ミオシンフィラメントに加えて，アクチンフィラメントより太く，微小管よりは細い，中間径フィラメントが知られている．次の文章の下線部の間違いを正せ．

1) 微小管，アクチンフィラメント，中間径フィラメントは細長い繊維構造をしているが，その構成単位となっているのはどの場合も球状のサブユニットである．

2) 微小管は α, β 2 種類のサブユニットの二量体がつくる 23 本のプロトフィラメントがつくる，太さ 24 nm の中空の構造からできている．

3) アクチンフィラメントは筋肉細胞でのみみられる運動に関与する繊維で, ミオシンフィラメントと互い違いに平行に並んだ規則正しい構造をつくっている.

4) 中間径フィラメントは染色体の分裂に際して現れる紡錘体の主成分であり, 分裂期にない細胞では放射状配置をしているのが, 蛍光抗体で染色後, 顕微鏡で見ることができる.

5) アクチンフィラメントあるいはアクチンタンパク質に結合して繊維構造の形成を制御する多くのタンパク質が見つかっている. スペクトリンがその一つであり, アクチンフィラメントを架橋して三次元網目構造をつくる.

6) 脊椎動物の中枢および末梢神経系には神経フィラメントとよばれる微小管が存在していて, 軸索の構造を支える働きをしている.

7) 細長い微小管は全く対称的な構造をもっているので, キネシンなどの運動性タンパク質は微小管の上をどちらの方向にも動くことができる.

[解 答] 1) どの場合も球状のサブユニット→微小管とアクチンフィラメントの場合は球状サブユニット, 中間径フィラメントの場合は繊維状サブユニット

2) 23本→13本〔注: 11, 15本のものもある.〕

3) 筋肉細胞でのみみられる→筋肉細胞以外でもみられる

4) 中間径フィラメント→微小管

5) スペクトリン→フォドリン

6) 微小管→中間径フィラメント

7) 全く対称的な→非対称な, どちらの方向にも→1方向的に

[問題 6・38] 細菌が水中を進むための運動器官である鞭毛(べん)はフラジェリンというタンパク質が重合してできたプロトフィラメントという繊維が11本縦に並ん

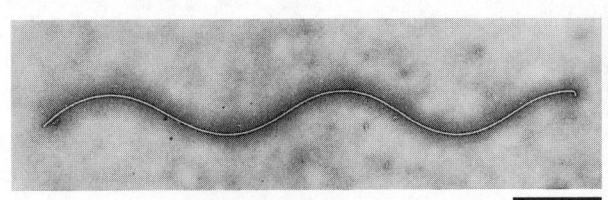

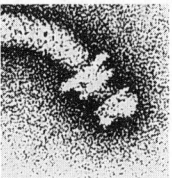

1 μm   0.02 μm

図1 サルモネラ菌の鞭毛の電子顕微鏡像. 左: 菌体から外された鞭毛. 右端の曲がっている部分が鞭毛モーター. 右: 鞭毛モーター. [宝谷紘一博士提供.]

でおり，その基部にモーターとよばれる回転器官がついている．鞭毛はピッチがおよそ 2.2 μm の左巻きのらせん構造をもっている（図1参照）．

  1) 左巻きのらせん構造をもつ鞭毛をモーターが左回転すると細菌はどちらの方向に進むか．

  2) 鞭毛は1本だけでなく，菌体のあちこちから数本生えている．これらが束になって"バンドル"となっており，すべての鞭毛が一緒に回転する．このような状態で直進した後，細菌は突然モーターを右回転して前進をやめ，バンドルをほどく（図2，図3）．バンドルがほどけている間はモーターは回っていても鞭毛の向きがそろっていないので一方向に進行せず，ランダムに方向が変わる．再び，モーターを回してバンドルをつくり，前進を始めると，細菌の進行方向は以前とは異なっている．このような方法で，ランダムに進行方向を変える手段で細菌がグルコースの濃度の高い方へ近づくには，さらにどのような機構が最低限必要か．

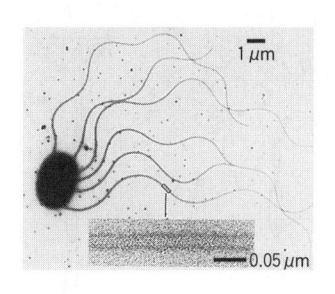

図2　サルモネラ菌の電子顕微鏡像．鞭毛がほどけている．[宝谷紘一博士提供．]

図3　遊泳中のサルモネラ菌の暗視野光学顕微鏡像．鞭毛が束になっている．[宝谷紘一博士提供．]

  3) 細菌がグルコース濃度の高い方へ進むような性質を走化性という．走化性で説明されている生物現象を二つあげよ．

[解答]　1) 左巻きらせん構造をもつ鞭毛の進む方向．

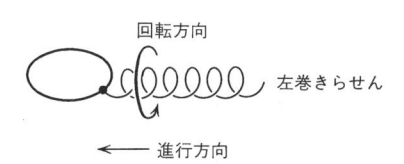

回転方向　　左巻きらせん
← 進行方向

2) バンドルをほどいて方向転換する頻度がグルコース濃度の高い方向に動いてい

246   6. 細胞生物学

るときは少なく，グルコース濃度が低い方へ進んでいるときは頻度が高くなるとよい．そのためには細菌が時間的なグルコース濃度の変化を記憶する機構が必要である．
3) i) 細胞性粘菌がサイクリック AMP に対して示す行動．
   ii) 炎症部位へ白血球などが集まる現象．

神経系と神経伝達

[問題 6・39] 次の図は脊椎動物のニューロンの構造を示したものである．この図に関する下の文章の a~k の空欄に入るべき適切な用語を日本語および英語のスペルで答えよ．

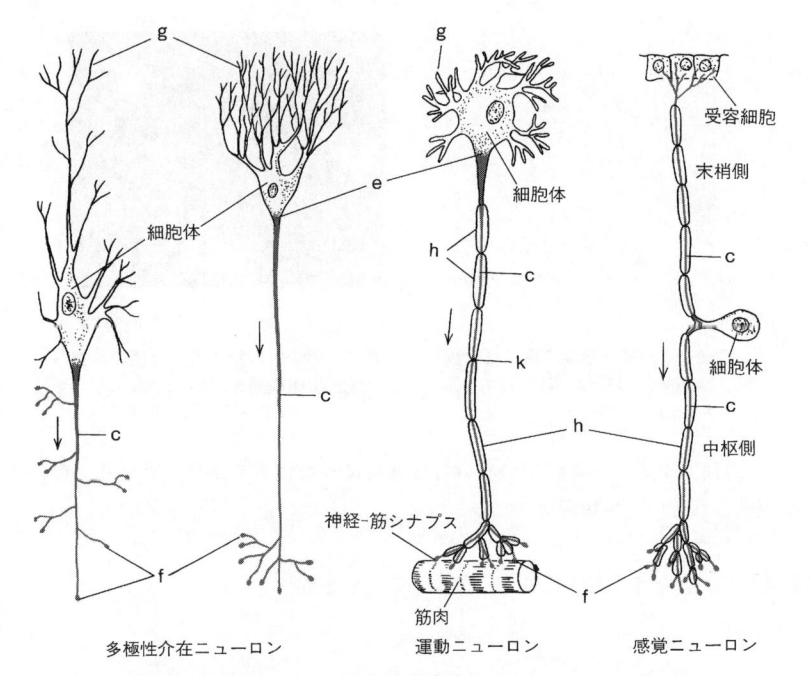

脊椎動物の典型的なニューロンの構造 [J. Darnell, et al., "Molecular Cell Biology", 2ed., p.765, W. H. Freeman (1990) を改変．]

神経系はニューロンとよばれる神経細胞と，神経細胞の間隙を埋めてそれらの機能を調節する　a　とよばれる細胞からなる．神経細胞は　b　とよばれる

部位で他の細胞と接触して電気インパルス信号を伝達する．遠くに離れた細胞に信号を伝えるため，神経細胞からは c とよばれる繊維が伸びている． c は d とよばれる電気インパルスを減衰させることなく伝達できる． d は神経細胞本体（細胞体）と c の境界にある e で発生し，枝分かれした f まで達して他の細胞に伝達される．一方，細胞体から出ているさらに細い繊維状突起である g は感覚器官などの他の神経細胞の軸索からの信号を受け，その電気的インパルスを細胞体に伝える．脊椎動物では c は h によって覆われている．これは a が c のまわりを包むように巻付いてできた特殊な細胞膜の層である．この構造体は末梢神経系では i ，中枢神経系では j とよばれる．また場所によっては図に示すような k とよばれる h のない領域も観察される．

[解答] a. グリア，glia　b. シナプス，synapse　c. 軸索，axon　d. 活動電位，action potential　e. 軸索丘，axon hillock　f. 軸索末端，axon terminal　g. 樹状突起，dendrite　h. ミエリン鞘，myelin sheath　i. シュワン細胞，Schwann cell　j. 希突起膠細胞またはオリゴデンドログリア，oligodendroglia　k. ランビエ絞輪，node of Ranvier

[問題 6・40] 次の図は脊椎動物の典型的なニューロンの細胞質とそれを取囲む細胞外液の組成を示したものである．図を見ながら次の問いに答えよ．ただし，A^- は過剰な Na^+ や K^+ による正の電荷を中和しているタンパク質の負の電荷を表す．

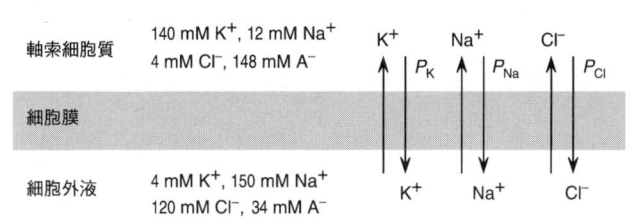

軸索細胞質　140 mM K^+, 12 mM Na^+
　　　　　　4 mM Cl^-, 148 mM A^-

細胞膜

細胞外液　　4 mM K^+, 150 mM Na^+
　　　　　　120 mM Cl^-, 34 mM A^-

K^+ ↑ P_K　Na^+ ↑ P_{Na}　Cl^- ↑ P_{Cl}

1) この細胞膜が K^+ だけを通過させるとき，膜電位 E_K は次式

$$E_K = (RT/ZF)\ln(K^+_o/K^+_i)$$

で与えられる．この式は何とよばれるか．また R, T, F はそれぞれ何を表すか．ただし，K^+_o は細胞外の K^+ 濃度，K^+_i は細胞内の K^+ 濃度，Z はイオン電荷を表す．

2) $Z=1$ として $2.303RT/F=0.059$ (V) のとき,K^+ に対するこの系の膜電位を図中の数字を参照して求めよ.

3) 透過係数 P(各イオンの濃度差が $1\,M$ のとき,単位面積 $[1\,cm^2]$ の膜を1秒間に何個のイオンが通り抜けるかという値)を導入すると,細胞表面での膜電位は次式で与えられる.

$$E = 0.059 \log_{10} \frac{P_K K^+_o + P_{Na} Na^+_o + P_{Cl} Cl^-_i}{P_K K^+_i + P_{Na} Na^+_i + P_{Cl} Cl^-_o}$$

例として,$P_K=10^{-7}\,cm/s$,$P_{Na}=10^{-8}\,cm/s$,$P_{Cl}=10^{-8}\,cm/s$ のとき,この系における膜電位 (E) を求めよ.

[解 答] 1) ネルンストの式.R:気体定数 $8.3\,J/(K\cdot mol)$,T:絶対温度,F:ファラデー定数 $96,500\,C/mol$.

2) $E_K = 0.059\log_{10}(4/140) = -0.091\,V$

3) $E = 0.059\log_{10}\dfrac{(10^{-7})(0.004)+(10^{-8})(0.15)+(10^{-8})(0.004)}{(10^{-7})(0.14)+(10^{-8})(0.012)+(10^{-8})(0.12)} = -0.053\,V$

[問題 6・41] 次にあげる神経伝達物質はそれぞれあるアミノ酸を出発物質として体内で生合成される.それぞれが由来するアミノ酸を三文字表記で記せ.

1) γ-アミノ酪酸(GABA)
HOOCCH₂CH₂CH₂NH₂

2) β-アラニン(3-アミノプロピオン酸)
HOOCCH₂CH₂NH₂

3) タウリン
(2-アミノエタンスルホン酸)
HO₃SCH₂CH₂NH₂

4) ヒスタミン

5) セロトニン(5-ヒドロキシトリプタミン)

6) ドーパミン

7) アドレナリン

[解 答] 1) Glu 2) Asp 3) Cys 4) His 5) Trp 6) Tyr 7) Tyr

〔注：Tyr から 6), 7) への中間体のドーパ (3,4-ジヒドロキシフェニルアラニン) もアミノ酸の一種である．〕

[問題 6・42] 次の文章は，哺乳動物における神経系とシナプスから分泌される神経伝達物質について述べたものである．以下の問いに答えよ．

神経系は中枢神経系と末梢神経系とに大別されるが，末梢神経はさらに体性神経と自律神経とに分類される．求心性と遠心性の体性神経はそれぞれ知覚神経，運動神経ともよばれているが，運動神経はおもに骨格筋細胞の収縮・弛緩を支配しており，中枢神経系から発した神経繊維がニューロンを代えることなく，直接筋細胞側（の運動神経終板）まで到達している．一方，自律神経の神経繊維は，神経細胞の集まっている　a　において別の神経細胞に連結している．すなわち，　a　より中枢神経側の　b　繊維は途中，自律　a　で効果器細胞側の　c　繊維にニューロンを代えて標的細胞に達する．自律神経には，標的細胞に対して互いに拮抗的に働く　d　神経と　e　神経があり，通常　d　神経は活動期に，他方　e　神経は静止期に寄与している．自律神経系における　d　神経と　e　神経の違いの一つは　c　繊維末端のシナプスから分泌される神経伝達物質にあり，前者では　f　を代表とするカテコールアミン類が，一方後者では　g　が放出される．また，多くの場合，前者のシナプス後膜にはカテコールアミン類が結合するαとβに大別される2種の　h　受容体が存在する．一方，後者のシナプス後膜には　g　の結合する　i　性　g　受容体が存在するが，この受容体は運動神経終板（神経筋接合部）に存在する　j　性　g　受容体とは異なるものである．

1) a〜jの空欄に最も適当と考えられる語句を入れよ．
2) 神経伝達物質として機能するfとgの構造式を記せ．
3) 神経伝達物質であるfとgは，それぞれどのような機序で不活性化されるかを簡単に述べよ．
4) 下線で示した2種の受容体について，受容体タンパク質の分子構造および受容体刺激以降の情報伝達経路から，その違いを簡単に説明せよ．

[解答例] 1) a. 神経節　b. 節前　c. 節後　d. 交感　e. 副交感　f. ノルアドレナリン　g. アセチルコリン　h. アドレナリンまたはカテコールアミン　i. ムスカリン　j. ニコチン

2) f. ノルアドレナリン   g. アセチルコリン

HO-⟨benzene ring with OH⟩-CH(OH)CH₂NH₂

$CH_3\overset{+}{N}(CH_3)(CH_3)CH_2CH_2OCCH_3$ (with C=O)

3) fのノルアドレナリンなどのカテコールアミン類は，おもにシナプス内に再吸収されて不活性化される〔その一部はカテコール O-メチルトランスフェラーゼ(COMT)やモノアミンオキシダーゼ (MAO) による分解を受ける〕が，gのアセチルコリンは，シナプス間隙内に存在する加水分解酵素コリンエステラーゼによってコリンと酢酸とに分解されて不活性化される（コリンはシナプス内に再吸収され，再びアセチルコリンの基質として利用される）．

4) ムスカリン性アセチルコリン受容体は，細胞膜を7回貫通する一本鎖のポリペプチドであり，受容体へのアセチルコリンの結合刺激の情報はGタンパク質を介して細胞内へと伝達される．他方，ニコチン性アセチルコリン受容体は，五つのサブユニットからなるタンパク質で，受容体分子自身がイオンチャネルを形成し，受容体刺激の情報はナトリウムイオンの細胞内への流入として伝達される．

[問題 6・43]*　次の神経に関する記述の正誤を問う．誤りと判断した場合はその理由も述べよ．

1) ムスカリン性アセチルコリン受容体は4種類のポリペプチド鎖からなり，$(\alpha\beta)_2\gamma\delta$ という組成をもつ．

2) アセチルコリンを酢酸とコリンに分解するアセチルコリンエステラーゼはそのアミノ酸配列の一部（Gly-Pro-X）がコラーゲンと似ていてコラーゲン同様の三本らせん構造をつくる．

3) GABAとグリシンは多くの抑制性シナプスで神経伝達物質として働いている．

4) 心筋のニコチン性アセチルコリン受容体はGタンパク質を活性化しK^+チャネルを開かせる．

5) フグ毒のテトロドトキシンが神経毒素となるのは神経の電位依存性Ca^{2+}チャネルに結合して封鎖し，活動電位を発生できなくするからである．

6) ショウジョウバエの shaker 突然変異遺伝子は電位依存性Na^+チャネルをコードする．

7) α-ブンガロトキシンとよばれるヘビ毒はニコチン性アセチルコリン受容体に不可逆的に結合する．

8) アセチルコリンはニコチン性アセチルコリン受容体の β サブユニットに 2 箇所結合する.

[解答] 1) 誤り. ムスカリン性ではなくニコチン性アセチルコリン受容体で, その典型的な組成は $\alpha_2\beta\gamma\delta$ である.
2) 正しい
3) 正しい
4) 誤り. ニコチン性ではなくムスカリン性アセチルコリン受容体.
5) 誤り. Ca^{2+} チャネルではなく Na^+ チャネル.
6) 誤り. Na^+ チャネルではなく K^+ チャネル.
7) 正しい
8) 誤り. β ではなく α サブユニットに結合する.

[問題 6・44] シナプスに関する次の文章の a～n の空欄を埋めよ.

　シナプスは情報伝達方法の違いにより, [a] と [b] に分類される. [a] では神経細胞間の [c] 結合を介して電気的信号を直接やりとりする. [b] では神経伝達物質を介して標的細胞に情報を伝達する. [b] において情報はシナプス前部から後部に伝達され, その逆方向の信号の伝達は起こらない. 高等脊椎動物のほとんどのシナプスは [b] である. [b] では情報の送り手の細胞の一部であるシナプス前膜と情報を受取る細胞の一部であるシナプス後膜からなり, 両者の間に 20～40 nm ほどの間隙があり, これを [d] とよぶ. シナプスは中枢神経系では [e] に覆われており, 神経伝達物質の拡散を防いでいる. シナプス前膜から放出された神経伝達物質は酵素により分解されたり, [e] やシナプス前膜にある [f] 分子により回収され, 再利用される. シナプス前部には, 神経伝達物質を貯蔵する [g] と, 電子密度の高いアクティブゾーン (活性帯ともいう) とよばれる構造がある. 活動電位により神経終末部における [h] 濃度が上昇すると, アクティブゾーンで [g] がシナプス前膜に融合し, 神経伝達物質が [d] に放出される. シナプス後部の電子密度が高く肥厚したシナプス後膜肥厚 (postsynaptic density: PSD) には, 神経伝達物質と特異的に結合する受容体があり, 受容体には [i] と [j] の二つのタイプがある.
　シナプスは形態学的に [k] と [l] に分類されている. [k] は非対称型シナプスともよばれ, 機能的にはほとんどが [m] シナプスと考えられている.

球形の[g]をもち、アクティブゾーンとシナプス後膜肥厚が顕著で、[d]が[l]と比較して広い(30 nm)。[l]は対称性シナプスともよばれ、機能的にはほとんどが[n]シナプスと考えられている。扁平の[g]をもち、アクティブゾーン、シナプス後膜肥厚ともに顕著ではなく、[d]が[k]と比較して狭い(20 nm)。

[解 答] a. 電気シナプス　b. 化学シナプス　c. ギャップ　d. シナプス間隙　e. アストログリア細胞　f. トランスポーター　g. シナプス小胞　h. カルシウムイオン　i. イオンチャネル型　j. Gタンパク質共役型　k. Gray I 型シナプス　l. Gray II 型シナプス　m. 興奮性　n. 抑制性

英語も覚えよう

アクチンフィラメント actin filament　アゴニスト agonist　アポトーシス apoptosis　アンタゴニスト antagonist　イオンチャネル ion channel　エキソサイトーシス exocytosis　エンドサイトーシス endocytosis　活動電位 action potential　感覚受容器 sensory organ　希突起膠細胞(オリゴデンドログリア) oligodendroglia　ギャップ結合 gap junction　グリア glia　クロロプラスト(葉緑体) chloroplast　ゴルジ体 Golgi body　細胞質 cytoplasm　細胞周期 cell cycle　細胞接着 cell adhesion　軸索 axon　自己分泌 autocrine　Gタンパク質共役型受容体 G protein-coupled receptor　シナプス synapse　シュワン細胞 Schwann cell　小胞体 endoplasmic reticulum　接着結合 adherens junction　染色体 chromosome　走化性 chemotaxis　デスモソーム desmosome　テーリン talin　テロメア telomere　内分泌 endocrine　ニューロン neuron　ビンキュリン vinculin　フィブロネクチン fibronectin　フェロモン pheromone　ペルオキシソーム peroxisome　傍分泌 paracrine　ホルモン hormone　ミエリン鞘 myelin sheath　ミオシンフィラメント myosin filament　密着結合 tight junction　ミトコンドリア mitochondrion (pl. mitochondria)　ランビエ絞輪 node of Ranvier　リソソーム lysosome

7. 遺伝子工学・分子医学

PCR

[問題 7・1] PCR (polymerase chain reaction) 法は，人工合成した 1 組のプライマーオリゴヌクレオチドを使ってそれらの間にはさまれた DNA 断片を短時間のうちに大量増幅する便利な方法で，マリス (K. Mullis) により発明された．

1) この方法の原理を示す次の図の空欄を埋めよ．

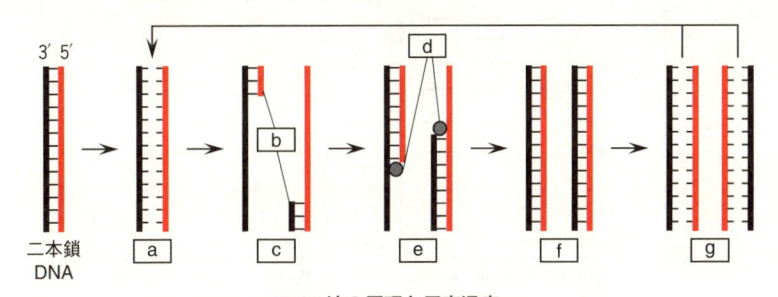

PCR 法の原理と反応温度

2) PCR 反応では上図のように一般的に，ア) 95 ℃，イ) 40〜60 ℃，ウ) 72 ℃ の温度が繰返し使用される．これらの温度変化は 1) のどの段階で使われるものか，a〜g の記号で答えよ．

3) 上図を 1 回経るごとに，理論的 (効率が 100% のとき) には DNA の量が 2 倍となるので，n 回の反応サイクルの後には，ネズミ算式に 2^n 倍の DNA がつくられる．1 サイクルの反応の平均効率を $(1+E, 0<E<1)$ とすると，25 回のサイクルの後に DNA の量は何倍に増幅されているか．

4) 3) で $E=0.8$ のとき，実際には何倍に増幅されているか．

[解 答] 1) a. 熱変性 b. プライマー c. プライマーと鋳型 DNA とのアニーリング d. Taq ポリメラーゼ e. ポリメラーゼ伸長反応 f. 二本鎖 DNA の完成 (1 段目増幅の終了) g. 2 回目の熱変性

2) ア. aとg　イ. c　ウ. e
3) $(1+E)^{25}$ 倍に増幅される
4) $(1.8)^{25} = 2.4 \times 10^6$ 倍すなわち 240 万倍

電 気 泳 動

[問題 7・2] 実験に用いている二本鎖 DNA のどの部分が特定の制限酵素によって切断されるかを調べるには，電気泳動法を利用した制限酵素地図の作成を行う．ゲル電気泳動を用いると，DNA は分子量の小さいものは早く（先端に），大きいものは遅く泳動される．

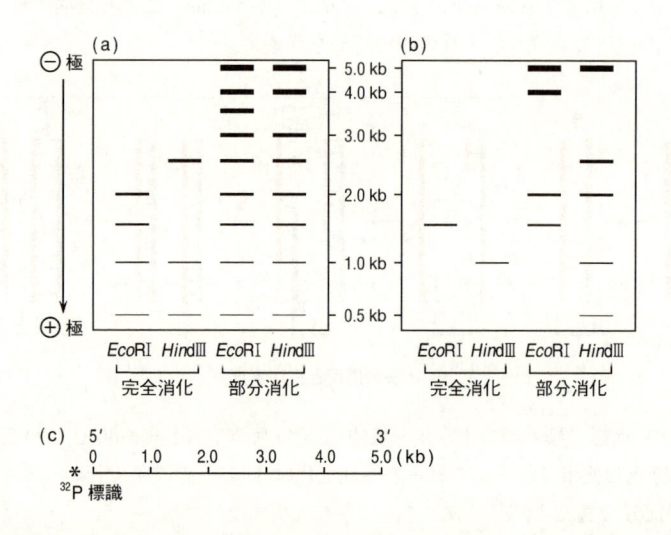

上の図(a)はラジオアイソトープ（^{32}P）で一方の鎖の 5′ 末端のみを標識した DNA 断片（5 kb）を制限酵素の EcoRI あるいは $Hind$III で，完全あるいは部分消化したものの電気泳動の臭化エチジウム染色図，(b)はそのラジオオートグラムの結果である．この結果より，この DNA 断片におけるこれら制限酵素の認識部位を図(c)上に記せ．

[解 答] EcoRI による消化

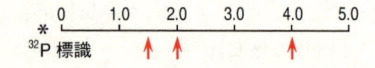

7. 遺伝子工学・分子医学

*Hind*Ⅲ による消化

```
          0   1.0   2.0   3.0   4.0   5.0
  *       |----|----|----|----|----|
 ³²P 標識       ↑    ↑ ↑
```

遺 伝 子 操 作

[問題 7・3] DNA を切るのではなく，DNA どうしをつなぐ酵素もある．このような酵素は DNA リガーゼ (DNA ligase，つなげるという意味の動詞は ligate，別名ポリデオキシリボヌクレオチドシンターゼ) とよばれている．この酵素は，二本鎖 DNA に働き，5′-リン酸をもつ DNA 鎖と，3′-OH をもつ DNA 鎖の間をつなぐ．この反応はエネルギーを必要とするので NAD^+，または ATP を用いる．次の問いに答えよ．

　1) DNA リガーゼはまずエネルギー源である NAD^+，あるいは ATP と反応してリシンのアミノ基にアデニル酸がホスホアミド結合した，酵素-AMP (アデニル酸) 複合体をつくる．ホスホアミド結合部分の構造式を書け．

　2) 次に，酵素-AMP 複合体が DNA の 5′ 末端にリン酸基をもつ鎖と反応し，AMP がリン酸基と反応し，アデニリル化した DNA が中間体として生じる．この中間体の電子が不足している P 原子を，もう一方の DNA 鎖の 3′-OH が攻撃して 5′-O-P-O-3′ ホスホジエステル結合が生じ DNA 鎖がつながり，AMP が遊離する．アデニリル化した DNA の 5′ 末端の図を書き，反応の進行を説明せよ．

　3) DNA リガーゼが二本鎖の DNA の端と端をつなぐ場合を図に示すと，次のような 3 種類の場合が考えられる．それぞれどのような場合にこのような DNA 鎖が生じ，リガーゼで連結する必要があるかを説明せよ．

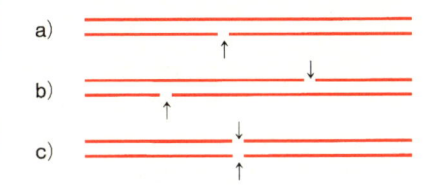

```
  a) ════════════  ════════════
                ↑
  b) ════════════════  ════════
                    ↓
            ════════  ════════════
                ↑
  c) ══════════  ════════════════
                ↓
     ════════════════  ══════════
                     ↑
```
↑↓：リガーゼがつなぐべき位置

[解 答] 1)

$$\text{酵素}-(CH_2)_4-\overset{+}{N}H-\overset{\overset{\displaystyle O}{\|}}{\underset{\underset{\displaystyle O^-}{|}}{P}}-O-CH_2-\text{(リボース環)}-\text{アデニン}$$

（リボース環の 2′, 3′ 位に OH）

2)

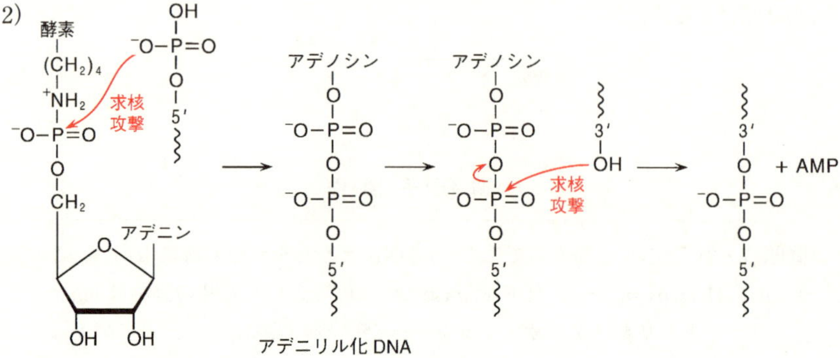

[図: 酵素 (CH₂)₄-NH₃⁺ によるアデニリル化DNAの生成反応．求核攻撃により酵素とATPのα-リン酸が結合し，ピロリン酸が遊離．次にDNAの3'-OHがアデニリル化DNAのリン酸を求核攻撃してホスホジエステル結合を形成し，AMPが遊離する．]

3) a) チミン二量体などを生じた DNA の修復過程において，破壊された部分が切り出される．一本鎖となった部分が DNA ポリメラーゼによって埋められた後，最後に新生された DNA を既存の DNA につなげるときに DNA リガーゼでホスホジエステル結合をつくる．

b) クラスII制限酵素で回文構造をもつ DNA 鎖を切断して生じた端は，相補的塩基配列をもっていて，水素結合対を生じて付着しやすい性質をもっている〔付着末端または粘着末端 (cohesive end, sticky end) とよばれる〕．遺伝子の異なる部分から同一の制限酵素で切り出した二つの DNA 断片を，まず水素結合でつないだ後，DNA リガーゼを使ってホスホジエステル結合でつなぐ．この方法は遺伝子工学で多用されている．

c) このように DNA の端が切りそろえられている一本鎖 DNA どうし〔平滑末端 (blunt end) とよばれる〕をつなぐこともできるので，付着末端をもたない遺伝子断片どうしをつなぐときに使われる．

[問題 7・4] 遺伝子工学では DNA を任意の場所で正確に切断し，生じた断片を別な方法でつないで新しい遺伝子 DNA を作製することもできる．そのような実験の手段として，たとえば自然の状態では制限酵素 *Hind*III で切断される箇所 5'-A↓AGCT T-3' / 3'-T TCGA↑A-5' を，人工的に別の制限酵素 *Nhe*I (G↓CTAGC) によって切断されるようにつくり替えることも可能である．その方法に関する次の問いに答えよ．

1) NNAAGCTTNN / NNTTCGAANN という配列をもつ二本鎖 DNA（N は任意の塩基）を，*Hind*III で切断したときに，得られる切断点の塩基配列をもとに，この部分に

7. 遺伝子工学・分子医学　257

GCTAGC という配列を新たに挿入する方法を述べよ．

2) 同じ方法を SalI 切断部位（G↓TCGAC）に対して用いると，PvuI による切断部位につくり替えることもできる．PvuI 切断部位の配列を示せ．

[解　答]　1) まず HindIII で切断し $\begin{array}{l} 5'\text{-NNA} \quad\quad\quad\text{AGCTTNN-}3' \\ 3'\text{-NNTTCGA} \quad\quad\quad\text{ANN-}5' \end{array}$ という切断面をつくった後，これを DNA ポリメラーゼのクレノウ（Klenow）断片を作用させて突出末端を埋める．その後 T4 DNA ポリメラーゼを用いて連結する．すると $\begin{array}{l} \text{NNAA GCTAGC TTNN} \\ \text{NATT CGATCG AANN} \end{array}$ のような配列が得られ，ここには GCTAGC という配列が含まれる．$\dfrac{\text{NNA}}{\text{NNTTCGA}}$ を $\dfrac{\text{NNAAGCT}}{\text{NNTTCGA}}$，$\dfrac{\text{AGCTTNN}}{\text{ANN}}$ を $\dfrac{\text{AGCTTNN}}{\text{TCGAANN}}$ とするには DNA ポリメラーゼ I の Klenow 断片を用いる．二つの断片をつなぐには DNA リガーゼ* を用いる．

2) $\begin{array}{l}\text{NNG} \quad\quad \text{TCGACNN} \\ \text{NNCAGCT} \quad\quad \text{GNN}\end{array}$ ⟶ $\begin{array}{l}\text{NNGTCGA TCGACNN} \\ \text{NNCAGCT AGCTGNN}\end{array}$

　　SalI による切断　　　　　DNA ポリメラーゼ I（Klenow 断片）による平滑化

⟶ $\begin{array}{l}\quad\quad\underline{Pvu\text{I}} \\ \text{NNGTCGATCGACNN} \\ \text{NNCAGCTAGCTGNN}\end{array}$

　　　　　連結による
　　　　　PvuI 部位の出現

[問題 7・5]　次の 4 種の制限酵素で切断された部位には，問題 7・4 のように酵素を使ってつくり替えなくても，別の制限酵素で切断した断片で同じ部分塩基配列をもつものを挿入することができる．4 種の酵素の切断点に挿入できる DNA 断片をつくり出すことのできる制限酵素をそれぞれの後の（　）内から選べ．それぞれの制限酵素認識配列を次に示す（ただし，R = A/G, Y = T/C）．

---

*　現在，T4 DNA リガーゼと大腸菌リガーゼが市販されている．前者は突出末端どうしでも平滑末端どうしでも連結できるが，後者は突出末端どうししか連結できない．補酵素として前者は ATP を，後者は NAD を要求する．また前者は DNA と RNA や RNA どうしでもわずかに連結できるが，後者はこれらを全く連結できない．この性質の違いは DNA ライブラリー作製（岡山-バーグ法）において巧妙に生かされている．

1) *Bam*HI 部位（G↓GATCC）に挿入可能なもの：(*Sau*3AI, *Dpn*I, *Bgl*II, *Pvu*I, *Bcl*I)

2) *Sph*I 部位（GCATG↓C）に挿入可能なもの：(*Nco*I, *Afl*III, *Bsp*HI, *Nla*III, *Dsa*I)

3) *Sma*I 部位（CCC↓GGG）に挿入可能なもの：(*Pvu*II, *Xma*III, *Age*I, *Hinc*II, *Hae*III)

4) *Sal*I 部位（G↓TCGAC）に挿入可能なもの：(*Bst*BI, *Hinc*II, *Xho*I, *Taq*I, *Cla*I)

*Sau*3AI (↓GATC)	*Dpn*I (GA↓TC)	*Bgl*II (A↓GATCT)
*Pvu*I (CGAT↓CG)	*Bcl*I (T↓GATCA)	*Nco*I (C↓CATGG)
*Afl*III (A↓CRYGT)	*Bsp*HI (T↓CATGA)	*Nla*III (CATG↓)
*Dsa*I (C↓CRYGG)	*Pvu*II (CAG↓CTG)	*Xma*III (C↓GGCCG)
*Age*I (A↓CCGGT)	*Hinc*II (GTY↓RAC)	*Hae*III (GG↓CC)
*Bst*BI (TT↓CGAA)	*Xho*I (C↓TCGAG)	*Taq*I (T↓CGA)
*Cla*I (AT↓CGAT)		

[解答] 1) *Sau*3AI, *Bgl*II, *Bcl*I 2) *Nla*III 3) *Pvu*II, *Hinc*II, *Hae*III 4) *Xho*I

[解説] たとえば *Bam*HI の場合，$\frac{\text{NNG} \quad \text{GATCCNN}}{\text{NNCCTAG} \quad \text{GNN}}$ のように切れるので，5′-GATC-3′ のような突出末端ができるもの（*Sau*3AI, *Bgl*II, *Bcl*I など）はそのまま挿入できる．*Sph*I の場合は $\frac{\text{NNGCATG} \quad \text{CNN}}{\text{NNC} \quad \text{GTACGNN}}$ のように切れるので，3′-GTAC-5′ のような 3′ 末端が突出した断片を生じるものならば直接挿入できる．*Nla*III がそれにあたる．*Sma*I 部位には平滑末端を生じるものなら何でもよい．ただし，これらの挿入を実行するともとの制限酵素部位は消失して無効となることに注意すべきである．

[問題 7・6] *Cla*I メチラーゼ (methylase) は ATCGAT という制限酵素 *Cla*I 認識配列における 6 塩基配列の 5 番目の A を特異的にメチル化し，ATCG(^{m}A)T に変えることができる．一方，制限酵素の *Dpn*I は GATC という認識配列の両鎖のアデニンがメチル化され，$\begin{bmatrix} \text{G}(^m\text{A})\downarrow & \text{T C} \\ \text{C T} & \uparrow(^m\text{A})\text{G} \end{bmatrix}$ の状態にあるときにのみ切断する．この二つの酵素を組合わせると 10 塩基対の配列を特異的に切断することができる．

その理由を記せ.

[解 答] *Cla*I メチラーゼによって DNA をメチル化した後 *Dpn*I を働かせると切断されるのは $\begin{smallmatrix} & & \text{m}\downarrow & & \text{m} \\ 5'\text{-ATCGA} & \text{TCGAT-}3' \\ 3'\text{-TAGCT} & \text{AGCTA-}5' \\ & \text{m} & \uparrow\text{m} & \end{smallmatrix}$ のときだけである. すなわち 10 塩基対の配列を特異的に切断する.

[問題 7・7] 次のグループ A は遺伝子操作においてよく使われる酵素の名前を列挙したものである. これらの酵素の遺伝子操作における用途をグループ B から選べ. また,それらの酵素のうち核酸の標識,あるいは標識核酸の取込みに用いることができるものがあれば,そのときに用いるべきアイソトープ標識した化合物をグループ C から選べ.

[グループ A]　(1) terminal deoxynucleotidyl transferase
　　　　　　　(2) DNA polymerase I (Klenow 断片)
　　　　　　　(3) T4 polynucleotide kinase
　　　　　　　(4) bacterial alkaline phosphatase
　　　　　　　(5) T4 RNA ligase
　　　　　　　(6) T7 RNA polymerase
　　　　　　　(7) *Taq* polymerase
　　　　　　　(8) reverse transcriptase

[グループ B]　(a) DNA (RNA) の 5′ 末端の ^{32}P 標識
　　　　　　　(b) RNA どうしの連結や,RNA の 5′ 末端の ^{32}P 標識
　　　　　　　(c) 相当するプロモーターを上流にもつ DNA 断片からの RNA の転写
　　　　　　　(d) PCR (複製連鎖反応) の遂行
　　　　　　　(e) DNA (RNA) の 5′ 末端の脱リン酸化
　　　　　　　(f) DNA (RNA) の 3′ 末端に dNTP を次々と付加することによる ^{32}P 標識
　　　　　　　(g) cDNA の合成
　　　　　　　(h) DNA の 5′ 突出末端の平滑化

[グループC]　（ア）[γ-^{32}P]ATP　　（イ）([α-^{32}P]dCTP
　　　　　　（ウ）[α-^{32}P]pCp　　（エ）[α-^{32}P]ATP

[解 答]　(1)-(f)-(イ)　　(2)-(h)-(イ)　　(3)-(a)-(ア)　　(4)-(e)-(該当なし．標識には直接には用いられない)　　(5)-(b)-(ウ)　　(6)-(c)-(エ)　　(7)-(d)-(イ)　　(8)-(g)-(イ)

[問題 7・8]　次のAに示した酵素はエキソヌクレアーゼあるいはエンドヌクレアーゼ活性をもつものである．これら酵素の反応様式はBに示したいずれかに従う．それぞれの酵素はBに示したa〜hのどの型にあてはまるか記せ．

ただし，ssDNAは一本鎖DNA，dsDNAは二本鎖DNA，[　]は分解速度が小さい場合，→→→または←←←はエキソヌクレアーゼ活性を，↓↓↓または↑↑↑はエンドヌクレアーゼ活性を示す．

A. 1) *E. coli* エキソヌクレアーゼⅢ　　2) T4 DNA ポリメラーゼ
　　3) Bal31 ヌクレアーゼ　　4) *E. coli* エキソヌクレアーゼⅦ
　　5) λ エキソヌクレアーゼ　　6) S1 ヌクレアーゼ
　　7) *E. coli* DNA ポリメラーゼⅠ（全部）
　　8) *E. coli* DNA ポリメラーゼⅠ（Klenow 断片のみ）　　9) DNase I

B.　a.　3′→5′ ssDNA, dsDNA
　　　　5′→3′ dsDNA

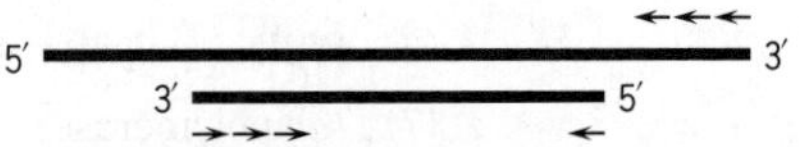

　　b.　3′→5′ ssDNA, dsDNA

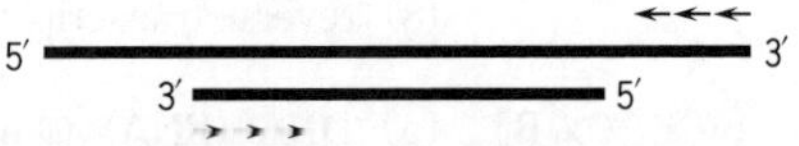

　　c.　5′→3′ dsDNA

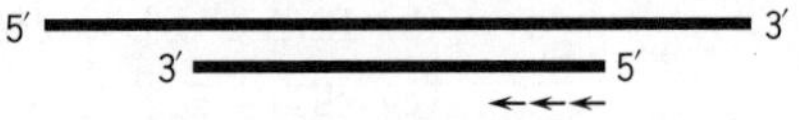

　　d.　3′→5′ ssDNA, 5′→3′ ssDNA

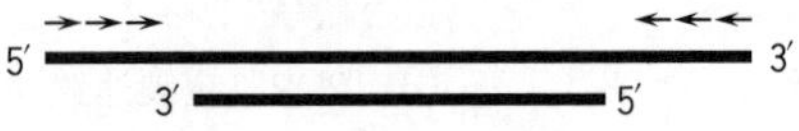

　　e.　3′→5′ dsDNA

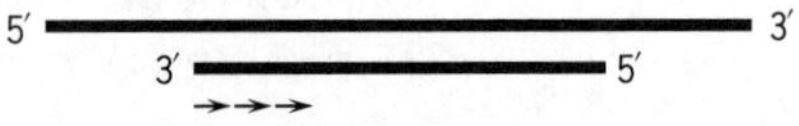

　　f.　ssDNA, dsDNA

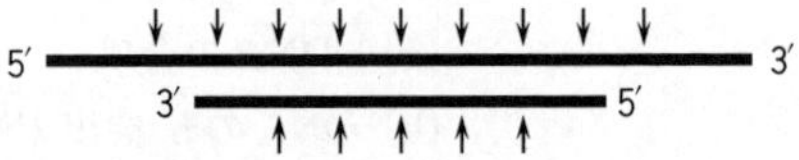

7. 遺伝子工学・分子医学　　　261

g. ssDNA

h. ssDNA, [dsDNA]

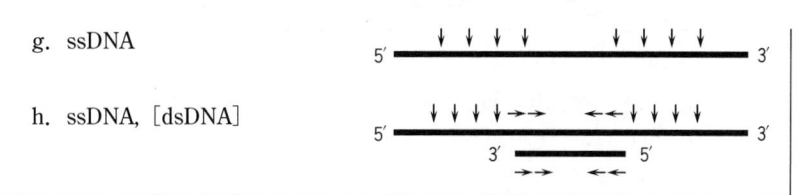

[解　答]　1) e　2) b　3) h　4) d　5) c　6) g　7) a　8) b　9) f

[問題 7・9]　次のような遺伝子操作実験をしたいと計画したときに用いるべきベクターを，下のa〜iから選べ．

1) 平均20 kbの挿入サイズ（ベクターに挿入するDNA断片の長さ）をもつヒトのゲノムライブラリー（ゲノムを断片化し，ベクターに包括的に挿入して，すべてのDNA断片がどれかのベクターに挿入された状態の総体）を作製したい．
2) 興味あるタンパク質に対する抗体を作製できたのでウエスタン法（タンパク質を電気泳動して分離し，ナイロンフィルターに移行させ抗体によって分離されたバンドを検出する方法）によりそのタンパク質をコードするcDNAをクローニングするためのcDNAライブラリーを作製したい．
3) 一本鎖DNAをヘルパーファージ*なしに調製したい．
4) 単離した遺伝子をサナギの中で大量発現したい．
5) 100〜300 kbくらいの巨大なDNAを大腸菌内で安定に保持し増やしたい．
6) 300 kb対以上の巨大なDNAを挿入して扱いたい．
7) 遺伝子治療などに用いるため哺乳動物細胞内に効率よく遺伝子導入したい．
8) 40 kb程度の挿入断片をもつヒトのゲノムライブラリーを作製したい．
9) 哺乳動物内で発現クローニングが可能なヒトのcDNAライブラリーを作製したい．

　　a. コスミドベクター　　b. ラムダファージベクター（λgt11）
　　c. ラムダファージベクター（EMBL3）　d. M13ファージベクター
　　e. YACベクター　　f. プラスミドベクター　　g. BACベクター
　　h. バキュロウイルスベクター　　i. レトロウイルスベクター

[解　答]　1) c　2) b　3) d　4) h　5) g　6) e　7) i　8) a　9) f

＊　遺伝子組換え安全基準をクリアするため，複製能力を欠損されたファージを増殖させる際に，同時並行で感染させる複製能力をもつファージのこと．

[問題 7・10] 核酸やタンパク質をゲル電気泳動法により分離したあと，各バンドの同定のために標識化合物をゲルに染みこませるブロッティング法は種類が多く，名称も俗称めいたものが多い．以下の 1)～6) で解説するブロッティング法の名称を下の a～f から選べ．

1) タンパク質を SDS ポリアクリルアミドゲル電気泳動法によって分離した後ニトロセルロースフィルターに移行させ，標識した抗体によって標的タンパク質のバンドを検出する．

2) タンパク質を SDS ポリアクリルアミドゲル電気泳動法によって分離した後ニトロセルロースフィルターに移行させ，標識した核酸 (DNA オリゴヌクレオチド) によって標的となる DNA 結合タンパク質のバンドを検出する．

3) タンパク質を SDS ポリアクリルアミドゲル電気泳動法によって分離した後ニトロセルロースフィルターに移行させ，標識した RNA によって標的となる RNA 結合タンパク質のバンドを検出する．

4) DNA をアガロースゲル電気泳動法により分離した後ナイロン膜に移行させ，標識した核酸 (DNA, RNA, オリゴヌクレオチド) によって標的 DNA 断片由来のバンドを検出する．

5) RNA をアガロースゲル電気泳動法により分離した後ナイロン膜に移行させ，標識した核酸 (DNA, RNA, オリゴヌクレオチド) によって標的 RNA 由来のバンドを検出する．

6) DNA (RNA) をナイロン膜上の網目状にスポットした後標識した核酸 (DNA, RNA, オリゴヌクレオチド) によってハイブリダイズするスポットを検出する．

  a. サザンブロッティング b. ノーザンブロッティング
  c. ウエスタンブロッティング d. サウスウエスタンブロッティング
  e. ノースウエスタンブロッティング f. ドットブロッティング

[解答] 1) c 2) d 3) e 4) a 5) b 6) f

サザン (E.M. Southern) は 1975 年に DNA 断片を電気泳動により分離し，ゲルの上にのせてバンドの分離状態を保ったままニトロセルロースフィルターに移行させる方法を考案した．これはサザン法とよばれた．次にスターク (G. Stark) が RNA を同様な方法で特別なフィルターに移行する方法を考案したが，これはサザン (southern, 南方) の逆としてノーザン (northern, 北方) 法といつしかよばれるようになった．

その後タンパク質を同様にフィルターに移行する技術も開発され，ウエスタン (western，西方) 法とよばれている．東方 (eastern) 法は，まだ発明されていない．現在ではニトロセルロースフィルターより丈夫なナイロン膜が使われる．

[問題 7・11]* 特定の遺伝子を破壊すると致死的な場合が多いが，標的遺伝子が生育や発生に必須であってもその遺伝子を欠いたノックアウトマウスが作製できる技術 (Cre-*loxP* システム) が開発されている．図を参照しながら，Cre-*loxP* システムに関する以下の文章の空欄 a〜f を埋めよ．

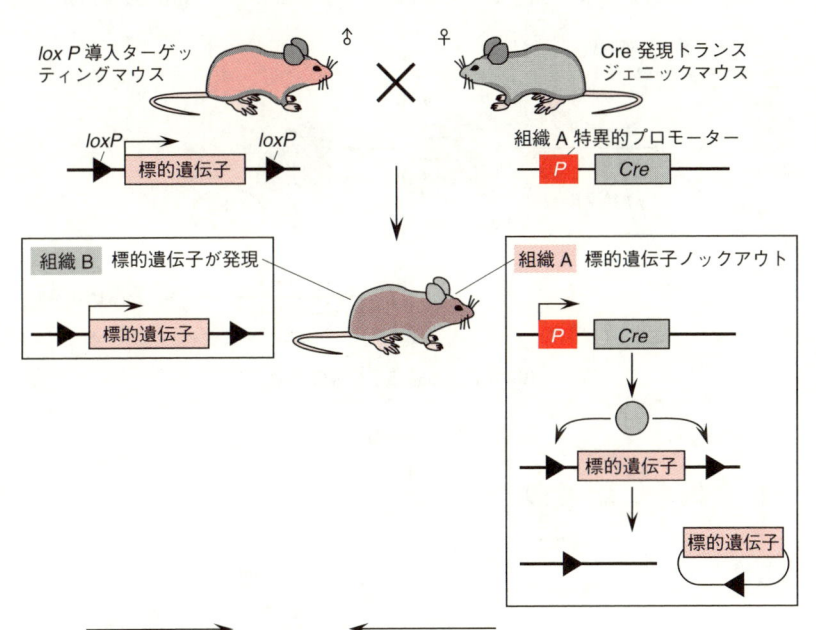

*lox*P 導入ターゲティングマウス ♂ × ♀ Cre 発現トランスジェニックマウス

組織 B 標的遺伝子が発現
組織 A 標的遺伝子ノックアウト

loxP: ATAACTTCGTATAGCATACATTATACGAAGTTAT

　ある組織の中でのみ標的遺伝子が欠損するように制御できる Cre-*loxP* システムでは ┌─a─┐ の産生する ┌─b─┐ が ┌─c─┐ とよばれる 34 塩基からなる塩基配列を認識してその位置で組換えを起こすことを利用している．┌─c─┐ は ┌─b─┐ が存在しない限りは組換えを起こさないので，まず ┌─b─┐ 遺伝子をある組織特異的なプロモーターに繋いで組織特異的に発現する ┌─d─┐ マウスを作製しておく．一方，標的遺伝子を ┌─c─┐ で挟んだ ┌─e─┐ マウスを作製しておく．これらをかけ合

わせたマウスでは，ある組織でのみ b が発現されているため，組換えが起こったときにのみ標的遺伝子が欠損するように設計しておけば，組織特異的に標的遺伝子を欠損する f マウスができる．

[解答] a. バクテリオファージP1　b. Creリコンビナーゼ　c. *loxP*
d. トランスジェニック　e. ターゲッティング　f. ノックアウト

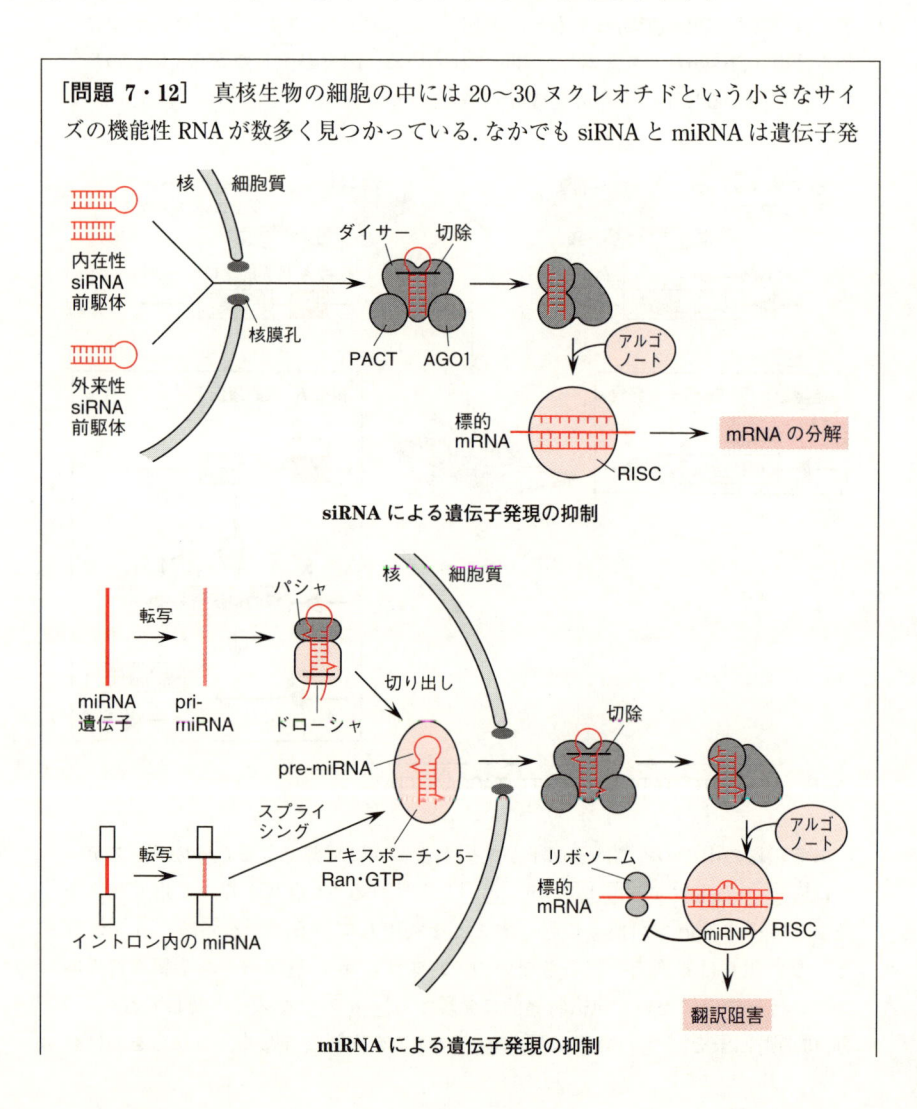

[問題 7・12] 真核生物の細胞の中には 20〜30 ヌクレオチドという小さなサイズの機能性 RNA が数多く見つかっている．なかでも siRNA と miRNA は遺伝子発

siRNA による遺伝子発現の抑制

miRNA による遺伝子発現の抑制

現の抑制によって多彩で重要な機能を果たしている．図を参照しながら，siRNAとmiRNAに関する以下の記述の空欄a〜lを下の語群から選んで埋めよ．

　　a にはゲノムから転写される b の前駆体とウイルスやトランスポゾンが持ち込む（外来性）の前駆体が存在し，これらが c を通って核内から細胞質へ運ばれる．一方， d をコードする遺伝子から転写された e は f ・ドローシャ（drosha）複合体によって切り出される．あるいは他の遺伝子のイントロンとして転写されたものはスプライシングによって g として切り出される．この前駆体は h 複合体に包まれて核内から細胞質へ運ばれる．これ以降は類似の仕組みによって i 複合体により成熟miRNAあるいはsiRNAとして切り出され，その後に j 複合体の働きで標的mRNAに運ばれる．そこで a は k 複合体として標的mRNAを分解する．一方， d は l 複合体として標的mRNAの翻訳を抑制する．

（語群）　内在性，　外来性，　核膜孔，　siRNA，　miRNA，　siRISC，　miRISC，
　　　　　pri-miRNA，　pre-miRNA，　エキスポーチン5-Ran・GTP，
　　　　　アルゴノート（Argonaute），　ダイサー（Dicer），　パシャ（Pasha）

[解答]　a. siRNA　　b. 内在性　　c. 核膜孔　　d. miRNA　　e. pri-miRNA
f. パシャ　　g. pre-miRNA　　h. エキスポーチン5-Ran・GTP　　i. ダイサー
j. アルゴノート　　k. siRISC（RISCはRNA-induced silencing complexの略）
l. miRISC

[問題 7・13]　ある遺伝子をクローン化し，その5′上流近傍の塩基配列を決定したら図1のようになった．以下の問いに答えよ．
1) TATAボックスとよばれる塩基配列の位置を配列中に下線で記し，その役割を簡潔に述べよ．またそれに結合する転写制御因子の名称を一つあげよ．

```
              a                         b
              ↓                         ↓
5′ CTAGTACAATATGCCAATGGTCTGGGCGGTACTACCGCCCACACCGC-
        c              d                   e
        ↓              ↓                   ↓
   CCGCACTATGACGCTGTACTACTATAAATCACAGTACTAGCTACTGGC-
           f
           ↓
   TGTACGTCACGATACTATGCTATGTCA 3′
```

図1

2) GC ボックスとよばれる転写調節要素の位置を配列中に波線で記せ. またそれに結合する転写制御因子の名称を一つあげよ.

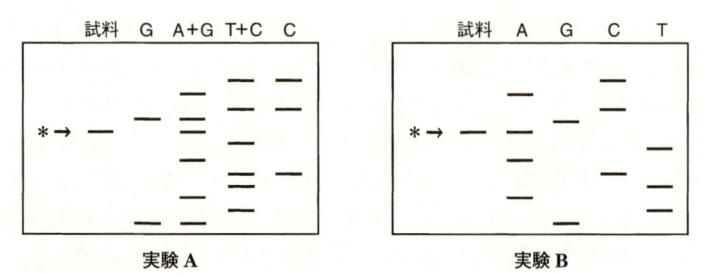

試料 G A+G T+C C　　　　　試料 A G C T

実験 A　　　　　　　　　実験 B

図 2　シークエンスゲルの結果 (＊→は試料の示すバンドの位置)

3) 転写開始点と TATA ボックスの位置関係について知られていることを記せ.

4) 転写開始点を決定するため二つの実験 (A, B) を行ったところ, 図 2 のようなシークエンスゲルの結果が得られた. これら二つの実験法の名称を答え, その原理を説明せよ.

5) 図 2 のシークエンスを読め. この結果から転写開始点は図 1 の a〜f のうちいずれと決定されるか答えよ.

[解答] 1), 2) の TATA ボックス (TATA$^{AA}_{TT}$), GC ボックス (GGGCGG および CCGCCC) の位置は次に示す通り. GC ボックスは逆向き (CCGCCC) もあるので忘れないように.

CTAGTACAATATGCCAATGGTCTGGGCGGTACTACCGCCCACACCGCCCGCA-
CTATGACGCTGTACTACTATAAATCACAGTACTAGCTACTGGCTGTACGT-
CACGATACTATGCTATGTCA

1) TATA ボックスには TFⅡ (transcription factor Ⅱ) というタンパク質が転写制御因子として結合する. 〔注: TFⅡ はタンパク質複合体を形成し, 現在そのコンポーネントとして 7 種類知られている (TFⅡA, B, D, E, F, H, I). そのうち TFⅡD が TATA ボックスに直接結合する. TFⅡD はその cDNA がクローン化され X 線結晶解析もなされた. TFⅡ 複合体は RNA ポリメラーゼⅡ と結合してその転写を誘導するのが役割と考えられ, TATA ボックスは転写開始点を決める侵入部位 (エントリーサイト) と考えられている.〕

2) GC ボックスには SP1 というタンパク質が結合する. RNA ポリメラーゼⅡ でも可. GC ボックスにこのタンパク質が結合することにより, 転写頻度が制御される.

3) TATA ボックスは転写開始点より −25 あたりの位置に存在する.
4) 実験 A: S1 マッピング (S1 mapping)

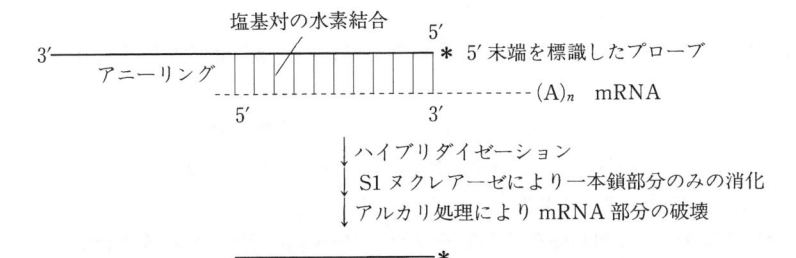

```
                  塩基対の水素結合
                         5′
3′━━━━━━━━━━━━━━━━━━━━━━━━*  5′末端を標識したプローブ
    アニーリング  ||||||||||||||
              ┄┄┄┄┄┄┄┄┄┄┄┄┄┄┄┄┄┄┄(A)ₙ  mRNA
              5′            3′
```

　↓ ハイブリダイゼーション
　↓ S1 ヌクレアーゼにより一本鎖部分のみの消化
　↓ アルカリ処理により mRNA 部分の破壊

　　━━━━━━━━━━━━*

以上の反応産物をシークエンスゲルにより
マクサム-ギルバート法によるシークエン
ス反応産物と一緒に電気泳動する

実験 B: プライマー伸長法 (primer extension)

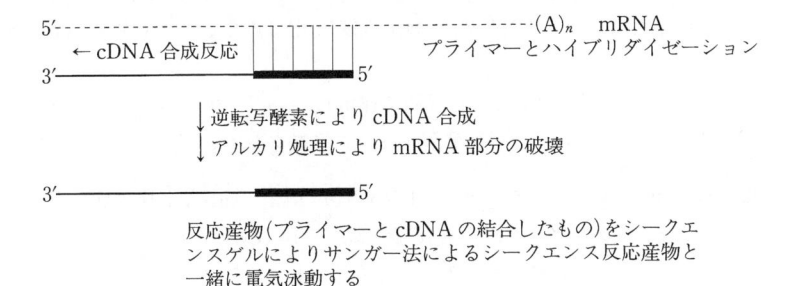

```
5′┄┄┄┄┄┄┄┄┄┄┄┄┄┄┄┄┄┄┄┄┄┄┄┄┄┄┄┄┄┄┄(A)ₙ  mRNA
            ||||||||||       プライマーとハイブリダイゼーション
   ← cDNA 合成反応
3′━━━━━━━━━━━━━━━━5′
```

　↓ 逆転写酵素により cDNA 合成
　↓ アルカリ処理により mRNA 部分の破壊

3′━━━━━━━━━━━━━━━━━━5′

反応産物(プライマーと cDNA の結合したもの)をシークエ
ンスゲルによりサンガー法によるシークエンス反応産物と
一緒に電気泳動する

5) シークエンスゲル電気泳動の結果の解析

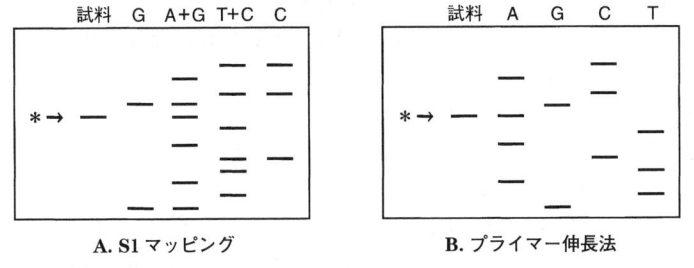

試料　G　A+G　T+C　C　　　　試料　A　G　C　T

A. S1 マッピング　　　　　　B. プライマー伸長法

図 3

シークエンスは 5′-GTATCATAGCAC-3′ と読める. この結果は f の位置が転写開始

点であることを示している.

[問題 7・14] 次の 1)～8) に遺伝子組換えに使われる酵素の特徴を記す. それぞれどの酵素の説明に当たるか下の酵素群の中から選べ.
 1) プロモーター配列をもつ DNA を鋳型にして RNA を合成する.
 2) mRNA を鋳型にして相補鎖 DNA を合成する. 反応にはオリゴヌクレオチドからなるプライマーが必要.
 3) 鋳型 DNA に相補的な dNTP をプライマーの 3′-OH 鎖に次々と付加してゆく. 5′→3′ エキソヌクレアーゼ活性はもたない.
 4) リン酸モノエステル化合物を非特異的に脱リン酸化する反応を触媒する.
 5) 各種のポリリボヌクレオチドの 3′ 末端にアデニル塩基を重合させてゆく反応を触媒する.
 6) DNA 鎖の 5′-P 末端と 3′-OH 末端をホスホジエステル結合で連結する.
 7) 一本鎖または二本鎖 DNA の 3′-OH 末端に dNTP を重合してゆく反応を触媒する.
 8) 一本鎖 DNA および RNA に特異的に作用し, 5′-リン酸をもつモノヌクレオチドまたはオリゴヌクレオチドに分解するエンドヌクレアーゼ.

　（酵素群）　ポリ A ポリメラーゼ, 　DNA リガーゼ, 　RNA ポリメラーゼ,
　　　　　S1 ヌクレアーゼ, 　逆転写酵素, 　T4 DNA ポリメラーゼ,
　　　　　ターミナルデオキシヌクレオチジルトランスフェラーゼ,
　　　　　アルカリ(性)ホスファターゼ

[解 答] 1) RNA ポリメラーゼ（RNA polymerase）
 2) 逆転写酵素（reverse transcriptase）または RNA 依存性 DNA ポリメラーゼ（RNA-dependent DNA polymerase）
 3) T4 DNA ポリメラーゼ（T4 DNA polymerase）
 4) アルカリ(性)ホスファターゼ（alkaline phosphatase）
 5) ポリ A ポリメラーゼ（poly A polymerase）
 6) DNA リガーゼ（DNA ligase）
 7) ターミナルデオキシヌクレオチジルトランスフェラーゼ（terminal deoxynucleotidyl transferase）
 8) S1 ヌクレアーゼ（S1 nuclease）

α 相 補

[問題 7・15] 大腸菌クローニングベクターとして用いられるプラスミドには α 相補とよばれる仕組みを利用して挿入 DNA 断片の有無について判定できるものがある．α 相補ではコロニーやプラークが青色に発色すれば挿入が入っていないことを意味する．次の図 1，図 2 を見ながら，α 相補の原理を記した以下の文章の空欄 a〜h に入る適切な用語を語群から選んで記せ．

　 a を分解する酵素である β-ガラクトシダーゼの活性発現のためには酵素の全領域が必要とされる．そのため N 末端 b 断片を欠損した c 断片のみを発現している大腸菌の変異株（F′lacZΔM15）は β-ガラクトシダーゼ活性をもたない．この大腸菌株に， b 断片をコードする約 220 bp からなる d 領域をもつプラスミドベクターを外から導入して発現させると，発現された 2 種のタンパク質断片が会合して β-ガラクトシダーゼ活性を回復する（図 1）．この現象を α 相補とよぶ．

　α 相補はコロニーの色によって組換え体が容易に区別できる技術として実用化されている．すなわち上記の（F′lacZΔM15）に約 220 bp の d 領域をもつプラスミドベクターを導入して発現させると活性をもつ β-ガラクトシダーゼが産生されるが，この約 220 bp 領域の真ん中に挿入 DNA 断片を割込ませると活性を

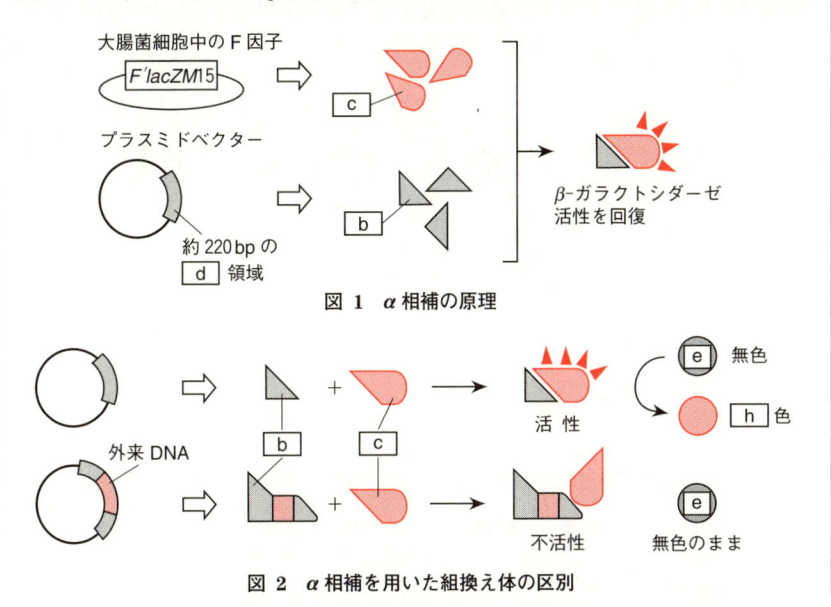

図 1　α 相補の原理

図 2　α 相補を用いた組換え体の区別

もつβ-ガラクトシダーゼは産生されない．そこで，無色の人工基質である　e　と　f　を不活性化させて　d　遺伝子の発現抑制を解くことができる物質　g　を一緒に混ぜて培養プレートにまく．すると，一晩培養ののちベクターだけをもつ大腸菌はα相補のおかげでβ-ガラクトシダーゼが働いて　e　を　h　色に変えるためコロニーは　h　くなる．一方，外来DNA断片が挿入された組換え体は　d　領域が分断されて活性をもつ　b　断片が発現できないため　e　は無色のまま変化しないのでコロニーは白（あるいは薄茶）色に見える（図2）．

　（語群）　青，　赤，　黒，　白，　α，　ω，　λ，　IPTG，　ガラクトース，
　　　　　ラクトース，　スクロース，　*lacW*，　*lacX*，　*lacY*，　*lacZ*，　X-gal，
　　　　　A-gal，　W-gal，　*lac* リプレッサー，　*lac* サプレッサー

[解 答]　a. ラクトース　　b. α　　c. ω　　d. *lacZ*　　e. X-gal　　f. *lac* リプレッサー　　g. IPTG（isopropyl thiogalactoside）　　h. 青

発がん・がん原遺伝子

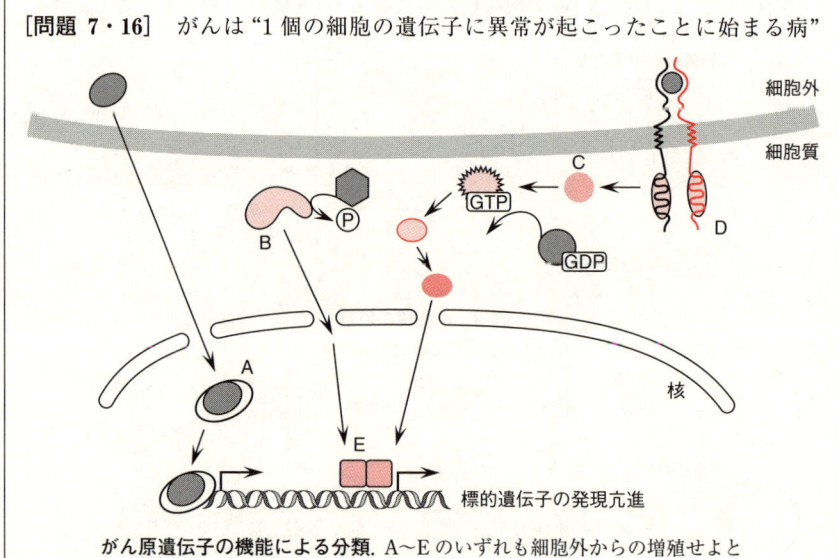

[問題 7・16]　がんは"1個の細胞の遺伝子に異常が起こったことに始まる病"

がん原遺伝子の機能による分類．A〜Eのいずれも細胞外からの増殖せよとの信号がきていないときでさえ，"細胞内へ増殖せよ"と誤まった信号を出し続けることで細胞をがん化させる．

である．"元来は正常な細胞の機能に不可欠だが活性が異常に亢進すると細胞のがん化を促進する遺伝子"は，がん原遺伝子（proto-oncogene）とよばれる．これまでに100個近くのがん原遺伝子が同定されているが，それらが産生するタンパク質はその機能から図に示すように大きく5種類に分類される．これを見て以下の問いに答えよ．

1) 以下のア～オの文章の空欄 a～i に入るべき語を次ページの語群から選んで記入せよ．
2) ア～オの文章は，図中の A～E のいずれを説明したものかを示せ．

ア． a は DNA 結合領域とホルモン結合領域をもつ核内受容体（転写制御因子）である．甲状腺ホルモンは細胞内に取込まれると，核内まで入っていって a に結合することでこれを活性化し，標的遺伝子の転写を誘導して細胞の分化をひき起こす．ウイルスのもつ a は変異によって甲状腺ホルモンの結合の有無にかかわらず常時活性型となっている．そのため，甲状腺ホルモンの制御が効かず，常に増殖促進のスイッチが入っている状態となっている．

イ．細胞が増殖あるいは運動するために必要な特定のタンパク質の中に含まれる特別なチロシン残基を標的としてリン酸化して活性化する b が変異するとひっきりなしに標的タンパク質を活性化してしまうことで，細胞をがん化させてしまう．

ウ． c は d （グアノシン三リン酸）に結合して，それを e （グアノシン二リン酸）に変化させる酵素活性をもっており， d と結合している状態が"オン"となって何らかの仕事をし，それがすむと e と結合している状態に変化して"オフ"となって細胞増殖の信号伝達を制御している．ある種のがん細胞では， c の遺伝子がいつも"オン"になってしまうように変異しているため，増殖せよという信号はきていないにもかかわらず，増殖モードになって細胞をとめどもなく増殖させている．

エ．ニワトリにがんを起こすレトロウイルスが産生する f は EGF（上皮増殖因子）の受容体である g によく似たタンパク質である． g は細胞膜の内側の部分が b と同様に標的タンパク質のチロシン残基をリン酸化する酵素活性をもっており，何らかの刺激により EGF が受容体に結合すると酵素活性が高まるという共通の性質をもっている． f は細胞外領域が欠失していて，EGF と結合しなくても常にチロシンキナーゼ活性が亢進しているため，細胞が増殖を続けてがん化すると考えられている．

オ． h は二量体（ダイマー）を構成してから DNA の溝にはまり込む転写

制御因子で，[i]とよばれる，6個おきにロイシンが配置された4～6回の繰返し構造によってジッパー（ファスナー）のように二つのタンパク質が噛み合っている．

（語群） Mycタンパク質，Fosタンパク質，Junタンパク質，Srcタンパク質，ロイシンジッパー，ErbAタンパク質，ErbBタンパク質，EGFR，Rasタンパク質，GTP，GDP，ATP，ADP

[解 答] 1) a. ErbAタンパク質　b. Srcタンパク質　c. Rasタンパク質　d. GTP　e. GDP　f. ErbBタンパク質　g. EGFR（上皮増殖因子受容体）　h. Mycタンパク質　i. ロイシンジッパー
2) ア. A　イ. B　ウ. C　エ. D　オ. E

遺 伝 子 診 断

[問題 7・17]　以下の文章と図は遺伝子診断におけるさまざまなDNAの塩基配列変異部位解析法を解説したものである．各文章に相当する解析法の名称を図を参照しながら，語群から選んで記せ．

1) 変異により生じるヘテロDNA二本鎖を変性させ，尿素やホルムアミドなど非イオン性の変性剤の濃度勾配をかけたゲルで電気泳動することで患者あるいは正常人由来のバンドが異なった位置に電気泳動されることを検出する方法．

2) 変異が予想される部位に相補結合する標識オリゴヌクレオチドが変異点に

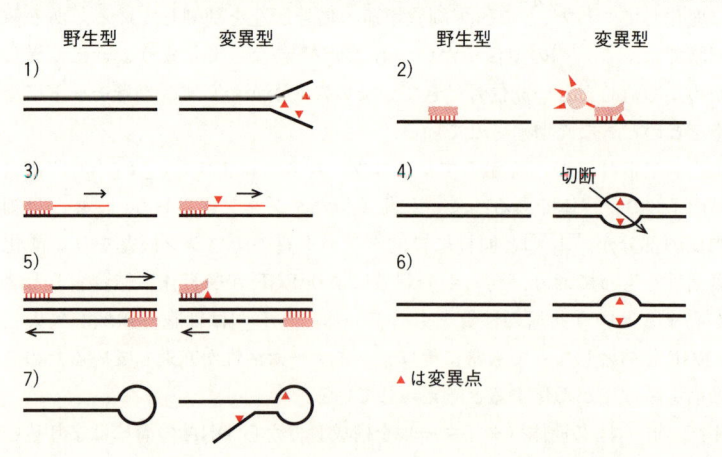

は弱くしか結合できないという特質を利用する検出法.

3) 変異点近傍に設定したプライマーを用いた PCR で直接塩基配列を決定して変異点を検出する方法.

4) 変異点ではハイブリッドを形成できず立体構造が変わる性質を利用し，ここを DNase によって切断して断片を検出する方法.

5) 変異部を認識するプライマーを用いて PCR を行うと，変異 DNA はプライマーと完全な二本鎖を形成しないので PCR が開始せずに増幅されないことを利用する検出法.

6) 変異により生じるヘテロ DNA 二本鎖が中性ゲルで遅く電気泳動されるのを利用して変異を検出する方法.

7) 一本鎖 DNA は塩基配列に依存して特異的な立体構造をとるため一塩基置換でも立体構造が変化する. この特徴を利用し，5′ 末端を標識したプライマーを用いて試料 DNA を PCR により増幅したのち加熱変性して一本鎖にし, 中性のポリアクリルアミドゲル電気泳動にかけてバンドの位置の移動を検出する方法.

(語群) 対立遺伝子特異的増幅法 (ASA), ヘテロ二本鎖法 (HET), 対立遺伝子特異的オリゴヌクレオチド法 (ASO), ミスマッチ化学切断法 (CCM), 変性勾配ゲル電気泳動法 (DGGE), プライマー伸長法 (PEX), SSCP 法

[解 答] 1) 変性勾配ゲル電気泳動法 (DGGE, denaturing gradient gel electrophoresis)
2) 対立遺伝子特異的オリゴヌクレオチド法 (ASO, allele specific oligonucleotide)
3) プライマー伸長法 (PEX, primer extention)
4) ミスマッチ化学切断法 (CCM, chemical cleavage of mismatch)
5) 対立遺伝子特異的増幅法 (ASA, allele specific amplification)
6) ヘテロ二本鎖法 (HET, heteroduplex method)
7) SSCP 法 (single strand conformation polymorphism)

遺 伝 性 疾 患

[問題 7・18]* 次の記述はある遺伝性疾患に関するものである. その病名を次ページの病名群から選べ.
1) ヘモグロビンの α 鎖, β 鎖の産生量の釣合いが崩れたり，機能異常を起こ

したりして慢性貧血を来たす病気.

2) HGPRT (hypoxanthin-guanine phosphoribosyl transferase) が先天的に完全に欠損した疾患で, 精神遅滞, 不随意運動, 指先や口唇を噛みちぎる自傷行為, 高尿酸血症などを示す.

3) 常染色体劣性遺伝形式をとる, 組織にグリコーゲンの蓄積する全身型糖原病 (II型) で酸性 α-グルコシダーゼの異常で起こる.

4) 血液凝固にかかわる第 VIII 因子あるいは第 IX 因子の血漿中での欠乏によってひき起こされる止血異常症.

5) 常染色体劣性遺伝形式をとるフェニルアラニン-4-モノオキシゲナーゼの欠損に基づく疾患で, 体内にフェニルアラニンが蓄積し, 尿中に大量のフェニルピルビン酸が排泄される. けいれんや知能障害などの重篤な神経症状を来たす.

6) グルコセレブロシダーゼの先天的欠損によりその基質であるグルコセレブロシドが蓄積する病気で, 慢性非神経型 (1型), 急性神経型 (2型), 慢性神経型 (3型) に分類される.

7) リソソーム酵素である β-ヘキソサミニダーゼの α サブユニットにおける遺伝的欠損により幼児の脳にガングリオシドが蓄積する病気.

8) X 染色体劣性遺伝形式をとる進行性筋萎縮症で, 2~6歳で初めは骨盤帯に筋衰弱が現れ, それがしだいに全身に広がって歩行困難になり, 呼吸困難などを来たす病気. 筋肉を構成するジストロフィンの欠損がその病因であることがつきとめられている.

9) ミトコンドリア病の一種で, ミトコンドリアの酸化的リン酸化系の複合体 I はその約 25 種のサブユニットのうちのいずれかの遺伝子欠損が原因で複合体 I の酵素活性の低下を来たしている病気.

(病名群) 血友病, サラセミア症候群, デュシャンヌ型筋ジストロフィー, ゴーシェ病, レッシュ-ナイハン症候群, テイ-サックス病, MELAS (mitochondrial myopathy, encephalopathy, lactic acidosis, and strokelike episodes) 症候群, ポンペ病, フェニルケトン尿症

[解 答] 1) サラセミア症候群 2) レッシュ-ナイハン症候群 3) ポンペ病 4) 血友病 5) フェニルケトン尿症 6) ゴーシェ病 7) テイ-サックス病 8) デュシャンヌ型筋ジストロフィー 9) MELAS 症候群

[問題 7・19]* 次の文章の空欄 a~j に当てはまる言葉を次ページの語群から選

んで入れよ．

　認知症疾患として知られるアルツハイマー病（Alzheimer's disease: AD）の特徴的な病変は脳における a と b の形成および脳血管の c 変性である． c は正常時にはみられない均質な糖タンパク質 a を構成する繊維である d は 2 本の 10 nm 幅の細繊維がらせん状により合わさった構造をもつ．一方， b はアミロイドが沈着し，変性した神経網からなる． b はその数と痴呆程度の正の相関，大脳の e との負の相関がみられる痴呆の重要なマーカーであり， b が大脳皮質において直径 30〜100 μm の円形のシミのような構造物として観察され，その中心部の核（core）に c が沈着している．この b の核からタンパク質が抽出されて，その中の 4 kD の主要ペプチド f のアミノ酸配列が決定され，それをもとにその前駆体タンパク質である g をコードする cDNA と遺伝子がクローン化された． g は神経シナプスに存在し，正常では特異的なプロテアーゼによって適切な位置で切断されて大きなアミノ末端タンパク質断片が切り出され，C 末端部分は細胞膜に残るが AD 患者では未知の機構による異常な g 切断が起こって不溶性の f ペプチドが切り出され沈着すると考えられている． g の生理作用も不明だが，神経細胞の細胞膜に埋もれたまま作用する神経突起の伸長を促進する因子の一種ではないかとする考え方もある． g 遺伝子の可変スプライシングにより，少なくとも 3 種類の，695, 751, 770 個のアミノ酸残基をコードする分子種が生成されていることがわかっている．このうち 168 bp（56 アミノ酸残基）からなる可変エキソン I が Kunitz 族セリン型プロテアーゼ阻害因子（Kunitz family of serine protease inhibitor: KPI）の一種である h をコードしている．一方， a も b 同様アルツハイマー病患者の脳に多数観察される病変だが，一般の老人の脳でも加齢と相関して見いだされる．その成分として微小管結合タンパク質（microtubule-associated protein: MAP）の一つである i が異常にリン酸化されたもの，あるいはプロテアーゼ分解の目印となる j という小さなタンパク質が PHF の成分としてこれまでに同定されてきた． j は生体内に広範に存在するタンパク質で，細胞内で寿命の尽きたタンパク質などに結合し，プロテアソームによる分解の目印になるという役割をもつ．

　　（語群）　アミロイド，　ユビキチン，　アセチルコリン合成酵素，　A4，　PNⅡ
　　　　　　（protease nexin Ⅱ），　タウタンパク質，　老人斑，　PHF（paired helical filament），　神経原繊維，　APP（amyloid precursor protein）

[解答] a. 神経原繊維 (neurofibrillary tangle: NFT)　b. 老人斑 (senile plaque)　c. アミロイド　d. PHF　e. アセチルコリン合成酵素　f. A4　g. APP　h. PNⅡ　i. タウタンパク質　j. ユビキチン

遺　伝　学

[問題 7・20]* 遺伝に関する次の用語に対する日本語を記すとともにその意味を簡略に解説せよ．
1) allele　2) zygote, homozygosis, heterozygosis
3) gamete, autogamy　4) heterogamete
5) gene dosage compensation　6) coupling　7) repulsion
8) auxotroph　9) nullisome　10) complementation　11) synapsis
12) transition mutation, transversion mutation　13) codominance
14) tetrad　15) missense mutation, nonsense mutation
16) reciprocal cross, backcross　17) reversion, back mutation
18) mutator　19) gametophyte
20) haploid, diploid, polyploid, haplodiploid, amphidiploid
21) autoploidy, aneuploidy, alloploidy　22) allozygosity, autozygosity
23) hemizygosity, hemizygote　24) pleiotropy　25) gynandromorph

[解答例] 1) 特定の染色体上の同一の遺伝子座を占める二つ以上の異なった遺伝子のうちの一つを対立遺伝子または対立形質 (allele) とよぶ．

2) 接合子または接合体 (zygote) とは，精子と卵子の結合の結果生じる二倍体細胞あるいは受精卵から発生する個体のことをいう．常染色体は二つ1組 (1対) となっているので，その各遺伝子座は二つある．同じ対立遺伝子が両方の座を占めている個体はこの対立遺伝子に対してホモ (同型) 接合 (homozygosis) であるという．一方，二つの座を占めている対立遺伝子が異なる場合はヘテロ (異型) 接合 (heterozygosis) であるという．"zygotos" というギリシャ語 (軛を意味する) を語源とする．

3) 配偶子 (gamete) とは生殖において接合を行う細胞のうちの一つ，すなわち精子，卵子，花粉細胞の総称である．自家生殖 (autogamy) とは細胞分裂なしに同一核の分裂が起こり，その結果生じた2核が再び結合して合核を形成するタイプの自家受精の現象のことを意味する．auto は自己 (自家) を意味し，gamos はギリシャ語の "結婚" という言葉を語源としている．

4) 異型配偶子 (heterogamete) とは，異なった組合わせの性染色体をもつ性（ヒトではXYをもつ男性）が，減数分裂によって生じる，染色体に関して異なった（ヒトではXとY）2種の配偶子のことを意味する．

5) 遺伝子量補正（または遺伝子量補償，gene dosage compensation）とは，性が異なるために異なる数のX染色体をもつ個体でも，そこから生産される遺伝子産物の量がほぼ同量になるように調節する機構のこと．その機構は生物種により異なる．たとえば，ヒト（XY型）では女性のもつ2本のX染色体の片方が不活性化される．ショウジョウバエ（XY型）では雄のX染色体の遺伝子発現を2倍に，線虫 C. elegans（XO型）では雌雄同体のもつ2本のX染色体の遺伝子発現を2本とも半分にすることにより達成される．

6) たとえば，A, B という二つの野生型遺伝子と，その変異型遺伝子 a, b を考える．今，A, B および a, b がともに同一染色体上にのっている時には相引（coupling）あるいはシス（*cis*）の位置関係にあるという（図参照）．

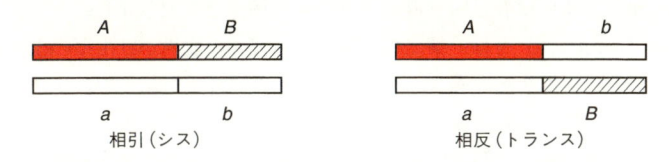

　　　A　　B　　　　　　A　　b
　　　a　　b　　　　　　a　　B
　　　相引（シス）　　　相反（トランス）

7) 相反（repulsion）とは相引の反対を意味する用語で，A と b および a と B がともに同一染色体にのっている状態をいう．トランス（*trans*）の位置関係にあるともいう（図参照）．

8) 栄養素要求体（auxotroph）とは，最少培地では育たず特別な栄養素を要求する個体．

9) 零染色体（nullisome）とは二倍体の細胞から失われた2個（1対）の相同染色体．

10) 相補性（complementation）とは，同じ表現型の劣性変異をもつ二つのDNAを一つの細胞に入れたときに野生型表現型を示す現象のこと．相補性がみられる場合は，ふつう二つの変異は別の遺伝子（シストロン）にあると考える．しかし，例外的に同じ遺伝子にある二つの変異が相補性を示す場合（遺伝子内相補性）も報告されている．

11) 対合（synapsis）とは減数分裂の合糸期（ザイゴテン期）に相同染色体が互いに接着することをいう．

12) トランジション変異（transition mutation）とは，あるプリンがプリンに（A→GまたはG→A），ピリミジンがピリミジンに（C→TまたはT→C）置換する変異．転位ともいう．トランスバージョン変異（transversion mutation）とは，プリンがピリミジンに，ピリミジンがプリンに（AまたはGとCまたはTが入れ替わる）に置換す

る変異．転換ともいう．

13) 共優性（codominance）とは二つの遺伝子の優性度が等しいことを示し，ともに個体の表現型に現れる現象をいう．たとえば ABO 血液型の A, B 遺伝子は共優性であり，両方の遺伝子をもつ個体は AB 型となる．

14) 四分子または四分染色体（tetrad）とは，減数分裂の際の太糸期（パキテン期）に最初にみられる 4 本の染色分体からなる減数分裂の産物をいう．また 1 個の母細胞が減数分裂を行った結果生じた 4 個の娘細胞という意味でも使われる．

15) ミスセンス変異（missense mutation）とは，一つのアミノ酸に対するコドンを違ったアミノ酸に対するコドンに変化させるような変異をいう．ナンセンス変異（nonsense mutation）とは，あるアミノ酸に対するコドンを終結コドンに変化される変異をいう．

16) 逆交雑（reciprocal cross）とは元の交雑に比べて雌雄を逆にして交配し，表現型がどのように変わるか調べることをいう．戻し交雑（backcross）とは個体をその両親のどちらか，あるいは親と同じ遺伝子型をもつ個体と交配させること．

17) 復帰（reversion）とは，第二の変異によって元の変異が野生型の表現型へ復帰することをいう．復帰突然変異（back mutation）とは変異遺伝子中のヌクレオチド対の変化により元の塩基配列を回復し，そのために元の表現型に戻ること．

18) ミューテーター（突然変異誘起遺伝子，mutator）とは，突然変異の頻度を上昇させる変異遺伝子のこと．DNA ポリメラーゼや DNA 修復系の遺伝子などに変異が生じたものである．線虫 *C. elegans* やトウモロコシなどでは，転移活性のあるトランスポゾンや内在性トランスポゾンの転移を抑制する遺伝子の変異がミューテーターになることが知られている．

19) 配偶体（gametophyte）とは配偶子（gamete）を生じる生活史の段階をいう．

20) 一倍体（haploid）とは核または細胞当たりそれぞれ 1 コピーの染色体をもつ状態．半数体ともいう．二倍体（diploid）とは核または細胞当たりそれぞれ 2 コピーの染色体をもつ状態．倍数体（polyploid）とは核または細胞当たりそれぞれ 2 コピー以上の染色体をもつ状態．一倍体-二倍体（haplodiploid）とは雄が一倍体，雌が二倍体という性決定様式をもつ昆虫にみられる染色体の存在形態．一方，複二倍体（amphidiploid）とは二つの種の交雑とそれに続く体細胞染色体の倍化によって生じた個体のことを意味する．これは二倍体の交雑によって生じた異質四倍体であるが，染色体の挙動を中心に考えると正常な二倍体であるといえる．

21) 同質倍数性（autoploidy または autopolyploidy）とは，1 組の一倍体の重複から生じる 2 組以上の染色体を有する個体または細胞の状態を意味する．その個体あるいは細胞は同質倍数体（autoploid または autopolyploid）とよぶ．一倍体セットの倍数に

よって同質二倍体, 同質三倍体, 同質四倍体, 同質五倍体, 同質六倍体などとよばれる.

異数性 (aneuploidy) とは一倍体の整数倍となっていない異常な数の染色体をもつ状態を意味する. 細胞のあるものが正常数の染色体をもち, それ以外のものが異常数をもつという, モザイクの一つの型を部分異数性 (partial aneuploidy) とよぶ.

異質倍数性 (alloploidy または allopolyploidy) とは雑種個体あるいは雑種細胞が2種の異なった祖先に由来する染色体を2組以上有する状態をいう. 一倍体セットの倍数によって異質二倍体, 異質三倍体, 異質四倍体, 異質五倍体, 異質六倍体などとよばれる.

22) アロ接合性 (allozygosity) とは別々の祖先遺伝子に由来する二つの対立遺伝子からなるホモ (同型) 接合性のことを意味する. 他方, 共通の祖先遺伝子に由来する二つの対立遺伝子 (すなわちそれらはある共通の祖先遺伝子コピーである) からなるホモ (同型) 接合性のことを同祖接合性 (autozygosity) という.

23) 半接合性 (hemizygosity) とは普通は二倍体であるのに対して遺伝子が対をなさない状態をいう. 男性の性染色体は通常 XY である, すなわち男性は X 染色体の遺伝子に対して半接合性である. これに関連して, 1個以上の特異遺伝子に関して半接合である個体を半接合体 (hemizygote) という. たとえば X 染色体のある遺伝子に異常のある血友病の男性は血友病の遺伝子に関して半接合体である.

24) 多面 (発現) 作用 (pleiotropy) とは単一の突然変異遺伝子によって表現型のレベルで表面上は無関係な多くの作用を生じること.

25) 雌雄モザイク (gynandromorph) とは雌雄の表現型をモザイク状にもつ個体のことをいう.

血 液 凝 固 系

[問題 7・21] 血液凝固系は多くのプロテアーゼが関与するカスケード型の生体反応で, 最終的にはフィブリノーゲンからフィブリンが生じて血液凝固が起こる. 以下の問いに答えよ.
1) カスケード反応とは何か. 100字程度で簡潔に説明せよ.
2) 血液凝固系以外のプロテアーゼの関与するカスケード反応を一つあげて簡単に説明せよ.
3) 血液凝固系に関与する以下の酵素またはタンパク質の機能と役割を簡潔に述べよ.
 a. トロンビン b. ハーゲマン因子 c. アンチトロンビン d. 第 X 因

子　e. トランスグルタミナーゼ（トランスアミダーゼ）　f. プラスミン

[解答例]　1) 分子生物学や生化学では，ある刺激を出発点として，各段階の反応生成物が次の反応を活性化または不活性化することにより次々と連鎖的に増幅して反応のオン/オフが起こる現象のことをカスケード反応という．

2) 補体系：補体系には古典経路と第二経路と MBL 経路があるが，いずれも次々とプロテアーゼが活性化され，最終的に膜侵襲複合体ができて細胞を溶解させる．

3) a. プロトロンビンは活性化された第 X 因子によってトロンビンになり，フィブリノーゲンからペプチド A と B を切断・遊離してフィブリンを生成し，フィブリンは凝集する．ペプチド A と B には多くの硫酸化されたチロシン残基が存在し，切断前のプロトロンビンの溶解度を上げている．

b. ハーゲマン因子は第 XII 因子ともよばれ，ガラス，ポリアニオンなどに接触することによって活性化され，血液凝固系の引金を引くプロテアーゼである．

c. 活性化されたトロンビンはいつまでも存在すると，生体にとって危険である．そのため，生体内にはアンチトロンビンが存在して，トロンビンに結合し，活性を阻害することによって，必要以上の血液凝固を防ぐ機構が備わっている．

d. 第 X 因子はビタミン K 依存性凝固因子のひとつで，第 IX 因子（IXa，クリスマス因子）および第 VIII 因子によって活性化されて Xa となり，さらに第 V 因子とともに第 II 因子（トロンビン）を活性化する．活性化されたトロンビンは1)で述べたようにフィブリノーゲンからフィブリンを生じる．

e. トランスグルタミナーゼ (XIIIa 因子) は血液凝固反応で生成された可溶性フィブリンのグルタミン残基とリシン残基を架橋して柔らかい血餅から固い血餅を生じる．

f. 血液は凝固したままになったり，循環系で勝手に反応が進行すると血栓が生じたりして，不都合が起こる．そこで，生体内では，生じた架橋フィブリン分子を容易に破壊することができるシステムが存在する．架橋フィブリンの解体に働くのがプラスミンで，前駆体のプラスミノーゲンからセリンプロテアーゼによって生成する．

英語も覚えよう

遺伝性疾患 genetic disorder　　がん原遺伝子 proto-oncogene　　血液凝固 blood coagulation　　制限酵素 restriction enzyme　　DNA メチラーゼ DNA methylase　　DNA リガーゼ DNA ligase　　ブロッティング法 blotting　　ベクター vector　　レトロウイルス retrovirus

8. 分子発生学

発　生

[問題 8・1] 次の文章の a～l の空欄に適切な用語を入れ，文章を完成せよ．

　多細胞生物の体は，受精卵という 1 個の細胞が細胞分裂を繰返すことによって形成される．多くの動物の発生において受精卵は　a　とよばれる急速な細胞分裂を繰返し，中央に空洞をもった　b　というステージに達する．次に一部の細胞が胚内に陥入し　c　というステージに至る．ここで胚を構成する 3 種の胚葉，すなわち　d　，　e　，　f　が形成される．脊椎動物においては，背側で神経管が閉じ始め，この時期の胚を　g　とよぶ．このようにして，成体の基本的な体制が形づくられてゆくことになる．

　発生過程において，初期胚の各細胞はそれぞれ別の組織へと分化してゆく運命にある．正常発生において各細胞がどのような組織をつくり出すのかを調べることを，その細胞の　h　を調べるという．これに対して，いろいろな実験条件下で示されるような各細胞が潜在的にもっている組織分化能力を　i　という．発生が進むと細胞のもっている　i　はしだいに特定の組織へと限定されてゆくが，この過程を　j　という．

　成体を構成している細胞はさまざまな組織細胞に分化している．しかし，これらの細胞の核を取出し，前もって除核した受精卵に移植すると，正常に発生が進行し，多種の組織が分化してくる．この実験は核の　k　を示しており，分化した細胞の核でもほとんどの遺伝情報は失われていないことがわかる．分化した細胞では，特定の遺伝子のセットのみが発現している．このように全遺伝子のうち一部の遺伝子のみが発現していることを遺伝子の　l　という．

[解　答]　a. 卵割　b. 胞胚　c. 原腸胚(のう胚)　d, e, f. 外胚葉，中胚葉，内胚葉　g. 神経胚　h. 発生運命　i. 発生能(分化能)　j. 決定　k. 全能性　l. 差次的(選択的)発現

ショウジョウバエの発生

[**問題 8・2**] ショウジョウバエの形態形成において，*bcd* (*bicoid*), *hb* (*hunchback*), *Kr* (*Krüppel*) という三つの遺伝子を登場させた軸形成のシナリオを，ア〜ケの空欄を埋めて完成せよ．

　ショウジョウバエの軸形成に関与する遺伝子である *bcd* の mRNA は，受精前は卵の前極へ局在しているが，翻訳はされていない（図 a 参照）．受精後 Bcd タンパク質の翻訳が始まり，翻訳されたタンパク質がサイトゾル中に徐々に拡散してゆく．その結果，| ア |で濃度が高い Bcd タンパク質の濃度勾配が形成される（図 b 参照）．Bcd タンパク質は| イ |ドメインをもつ転写因子の一つで，そのタンパク質濃度がある程度以上高くなると| ウ |遺伝子の一つである *hb* の発現を促進するが，他の分節遺伝子である *Kr* の発現は抑制するという性質をもつ．そのため| エ |では Hb の濃度が高まってくるが，| オ |ではもともとある Kr の発現が増えてくる（図 c 参照）．*hb* と *Kr* はさらに自身の遺伝子発現に対しては| カ |の作用，互いの遺伝子発現に対しては| キ |の作用を示すため，互いの場所での発現量の差が広がり，ついには| ク |では Hb タンパク質のみ，| ケ |では Kr タンパク質のみという発現の局在が明確になる（図 d 参照）．

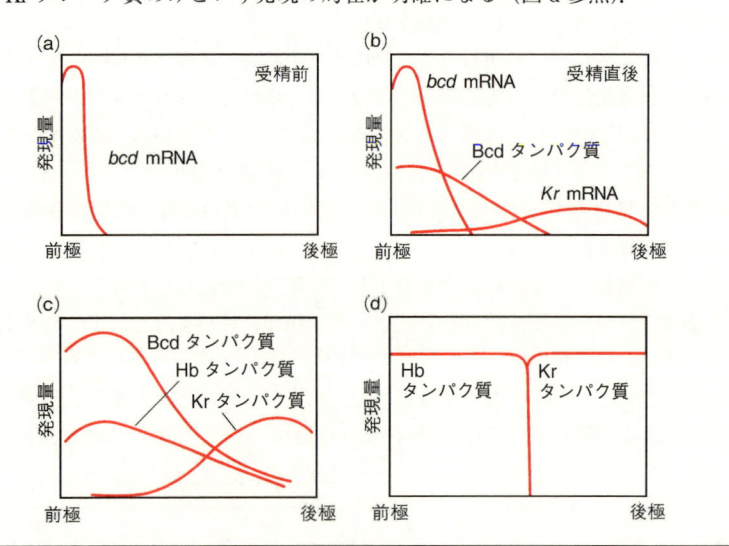

(a) 受精前 — bcd mRNA（前極で高発現）
(b) 受精直後 — bcd mRNA, Bcd タンパク質, Kr mRNA
(c) Bcd タンパク質, Hb タンパク質, Kr タンパク質
(d) Hb タンパク質, Kr タンパク質

[**解答**] ア．前極　イ．ホメオ　ウ．分節　エ．前極　オ．後極　カ．正　キ．負　ク．前極　ケ．後極

8. 分子発生学

[問題 8・3] 下記はショウジョウバエの初期発生における一群の遺伝子の階層構造をまとめ，その解説を付したものである．空欄 a〜h にあてはまる遺伝子を下の遺伝子群の中から選んで記せ．

未受精卵にはすでに頭部側に [a]，尾部側に [b] という具合に母性 mRNA がきっちり分かれて分布している．

↓

受精後，この mRNA が翻訳され，その遺伝子産物であるタンパク質が徐々に拡散することにより濃度勾配を形成する．

↓

これらは右図のように位置特異的に [c] （母性遺伝子），[d]，[e] の三つのギャップ遺伝子*の発現を誘起する．これらは相互にも作用して位置特異的な濃度勾配を形成する．

↓

これらギャップ遺伝子産物はそれぞれの位置で一群のペアルール遺伝子の発現を誘起する．これらは縞状に発現されるが，たとえば hairy と [f]，even-skipped と [g] は互い違いの7本の縞模様を描く．

↓

これらはそれぞれのバンドにおいて特異的に，Antp や [h] のようなホメオティック遺伝子の発現を促す．

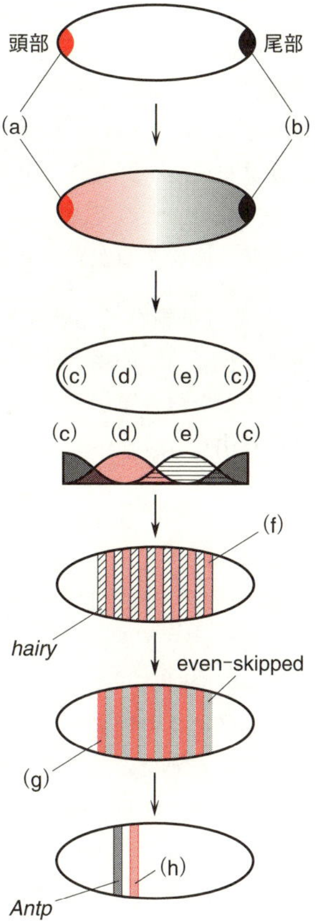

（遺伝子群） *Krüppel*, *Ultrabithorax*, *bicoid*, *hunchback*, *knirps*, *runt*, *nanos*, *fushi tarazu*

[図は，J. D. Watson, et al., Recombinant DNA, 2nd ed., p. 397, Scientific American Books, New York (1992) を改変．]

---

* 最近では *giant*, *tailless* というギャップ遺伝子も見つかっている．

[解答] a. *bicoid*　b. *nanos*　c. *hunchback*　d, e. *Krüppel*, *knirps*
f. *runt*　g. *fushi tarazu*　h. *Ultrabithorax*

ジーンターゲッティング

[問題 8・4]　ホメオティック遺伝子はショウジョウバエの発生において重要な役割を果たしている．マウスからもハエと相同な配列をもつホメオボックス遺伝子がクローニングされたが，突然変異体が見つかっていないため，その機能は明らかでない．そこで，ジーンターゲッティング（相同遺伝子組換え）により，その遺伝子座の突然変異体をつくることにした．

1) 胚性幹細胞（ES 細胞）に図のような DNA を導入した．この DNA には，目的の遺伝子（この場合はホメオボックス遺伝子）のコード領域の途中に *neo*（ネオマイシン耐性遺伝子）が挿入されている．何のために *neo* を挿入してあるのか，その理由を二つ述べよ．

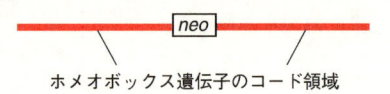

｜ *neo* ｜
ホメオボックス遺伝子のコード領域

2) 上記の DNA はプロモーター部位を欠いており，そのままでは発現しないようにしてある．なぜか．

3) 相同組換えが起こり，遺伝子産物が不活性化された ES 細胞が得られた．マウスの胚にこの細胞を注入しキメラマウスをつくった．最終目的である突然変異体を得るためには，このキメラ個体中でES細胞由来の細胞が，ある特定の組織に含まれている必要がある．その組織とは何か．

[解答例]　1) i) コード領域の途中に *neo* を挿入することにより，目的の遺伝子産物の機能を喪失させる．ii) この DNA が導入された細胞はネオマイシンに対して耐性になるので，この性質を利用して導入細胞だけを選別できるようになる．

2) 一般に，細胞に DNA を導入すると，その DNA は染色体のランダムな位置に挿入される．今，相同組換えを目的としているので，目的の位置において DNA の組換えが起こった細胞を選別する必要がある．染色体 DNA のほとんどの部分はタンパク質をコードしていない．そういった部位に挿入が起こったとしても，この DNA はプロモーターを欠いているので *neo* の発現は起こらないように工夫されている．DNA が何らかの遺伝子のプロモーターの下流に入った場合のみ *neo* の発現が起こり，細胞は

薬剤耐性になる．相同組換えが起こった場合も細胞は耐性になると考えられる．後は，耐性になった各クローンを一つずつ，相同組換えが起こっているかどうか調べていく方法がとられる．

3) 生殖細胞．ES 細胞由来の細胞が生殖細胞系列に入ったときのみ，全細胞に変異をもった次世代をつくることができる．

遺伝子の組織特異的発現

[問題 8・5] 遺伝子の組織特異的発現についての次の文章を読み，下記の問いに答えよ．

図1はウニのプルテウス幼生の模式図である．CyIIIa（細胞骨格性アクチン IIIa）という遺伝子は，口と反対側の上皮（斜線部）で発現していることが知られている．CyIIIa 遺伝子のコード領域を CAT（クロラムフェニコールアセチルトランスフェラーゼ，大腸菌のタンパク質）遺伝子のコード領域とつなぎかえた組換え遺伝子（図2）を，正常遺伝子をもつウニ卵に注入した．すると CAT の mRNA が斜線部上皮のみでつくられることがわかった．これにより，CyIIIa の 5′ 上流に組織特異的な発現調節領域があることがわかる．この調節領域内の数箇所に，ウニの核から抽出したタンパク質が結合する部位があり，今，仮にその部位を A, B, C とよぶことにする（図2）．

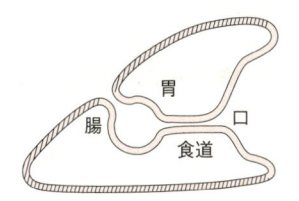

図1 ウニのプルテウス幼生の模式図（断面）

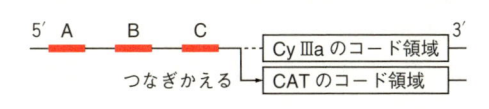

図2 CyIIIa 遺伝子の 5′ 上流 DNA を CAT 遺伝子のコード領域につないだ組換え遺伝子

1) 調節領域と CAT の融合遺伝子とともに，部位 A と同じ配列をもった多量の DNA フラグメントを卵に注入した．すると上記の場合と異なり，CAT mRNA は全くつくられなくなった．部位 A の役割を推測せよ．

2) 同様に融合遺伝子と部位 B と同じ配列をもつフラグメントを卵に注入すると，CAT mRNA が斜線部上皮のみでなく，胃などでもつくられるようになった．部位 B の役割を推測せよ．

3) 同様に融合遺伝子と部位 C と同じ配列をもつフラグメントを卵に注入すると，胚が発生の途中で死んでしまった．部位 C にはどんなタンパク質が結合すると考えられるか．

[解答例]　1) 部位 A にはこの遺伝子の転写を活性化する因子が結合することが推測できる．なぜなら，部位 A と同じ配列をもった多量の DNA フラグメントが卵に注入され，この転写活性化因子がそちらの方に奪い取られてしまったために，CAT mRNA がつくられなくなったと考えられる．

2) 部位 B には斜線部上皮以外の組織での転写活性化を抑える因子が結合すると推測できる．この因子は，おそらく，斜線部上皮以外の組織細胞中に存在しているが，この実験においては，注入された多量の部位 B のフラグメントの方に結合してしまい，斜線部上皮以外の組織においても CAT mRNA の転写が活性化したと考えられる．実際に，CyIIIa 遺伝子に関してこのような部位とそこに結合するタンパク質因子が存在し，その因子を精製した結果，Zn^{2+} 結合領域（ジンクフィンガー）をもった DNA 結合タンパク質であることが判明している．

3) 部位 C は一般的な転写活性化因子が結合する部位である可能性が強い．すなわち，C フラグメントの注入により CyIIIa 以外にも多くの遺伝子の転写が抑えられてしまうため，胚は生きていけなくなった．

器官形成における形態形成因子の作用

[問題 8・6]　脊椎動物の肢の形態形成においては多くの遺伝子産物間の複雑な相互作用が知られている．次の 1)～3) の問いに答えよ．

1) 脊椎動物（たとえばニワトリ）の前肢の発生の概略を次のキーワードを用いて述べよ．

　　　表皮，真皮，肢芽，成長，上腕骨，尺骨，撓（とう）骨，指骨

2) 肢の基部-先端部の伸長には FGF（繊維芽細胞増殖因子 fibroblast growth factor）が重要である．特に *Fgf8* 遺伝子は肢芽の先端の上皮（表皮）で発現し，FGF8 はその内部に存在する真皮細胞の増殖を促し，それによって肢芽は成長する．FGF は一般に細胞の受容体と結合してその作用を現す．FGF が受容体に結合することで活性化されるシグナル伝達経路はどのようなものであるか述べよ．

3) 肢は，前方と後方では構造が異なっていて，前後軸があることがわかる（われわれの手の親指側が前方，小指側が後方）．この前後方向の構造（特異性）は，肢

芽後端の細胞が産生する Sonic hedgehog (Shh) という分泌性のタンパク質によって決定されると考えられている．このことを実証するには，Shh を肢芽前端で作用させ，その影響をみればよい．どのような実験を行ったらよいか，考えてみよ．

[解答例]　1) 脊椎動物の前肢は，胴体部分の表皮とその内側に存在する真皮の細胞が，外側に向かって成長，突出して肢芽を形成することから始まる．肢芽が成長するにつれて，真皮中にはまず上腕骨，ついで尺骨と撓骨のもとになる軟骨が形成され，最後にてのひらの骨と指骨の軟骨が形成される．これらの軟骨はやがて骨に置換されて，肢の骨格系ができあがる．指骨の間の表皮と真皮はアポトーシスによって消失する．ニワトリの前肢は翼になるが，その形成過程は哺乳類の肢とほぼ同様である．

2) FGF 受容体は，受容体型チロシンキナーゼであり，リガンド（FGF）の結合によって活性化されて，他の受容体型チロシンキナーゼと同様に，Shc, Grb2, ホスホリパーゼ C, ホスファチジルイノシトール 3-キナーゼ（PI3K）など多くのタンパク質が結合する．これらのタンパク質は相互にリン酸化して活性化が起こり，Raf や MAP キナーゼなど複数のキナーゼカスケードを活性化する．これらの複雑なカスケードの結果，細胞の遺伝子発現が影響を受けることになる．このシグナル伝達経路はきわめて多くの生物現象で作用している．

3) 肢芽の前端で Shh を作用させるためには，いろいろな方法が考えられる．最も簡単な方法は Shh タンパク質をスポンジのような材質の小さいビーズに染み込ませて肢芽前端の領域に移植することである．この場合はタンパク質がすぐに変性したり，ビーズからなくなってしまうおそれがある．別な方法として，ウイルスを用いて，*Shh* 遺伝子を強制発現（異所的発現）させることもできる．複製可能なウイルスを用いれば広い範囲の細胞に Shh タンパク質を産生させることができる．ただし，ウイルスがタンパク質を産生するまでには時間がかかるので，発生のように変化が速い場合には注意を要する．さらに，電気穿孔法で *Shh* の強制発現ベクターを直接肢芽に導入

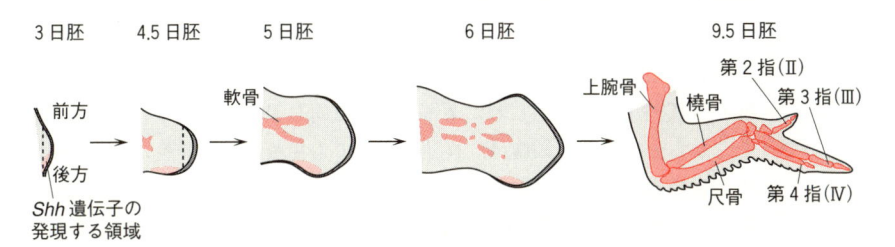

ニワトリの前肢の発生過程 [八杉貞雄，"発生の生物学（生物科学入門コース 5）"，p. 102, 岩波書店（1993）を改変．]

することも可能である．ウイルス法よりタンパク質の出現は早いが，技術的には少しむずかしい．これらの方法は，現在発生生物学で遺伝子の機能を明らかにするときに多用される技術である．

ES 細胞・iPS 細胞

[問題 8・7] 動物の幹細胞に関する次の問いに答えよ．
1) 幹細胞に関する次の文章のa～dに適当な語を入れよ．

　幹細胞は，常に　a　を繰返しながら，ニッチ（周囲の環境）によって特定の細胞に分化することのできる細胞群である．幹細胞は ES 細胞や iPS 細胞のように人工的に作製されたものと，生体に備わっている組織幹細胞に大別することができる．ES 細胞は日本語では　b　細胞とよばれ，哺乳類の胚盤胞のうち将来胚体や胎児を形成する　c　細胞塊を適切な条件で培養して，継代可能で，ニッチによって種々の細胞に分化する能力をもつようにしたものである．一方，組織幹細胞は，胚，胎児，そして成体の組織中に存在する幹細胞で，ES 細胞ほどの広範囲な分化能はもたないが，成体に存在すること，特定の細胞には高頻度に分化することから，　d　医療への応用が期待されている．

2) ES 細胞とクローン胚を組合わせると，免疫反応の問題をもたない移植用の細胞を分化させることが可能になるといわれている．その方法の概略について述べ，そこに生じるかもしれない倫理的問題についても考えよ．

[解 答] 1) a. 分裂（増殖）　b. 胚性幹　c. 内(部)　d. 再生
2) ES 細胞は多くの細胞に分化するので，それを移植することで（たとえば）神経系の病気などの治療に応用することが期待されている．しかし，患者自身の ES 細胞を用いることはできないので，免疫的拒絶反応の問題が生じる．そこで，患者の体細胞を培養してそこから核を取り，核を除いた受精卵に移植する．この受精卵は，患者のクローンとみなすことができる．この受精卵を in vitro で発生させて胚盤胞まで育て，そこから ES 細胞を樹立する．これによって患者と同じゲノムをもつ ES 細胞ができるので，そこから分化させた細胞は，移植によっても免疫的拒絶をもたらさない．しかし，この過程で得られる胚盤胞をそのまま代理母の子宮に戻して発生させれば，患者のクローン人間が生まれることになり，大きな倫理的問題を生じる．現在は多くの国で，クローン胚から ES 細胞を作製することは承認されているが，クローン胚を子宮に戻すことは禁止されている．

8. 分子発生学

[問題 8・8] iPS 細胞に関する次の文章を読んで，問いに答えよ．

iPS（人工多能性幹 induced pluripotent stem）細胞は，2006 年に山中伸弥らによってマウス体細胞から最初に確立された多分化能をもった幹細胞である．翌年にはヒト細胞を用いて同様の幹細胞株が樹立された．山中らは，体細胞に Oct3/4, Sox2, Klf4, c-Myc という 4 種類の遺伝子を導入して発現させることで，ES 細胞に似た性質の細胞株を樹立した．その後多くの研究者によって，導入する遺伝子の数を減らしたり，ベクターを工夫することで当初問題となった細胞のがん化などの問題がしだいに解決された．さらに，これらの遺伝子産物（タンパク質）を用いて iPS 細胞を作製することにも成功している．iPS 細胞は再生医療に有用な素材を提供することが期待されている．

1) iPS 細胞と ES 細胞の基本的な違い，再生医療にあたっての有利な点，不利な点を列挙せよ．

2) iPS 細胞の樹立には，導入した遺伝子が継続的に発現することは必要なく，一過性の発現があれば十分であるといわれる．このことは細胞の遺伝子発現とどのように関係しているか，4 種類の遺伝子が，それぞれどのような機能のタンパク質をコードしているかとあわせて考察せよ．

[解答例] 1) ES 細胞は発生途上の胚盤胞の内部細胞塊を培養したもので，一方 iPS 細胞は体細胞に遺伝子を導入したものである．再生医療にあたっては，ES 細胞が免疫的拒絶反応を惹起するのに対し，iPS 細胞は患者本人の細胞を用いることができるので，免疫的な問題は少ない．ES 細胞の樹立などにかかわる倫理的問題も iPS 細胞では生じない．一方，現在の方法では，iPS 細胞には細胞がん化の可能性が残されている．特に c-Myc というがん遺伝子を用いると，可能性は大きくなる．現在は c-Myc を用いない方法が主流になりつつある．また，iPS 細胞は樹立の確率が必ずしも高くなく，患者の急な要求にこたえられない事態も想定される．ES 細胞は，常に細胞株として維持されているので，この点では iPS 細胞より有利であるということができる．

2) iPS 細胞の樹立に用いられた 4 種類の遺伝子がどのような働きをしているかは，現在でも明らかではない．一般に，すでに分化した細胞を"未分化"な状態に戻して，多分化能をもたせるためにはゲノムの"初期化"が必要であるとされる．これはクローン動物の作製にあたって，体細胞をかなりの期間培養しなければならないことからも想定されている．おそらく iPS 細胞の樹立にあたっても，これら 4 種類の遺伝子は，細胞の遺伝子発現プロファイルを初期化することでその作用を現していると考えられ

る．また，いくつかの遺伝子は，細胞の増殖能の維持に重要であろう．

Oct3/4, *Sox2*, *Klf4* はいずれも転写因子であり，導入されると一過性に発現して細胞の種々の特異的遺伝子の発現を活性化する．その後は内在性遺伝子の発現が複雑なネットワークで多くの遺伝子の発現を制御し，外来遺伝子の発現に依存しないで未分化状態を維持すると考えられている．内在性遺伝子の中には，ES 細胞の未分化性維持に必要な *Nanog* などの遺伝子も含まれる（図参照）．これらの遺伝子は，未分化性の維持のみならず，多くの細胞分化過程にも関与している．c-*Myc* はトリ急性白血病ウイルス MC29 がもつがん遺伝子 *myc* の細胞性がん原遺伝子である．その産物はやはり転写因子として作用する．

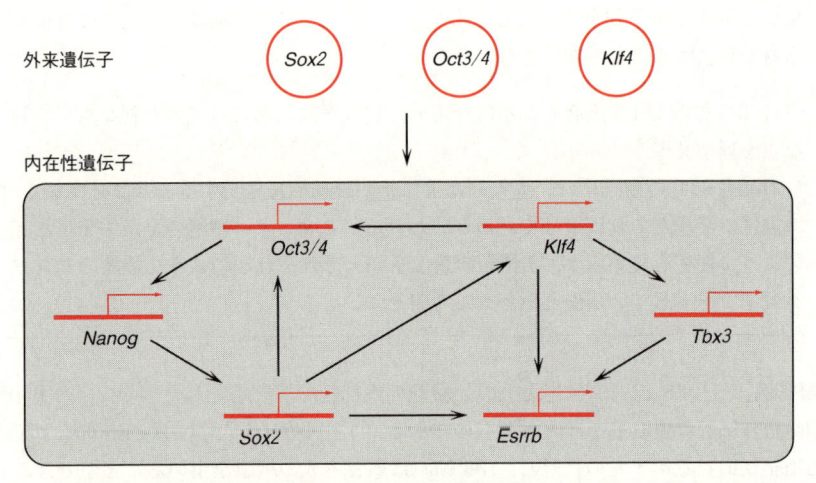

iPS 細胞の樹立に必要な外来遺伝子と内在性遺伝子のネットワーク．［丹羽仁史，再生医療，7 巻，p. 46（2008）をもとに作製．］

英語も覚えよう

外胚葉 ectoderm　　ギャップ遺伝子 gap gene　　形態形成 morphogenesis　　人工多能性幹細胞 induced pluripotent stem cell　　ジーンターゲッティング gene targeting　　中胚葉 mesoderm　　内胚葉 endoderm　　胚性幹細胞 embryonic stem cell　　分化 differentiation　　ペアルール遺伝子 pair-rule gene　　ホメオティック遺伝子 homeotic gene　　ホメオボックス遺伝子 homeobox gene

9. 免　疫

抗　体

[問題 9・1] 抗体は免疫グロブリン（Ig）と総称され，ヒトでは IgG, IgM, IgA, IgD, IgE の五つのクラスが知られている．次の 1)～5) の記述はこれらのいずれに関するものか答えよ．

1) 他のクラスの抗体に比べて分子量の大きい抗体で，哺乳動物では普通，免疫反応の初期につくられる．下等脊椎動物では主要な抗体なので，進化の過程で最初に出現した抗体のクラスではないかと考えられている．

2) アレルギーの原因となる抗体で，肥満細胞や好塩基球に対する強いエフェクター作用（抗原を除去する機能系を活性化する作用）を有する．

3) 血液中に存在するほかに外分泌液（唾液，涙，初乳など）にも含まれているので外分泌性抗体ともよばれる．初乳中にあるものは新生児に吸収されて，免疫系がまだ未発達な新生児の防御反応に役立つ．

4) ヒト血清中に最も多く含まれる（8～15 mg/mL）クラスの抗体である．胎盤を通過できる唯一のクラスの抗体なので母親の抗体が胎盤を通って免疫機能の未発達な胎児に移行し，その生体防御反応に役立っている．

5) 血中濃度は 2) についで低く，エフェクター作用には未知の部分が多い．

[解答]　1) IgM　2) IgE　3) IgA　4) IgG　5) IgD

[問題 9・2]　次の文章を a～j の空欄に適切な言葉を入れ完成せよ．

1) ヒトのもつ抗体分子は H(重)鎖の違いによって　a　種類のクラスに分類される．H 鎖の名は，IgG のものは　b　鎖，というように抗体のクラス名に対応するギリシャ文字でよばれる．L(軽)鎖には，κ(カッパ)鎖と λ(ラムダ)鎖の 2 種があるので，IgG の分子構成を　c　および　d　と書くことができる．ただ

し κ 鎖と λ 鎖を同一分子内にもつものは存在しないので，　e　という分子はない．

2) H 鎖と L 鎖の可変部の中に，特にアミノ酸配列の変異が激しい 20〜25 残基程度の部分が 3 箇所あり，これを　f　という．これらの部分は立体構造の上では近接しており，抗原結合部位を形成する．

3) 抗体分子をつくる細胞を形質細胞とよぶ．一つの形質細胞がつくる抗体は 1 種類であり，その　f　のアミノ酸配列は他の形質細胞がつくる抗体のものとは異なる．ただ一つの形質細胞を選んで，その子孫だけを増やして抗体をつくらせると，アミノ酸配列が完全に同じで，同じ抗原に結合する抗体である　g　を得ることができる．

4) 個々の抗体分子に特異的な　f　にある抗原決定基を　h　という．

5) 免疫系に対して抗原として働き，抗体の合成を促すことのできるものを抗原決定基とよぶ．そのなかでも，化学構造がはっきりわかっているものを　i　という．

6) IgG や IgM などに分類される同種抗体分子の不変部（Fc）にも一部アミノ酸配列が異なる構造があり，メンデルの法則に従って遺伝する．このような抗原決定基の違いを　j　という．

[解答] a. 5　　b. γ（ガンマ）　　c. $\gamma_2\kappa_2$　　d. $\gamma_2\lambda_2$　　e. $\gamma_2\kappa\lambda$　　f. 超可変部
g. モノクローナル抗体　　h. イディオタイプ　　i. エピトープ　　j. アロタイプ

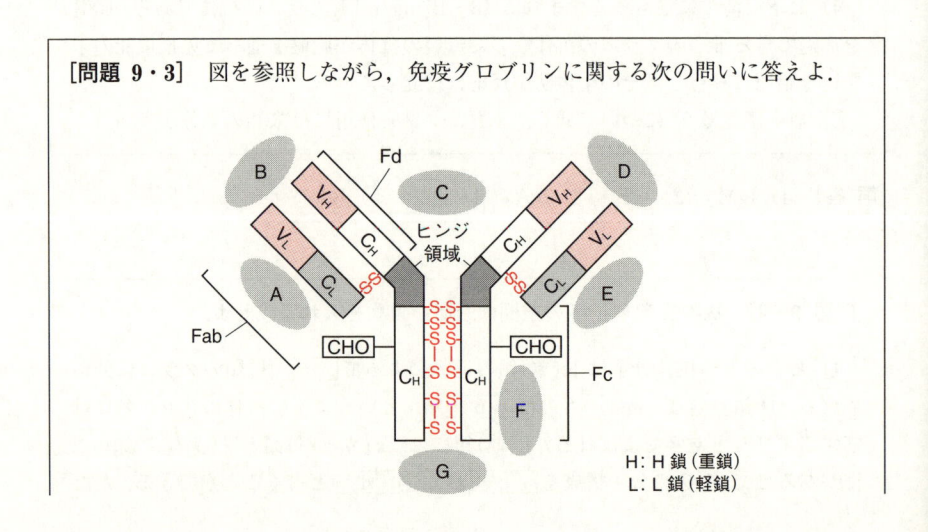

[問題 9・3]　図を参照しながら，免疫グロブリンに関する次の問いに答えよ．

1) 免疫グロブリン (Ig) は 2 本ずつの H 鎖と L 鎖が結合（ジスルフィド結合）して Y 字形の立体構造を構成している（図）．抗原が結合する部位を図中の A～G から選べ（複数回答可）．
2) C 領域と V 領域のうちアミノ酸配列が多様なものはどちらか．
3) タンパク質分解酵素パパインによる切断で生成した Fab, Fc と表されたペプチド断片のうち抗原を結合できるのはどちらか．また ab は何の略か．
4) 貪食細胞である好中球やマクロファージの細胞膜上に存在する IgG 受容体と結合する領域は Fab, Fc のどちらか．また Fc の c は何の略か．

[解 答]　1) B と D　　2) V 領域
3) Fab が抗原と結合する．ab は antigen-binding の略．
4) Fc が IgG レセプター（Fcγ レセプター）と結合する．c は crystallizable の略．

[問題 9・4]　免疫グロブリンについて次の問いに答えよ．
1) 次のヒト免疫グロブリンに対する構造の模式図を下図から選べ．またそれぞれの構造から抗原に対する結合の強さを予想せよ．

　　　　IgM,　　分泌型 IgA,　　IgE

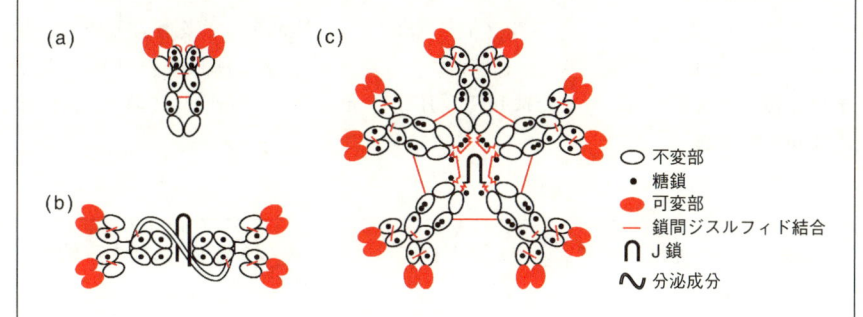

2) a～o の空欄に適切な用語を入れ文章を完成せよ．

ヒト IgG1 は長い 2 本の　a　と短い 2 本の　b　からなる．IgG1 をタンパク質分解酵素パパインで処理すると 3 個のペプチド断片が生じる．このうち抗原結合能をもった分子量が約 50,000 の二つの断片を　c　とよぶが，これは　a　と　b　とが 1 本ずつ組になっている部分である．一方，抗原結合能をもたない分子量約 50,000 の断片は　d　とよばれ，これは　a　の 2 本のみから

なる構造である．また，IgG1 をタンパク質分解酵素ペプシンで処理すると，分子量約 100,000 の抗原結合能をもったペプチド断片が生じるが，これはペプシンの切断部位が　a　上のいわゆる　e　領域に存在する　f　結合に比べてより C 末端側にあるために，　c　より少し長い単位の二量体が　e　領域の　f　結合で連結している　g　とよばれる断片に相当する．抗体の抗原特異性は　a　と　b　の N 末端で構成される　h　部の構造で決定されるが，それぞれが染色体上の個々の免疫グロブリン遺伝子の　i　とよばれるメカニズムによって抗原の多様性に対応できるように保証されている．抗体自身がもつ抗原決定基（エピトープ）のうち特異性の異なる免疫グロブリンに特有の抗原決定基を　j　とよぶ．免疫グロブリンクラスを決める遺伝子は　a　を規定する染色体上で，　k　，　l　，　m　，　n　，　o　の順で並んでおり，活性　a　遺伝子との連結を次々に切り替えることによって同一の細胞が次々と異なるクラスの免疫グロブリンをつくってゆく．これをクラススイッチとよぶ．

[解　答] 1) IgM：c　分泌型 IgA：b　IgE：a
　一つの抗原決定基の結合親和性（affinity）は同じでも，IgM の場合は利用可能な抗原結合部位が 10 あるので多価抗原に対する機能的親和性（アビディティ avidity）が高くなる．
　2) a. H 鎖または重鎖　b. L 鎖または軽鎖　c. Fab フラグメント　d. Fc フラグメント　e. ヒンジ　f. ジスルフィド（SS）　g. F(ab')$_2$ フラグメント　h. 可変(V)　i. (遺伝子)再編成　j. イディオトープ　k. μ または IgM の H 鎖　l. δ または IgD の H 鎖　m. γ または IgG の H 鎖　n. ε または IgE の H 鎖　o. α または IgA の H 鎖

[問題 9・5]　免疫グロブリンの発現過程におけるクラススイッチに関する以下の問いに答えよ．
　1) 抗体の 5 種類のクラスのうち，$C_\mu, C_\delta, C_\gamma, C_\varepsilon, C_\alpha$ から産生される免疫グロブリンの名称をそれぞれ記せ．
　2) 獲得免疫の主役として血漿中に最も多く（約 70%）含まれる免疫グロブリンはどれか．
　3) 鼻汁，唾液，母乳中，腸管など外部と接する環境に分泌されて微生物の付着を妨ぐ免疫グロブリンはどれか．
　4) 感染微生物に対して最初に産生され，初期免疫を司る免疫グロブリンはどれ

5) B 細胞表面に存在し，抗体産生の誘導に関与する免疫グロブリンはどれか．
6) アレルギーをひき起こす免疫グロブリンはどれか．

[解答]　1) C_μ: IgM　　C_δ: IgD　　C_γ: IgG　　C_ε: IgE　　C_α: IgA
2) IgG　　3) IgA　　4) IgM　　5) IgD　　6) IgE

[解説]　抗体は H 鎖の定常部の違いによって 5 種類のクラスに分類されており，それぞれのクラスに対応する H 鎖定常部遺伝子は $V_H–D–J_H$ のすぐ後に図のように並んで存在する．S 領域を介して免疫細胞内で遺伝子組換えが起こると二つの S 領域に挟まれた遺伝子（図では $C_\mu, C_\delta, C_{\gamma 3}$）が取除かれる形で再編成（クラススイッチ）が起こる．ヒトでは IgG はさらに四つのサブクラス（IgG1, IgG2, IgG3, IgG4）に，IgA は二つのサブクラス（IgA₁, IgA₂）に分かれている．B 細胞が最初につくる抗体のクラスは必ず IgM であるが，その後は抗原の種類に応じて異なるクラスの抗体を産生するようになる．

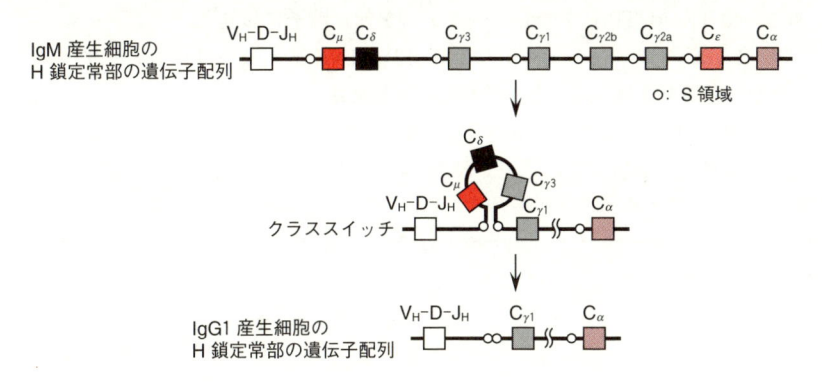

免 疫 系

[問題 9・6]　ヒトやマウスの免疫系は，先天的に備わった**自然免疫**と，リンパ球の免疫応答により誘導される**獲得免疫**に分けられる（図）．獲得免疫はさらに，**液性免疫**と**細胞性免疫**に分類される．以下の記述の正誤を答えよ．
1) B 細胞が分化した形質細胞から産生される免疫グロブリンによる外敵への

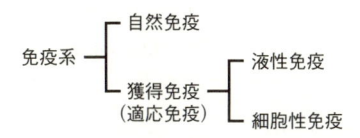

攻撃は液性免疫による.

2) T細胞が主役を演じる外敵への攻撃は細胞性免疫による.

3) 感染体が樹状細胞やマクロファージの細胞膜上にあるToll様受容体（TLR）に結合することで始動する免疫は自然免疫とよばれる.

4) 自然免疫の仕組みは哺乳動物のみに備わっており，それより下等な生物ではみられない.

5) 獲得免疫の仕組みの起源は古く，無脊椎動物のカブトガニからヒトまで幅広い生物種に備わっている.

6) 病原体が感染すると，自然免疫と獲得免疫は密接な連係により対抗する.

7) 速やかに病原体を攻撃できる獲得免疫に比べ，自然免疫は特定の病原体の分子構造（抗原）を正確に感知するセンサー（抗原受容体）を確立するまでに1週間程度も準備に時間がかかる.

8) TLRで受信された信号は，細胞質側でTLRに結合して待機しているMyD88あるいはTRAM/TRIFを介してシグナルを転写因子に伝達し，インターロイキン-6(IL-6)，インターロイキン-12(IL-12)，TNF-α あるいはインターフェロンβ などの発現を誘導することで獲得免疫を発動させる.

9) 獲得免疫はいったん確立すると強力に病原体を攻撃して体から排除するとともに，標的を記憶することができるため，二度目の感染時には迅速に対応できる.

[解 答] 1) 正しい

2) 正しい

3) 正しい

4) 誤り

5) 誤り．獲得免疫を自然免疫にすれば正しい.

6) 正しい

7) 誤り．獲得免疫と自然免疫を交換すれば正しい.

8) 正しい

9) 正しい

問題文中にでてきた略号は，TLR：Toll-like receptor, MyD：myeloid differentiation factor, TRIF：Toll/IL-1 receptor domain-containing adaptor-inducing interferon-β, TRAM：TRIF-related adaptor molecule, IL：interleukin, TNF：tumor necrosis factor. またToll遺伝子とはショウジョウバエで正常な背腹軸の決定に必要な遺伝子．Tollはドイツ語で"規格はずれな"の意味.

[問題 9・7] 図に示す免疫細胞の系譜を参照しながら次の問いに答えよ．

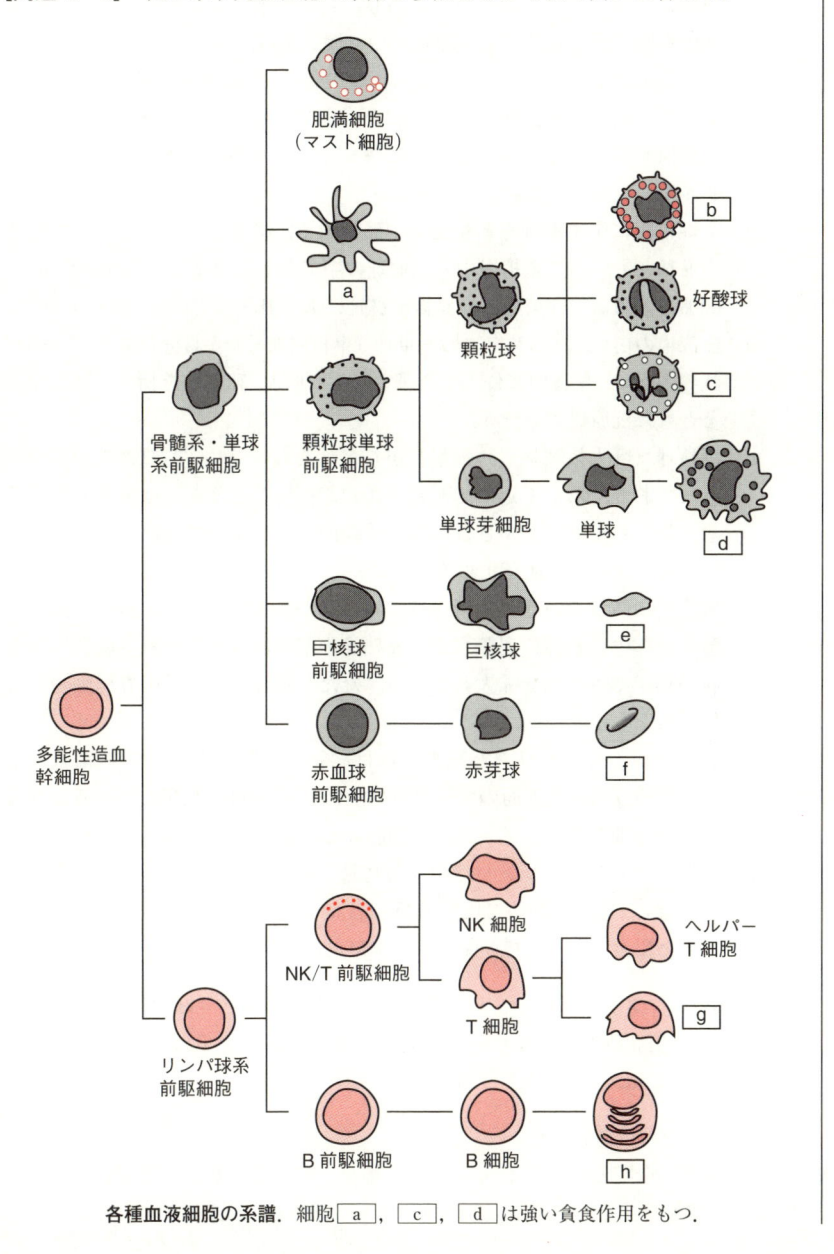

各種血液細胞の系譜．細胞 a ， c ， d は強い貪食作用をもつ．

1) 以下の特徴をもつ a～h の細胞名を下の語群から選んで記せ．
   a. 周囲に突起を伸ばした形をしており，自分が取込んだ抗原を，他の免疫系の細胞に伝える抗原提示細胞として機能する．
   b. 塩基性色素により暗紫色に染まる大型の顆粒（好塩基性顆粒）をもつ顆粒球で，運動能・貪食能をもつが弱い．細胞表面にある免疫グロブリン E に抗原が結合すると顆粒中からヒスタミンなどが放出されて即時型のアレルギー反応をひき起こす．
   c. 中性色素に染まる特殊顆粒をもつ顆粒球で，核をたくさんもつので多核白血球ともいう．末梢血中の白血球の中で最も数が多く，白血球の 40～60% を占める．細菌などの異物を貪食により処理し生体を外敵から防ぐ．
   d. 血液中の白血球の 5% を占める単球（単核白血球）から分化するアメーバ状の細胞で，生体内に侵入した細菌，ウイルス，死細胞を捕食し消化するとともに抗原提示を行う．
   e. 巨核球（巨大核細胞）の細胞質がちぎれたもので，細胞質のみから構成されており，形も不定形である．血管が損傷したときには血管内皮に接着・凝集して傷口をふさぎ，血液凝固因子を放出して血液中のフィブリンを凝固させ，出血を止める．
   f. 細胞内にある赤い呼吸色素ヘモグロビンが酸素と結合し，血流に乗って酸素を体中の組織に運搬する．成熟途中で細胞核が失われ（脱核）円盤状の形状で表面積を拡大している．ただし哺乳動物以外の脊椎動物では細胞核をもっている．
   g. 骨髄でつくられたリンパ球の一部は胸腺に達し，成熟して T 細胞となる．そのうち細胞表面のマーカー分子として CD8 を発現しているこれらの T 細胞亜集団はウイルス感染細胞などを破壊する作用をもつ．
   h. 骨髄でつくられたリンパ球のうち胸腺を通らなかったリンパ球は末梢へと移行し，脾臓において成熟 B 細胞となって抗原に対する反応に備える．抗原と出会うとこの種の細胞へと最終的に分化する．

   （語群）　マクロファージ，　好塩基球，　形質細胞，　好中球，　赤血球，　樹状細胞，　キラー T 細胞，　血小板，　ナチュラルキラー（NK）細胞，　T 細胞，　B 細胞

2) h の細胞の役割を記せ．
3) 免疫の司令塔といわれるヘルパー T 細胞，殺し屋のキラー T 細胞という 2 種類の T 細胞は主として細胞表面のマーカー分子（CD4, CD8 など）によって分

類される．このうち CD4 を発現しているのはいずれの T 細胞かを記せ．

4) 肝臓や脾臓で成熟し，体内のリンパ球のうち 15〜20％ を占め，常に体内を巡回して外敵を見つけたら殺傷する，リンパ球系前駆細胞に由来する細胞名を記せ．

[解 答] 1) a. 樹状細胞　　b. 好塩基球　　c. 好中球　　d. マクロファージ　　e. 血小板　　f. 赤血球　　g. キラー T 細胞　　h. 形質細胞

2) h の細胞すなわち形質細胞（plasma cell）は B リンパ球が分化した細胞で，免疫グロブリンを産生することで液性免疫において大きな役割を果たす．

3) ヘルパー T 細胞

4) ナチュラルキラー（NK）細胞

[問題 9・8]　生体が外来の病原菌やウイルス，寄生虫などから身を守る方法には，i) 貪食細胞によって外敵を滅ぼす方法と，ii) 免疫系により外敵を中和し，排除する方法がある．免疫系は脊椎動物にのみ備わっている特殊な生体防御機構である．これについて次の問いに答えよ．

1) 抗原提示を受けて最終的に異物に対する抗体をつくる際，数百万種にのぼる異物の一つ一つに対して的確に反応する抗体タンパク質（免疫グロブリン）をつくる細胞が必ず出てきて生体をまもる．その基本的な機構について説明した次の文章の a〜n の空欄に入る言葉を語群から選べ．

　免疫系において最終的に抗体を産生するのは a ，すなわち抗原の刺激により分化した b であり，一つの a は 1 種類の抗体のみをつくる．これは造血幹細胞（hematopoietic stem cell）が b へ分化する際に，抗体遺伝子の再編成が起こり，それぞれが異なる抗体をつくる 1000 万種以上の細胞へと分化するためである．

　免疫グロブリン遺伝子は独立した 3 個の遺伝子クラスター（H 鎖，L 鎖の c と d ）からなり，それぞれのクラスターはアミノ酸配列上での e と f をもっている．可変部の遺伝子組換えは H，κ，λ という一定の順序で進行する．H 鎖可変部は生殖細胞遺伝子 DNA の 3 箇所にある g （variable）， h （diversity）， i （joining）セグメントによりコードされている． g セグメントはヒトの場合 98 個のアミノ酸をコードし，アミノ酸配列の異なるものが 102〜103 個ある． h セグメントがコードするアミノ酸数には多様性があ

り，10〜20 個存在する．さらに 6 個ある 　i　 セグメントは H 鎖可変部の C 末端側の 16〜21 アミノ酸をコードする．

　H 鎖遺伝子の再編成にあたっては，まず　h　セグメントのうちの一つと，　i　セグメントの一つが結合して生じた　j　組換え体がさらに　g　セグメントの一つの遺伝子と結合する．こうしてそれぞれがおよそ，6 種，10〜20 種，100 種存在する 3 種類の遺伝子 DNA がランダムに組合わさって一つの H 鎖 DNA をつくるので，およそ 10,000 種類をつくることが可能である．こうしてできた H 鎖可変部の DNA は H 鎖定常部をコードする DNA と結合して，H 鎖遺伝子となる．

　L 鎖の方は　c　と　d　の二つのクラスターにあり，両クラスターとも L 鎖可変部の 1〜95 アミノ酸配列をコードする　k　セグメント（約 300 種）と，96〜108 アミノ酸配列をコードする　l　セグメント（約 4〜5 種類）を含む．L 鎖可変部 DNA の形成は　k　と　l　遺伝子の組換えでつくられるので，その種類は 1000 種以上となる．可変部，定常部遺伝子の結合により L 鎖遺伝子が完成する．

　H 鎖と L 鎖のアミノ酸配列に，それぞれ 10,000 種および 1000 種以上の可能性を与える遺伝子の組換えにより，両鎖を合わせた　m　そのものには実に 1 千万種以上の種類が可能となる．さらに H 鎖可変部の　g　，　h　，　i　各セグメントは結合位置が必ずしも一定していないために起こるヌクレオチドの欠失とその補填のためのヌクレオチド挿入によりさらに多様性が増す（N 領域多様性）．さらに　b　分化の後期にすでに再編成された抗体遺伝子の可変部に　n　が起こることによる多様性の増加も知られている．

（語群）　免疫グロブリン，B 細胞，形質細胞，V_H，V_L，J_H，J_L，D，$D\text{-}J_H$，κ，λ，体細胞突然変異，可変部，定常部

2）免疫系をもつ動物に侵入した異物は貪食能を有するマクロファージによって取込まれ，抗原として提示される．この抗原提示機構には MHC（主要組織適合遺伝子複合体）という遺伝子によってつくられるタンパク質が関与している．MHC タンパク質にはクラス I とクラス II という 2 種類があり，それぞれのタンパク質は起源の異なるペプチド抗原を提示する．クラス I および II MHC タンパク質による抗原提示機構について説明した次の文章の a〜i の空欄に入る言葉を語群から選べ．

　マクロファージは，貪食作用または　a　により病原体およびそれに由来する

タンパク質を取込み，　b　由来のプロテアーゼの作用によりアミノ酸数にして15〜24個くらいの大きさのペプチドに分解する．このペプチドがつくられる小胞内にMHC　c　タンパク質が輸送されてきて，ペプチドを結合し細胞膜表面に運ぶ．MHCタンパク質との複合体として膜表面に提示されたペプチドは，これを認識できるT細胞レセプター（CD4サブユニットを含む）をもつ　d　T細胞の増殖を促す．一方，同じ抗原を認識する　e　の方は，膜結合型の抗体を通して同じ抗原を取込み，　c　タンパク質とともに提示する．マクロファージによって　d　として活性化されているT細胞はB細胞によって提示されている抗原ペプチドを認識することができるので，これを活性化して，抗体をつくる　f　へと分化させる．

以上のような外来タンパク質の分解とMHC　c　依存性の抗原提示とは別に，細胞内でつくられたタンパク質をペプチド化して提示するMHC　g　依存性の抗原提示機構がある．細菌とは異なり，宿主細胞内に入り込んでその中で自己複製するウイルスに対する免疫応答として意義がある．この場合は細胞質にあるプロテアーゼが，細胞内で合成されるウイルスのコートタンパク質などの異物を分解してアミノ酸9個前後のペプチドにする．これにMHC　g　タンパク質が結合して細胞表面に提示すると，先ほどとは違うレセプター（CD8サブユニットを含む）をもつT細胞により認識され，このT細胞は　h　T細胞（キラーT細胞）として分化，増殖する．この細胞は自分がもつレセプターに結合するペプチドをMHC　g　タンパク質とともに提示している細胞を見つけると，細胞傷害性因子を分泌して殺してしまう．

クラスI，クラスIIいずれの場合でもペプチドのアミノ酸配列が宿主細胞自身がつくるタンパク質に由来するものと同じ場合は，抗体産生，細胞傷害などの免疫反応は起こらない．これを　i　という．免疫系が確立する幼児の時期に自己ペプチドを認識するレセプターをもつリンパ球が排除されるためとされている．この　i　が失われるのが，自己免疫疾患である．HIV（エイズウイルス）はCD4サブユニットに結合して　d　T細胞に感染することで，免疫系の破壊を起こす．

（語群）　形質細胞，B細胞，リソソーム，ヘルパー，細胞傷害性，クラスI，クラスII，エンドサイトーシス，免疫寛容

[解答]　1) a. 形質細胞　　b. B細胞　　c. κ　　d. λ　　e. 可変部　　f. 定常部
g. V_H　　h. D　　i. J_H　　j. D-J_H　　k. V_L　　l. J_L　　m. 免疫グロブリン　　n. 体細

胞突然変異

2) a. エンドサイトーシス　　b. リソソーム　　c. クラスⅡ　　d. ヘルパー
e. B細胞　　f. 形質細胞　　g. クラスⅠ　　h. 細胞傷害性　　i. 免疫寛容

[問題 9・9] ウイルスに対する免疫療法の開発について記した次の文章の a～j の空欄内にア～チから適合する言葉を選んで文章を完成せよ．

　ウイルスは細菌と異なり，ヒトに感染すると標的細胞に入り込み，その細胞の [a] 機構と [b] 機構を乗っ取り，自分の子孫を増やすための遺伝子とコートタンパク質の生産を行わせる．細菌感染の場合は抗生物質を用いてその [a] 機構や [b] 機構，あるいは細胞壁合成機構を阻害し，細菌を排除することができるが，同様な方法でウイルスを排除する抗ウイルス剤を開発することは成功していない．このため，ウイルス疾患に対してはワクチンによる予防策がとられている．

　現行のワクチンは，ポリオワクチンなどの生ワクチンとインフルエンザワクチンなどの不活化ワクチンに大別できる．生ワクチンを投与すると，毒性の低い弱毒化ウイルスが標的細胞に侵入し，ウイルスタンパク質を生産し始める．ウイルスタンパク質の一部は細胞中でペプチドに分解され，MHC [c] 分子とともに細胞表面上に提示される．この複合体を [d] T細胞が認識して活性化され，ウイルス感染細胞を破壊する．また破壊された細胞やウイルスはマクロファージなどの [e] に取込まれ，リソソームでペプチドに分解された後 MHC [f] 分子とともに細胞表面上に提示される．この MHC-抗原ペプチド複合体は [g] T細胞に認識され，この認識により活性化された [g] T細胞はウイルス抗原に特異的に結合する [h] を産生するB細胞を活性化する．このように，生ワクチンでは [d] T細胞の活性化と [h] の産生の二つが起こり，弱毒化ウイルスを排除する．これにより，毒性の強い野生株のウイルスに対しても免疫が獲得できる．

　不活化ワクチンの材料としては，不活化したウイルスや，精製または合成したウイルスタンパク質が用いられる．この場合，接種されたウイルス抗原は，マクロファージなどの [e] に取込まれ MHC [f] 分子とのみ複合体を形成して提示されるため，[h] 産生を主体とする液性免疫のみを誘導する．この場合，細胞から遊離したウイルスしか排除することができないため，免疫は不十分な場合も多い．また，インフルエンザなどはウイルスの [i] のアミノ酸配列がきわめて大きい速度で [j] を起こして変化するので，[j] 後のウイルスの中和

9. 免　疫

には無力となる場合もある.

ア．クラスⅠ　　イ．クラスⅡ　　ウ．クラスⅢ　　エ．ヘルパー
オ．細胞傷害性（キラー）　　カ．サプレッサー　　キ．タンパク質生合成
ク．ファゴサイトーシス　　ケ．遺伝子複製　　コ．膜透過　　サ．抗原提示
シ．血清　　ス．突然変異　　セ．コートタンパク質　　ソ．抗原提示細胞
タ．抗体　　チ．ワクチン

[解答]　a. ケ　b. キ　c. ア　d. オ　e. ソ　f. イ　g. エ　h. タ　i. セ　j. ス

[問題 9・10]　免疫反応に関する次の問いに答えよ.

1) 実験動物に抗体をつくらせる際に, 免疫応答を増大させるために抗原に混ぜて注射する物質の総称を記せ.

2) ある抗原に一度免疫された動物に同じ抗原を投与したとき起こる即時的, 一過性の傷害反応（過敏症あるいはアレルギー）の総称を記せ.

3) アレルギーの原因となる抗原の名称を記せ.

4) マクロファージは臓器によって異なった名前でよばれる. その肝臓での名称を記せ.

5) 植物の種子, 動物の体液などにある血球凝集作用をもつ糖鎖結合性のタンパク質の名称を記せ.

6) 分子量が小さい（1000 以下）ため単独では抗原とはなれないが, 高分子量タンパク質（キャリヤー）と結合させて注射するとその抗体が産生できる不完全抗原の名称を記せ.

7) 貪食細胞である好中球やマクロファージの細胞膜上に存在し, 抗原を結合して重合化した抗体の Fc 部分と特異的に結合するタンパク質の名称を記せ.

8) 実験動物に, ある抗原を一次免疫, 二次免疫したときの血清中 IgG, IgM クラス抗体濃度の経時変化を図に示せ.

[解答]　1) アジュバント（adjuvant）〔薬物や抗原などの作用を増強するため付加される試薬のこと. 語源はラテン語の adjuvare（助ける）〕.

2) アナフィラキシー（anaphylaxis）またはアナフィラキシーショック（anaphylactic shock）〔anaphylaxis の語源はギリシャ語の ana（……から離れて）＋ phylaxis（保護）で

ある〕

 3) アレルゲン (allergen)

 4) クッパー細胞 (Kupffer cell)

 5) レクチン (lectin) 〔語源はラテン語の legere (選び出す)〕

 6) ハプテン (hapten) 〔語源はギリシャ語の hapto (結合する)〕

 7) Fc レセプター (Fc receptor). 結合する免疫グロブリンのサブクラスに応じて Fcμ, Fcγ, Fcε などと表す.

 8) 一次抗原刺激後, 抗体の検出されない遅延期があり, IgM クラスが IgG クラスに比べてやや早く産生される. 二次応答では遅延期が短く, おもに IgG クラスがつくられる. 抗体量も多く, 効果も長く続く.

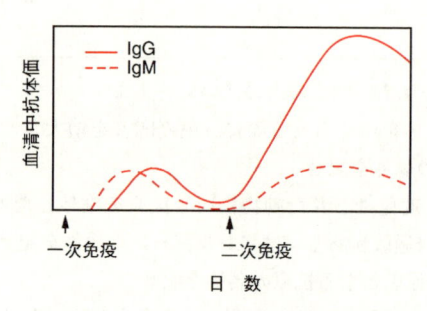

血清中 IgG, IgM クラス抗体濃度の経時変化

[問題 9・11] 免疫応答性と免疫担当細胞に関する次の問いに答えよ.

 1) 免疫原性をもつある特定の抗原に対する免疫応答性が失われている状態のことを何とよぶか.

 2) 血液型 A の人のリンパ球は血液型 B に対する抗体を産生する能力がある. また逆に血液型 B の人のリンパ球は血液型 A に対する抗体産生能力がある. 輸血で血液型適合性が問題となるのはこのためである. A 型の父親と B 型の母親から生まれた AB 型の子の, 自分自身に対する免疫反応がどうなるか考察せよ.

 3) 免疫応答性の消失を誘導する機構として, おもに i) 反応細胞クローンの除去 (clonal deletion), ii) 反応細胞クローンの機能不全 (clonal anergy), iii) 制御性 T 細胞によるヘルパー T 細胞や B 細胞の抑制がある.

  a) T 細胞では i) はいつ, どんな臓器で起こるか.

  b) ii) はどんな状態か. ヘルパー T 細胞と B 細胞に分けて答えよ.

  c) 成熟 T 細胞は特徴的な細胞表面マーカーをもっているが, キラー (細胞傷

害性）T細胞とヘルパーT細胞のそれぞれについて細胞表面マーカーの組合わせを次から選べ．

$CD4^+CD8^+$,　$CD4^-CD8^+$,　$CD4^+CD8^-$,　$CD4^-CD8^-$

[解答]　1)（免疫）寛容（tolerance）

2) 血液型ABの子は，B型抗原，A型抗原それぞれに対する抗体をつくる能力を遺伝的に受けついでいるが，どちらの抗体もつくられないように，おもに問題の3)で述べたi)の機構により免疫寛容が成立している．このように"非自己"の物質の認識と排除を行う免疫系は"自己"の損傷を防ぐ機構を合わせもっていなければならない．このような機構を**自己寛容**（self tolerance）とよぶ．

3) a) 胸腺細胞の分化過程．T細胞レセプターを介して一定以上の強さの抗原刺激を受けると，胸腺細胞はアポトーシス（プログラム細胞死）を起こして壊れ，その子孫はT細胞として残らない．B細胞についても自己MHC抗原に特異的な細胞は除去される．

b) 成熟細胞レベルで起こり，抗原が細胞と結合するが細胞内に必要なシグナルが伝達されないため，機能的不活性化が起こる．ヘルパーT細胞の場合，機能不全状態にあると抗原刺激を受けてもインターロイキン2を産生しないためオートクリン（自己分泌）的な増殖が起こらないと考えられている．B細胞の場合は膜型IgM抗原レセプターの発現低下が伴うため，クローン増殖が進まないと考えられている．

c) キラーT細胞：$CD4^-CD8^+$，ヘルパーT細胞：$CD4^+CD8^-$

抗原認識

[問題 9・12]　抗原提示細胞とT細胞の結合の仕組みを解説した文章と図を参照しながら次の問いに答えよ．

体内に侵入した感染体を見つけたマクロファージは貪食して細胞内でペプチドまで分解し，それを細胞膜上のMHC分子に運んで，"このような感染体を捕獲したぞ"と免疫系に知らせる．ヘルパーT細胞はこれを感知し，T細胞レセプター（TCR）を介して結合することで活性化され，Th1あるいはTh2へと分化誘導を受ける．このうちTh1は細胞性免疫を，Th2は液性免疫を活性化する．MHCにはすべての細胞に存在するクラスI分子と，抗原提示細胞（B細胞，マクロファージ，単球，T細胞の一部など）の表面にのみ存在しているクラスII分子がある．

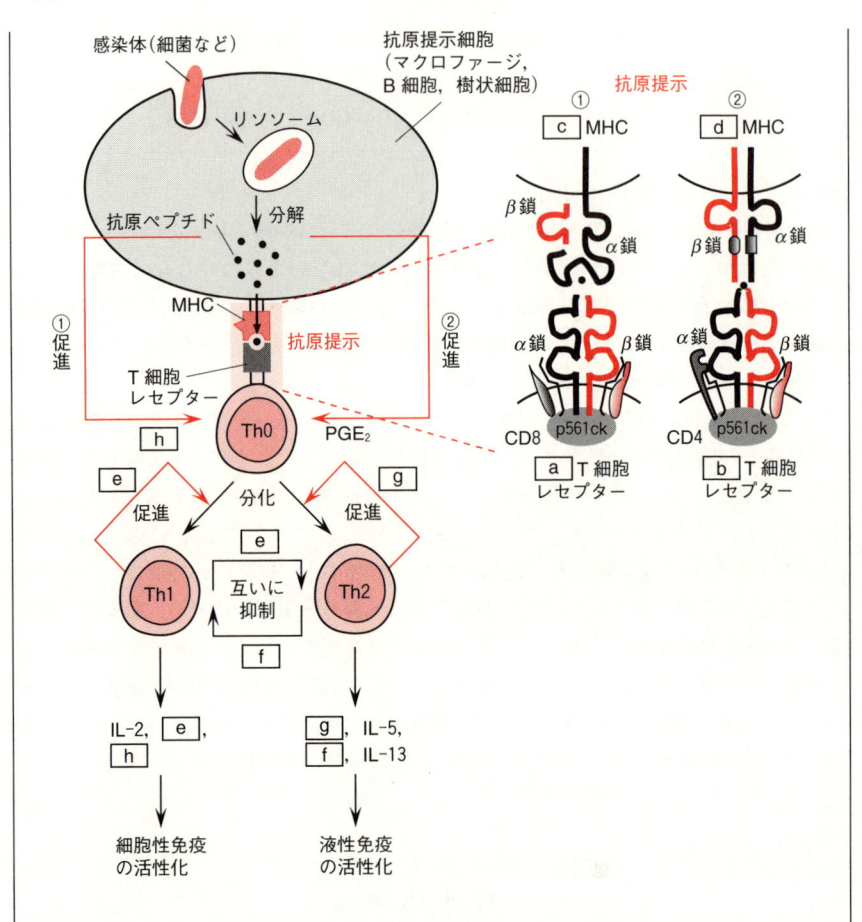

1) aとbに入る用語はヘルパーまたはキラーのどちらか.
2) cとdに入る用語はクラスIまたはクラスIIのどちらか.
3) e〜hに入る物質名を以下の記述を参考にしながら下の物質名群から選べ.
   e. タイプIIのインターフェロンでおもに $CD4^+$ ヘルパーT細胞（特にTh1細胞）や，$CD8^+$ キラーT細胞（CTL）が産生するが，IL-12で活性化されたNK（ナチュラルキラー）細胞からも産生される．抗ウイルス作用よりも抗がん作用が強く，NK細胞やCTLやマクロファージの細胞傷害活性の増強作用をもつ．
   f. 活性化されたT細胞（Th2），単球，マクロファージなどから産生されるサイトカインで，Th1細胞からのINF-γ産生を抑制し，Th1細胞の分化を

抑制することで，免疫応答を抗体産生に導く．
  g. 活性化された T 細胞（Th2），CD8$^+$ T 細胞，マスト細胞（肥満細胞），好塩基球などによって産生されるサイトカインで，Th2 細胞の増殖や分化を促進するとともに活性化 B 細胞に作用して IgM から，IgG1, IgE へのクラススイッチを促進させ，IgG1 抗体, IgE 抗体の産生を促進する．一方, IFN-γ の作用に拮抗し，IgG2 へのクラススイッチは抑制する．また，マクロファージの活性化を抑制し，一酸化窒素（NO），プロスタグランジン（PGE$_2$），IFN-γ の産生を，抑制する．
  h. 抗原提示細胞（樹状細胞，マクロファージ）が分泌し，ナイーブヘルパー T 細胞（Th0）を，Th1 に分化させる．構成サブユニットのうち p35 は恒常的に産生されているが，p40 は活性化されたマクロファージや B 細胞が産生する．また，IFN-γ の発現を強く誘導して Th2 への分化を抑制する．

（物質名群） IL-1, IL-2, IL-3, IL-4, IL-5, IL-6, IL-7, IL-8, IL-9, IL-10, IL-11, IL-12, IL-13, IFN-α, IFN-β, IFN-γ

[解 答] 1) a. キラー，b. ヘルパー　 2) c. クラス I, d. クラス II
3) e. IFN-γ　f. IL-10　g. IL-4　h. IL-12

肥 満 細 胞

[問題 9・13] 肥満細胞表面には IgE 抗体の Fc 部に対するレセプター（Fcε レセプター）があり，これに結合した IgE 抗体の 2 分子以上が抗原（アレルゲン）によって架橋されると，その細胞は刺激され，脱顆粒が起こってヒスタミンなどの化学伝達物質が遊離される．この反応のためには，細胞表面上の IgE レセプターが架橋によって互いに近づくことが重要とされている．
　次の場合，肥満細胞の脱顆粒は起こるか．ただし，抗 IgE 抗体，抗レセプター抗体は IgG クラスとする．
  1) IgE 抗体で感作された肥満細胞に，抗 IgE 抗体を作用させたとき．
  2) IgE 抗体で感作された肥満細胞に, 抗 IgE 抗体の Fab フラグメントを作用させたとき．
  3) 非感作肥満細胞に，抗 IgE レセプター抗体を作用させたとき．
  4) 非感作肥満細胞に，抗 IgE レセプター抗体の二価性 F(ab')$_2$ フラグメントを

作用させたとき.

[解答] IgE レセプターが架橋されることによって肥満細胞の細胞膜に刺激が加えられ，肥満細胞活性化に続く脱顆粒の引金になる（図1）．このことはレセプターを直接抗 IgE レセプター抗体などで架橋しても起こる（図2）．一方，一価の抗原や一価の抗体は架橋形成ができないので肥満細胞は活性化しない．なお，抗体の Fab フラグメントは一価，F(ab′)$_2$ フラグメントは二価である（問題 9・4 参照）．したがって，1)，3)，4) は脱顆粒が起こるが，2) は起こらない（図2）．

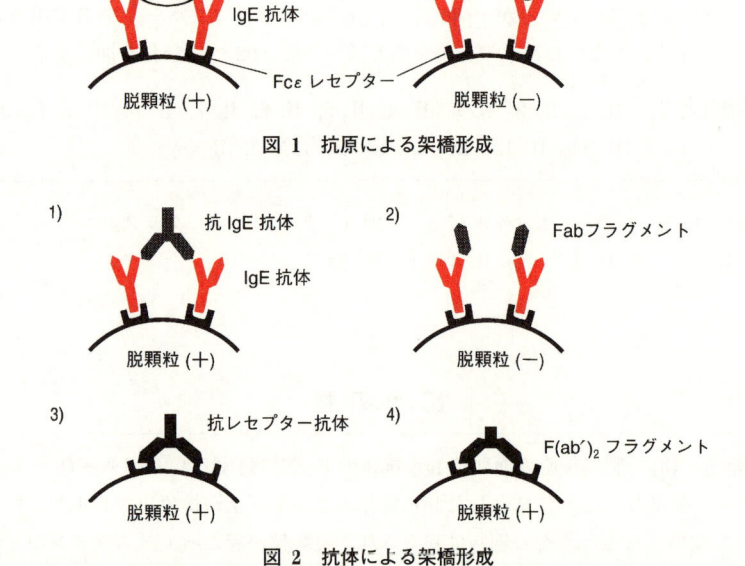

図 1　抗原による架橋形成

図 2　抗体による架橋形成

肥満細胞はマスト細胞（mast cell）ともよばれ，細胞内にヒスタミンなどの化学伝達物質を蓄えた顆粒が密に詰まっている．1878 年にエールリッヒ（P. Erlich）によって発見されたが，このような細胞の観察像から，その命名にはギリシャ語の"乳房"という意味の mast という語が使用された．

アレルギーの発症機序

[問題 9・14]*　アレルギーは，その発症機序により次に記す I 型～IV 型の 4 種類

に分類される（図参照）．

　Ⅰ型アレルギー：一般にアレルギーといわれる症状（花粉症，アレルギー性鼻炎，アレルギー性結膜炎，急性じんましん・食物アレルギー・気管支ぜんそくなど）のほとんどがこの型で，急激にショック症状を起こすアナフィラキシー，ペニシリンショックなども含まれる．

　Ⅱ型アレルギー：免疫グロブリン（IgG や IgM）がかかわる免疫異常応答により自分の体の細胞や組織を破壊してしまうアレルギーで，"細胞毒型"ともよばれる．たとえば赤血球の膜タンパク質に対する自己抗体を生じた患者では，免疫グロブリンが正常な赤血球の表面で抗原・免疫グロブリン複合体を形成するが，それはマクロファージの攻撃の対象となり，赤血球が次々と破壊されて貧血となってしまう．

　Ⅲ型アレルギー：免疫反応により生じた抗原・抗体・補体などを含む免疫複合体が血液やリンパ液に乗って流れ，感染部位とは遠く離れた腎糸球体などの組織を攻撃することで起こるアレルギーで，補体系を活性化し肥満細胞（マスト細胞）からヒスタミンを遊離して炎症を起こす．

　Ⅳ型アレルギー：ツベルクリン反応，接触性皮膚炎，薬物アレルギー，金属アレルギーなどを含む，免疫反応によって活性化された T 細胞の暴走によって起こるアレルギー．細胞傷害性 T 細胞はウイルスの感染していない正常組織までをも破壊し，T 細胞から必要以上に放出されたリンホカインは組織に炎症をひき起こす．

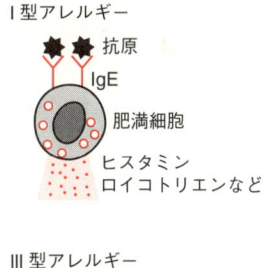

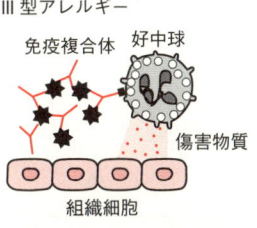

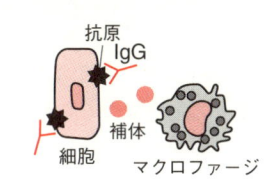

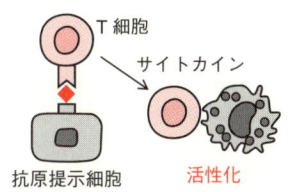

1) これらⅠ型～Ⅳ型アレルギーを数分から数時間で現れる即時型と 2～3 日後に現れる遅延型に分類せよ.

2) アレルゲンに反応して産生された免疫グロブリン (IgE) は, 細胞膜上に IgE の Fc 部分と結合する Fc レセプター (FcεRI) をもつ免疫細胞に結合する. この免疫細胞をあげよ.

3) アレルギー疾患の対処療法として使われる抗アレルギー薬, 抗ヒスタミン薬, Th2 サイトカイン阻害剤, ロイコトリエン拮抗薬, に関する記述はどれか. それぞれ, a〜d から選べ.

    a. ヒスタミンが受容体に結合するのを妨害することで炎症などが起こらないようにする. 眠気を催すので車の運転前には服用しない.
    b. 塩基性系と酸性系の 2 種類があり, アレルギー反応を誘発する化学伝達物質の遊離を抑制したり作用を妨害したりする.
    c. 炎症を起こす化学伝達物質が受容体に結合するのを妨害する.
    d. IgE 抗体産生を抑制する.

[解 答] 1) 即時型：Ⅰ,Ⅱ,Ⅲ 型, 遅延型：Ⅳ 型
2) 肥満細胞 (マスト細胞), 好塩基球
3) 抗アレルギー薬：b, 抗ヒスタミン薬：a, Th2 サイトカイン阻害剤：d, ロイコトリエン拮抗薬：c

サイトカインインヒビター

[問題 9・15]* インターロイキン (IL) とよばれるタンパク質は, 免疫細胞をはじめとする多くの細胞でつくられ, そのなかで, インターロイキン-1 (IL-1) とよばれるものは細胞機能に対して表にあげるような多様な効果をもつ. IL-1 は標

IL-1 の作用

in vitro	in vivo
種々の細胞における多様なサイトカインの遺伝子発現・産生	徐波睡眠
細胞増殖亢進あるいは細胞傷害性	血圧低下
滑膜細胞, 繊維芽細胞からのプロスタグランジン産生	発 熱
好中球の血管内皮細胞への接着	低血糖
軟骨基質破壊	

的細胞にある IL-1R というレセプターに結合して機能を発現する．IL-1 およびそのレセプターにはそれぞれ 2 種類ずつあり，IL-1α，IL-1β および IL-1RI，IL-1RII とよばれている．IL-1α，IL-1β のいずれも両方のレセプターに結合することができる．

いま，培養マクロファージを IgG を用いて刺激した後の上清から，IL-1 の機能を阻害するタンパク質 A（分子量 17,000）を精製した．このタンパク質は IL-1α，IL-1β そのものには結合しないことがわかった．

1) 細胞株 KB はレセプター IL-1RI を，細胞株 CB23 はレセプター IL-1RII を発現している．この 2 種類の細胞に，放射性同位元素 ^{125}I で標識した IL-1α，および IL-1β を結合させる実験を行った．このとき，放射性標識をしていないインターロイキンおよびタンパク質 A をそれぞれ独立に種々の濃度で加えておくと，放射性インターロイキンの結合を阻害することができる．結合阻害の割合と培養液に加えた非放射性タンパク質の濃度をグラフにまとめると，下図のようになる．

a) IL-1RI と IL-1RII とで，2 種のインターロイキンに対する親和性にどのよう

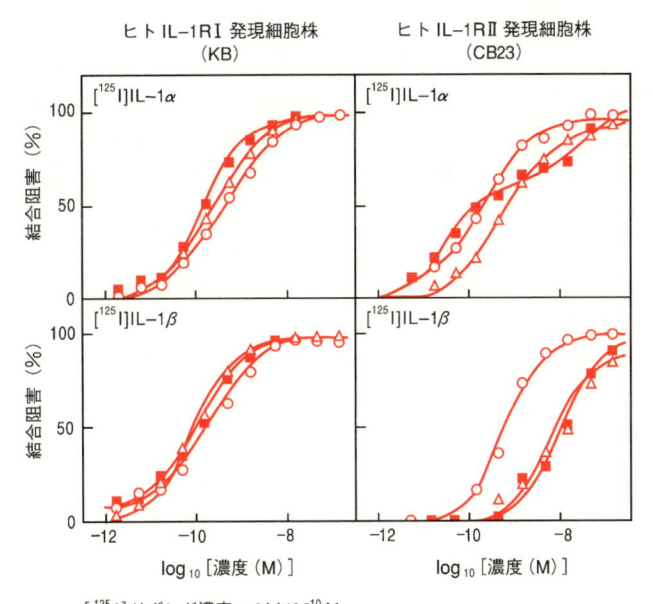

[^{125}I]標識 IL-1 のヒト細胞への結合阻害　[S. K. Dower, et al., *Chem. Immunol.*, **51**, 33 (1992) を改変．]

な違いがみられるか.
  b) タンパク質 A は 2 種類のレセプターに対してどのような親和性を示しているか.
  c) タンパク質 A の IL-1 機能の阻害機構について考察せよ.
  2) 一方,健常人の血清から精製したタンパク質 B は,IL-1β そのものに結合してその機能を阻害することがわかった.タンパク質 B は IL-1α に結合することも,その機能を阻害することもなかった.タンパク質 B は膜結合型のレセプターではなく,可溶性の IL-1 レセプターであると考えられている.可溶性レセプターの生成機構として可能なものを二つあげよ.

[解 答] 1) a) 左の二つの図から,IL-1RI に対する親和性は,IL-1α,IL-1β でほとんど変わらないことがわかる.一方,右の二つの図を比べると,IL-1RII への IL-1α の結合を,β の方が低い濃度で阻害していることから,このレセプターへの β の結合が α より強いことがわかる.このことは,右下の図で,β のレセプターへの結合を阻害するのに必要な非放射性 β の濃度が他のいずれの場合より低いことからも証明される.

  b) 図でタンパク質 A による阻害程度をみると,レセプター IL-1RI に対しては,α,β とほぼ等しい濃度で結合を阻害することから,このレセプターに対しては α,β と同じ親和性をもつと考えられる.これに対して,タンパク質 A はレセプター IL-1RII への放射性 β の結合を α と同程度阻害する.α のレセプター IL-1RII への結合に対しては,β と同程度阻害する.

  c) タンパク質 A 自身は IL-1α とも β とも結合しないことがわかっているから,IL-1 とレセプターの結合を阻害するためには,A がレセプターに結合することが阻害の原因と考えられる.この場合,A がレセプターの IL-1 結合部位を直接ふさぐ形で阻害するのか,別な場所に結合して間接的に結合を阻害するのかは,図で A と IL-1α あるいは β がほとんど同一の結合阻害曲線を示すことから,前者の"結合部位を直接ふさぐ"機構によるものと考えられる.

  2) 可溶性レセプターの生成機構としては,i) 膜結合型のレセプターの細胞外部分と膜貫通部分の間がタンパク質分解酵素によって切断されて,リガンド結合部位をもつ細胞外部分だけが血液中に出てくる場合,ii) 転写段階のスプライシングによって膜貫通部分をコードする RNA 部位が除去されて可溶性部位のみがタンパク質として生合成される場合の二つが考えられる.タンパク質 B の場合,i) の機構によって可溶性となると考えられているが,IL-1β に特異性をもつ理由についてはよくわかっていない.

補 体 系

[問題 9・16] a～o までの空欄に適当な言葉を入れ，以下の文章を完成せよ．

　抗原・抗体結合物と出会うと連鎖反応的に活性化し，それらを排除しようとする一連の反応の主体となるのが補体である．

　補体は，「 a 」で生産される血清タンパク質で，抗原・抗体複合体やグラム陰性菌の「 b 」などによって活性化される．補体は多くのタンパク質がかかわっているが，基本的には全部で「 c 」の成分からなっている．補体の"古典的経路"による活性化機構ではそれらの成分のうち「 d 」が抗体に結合することにより活性化のカスケードが開始され，活性化した「 d 」により「 e 」がプロセシングを受ける．"第二経路"による活性化機構では「 f 」が抗体非依存的に細胞表面との相互作用により活性化され「 g 」を生成し，「 h 」がプロセシングを受け，その後のカスケードを活性化する．「 g 」によって生じる C5b は C6, C7, C8,「 i 」と自己集合体（「 j 」）をつくり，最終的にプロセシングを受けた「 i 」が膜を貫通できる筒状に重合したポリマーを形成し，水や塩を通すチャネルが形成され，抗原が細胞の場合には細胞破壊が起こる．

　補体活性化の過程で生じる各補体因子のその他の作用としては C5a, C3a は食細胞の「 k 」因子として知られている．C3b および C3b の分解産物の一つである C3bi は細菌のまわりに結合して，食細胞の補体レセプターに認識されやすくなるという「 l 」効果をもつ．C4a, C3a, C5a の三つの断片は「 m 」と総称され，これらが肥満細胞や好塩基球に結合すると「 n 」や「 o 」が放出される．またこれらによって平滑筋の収縮や血管透過性の増大が起こる．

[解 答] a. 肝臓　b. 細胞壁　c. 九つ　d. C1　e. C4　f. C3　g. C5 転換酵素　h. C5　i. C9　j. 膜侵襲複合体（膜傷害性複合体，MAC）あるいは C5b6789　k. 走性　l. オプソニン　m. アナフィラトキシン　n. ヒスタミン　o. セロトニン

[解 説] 異物を抗体が捕らえた後，抗体の働きを補う役割を果たすものが補体で，脊椎動物の血清中に存在する．補体は抗原・抗体結合物に結合する性質をもっている一群のタンパク質で，九つの成分（C1～C9）からなる．反応の経路としては"古典的経路"と"第二経路（二次経路，別経路，副経路ともいう）"の二つが知られており，近年，"マンノース結合レクチン（MBL）経路"という複合糖質を認識するもう一つの活性化経路も知られるようになった．補体成分は図のように連鎖反応式（カスケード）

に次々に活性化する．また，補体が活性化されると，さまざまな生物活性がもたらされる．

古典的経路：抗原に結合した抗体（IgG, IgM）のFc部分に補体C1（C1q, C1r, C1sの三量体）のC1qが結合して活性化（C1sのプロセシング）が起こる．これを端緒にC1→C4→C2→C3→C5→C6→C7→C8→C9の順序で次々に活性化していく．つまり，C1rの自己切断，C1sの切断と活性化によるC4のC4aとC4bへの分解．C4bとC2が結合してC3転換酵素であるC4b2aの生成．C3がこれによってC3bとなり，C5転換酵素であるC4b2a3bを生成．C5がC5aとC5bに分解し，C5bとC6, C7, C8, C9が自己集合し，C5b6789という膜侵襲複合体を形成する．

第二経路：グラム陰性菌の内毒素，酵母の多糖体，膜成分が引金となり活性化する．この経路では抗原・抗体結合物がなくても（抗体非依存性），細菌や酵母の種々の細胞壁多糖体によってC3以下がC3→C5→C6→C7→C8→C9のように活性化する．異

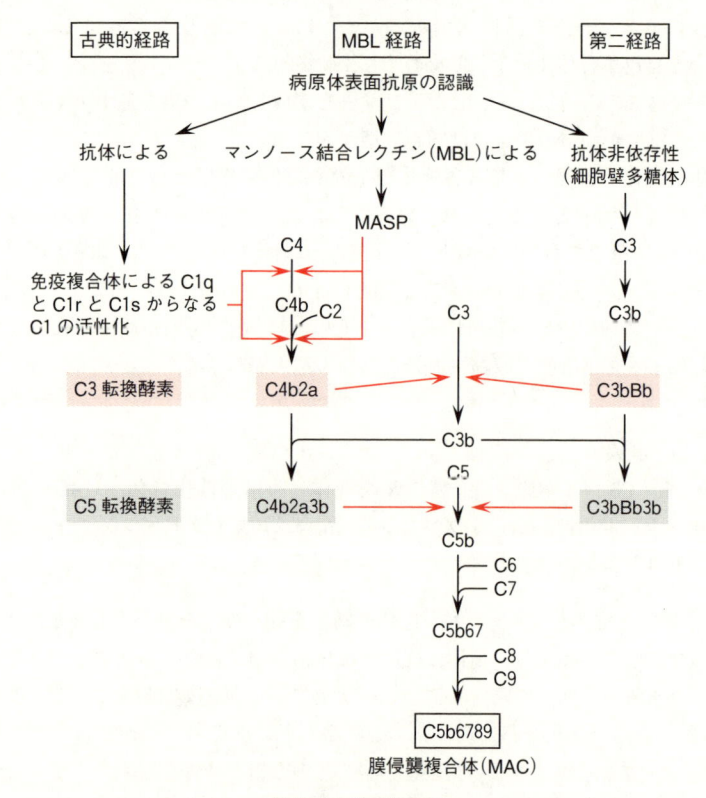

補体活性化の概念図

物の侵入はあるが抗体がまだつくられていないという緊急の場合の経路と考えられている．この経路では，細胞表面で C3bBb とよばれる C3 転換酵素と C3bBb3b とよばれる C5 転換酵素が生成して C5 に作用して，その後は古典経路と同様に活性化していく．

MBL 経路：細菌やウイルスなどの病原体の表面糖鎖に MBL が結合し，それが MASP（MBL-associated serine protease）というプロテアーゼを活性化し，C4 が切断されて C4b が生じる．C4b に結合した C2 に対して MASP が働き C4b2a が生じ，C3 に作用して C4b2a3b という C5 転換酵素を生じ，あとは他の二つの経路と同様に C9 までの活性化が起こる．

細胞傷害性 T 細胞

[問題 9・17] 以下の a〜j の空欄に適切な言葉を入れ文章を完成せよ．

移植細胞，がん細胞，ウイルス感染細胞などに結合し，それらを傷害する作用を示す細胞を細胞傷害性 T 細胞（CTL, Tc）やキラー T 細胞（Tk）とよぶ．T 細胞の中で，主要組織適合抗原（MHC）拘束性をもつ細胞傷害性 T 細胞は，おもに T 細胞レセプター（TCR）のうち [a] 鎖を用い，細胞表面に T 細胞マーカーである [b] を発現させた細胞である．

細胞傷害性 T 細胞や NK 細胞による細胞傷害反応の大部分は [c] によく似た [d] というタンパク質によって行われる．[d] は PFP（pore-forming protein）や細胞溶解素（サイトリシン）ともよばれる分子量 7 万の糖タンパク質で，細胞傷害性 T 細胞や NK 細胞に特徴的な細胞質内の [e] に貯蔵されている．細胞傷害性 T 細胞と標的細胞が接触すると，[d] はこれらの細胞間隙に放出され，[f] と結合して活性化され，標的細胞膜と結合し，膜に挿入される．膜上で 10〜20 個が重合したものが，直径 16 nm ほどのチャネルを形成し，[g] と同様に細胞外から水や塩が流入することによって，[h] によって標的細胞が破壊される．

さらに，細胞傷害性 T 細胞や NK 細胞の細胞内顆粒には，[i] とよばれるセリンプロテアーゼ群が存在する．これらは，細胞から放出された後，[d] が形成するチャネルを通って細胞内に移行し，細胞のアポトーシスに機能する [j] の一部を活性化する．

[d] のみによっても標的細胞を殺すことができるが，アポトーシスに特徴的

な染色体 DNA の断片化は観察されない．　i　のみを標的細胞に作用させることでは細胞死は誘導できない．このように細胞傷害性はあらかじめ顆粒に貯蔵されたタンパク質が，共同作用によって役割を果たすので，新たなタンパク質合成は必要とされない．

[解答] a. $\alpha\beta$　b. CD8 分子　c. 補体成分 C9　d. パーフォリン　e. アズール顆粒　f. Ca^{2+}　g. 補体の膜侵襲複合体（MAC），あるいは，C5b6789　h. 浸透圧差　i. グランザイム（フラグメンチン）　j. カスパーゼファミリー

[問題 9・18] 細胞傷害性 T 細胞（CTL）は，標的細胞上の抗原を T 細胞レセプター（TCR）によって認識しても，ただちに対象細胞を攻撃するわけではない．その理由を述べよ．

[解答例] 前駆細胞傷害性 T 細胞は，ヘルパー T（Th）細胞の産生する IL-2 や，マクロファージなどの抗原提示細胞の産生する IL-12 などのサイトカインの影響を受け，増殖を繰返し，数日かけて細胞傷害性 T 細胞に成熟した後に細胞傷害性を発揮する．NK 細胞ではパーフォリンやグランザイムは常時産生され，分泌顆粒内に貯蔵されているが，前駆細胞抗原に出会っていないナイーブ $CD8^+$ 細胞では，パーフォリンやグランザイムを発現しておらず，抗原刺激を受けて初めて合成が開始され，成熟細胞に至って分泌顆粒内に貯蔵される．

自然免疫

[問題 9・19] ショウジョウバエには適応（獲得）免疫は存在しないが，Toll 遺伝子産物により真菌を認識して感染防御反応を誘導する．哺乳動物にも Toll に類似する Toll 様受容体（TLR）が 10 種類以上存在し，自然免疫防御反応の発動に役立っている．TLR に関する以下の記述の正誤を答えよ．

1）TLR は I 型膜タンパク質で，細胞外はタンパク質結合にかかわるロイシンリッチリピート（LRR）モチーフ，細胞内は IL-1 レセプターの細胞質ドメインに似たシグナル伝達ドメインからなる．

2）TLR4 とその細胞外ドメインに結合する MD タンパク質は，グラム陰性細菌の膜構成成分であるリポ多糖（LPS）を認識する．

3) TLRファミリーによる病原体成分の認識は，C反応性タンパク質（C-reactive protein：CRP）や自然IgM抗体の結合や，補体活性化による補体成分の結合に先んじて起こる．

4) TLR3, TLR7, TLR8, TLR9は細菌のような病原体の鞭毛，繊毛などの構成タンパク質と結合する．

5) TLRによる腫瘍壊死因子（TNF）など炎症性サイトカインの誘導にはNF-κBの活性化がかかわる．

[解 答] 1) 正しい
2) 正しい．ほかにTLR1, TLR2, TLR6などが細菌の膜由来の糖脂質を認識する．
3) 誤り
4) 誤り．これらはエンドサイトーシスによって分解されたウイルスや細菌の核酸成分と結合する．病原体の鞭毛，繊毛などの構成タンパク質と結合するTLRとしてはTLR5とTLR11が知られている．
5) 正しい．JNKやp38などMAPキナーゼシグナル系の活性化もかかわる．また，TLRによるインターフェロンβの産生にはIRF-3（interferon regulatory factor-3）の活性化もかかわるといわれている．

英語も覚えよう

アレルギー allergy　　インターフェロン interferon　　インターロイキン interleukin　　獲得免疫 acquired immunity　　抗原 antigen　　抗原提示細胞 antigen presenting cell　　抗体 antibody　　サイトカイン cytokine　　細胞傷害性T細胞（キラーT細胞）cytotoxic T cell (killer T cell)　　自己寛容 self tolerance　　自然免疫 natural immunity　　主要組織適合遺伝子複合体 major histocompatibility complex　　肥満細胞（マスト細胞）mast cell　　補体系 complement system　　免疫 immunity　　免疫グロブリン immunoglobulin　　ワクチン vaccine

10. 英　語　問　題

[問題 10・1] 実験室などで見かける以下の物品 1)～16) を英語で書け.
1) ピンセット　2) 試験管　3) ピペット　4) 注射器　5) 分液ロート
6) メスシリンダー　7) 実験台　8) 綿棒　9) 包帯　10) 防護めがね
11) てんびん　12) ガスボンベ　13) 凍結乾燥機　14) 水道水
15) 蒸留水　16) 聴診器

[解答] 1) tweezers (forceps)　2) test tube　3) pipette (pipetting)　4) syringe　5) separating funnel　6) measuring cylinder (graduated cylinder)
7) lab (laboratory) bench　8) swab　9) bandage　10) safety goggle
11) balance　12) gas cylinder　13) lyophilizer (freeze dryer)　14) tap water
15) distilled water　16) stethoscope

[問題 10・2] 次の数学的表現 1)～8) を英語で書け.
1) 5^3　2) 11^6　3) 10^{-9}　4) 1/5　5) 4(3/7)　6) $a \times b = c$
7) $a \div b = c$　8) 四捨五入する

[解答] 1) five cubed　2) eleven raised to the sixth power　3) ten to the minus ninth power　4) one over five, one (a) fifth　5) four and three over seven, four and three sevenths　6) a multiplied by b equals c　7) a divided by b equals c
8) round off

[問題 10・3] 次の用語 1)～12) を英語で書け.
1) ナトリウム　2) カリウム　3) 亜鉛　4) 二酸化炭素　5) 尿素
6) 中心体　7) セントロメア　8) 細胞質　9) 細胞質分裂

10) 粗面小胞体　　11) 配偶子　　12) 核型

[解答] 1) sodium　2) potassium　3) zinc　4) carbon dioxide　5) urea　6) centrosome　7) centromere　8) cytoplasm　9) cytokinesis　10) rough endoplasmic reticulum　11) gamete　12) karyotype

[問題 10・4] 次の英語を日本語で書け．
1) scalpel　2) tripod　3) Erlenmeyer flask　4) abstract　5) curriculum vitae　6) sleeping pill　7) tranquilliser　8) oral medicine　9) antibiotic

[解答] 1) メス，ナイフ（手術で使うタイプ）　2) 三脚　3) 三角フラスコ　4) 論文要旨　5) 履歴書（略歴）　6) 睡眠薬　7) 精神安定剤　8) 内服薬　9) 抗生物質

[問題 10・5] 次の日本語を英訳せよ．
1) ダーウィン（Darwin）の進化論
2) 地球上における生命の起源
3) 10億年前に起こった多細胞生物の出現
4) メンデル（Mendel）による遺伝法則の発見
5) 糖鎖の非還元末端
6) トリオースリン酸イソメラーゼの立体構造（三次元構造）
7) エドマン分解法によるタンパク質のアミノ酸配列の決定
8) DNA二重らせん構造の融点
9) フレミング（A. Fleming）によるペニシリンの発見
10) タンパク質の折りたたみ構造形成反応
11) リボソーム上でのタンパク質合成反応
12) 細胞膜を介しての情報伝達機構
13) ES細胞を利用する再生医療
14) 染色体にあるDNAの全量の測定
15) クエン酸回路中間体を出発物とするアミノ酸合成
16) 異なる酵素を用いる飽和脂肪酸の合成と分解系

17) 解糖系，TCA 回路，呼吸鎖によるグルコースの完全酸化と ATP の生成
18) 植物の光合成機能による地球上の酸素の補充
19) 転写因子のゲノム DNA への結合による遺伝子発現制御
20) RNA ポリメラーゼによる DNA から mRNA への遺伝子情報の転写
21) リボソーム上での mRNA からポリペプチドへの遺伝暗号の翻訳
22) 遺伝子治療による遺伝病治療の可能性
23) DNA のイントロンとエキソンとよばれる塩基配列
24) 神経細胞上での脱分極による電気信号の伝播
25) 神経細胞の興奮により活動電位が発生する
26) 静止時の膜電位差
27) 大脳皮質と大脳髄質
28) 小脳による運動機能の習得
29) 抗体と抗原の非共有結合による結合
30) 液性免疫と細胞性免疫
31) 抗体による特異的抗原認識
32) HIV ウイルスによる免疫機能の低下

[解答例]　1) Darwin's theory of evolution
2) the origin of life on the earth
3) the emergence of multi-cellular organisms that took place one billion years ago
4) the discovery of the law(s) of heredity (inheritance) by Mendel
5) the nonreducible end of a sugar chain
6) the three dimensional structure of triose phosphate isomerase
7) the determination of the amino acid sequence of a protein by Edman degradation
8) the melting temperature of (the) double helical structure of DNA
9) the discovery of penicillin by A. Fleming
10) folding reactions of three dimensional structures of proteins
11) synthetic reactions of proteins on ribosomes
12) the information transfer mechanism through the cell membrane
13) a regenerative medicine utilizing ES cells
14) determination of the total amount of DNA in a chromosome (a set of chromosomes)
15) the amino acid synthesis using intermediates of the citric acid cycle as starting materials

16) the synthetic and degradation pathways of saturated fatty acids utilizing different enzymes

17) the complete oxidation of glucose and ATP generation by way of glycolysis, the TCA cycle and the respiratory chain

18) the replenishment (or supply) of oxygen on the earth by the photosynthetic function of plants

19) control of gene expression through binding of transcription factors to genomic DNAs

20) transcription of genetic information from DNA to mRNA by the action of RNA polymerase

21) translation of genetic codes from mRNA to polypeptides on ribosomes

22) the possibility of medical treatment of hereditary diseases by gene therapy

23) the base sequences of DNA that are called introns and exons

24) transmission of electrical signals through depolarization of nerve cells

25) an action potential is generated by excitation of a nerve cell

26) differences in membrane potential in the resting stage

27) the cerebral cortex and the cerebral medulla

28) acquisition of motor functions by the cerebellum

29) binding of antigen and antibody through non-covalent bonds

30) humoral immunity and cellular immunity

31) a highly specific recognition of an antigen by an antibody

32) lowering (or decline) of immune functions due to the HIV virus

---

[問題 10・6] 次の文章を英訳せよ．
1) 人間の体には数十兆個の細胞がある．
2) 胎児のヘモグロビンと成人のヘモグロビンでは構造が異なる．
3) IgG 抗体は 2 本の重鎖と 2 本の軽鎖からなる．
4) そのタンパク質は膜ラフトに局在化し，アクチンと共局在する．
5) 脂質を介するタンパク質の膜繋留機構が存在する．しかし，それら三つの繋留（機構）の安定性は，顕著に異なっている．
6) 結合したタンパク質は 0.5 M NaCl 水溶液を用いて溶出され，高速液体クロマトグラフィー（HPLC）によって精製された．
7) これらの抗生物質の副作用についてはほとんど知られていない．

[解答例]　1) It is believed that there are several tens of trillions of cells in a human body.

2) There are differences in the structure between fetal and adult hemoglobin.

3) An IgG antibody is composed of two heavy chains and two light chains.

4) The protein is localized at membrane rafts and colocalizes with actin.

5) The bound proteins were eluted with (by) 0.5 M NaCl and were purified by HPLC.

6) Three lipid-mediated anchoring mechanisms to membranes are known. The stabilities of the three anchors, however, vary significantly.

2文目は Nevertheless, the stabilities of the three anchors vary significantly. などの言い方もある.

7) Little is known about the side effects of these antibiotics.

[問題 10・7]　DNAの構造に関する次の和文を英訳せよ.

1) DNA二重らせんのおのおのの鎖はリン酸と糖からなる骨格をもつ.

2) DNA二重らせんにおける塩基間の相互作用においては, グアニンはいつもシトシンと, チミンはいつもアデニンと対をつくるが, これはDNA複製や転写にとって重要である.

3) タンパク質において最も基本的な二次構造のうちの一つに α ヘリックスがあり, そこではアミノ酸側鎖がポリペプチド骨格から外側に突き出てヘリックスの表面を形成している.

4) 四つのサブユニットからなるタンパク質であるヘモグロビンは, タンパク質の中のヘム基と結合する酸素を輸送する.

[解答例]　1) Each strand of DNA double helix has a backbone composed of phosphates and sugars.

2) In the base pairing interactions of the DNA double helix, guanine always pairs with cytosine, and thymine with adenine, which is important for DNA replication and transcription.

3) One of the most common secondary structures in proteins is the α helix, in which amino acid side chains project outwards from the polypeptide backbone to form the surface of the helix.

4) Hemoglobin, a tetrameric protein, transports oxygen that binds to heme groups in the protein.

[問題 10・8] 次の文の下線部をより適切な表現に直せ．

1) We do not recommend to use normal cytokine assays to diagnose arthritis.

2) Several new trends of treatment of lung cancer are worthy to note.

3) We show that the background reflection is able to ignore for most experiments.

4) We found that polymorphisms in different genes, including γ-interferon and the major histocompatibility complex, have a possibility to affect antigen presentation to the same extent.

[解答例] 1) to use → using または the use of

2) worthy to note → worth noting または worthy of note

3) is able to ignore → can be ignored

4) have a possibility to → could

[問題 10・9] 次の会話を英訳せよ．

1)「今のお話は最近の雑誌に発表されていますか？」
「現在投稿中です．近々，受理されることを期待しています．」

2)「細かいことで恐縮ですが，スライド5の実験で使われた培養細胞の培地にはウシ胎児血清は入れてありますか？」
「はい，約5％の濃度で入れてあります．何か気になることがありますか？」
「いえ．単にFCS中の栄養素の欠乏が観測結果に影響したのではないかと思っただけです．」

3)「お使いの細胞の細胞膜には問題の受容体タンパク質がどのくらい存在するのですか？」
「それはちょっとわかりかねますが，おそらく数万のオーダーの数だと思います．」
「ありがとうございました．」

4)「お話を大変面白くお聞きしました．一般的に言ってタンパク質が生物機能を発現するときの構造変化をその方法で観測できるでしょうか？」
「もちろん構造変化の大きさによりますが，ドメイン間の動きが1nmくらいあれば確実に見えるはずです．現在その分解能を3倍程度向上させようと努力しています．」

[解答例]　1) "Have you published the content of your talk today?"
"We have submitted a manuscript. I hope it will be accepted soon."

2) "Let me go into some details of your talk. Did you add fetal calf serum to the culture medium used in your experiment on slide 5?"
"Yes, at 5%. Any problem?"
"No, not at all. I just wondered if your observation was due to the absence of some nutrients in FCS."

3) "How many of the receptor molecules in question do you think there are on the membrane of the cells used in your experiment?"
"It is hard to say, but I reckon there must be on the order of several tens of thousands of them."
"Thank you."

4) "Thank you for your interesting talk. Generally speaking, is it possible to detect the conformational change of proteins during their expression of biological functions?"
"The answer of course depends on the magnitude of the conformational change you want to detect but if any interdomain distance changes by 1 nm, it is certainly possible. We are trying to improve the resolution by a factor of three at the least."

[問題 10・10]　次の会話を英訳せよ．
「タンパク質や DNA の分子量を測るにはいろいろな方法がありますよね．」
「たしかにいろいろな方法がありますね．君の得意技はなんですか？」
「そうですね、ゲル電気泳動法かゲルクロマトグラフィーかな．質量分析法にも興味があります．一度試してみたいな」
「質量分析法は精度がいいですよ．」
「サブユニットをもつタンパク質でもトータルの分子量が測定できますか？」
「ええ、大丈夫だと思いますよ．MALDI 法だとサブユニットタンパク質も十分穏和にイオン化できるということですから．」

[解答例]　"There are many different methods to determine the molecular weight of proteins and DNAs."

"You are right. There are indeed many different methods. Which are you good at among them？"

"I like gel electrophoresis or gel chromatography. I am also interested in mass spectroscopy. I would like to try it"

"It will give you a very accurate result."
"Do you think I can get the molecular weight of proteins with subunits?"
"I am sure it's possible. I believe that the MALDI method is mild enough to ionize proteins with subunit structure."

[問題 10・11] 次の会話を英訳せよ．
「その試験管の中には何がありますか？」
「卵白タンパク質リゾチームですよ，あの有名な．」
「それはどんなタンパク質ですか？」
「分子量がおよそ 14,000 でオリゴ糖を加水分解します．」
「そのタンパク質でどんなことをするのですか？」
「ガラスビーズに固定化して回収しやすい形で酵素として使う予定です．」
「なるほど，酵素の工業的利用法ですね？」

[解答例] "What do you have in the test tube?"
"Egg white lysozyme, a well known protein."
"What kind of protein is it?"
"It has a molecular weight of about fourteen thousands and hydrolyzes oligosaccharides."
"What are you going to do with it?"
"I am going to immobilize it on glass beads and use them as an easy-to-recover enzyme tool."
"Aha, you are aiming at an industrial use of enzyme activity, aren't you?"

[問題 10・12] 以下の英文を読み，1)～3) の文章を日本語に訳せ．

In 1904, James Herrick, a Chicago physician, examined a twenty-year-old black college student who had been admitted to the hospital because of a cough and fever. The patient felt weak and dizzy and had a headache. For about a year he had been experiencing palpitation and shortness of breath. Also, for several years he had participated less in physical activities. Three years earlier, there had been a discharge of pus from one ear, lasting six months. Since childhood, he had frequently had sores on his legs that were slow to heal.

On physical examination, the patient appeared rather well developed physically and was intelligent. There was a tinge of yellow in the whites of his eyes, and the visible mucous membranes were pale. His lymph nodes were enlarged. There were about twenty scars on his legs and thighs. His heart was distinctly abnormal, in that it was enlarged and a murmur was detected. 1) Herrick noted that "the heart's action reminded one of a heart under strong stimulation, though no history of ingestion of a stimulant of any kind was obtainable"

The laboratory examination included careful scrutiny of the stools to determine whether any parasites were present, a strong possibility in a patient who had grown up in the tropics. None were found. The sputum showed no tubercle bacilli. The urine contained cellular debris indicative of diseased kidneys. The blood was highly abnormal:

	Observed	Normal range
Red cell count	2.6×10^6/mL	$4.6 \sim 6.2 \times 10^6$/mL
Hemoglobin content	8 g/100 mL	$14 \sim 18$g/100 mL
White cell count	15,250/mL	$4,000 \sim 10,000$/mL

The patient was definitely anemic, his hemoglobin content being half of the normal value. The red cells varied greatly in size, many abnormally small ones being evident. Also, many nucleated red cells were present. They are the precursors of normal red cells, which do not contain nuclei. Herrick described the unusual red cells in these terms: 2) "The shape of the red cells was very irregular, but *what especially attracted attention was the large number of thin, elongated, sickle-shaped and crescent-shaped forms.* These were seen in fresh specimens, no matter in what way the blood was spread on the slide ... They were not seen in specimens of blood taken at the same time from other individuals and prepared under exactly similar conditions. They were surely not artifacts, nor were they any form of parasite."

The treatment was supportive, consisting of rest and nourishing food. The patient left the hospital four weeks later, less anemic and feeling much better. However, his blood still exhibited a 3) "tendency to the peculiar crescent-shape in the red corpuscles though this was by no means as noticeable as before."

Herrick was puzzled by the clinical picture and laboratory findings. Indeed, he waited six years before publishing the case history and then candidly asserted that "not even a definite diagnosis can be made." He noted the chronic nature of the disease, and the diversity of abnormal physical and laboratory findings: cardiac enlargement, a generalized swelling of lymph nodes, jaundice, anemia, and evidence of kidney damage. He concluded that the disease could not be explained on the basis of an organic lesion in any one organ. He singled out the abnormal blood picture as the key finding and titled his case report *Peculiar Elongated and Sickle-Shaped Red Blood Corpuscles in a Case of Severe Anemia.* Herrick suggested that "some unrecognized change in the composition of the corpuscle itself may be the determining factor."

[Lubert Stryer, "Biochemistry", 1st ed., p. 95, W. H. Freeman and Company (1975) より改変.]

[**解答例**]　1) Herrick は"この患者にはどんな種類の刺激剤摂取歴もないのに心臓の動作が強い刺激を受けた状態に似ている"ことに気付いた.

2) 赤血球の形がきわめて異常であった. わけても (Herrick の) 注意を喚起したのは非常に多くの細く, 長く伸びた, 鎌形や三日月形の形態であった. これらの形は, 新鮮な試料でみられるものであり, 血液をスライドグラスに展開する方法によらないものであった (中略). また, これらの形態は同じ時期に他の人達から採取して同じ条件下で調製した血液にはみられないものであった. これらの形態は, 決して人為的に生じたものではなかったし, また寄生虫のどのような様態でもなかった.

3) "明らかに以前 (治療前) ほど顕著ではなくなっていたが, 赤血球が独特の三日月形をとる傾向" (を依然として示していた).

[**問題 10・13**]　解糖系発見の歴史に関する次の英文についての問いに英語で答えよ.

A. Glycolysis is the sequence of reactions that converts glucose into pyruvate with the concomitant production of ATP.

　1) What are the two compounds that directly produce ATP in glycolysis?

B. In aerobic organisms, glycolysis is the prelude to the citric acid cycle and the electron-transport chain, which together harvest most of the energy contained in glucose.

　2) a) What are aerobic organisms?

　　b) Is glucose still oxidized in the absence of oxygen? If so how?

C. A key discovery was made by Hans Buchner and Eduard Buchner in 1897, quite by accident. They were interested in manufacturing cell-free extracts of yeast for possible therapeutic use. These extracts had to be preserved without using antiseptics such as phenol, and so they decided to try sucrose, a commonly used preservative in kitchen chemistry. They obtained a startling result: sucrose was rapidly fermented into alcohol by the yeast juice. The significance of this finding was immense. The Buchners demonstrated for the first time that fermentation could occur outside living cells. The accepted view of their day, asserted by Louis Pasteur in 1860, was that fermentation is inextricably tied to living cells. The chance discovery of the Buchners refuted this vitalistic dogma and opened the door to modern biochemistry. Metabolism became chemistry.

3) a) How did the discovery made by the Buchners refuted the prevailing dogma of the day?

b) To show that 'fermentation could occur outside living cells', how do you think the Buchner brothers prepared the yeast juice?

[1〜3 は Lubert Stryer, "Biochemistry", 1st ed., pp. 277〜278, W. H. Freemam and Company (1975) から改変.]

[解答例] 1) They are 1,3-bisphosphoglycerate and phosphoenol pyruvate.

2) a) Aerobic organisms live in the presence of oxygen utilizing it as the terminal oxidant of metabolites.

b) Yes, glucose is still oxidized into pyruvate under anaerobic conditions. For this purpose, NAD^+, the oxidizing agent in glycolysis, is continuously regenerated from NADH by converting pyruvate into lactate using NADH as the reducing agent.

3) a) In those days, people believed that fermentation was only possible with live yeast cells: a vitalistic dogma based on the work of Louis Pasteur. The discovery by the Buchner brothers clearly showed that sugar was converted to ethanol in only the presence of filtered yeast juice and did not require live yeast cells.

b) They must have used some kind of filtering tools to get rid of any trace contamination of live yeast cells.

[問題 10・14] 以下の英文を読んで, 1)〜5) の問いに答えよ.
Ribonucleic acid (RNA) and deoxyribonucleic acid (DNA) differ in three main ways. First, the complementary base to adenine in RNA is not thymine but rather uracil, an unmethylated form of thymine. Like the A-T pair, uracil forms an A-U pair with two hydrogen bonds. Second, the sugar in RNA is ribose that has a hydroxyl group (OH) attached to 2′ carbon, while the sugar in DNA is 2′-deoxyribose. These hydroxyl groups make RNA less stable than DNA. Third, RNA is primarily a single-stranded molecule with a much shorter chain of nucleotides. Biologically active RNAs contain self-complementary sequences that allow them to fold and pair with itself to form short double helices packed together into structures similar to proteins. Unlike DNA, RNAs can function as a chemical catalyst, like enzymes.

1) RNA でのみ使われる塩基は何か.
2) それはどの塩基と対をつくるか.
3) 生理機能をもつ RNA のうちタンパク質の翻訳にかかわるものを三つあげよ.

4) RNA と DNA の違いを三つあげて解説せよ．
5) 下線部を訳せ．

[解 答] 1) ウラシル

2) アデニン

3) mRNA, tRNA, rRNA

4) 図のように，i) RNA ではチミンの代わりにウラシルが使われ，A-U 対を形成する．ii) 糖の部分の $2'$ 炭素に RNA では (OH) が結合するが，DNA では (H) のみとなる．iii) RNA は DNA と異なり，おもに一本鎖として存在し，小さなタンパク質状の立体構造を形成して酵素のような機能をもつことも可能である．

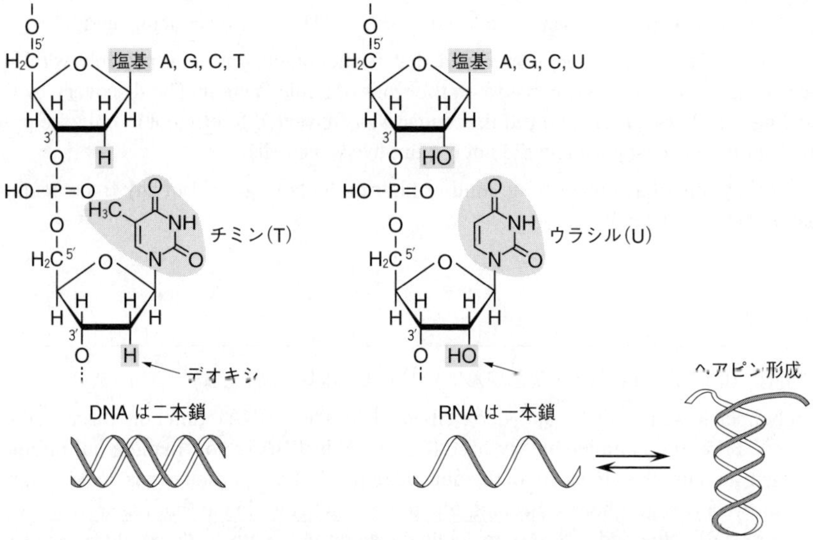

5) 二つ目には，RNA の糖は $2'$ 炭素にヒドロキシ基 (OH) が結合しているリボースであるが，DNA の糖は $2'$-デオキシリボースである．

索　　引

あ　行

IL → インターロイキン
iPS 細胞　288, 289
アクチン　241
アクチンフィラメント　243
アゴニスト　227, 237
アジュバント　303
アスパラギン酸　14
アセチル CoA　113, 137
アセチルコリン　250
アセチルコリン受容体　250
アデニル酸シクラーゼ　226
アデニン　32
アデノシン三リン酸　229
アポトーシス　221
アミノ基転移　125
アミノ酸　12
　——の構造　13
　——の生合成　124
　——の代謝　123
　——の配列　19
アミノ糖　11
アラニン　13
rRNA　196
RS 表示　2
RNA　36, 196
RNA ポリメラーゼ　175, 187
アルギニン　14
アルコール発酵　109
アルツハイマー病　275
α 相補　269
α ヘリックス　14
アレルギー　308, 309
アロステリック効果　102

アロステリック酵素　101
アンタゴニスト　228
アンチコドン　182
アンモニアの固定　122

ES 細胞　288
イオン積　47
位相情報　80
イソロイシン　14
遺伝暗号　182
遺伝子組換え　268
遺伝子診断　272
遺伝子制御
　原核生物の——　183
　真核生物の——　185
遺伝子操作　255
遺伝性疾患　273
インターロイキン　310
イントロン　188

ウラシル　32
運動器官　241

エキソサイトーシス　212
エキソヌクレアーゼ　260
エキソン　188
siRNA　197, 264
S1 マッピング　267
ATP → アデノシン三リン酸
エドマン分解法　17
NAD^+　150
NADH　150
NADPH　149
NMR スペクトル　72
エネルギー移動効率　59
エピジェネティクス　199
エピトープ　294
エピマー　105

FAD → フラビンアデニンジヌ
　　　　　クレオチド
FMN → フラビンモノヌクレオ
　　　　　チド
miRNA　197, 264
mRNA　196
MHC タンパク質　300
遠心機　53
遠心分離　53
エンドサイトーシス　212
エンドヌクレアーゼ　260
円偏光二色性　63

か　行

解糖系　109, 112
解離定数　44
解離度　44
化学シフト　70
化学平衡　44
架橋試薬　24
核　酸　30
核磁気共鳴　67
獲得免疫　295
核輸送　220
ガラクトース　3, 105
カルニチン　133
カルバモイルリン酸　122, 130
カルモジュリン　230
感覚受容　232, 236
がん原遺伝子　270
緩衝液　47
かん体細胞　233
環電流効果　69
器官形成　286

332　索　引

起プロトン力 → プロトン駆動力
ギャップ遺伝子　283
ギャップ結合　240
キャップ構造　189
吸光度　56
共鳴エネルギー移動　58
共役塩基　46, 49
共役酸　46, 49
キラリティー → 不斉(分子の)
キレート剤　90
金属イオン　88
金属タンパク質　89

グアニン　32
クエン酸回路　116
クラススイッチ　294
グリオキシル酸回路　117
グリコーゲン　108
グリシン　13
グルコース　3, 105
グルタミン　14
グルタミン酸　14
Cre-*loxP* システム　263

蛍光スペクトル　57
形態形成(ショウジョウバエの)　282
血液凝固系　279
結合定数　40
結晶構造解析(タンパク質の)　74
ケトヘキソキナーゼ　108
ケトン体生成　138
ゲノム刷り込み　199
ゲノムライブラリー　261
ゲルシフトアッセイ　203
ゲル濾過クロマトグラフィー　86
原核生物
　——の遺伝子制御　183
顕微鏡
　——の分解能　65
光化学系　160
光学異性体　1
光学顕微鏡　66
抗原提示細胞　305

抗原認識　305
光合成　153, 154
光呼吸　121
格子定数　74
抗生物質　37
酵素　93
　——の人工改変　98
酵素反応
　——の最大速度　94
　——の速度論　93
抗体　49, 291
酵母
　——の接合型転換　202
　——の分子遺伝学　200
コドン　182
コレステロール　141, 142

さ　行

サイクリン　214
サイトカインインヒビター　310
細胞構造　207
細胞周期　212, 214
細胞傷害性 T 細胞　315, 316
細胞小器官　207, 209, 220
細胞接着　238
細胞膜　139
サザンブロッティング　262
酸化還元電位　81, 84
酸化的リン酸化　148

シグナル伝達　231
σ 因子　184
CKI　215
自己寛容　305
自己プロトリシス定数 → イオン積
ジシクロヘキシルカルボジイミド　23
脂質　27
GC ボックス　266
システイン　13
自然免疫　295, 316
G タンパク質　231, 233
G タンパク質共役型受容体　232
質量分析　64

CDK　214
シトシン　32
シナプス　249, 251
脂肪酸　28
　——の代謝　131
　——の β 酸化　133
脂肪酸合成酵素　30
ジャイレース　167, 176
ジャブロンスキー図　57
遮蔽定数(プロトンの)　69
重原子同形置換法　82
修飾(アミノ酸側鎖の)　21
消化酵素　96
情報伝達　224
真核生物
　——の遺伝子制御　185
神経伝達物質　248, 249
ジーンターゲッティング　284

すい体細胞　233
スキャッチャードプロット　50, 51
スクロース　106
ストークス半径　85
スフィンゴミエリン　140
スプライシング　188

制限酵素　163, 254, 256, 257
制限酵素地図　254
接着結合　240
セリン　13
染色体構造　172

測定法(生化学の)　42
速度定数　54
速度論
　化学反応の——　54
　酵素反応の——　93
組織特異的発現　285
ソーレー帯　61

た　行

代謝(糖類の)　105
TATA ボックス　265

索　引

ダンシル-エドマン法　17
タンパク質
　——のミトコンドリア内への
　　　　　　　取込み　218
　——の流体力学的性質　85
　——リン酸化酵素　226

チアミン二リン酸　113
窒素の排泄　129
チミン　32
チミン二量体　171, 256
中間径フィラメント　243
チロシン　14
沈降係数　54, 85

tRNA　181, 196
　——のクローバーリーフ構造
　　　　　　　　　　181
DNA　163, 195
　——修復　170
　——の構造　35
　——の二重らせん構造　34
　——の複製　167
DNAスーパーコイル　165
DNAポリメラーゼ　186
DNAリガーゼ　255
TLR → Toll様受容体
DL表示　2
TCA回路 → クエン酸回路
DCC → ジシクロヘキシルカル
　　　　　　　ボジイミド
定常状態法　94
デスモソーム　240
テロメア　216
転移RNA → tRNA
電気陰性度　41, 71
電気泳動　87, 254
電気伝導度　43
電子顕微鏡　66
電子伝達系　147, 148
電子分布　75
転　写　174
糖新生　114
糖タンパク質　11
糖　類　3
　——の代謝　105
　——のメチル化分析　7

トポイソメラーゼ　167
ドリコールリン酸　12
トリプトファン　14
Toll様受容体　317
トレオニン　13
貪食細胞　299

な　行

におい受容体　234
二重らせん構造(DNAの)　34
ニューロン　246, 247
尿素回路　130

ヌクレオチド　31, 145

熱運動　91

ノックアウトマウス　263
ノルアドレナリン　250

は　行

ハース投影式　4
発　酵　109
発　生　281
　　ショウジョウバエの——
　　　　　　　　282, 283
バリン　14
PRPP → ホスホリボシルピロ
　　　　　　　　　リン酸
pH　47, 48
ビオチン　138
PG → プロスタグランジン
PCR法　253
ヒスチジン　14
ヒストン　172
肥満細胞　307
表面プラスモン共鳴法　59
ピリドキサールリン酸　128
ピルビン酸　112

フィッシャー投影式　1
フィードバック阻害　93
フィブロネクチン　238, 239

フェナントロリン　91
フェニルアラニン　14
フェルスター共鳴エネルギー
　　　　　　　　移動　58
フェロモン　224
複　製　167
複製フォーク　169
フコース　4
不斉(分子の)　2
プライマー伸長法　267
フラジェリン　244
フラビンアデニンジヌクレオチ
　　　　　　　　　ド　152
フラビンモノヌクレオチド　152
ブラベ格子　77, 79
プリブナウ配列　175
フルクトース　3
フルクトース尿症　108
フルクトース不耐症　108
プルテウス幼生　285
FRET → フェルスター共鳴
　　　　　　エネルギー移動
プロスタグランジン　143
プロテアーゼ　96
プロトン駆動力　148
プロモーター　186
プロリン　14
分解能(顕微鏡の)　65
分光学　56
分光光度計　56
分子間相互作用　62
分泌タンパク質　218

ペアルール遺伝子　283
平衡定数　44
ベクター　261
β酸化　133
βシート　14
ペプチド　23
ヘモグロビン　52, 102, 103
ヘンダーソン-ハッセルバルヒの
　　　　　　　　　式　47
ペントースリン酸回路　118

ボーア効果　103
飽和脂肪酸　131
ホスホリパーゼ　228
ホスホリボシルピロリン酸　127

補体系　313
ホメオティック遺伝子　283, 284
ホルモン　225, 228
翻訳　178
翻訳後修飾　180

ま　行

マイクロRNA → miRNA
膜電位　247
マスト細胞 → 肥満細胞
マンノース　3, 105

ミオグロビン　53
ミオシン　241
ミオシンフィラメント　243
ミカエリス定数　94
密着結合　240

ミトコンドリア　210
メチオニン　14
メッセンジャーRNA → mRNA
免疫グロブリン　291〜294
免疫細胞の系譜　297
免疫反応　303
免疫療法　302

モル吸光係数　56

ら〜わ

ラギング鎖　168
ラクトースオペロン　183

リシン　14
リーディング鎖　168

リブロース-1,5-ビスリン酸カルボキシラーゼ　120
リポ酸　113
リボソームRNA → rRNA
流体力学的性質(タンパク質の)　85
量子収率(光合成の)　157

RuBisCO → リブロース-1,5-ビスリン酸カルボキシラーゼ

レトロトランスポゾン　199
レナード-ジョーンズポテンシャル　62

ロイシン　14
ロドプシン　233

ワクチン　302

猪　飼　篤
1942 年 東京に生まれる
1965 年 東京大学理学部 卒
東京工業大学名誉教授
Ph.D.(米国デューク大学)
専門 生化学，生物物理学，生体ナノ力学

野　島　博 (1951～2019)
1951 年 山口県に生まれる
1974 年 東京大学教養学部 卒
1979 年 同大学院生物化学専攻博士課程 修了
元大阪大学微生物病研究所 教授
理学博士
専門 分子遺伝学，遺伝子工学

第 1 版 第 1 刷　1995 年 6 月 15 日 発行
第 2 版 第 1 刷　2011 年 9 月 28 日 発行
　　　　第 7 刷　2022 年 6 月 20 日 発行

生化学・分子生物学演習 第2版

Ⓒ 2011

著　者　　猪　飼　　　篤
　　　　　野　島　　　博
発行者　　住　田　六　連
発　行　　株式会社 東京化学同人
　　　　　東京都文京区千石 3 丁目 36-7 (☏112-0011)
　　　　　電　話 (03) 3946-5311・FAX (03) 3946-5317
　　　　　URL: http://www.tkd-pbl.com/

印　刷　　中央印刷株式会社
製　本　　株式会社 松岳社

ISBN978-4-8079-0729-8　Printed in Japan
無断転載および複製物(コピー，電子データ
など)の無断配布，配信を禁じます。